高等职业院校精品教材系列

自动控制技术及应用

陈慧蓉 主 编

李中望 张松兰 副主编

電子工業出版社
Publishing House of Electronics Industry
北京 • BEIJING

内 容 简 介

本书根据企业岗位技能的实际需求，以“典型自动控制系统的分析、调试与故障排除”这一工作任务为主线，并结合作者多年的教学经验与课程改革成果进行编写。本书针对实际控制系统分析、调试与维修过程中不同阶段所应具有的知识和技能，选择和优化了原有课程内容，全书分为4个教学单元，主要内容包括自动控制系统基础，自动控制系统数学模型建立，自动控制系统性能分析与改善，直流调速系统分析、调试与故障排除，同时将MATLAB软件的应用贯穿于各教学单元中。全书内容按照由简单到复杂，由部分到整体的认知规律进行介绍及单元任务设计。

本书为全国高等职业本专科院校自动控制原理与技术课程的教材，也可作为开放大学、成人教育、自学考试、中职学校、培训班的教材，以及自动化工程技术人员的参考工具书。

本书提供免费的电子教学课件、习题参考答案及**精品课网站**，详见前言。

图书在版编目（CIP）数据

自动控制技术及应用/陈慧蓉主编. —北京：电子工业出版社，2014.2（2022.6重印）
全国高等职业院校规划教材·精品与示范系列
ISBN 978-7-121-22373-0

Ⅰ. ①自… Ⅱ. ①陈… Ⅲ. ①自动控制－高等学校－教材 Ⅳ. ①TP273

中国版本图书馆CIP数据核字（2014）第010981号

策划编辑：陈健德（E-mail：chenjd@phei.com.cn）
责任编辑：夏平飞　　特约编辑：郭茂威
印　　刷：三河市华成印务有限公司
装　　订：三河市华成印务有限公司
出版发行：电子工业出版社
　　　　　北京市海淀区万寿路173信箱　邮编 100036
开　　本：787×1 092　1/16　印张：18.5　字数：452千字
版　　次：2014年2月第1版
印　　次：2022年6月第15次印刷
定　　价：48.00元

凡所购买电子工业出版社图书有缺损问题，请向购买书店调换。若书店售缺，请与本社发行部联系，联系及邮购电话：（010）88254888，88258888。

质量投诉请发邮件至 zlts@phei.com.cn，盗版侵权举报请发邮件至 dbqq@phei.com.cn。

本书咨询联系方式：chenjd@phei.com.cn。

职业教育 继往开来（序）

自我国经济在 21 世纪快速发展以来，各行各业都取得了前所未有的进步。随着我国工业生产规模的扩大和经济发展水平的提高，教育行业受到了各方面的重视。尤其对高等职业教育来说，近几年在教育部和财政部实施的国家示范性院校建设政策鼓舞下，高职院校以服务为宗旨、以就业为导向，开展工学结合与校企合作，进行了较大范围的专业建设和课程改革，涌现出一批示范专业和精品课程。高职教育在为区域经济建设服务的前提下，逐步加大校内生产性实训比例，引入企业参与教学过程和质量评价。在这种开放式人才培养模式下，教学以育人为目标，以掌握知识和技能为根本，克服了以学科体系进行教学的缺点和不足，为学生的顶岗实习和顺利就业创造了条件。

中国电子教育学会立足于电子行业企事业单位，为行业教育事业的改革和发展，为实施"科教兴国"战略做了许多工作。电子工业出版社作为职业教育教材出版大社，具有优秀的编辑人才队伍和丰富的职业教育教材出版经验，有义务和能力与广大的高职院校密切合作，参与创新职业教育的新方法，出版反映最新教学改革成果的新教材。中国电子教育学会经常与电子工业出版社开展交流与合作，在职业教育新的教学模式下，将共同为培养符合当今社会需要的、合格的职业技能人才而提供优质服务。

近期由电子工业出版社组织策划和编辑出版的"全国高职高专院校规划教材·精品与示范系列"，具有以下几个突出特点，特向全国的职业教育院校进行推荐。

（1）本系列教材的课程研究专家和作者主要来自于教育部和各省市评审通过的多所示范院校。他们对教育部倡导的职业教育教学改革精神理解得透彻准确，并且具有多年的职业教育教学经验及工学结合、校企合作经验，能够准确地对职业教育相关专业的知识点和技能点进行横向与纵向设计，能够把握创新型教材的出版方向。

（2）本系列教材的编写以多所示范院校的课程改革成果为基础，体现重点突出、实用为主、够用为度的原则，采用项目驱动的教学方式。学习任务主要以本行业工作岗位群中的典型实例提炼后进行设置，项目实例较多，应用范围较广，图片数量较大，还引入了一些经验性的公式、表格等，文字叙述浅显易懂。增强了教学过程的互动性与趣味性，对全国许多职业教育院校具有较大的适用性，同时对企业技术人员具有可参考性。

（3）根据职业教育的特点，本系列教材在全国独创性地提出"职业导航、教学导航、知识分布网络、知识梳理与总结"及"封面重点知识"等内容，有利于老师选择合适的教材并有重点地开展教学过程，也有利于学生了解该教材相关的职业特点和对教材内容进行高效率的学习与总结。

（4）根据每门课程的内容特点，为方便教学过程对教材配备相应的电子教学课件、习题答案与指导、教学素材资源、程序源代码、教学网站支持等立体化教学资源。

职业教育要不断进行改革，创新型教材建设是一项长期而艰巨的任务。为了使职业教育能够更好地为区域经济和企业服务，殷切希望高职高专院校的各位职教专家和老师提出建议和撰写精品教材（联系邮箱:chenjd@phei.com.cn，电话:010-88254585），共同为我国的职业教育发展尽自己的责任与义务！

中国电子教育学会

前　言

随着科学技术的发展，自动控制技术大量地应用于工农业生产等技术领域，大大地提高了劳动生产率和产品质量，已成为推动经济发展、促进社会进步必不可少的一门技术。自动控制原理与技术课程是自动化类专业的核心课程，是专业技能课程与岗位职业技能课程连接的桥梁与纽带。本教材根据企业岗位的实际需求，以“典型自动控制系统的分析、调试与故障排除”这一工作任务为主线，并结合作者多年的职业教育教学经验与课程改革成果进行编写。

本书针对实际控制系统分析、调试与维修过程中不同阶段所应具有的知识和技能，选择和优化了原有课程内容，全书分为 4 个教学单元，主要内容包括自动控制系统基础，自动控制系统数学模型建立，自动控制系统性能分析与改善，直流调速系统分析、调试与故障排除。在内容安排上强调理论以够用为度，注重学生技能培养和可持续发展能力，注意新技术应用，注重 MATLAB 软件在自动控制的分析与设计方面的广泛应用。在教学的组织与安排上注重理论与实践的紧密结合，建议采用“任务驱动：教、学、做一体”教学模式，将单元内容任务化。

为了培养学生具有相应的职业岗位能力并结合课程知识、能力与素质目标要求，精心设计了具有代表性的 9 个典型任务，任务的选取原则是尽可能包含各单元知识点，尽可能体现趣味性、实用性和可操作性，任务由简单到复杂，从部分到整体。各院校可结合自身的教学环境条件选择适合的教学形式和学习任务，任务的完成可通过控制原理试验箱和调速系统装置来完成。

在任务完成过程中注重教师引导与学生自主学习的紧密结合。学生在完成各单元任务的同时也就完成相应单元知识点的学习，同时任务的完成需要小组成员的相互配合，共同努力，有利于培养学生的团队合作能力。本课程教学组已开展了多轮教学实践，开设的“自动控制技术及应用”课程被评为省级精品课程，并在省级网络课程评比中获二等奖。将“任务驱动：教、学、做一体”应用到本课程教学中，丰富了课堂教学和实践教学环节，培养了学生动手能力，提高了学生的学习兴趣，符合高等职业教育的特点与要求。

本书各学习单元都设有教学导航，指出本单元的知识重点与难点，必须达到的知识、能力与素质目标，建议教学方法等；每小节均设有知识分布网络，介绍本节知识点的层次和相互联系；各学习单元结束后设有知识梳理与总结，并配有相应的思考与练习题，以便学生复习与巩固。

本书由芜湖职业技术学院陈慧蓉主编并进行全书统稿，李中望和张松兰副主编。陈慧蓉编写单元 1、2，张松兰编写单元 3，李中望编写单元 4。全书由张学亮教授进行主审，并对书稿的编写思路及内容提出许多宝贵意见和建议，在此表示衷心感谢。

由于编者水平和时间有限，书中难免有不足之处，敬请读者批评指正。

为方便教学，本书配有免费的电子教学课件、习题参考答案，请有需要的教师登录华信教育资源网（http://www.hxedu.com.cn）免费注册后进行下载，如有问题请在网站留言或与电子工业出版社联系（E-mail:hxedu@phei.com.cn）。读者也可通过该精品课网站（http://www1.whptu.ah.cn/jwc/08jpkc/zk/wangluokecheng/wlkc.html）浏览和参考更多的教学资源。

编　者

目 录

单元 1

自动控制系统基础

教学导航

知识目标	1. 自动控制系统组成及分类； 2. 自动控制发展及应用； 3. 开环控制与闭环控制； 4. 控制系统的性能要求； 5. 控制系统软件 MATLAB 使用入门知识
能力目标	1. 控制系统的组成分析能力； 2. 控制系统软件 MATLAB 的应用能力； 3. 资料查询与自主学习能力
素质目标	1. 团队协作能力；　　2. 组织沟通能力； 3. 严谨认真的学习工作作风
重难点	1. 控制系统的组成；　　2. 控制系统的控制方式
任务	单闭环直流调速系统定性分析与框图建立
推荐教学方法	动画教学、任务驱动教学等

1.1 自动控制的概念及发展

知识分布网络

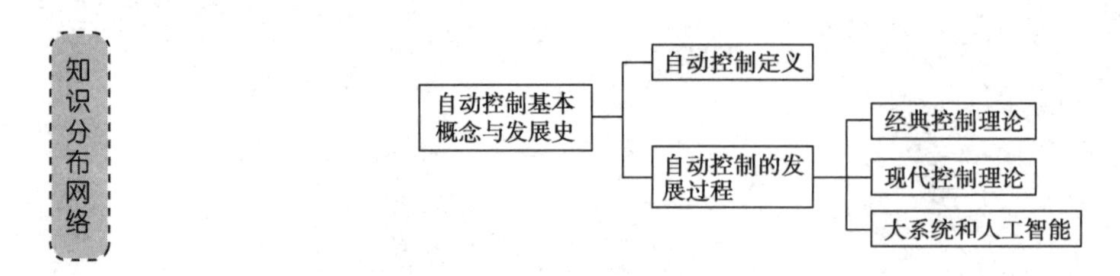

1.1.1 自动控制的基本概念

随着社会经济的发展，越来越离不了自动控制技术，同时，它的应用也推动了经济发展，促进了社会进步。自动控制是相对于人工控制而言的，两者的区别在于是由人还是机器来完成操作控制，如图 1-1 所示的液位控制系统，图中两个控制系统控制的目的都是使水箱中的液面保持一定的高度，图 1-1（a）是由人来进行操作完成的，属于人工控制，图 1-1（b）不需要人的参与，用自动控制代替了人的操作，构成了自动控制系统。

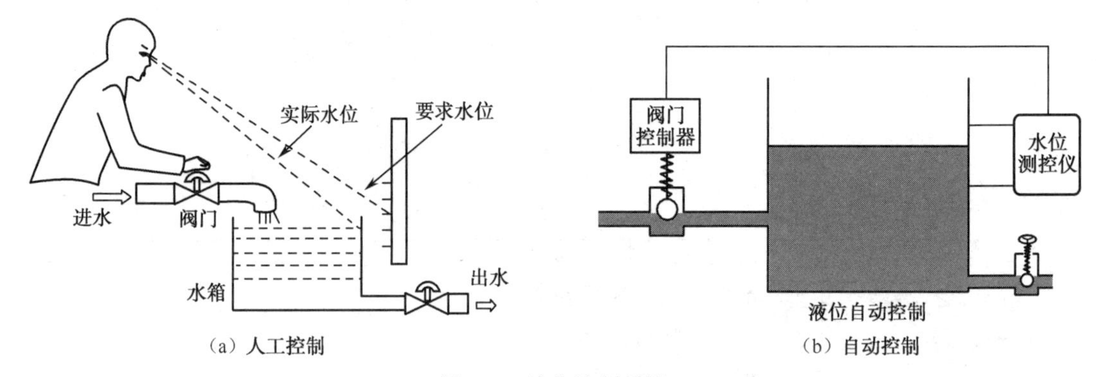

（a）人工控制　　（b）自动控制

图 1-1　液位控制系统

所谓自动控制，是指在无人参与的情况下，利用控制装置（或控制器）操纵受控对象，使生产设备和工艺过程按预定的规律运行，达到所要求的性能与指标，如图 1-2 所示。

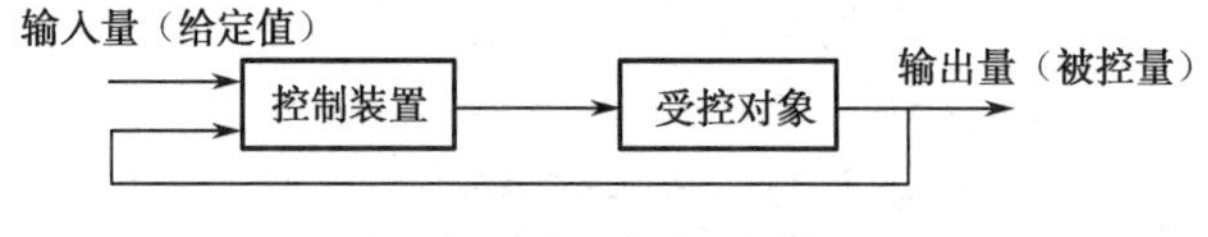

图 1-2　自动控制示意图

控制装置和受控对象是物理装置，而输入量（给定值）和输出量（被控量）是一定形式的物理量。在图 1-1 液位控制系统中，受控对象为水箱，被控量是液位的高度，控制装置包括测量水位高度并与给定值进行比较的水位测控仪、控制阀门的阀门控制器。

为了进一步理解自动控制的基本概念，下面再举一例说明。

【实例 1-1】 水温控制系统如图 1-3 所示，水箱中流入的是冷水，热蒸汽经阀门并流经热传导器件，通过热传导器件将冷水加热，加热后的水流出水箱，热蒸汽冷却后也变成水由排水口排出。

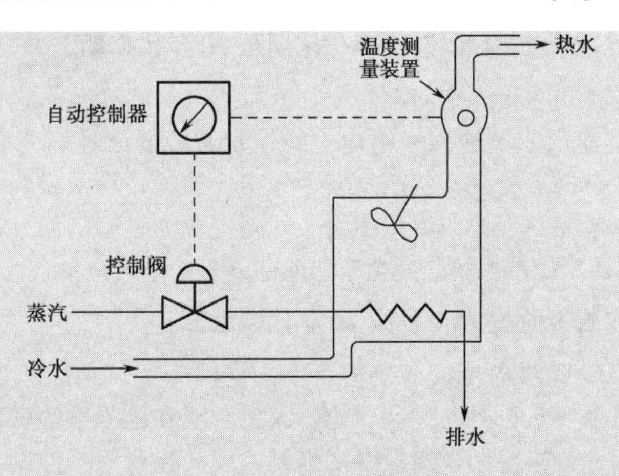

图 1-3　水温控制系统

此系统受控对象为水箱，被控量为水箱中水的温度，控制装置包括温度测量装置、比较给定值与检测值并进行计算的控制器、执行控制命令的控制阀。其自动控制过程为温度测量装置（可采用热电偶）将检测的水温值转换成一定形式的物理量（电信号）之后，反馈给控制器，控制器将给定温度值与检测到的实际温度比较之后，发出控制信号，调节阀门的开度，从而调节蒸汽的流量，直至实际水温值与设定水温值相符为止。可见系统中增加了能模仿人进行判断和操作的控制设备即控制装置，实现了没有人直接参与，利用控制装置对生产过程、工艺参数等进行自动调节，以达到预定的目标与要求。

为了方便分析系统性能，一般应用框图来表示系统结构。水温控制系统的结构图如图 1-4 所示。

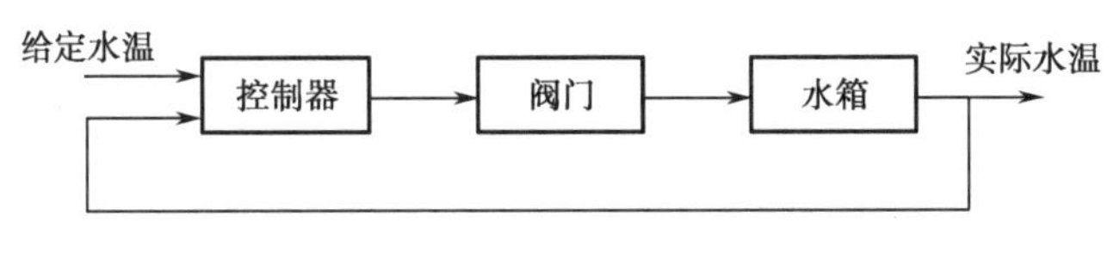

图 1-4　水温控制系统的结构图

1.1.2　自动控制的发展阶段

人类很早就进行了“自动控制”装置的探索，如我国发明的自动计时的“铜壶滴漏”装置、指南车等，这只是控制理论发展的胚胎与萌芽。自动控制的应用可以追溯到 18 世纪（1788 年）瓦特发明的蒸汽机上的离心式飞摆速控器，它是运用反馈原理进行设计并取得成功的首例；19 世纪（1868 年）麦克斯韦对离心式飞摆速控器稳定性进行分析，并发表论文《论调速器》。这些当属最早的理论工作，其发展进度很慢，自动控制的真正发展是在 20 世纪，其发展分为以下三个阶段。

1. 经典控制理论阶段（20 世纪 20 年代到 50 年代）

经典控制理论是以传递函数为基础，研究单输入单输出、线性定常系统。经典控制理论主要的分析方法有频率特性分析法、根轨迹分析法、描述函数法、相平面法等。控制策略仅局限于反馈控制、PID 控制等。这种控制不能实现最优控制。

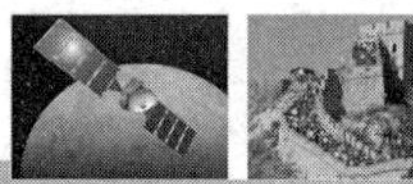

2. 现代控制理论阶段（20 世纪 50 年代末期至 70 年代初期）

现代控制理论是建立在状态空间上的一种分析方法，它的数学模型主要是状态方程。控制对象是单输入单输出或多输入多输出、线性定常或非线性时变、连续或离散控制系统。主要的控制策略有极点配置、状态反馈、输出反馈等，解决最优化控制、随机控制、自适应控制问题。现代控制理论应用范围更广，解决更为复杂的问题，但只能建立在已知系统的情况下，而大部分控制系统是完全未知或部分未知系统。

3. 大系统和人工智能阶段（20 世纪 70 年代以后）

大系统理论主要研究结构复杂、变量众多、规模庞大、关联严重、信息不完备的系统，采用的理论方法主要来自自动控制理论、人工智能和运筹学等学科分支。内容包括最优控制、自适应控制、鲁棒控制、神经网络控制、模糊控制等。控制对象可以是已知系统也可以是未知系统，大多数的控制策略不仅能抑制外界干扰、环境变化、参数变化的影响，还能有效地消除模型化误差的影响。

总体来说，自动控制理论随着社会发展而发展，同时它的发展又促进了社会的发展。本书所介绍的是经典控制理论，是控制理论中最基本的也是最重要的内容。它为进一步学习控制理论打下扎实的基础。

1.2 自动控制系统的组成与控制方式

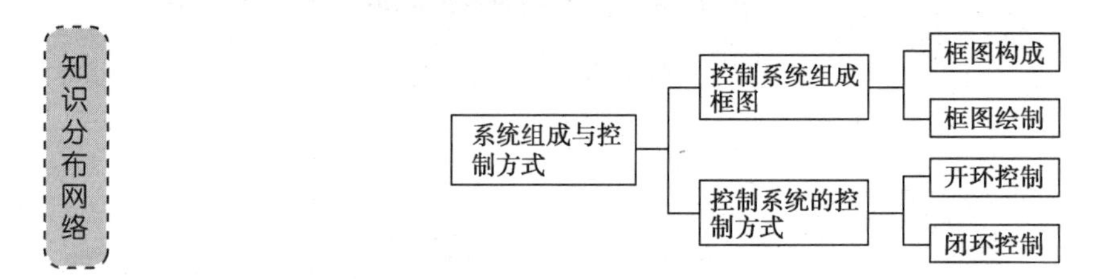

1.2.1 自动控制系统的组成框图

自动控制系统是在无人参与的情况下，为实现某一控制目标所需要的所有装置的有机组合。任何一个自动控制系统，尽管控制任务、使用元件结构等各不相同，但就其控制的职能来说必然包含控制装置与受控对象，不必画出具体结构，用方框来表示，并将各方框用有向线段依次连接，箭头表示各作用量的传递方向，这样框图就可以简单明了地表示控制系统。所有控制系统可抽象成如图 1-5 表示的系统框图。

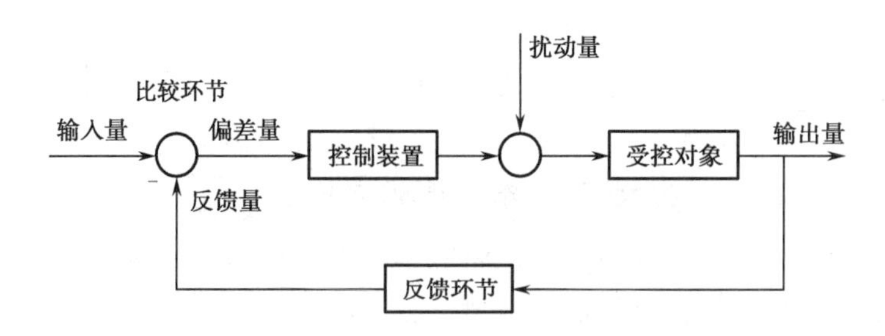

图 1-5　自动控制系统的典型组成框图

其组成框图主要包含一些信号量和基本环节（或元件）。信号量一般包含输入量（Input Variable）（又称给定量或参考输入量）、输出量（Output Variable）（又称被控量）、反馈量（Feedback Variable）、偏差量（Error Variable）（又称控制量）、扰动量（Disturbance Variable）及中间变量（Middle Variable）。有关基本环节或元件介绍如下：

1. 比较环节（Comparing Element）

比较环节用“○”号表示，表示信号量在此做代数运算，偏差量为输入量与反馈量的代数和，极性用“+”“-”分别表示正反馈与负反馈。如图 1-5 所示为负反馈，偏差量为输入量与反馈量的差。

2. 控制装置

控制装置一般包含放大元件（Amplifying Element）与执行元件（Executive Element）。执行元件是驱动受控对象的环节；由于偏差量一般较小，为了驱动执行元件，偏差量须经放大元件放大，如将电压偏差量放大，放大元件可用晶体管放大器或集成运算放大器。

3. 受控对象（Controlled Plant）

一般任何被控物体均可称为受控对象，如水温控制系统中的水箱即为受控对象。

4. 反馈环节（Feedback Element）

它是将输出量引出并转换成相应的量后，反馈到输入端并与输入量进行比较。闭环控制系统中，反馈环节一般包括检测、分压等单元，其中检测装置是关键性元件，其精度和特性直接影响控制系统品质，常用的检测装置有测量温度的热电偶、测量转速的测速发电机等。

1.2.2　控制系统组成框图的绘制

系统组成框图可以直观地将复杂的自动控制系统组成、各环节之间关系以及信号量的传递方向简单明了地表示出来，因此应用控制理论分析自动控制系统的首要工作就是要画出实际控制系统的组成框图（注：区别于传递函数构成的系统框图，文字构成的框图称为“组成框图”，按国家标准可统称为“框图”）。

绘制一个实际自动控制系统的组成框图，首先要弄清系统工作原理，即对系统做定性分析。所谓定性分析，是指弄清系统各个单元或各个元件在系统中的地位与作用，以及它们之间的相互联系，从而弄清系统工作原理。在定性分析基础上明确以下三个问题，可画出其组成框图。

（1）控制的目的是什么？由此确定被控量（输出量）以及受控对象。

（2）控制装置是什么？由此确定偏差量、放大元件及驱动受控对象的执行元件。

（3）是否存在反馈？由此确定反馈量与检测装置以及反馈类型。

下面举例说明如何分析系统组成并画出系统组成框图。

【实例 1-2】 图 1-6 所示为电炉箱恒温自动控制系统。

1）工作原理与调节过程分析

电炉箱恒温自动控制系统的工艺要求是保持炉温恒定，采用热电偶检测温度，并将其

转化为电压 U_{fT}，反馈到输入端，与输入端给定电压 U_{sT} 进行比较，采用负反馈控制，两者差值为偏差电压 $\Delta U = U_{sT} - U_{fT}$，系统稳态时，炉温处于给定值时，$\Delta U = 0$，电动机停转；当炉温偏高或偏低时，出现偏差电压 $\Delta U \neq 0$，此偏差电压经电压放大和功率放大后，驱动直流伺服电动机，电动机经减速器带动调压变压器的滑动触头，使电炉内加热电阻丝的供电电压 U_R 做出相应调整从而调节炉温。其自动调节过程见图 1-7。

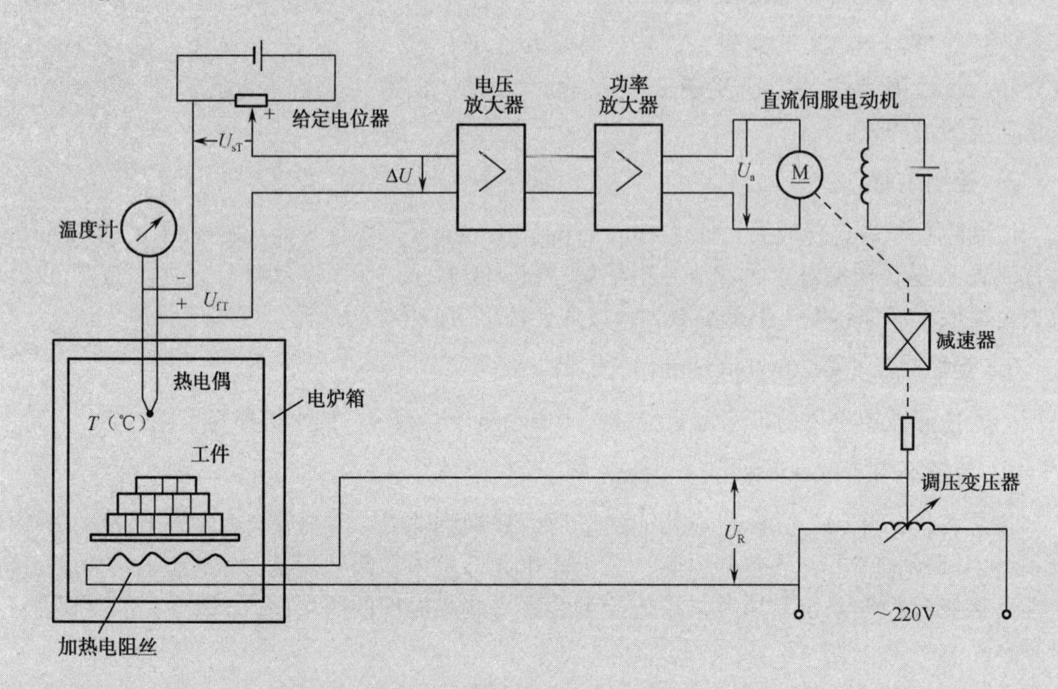

图 1-6　电炉箱恒温自动控制系统

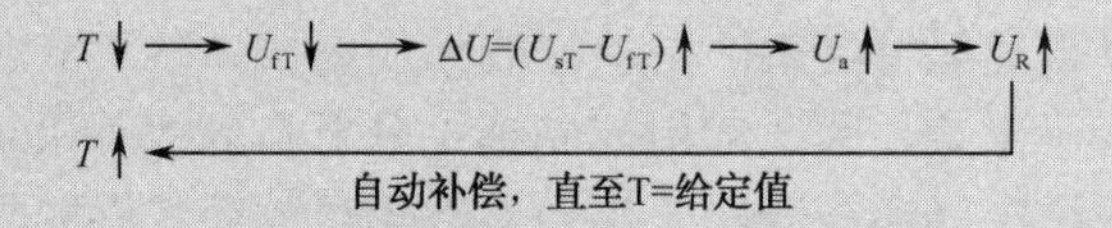

图 1-7　电炉箱恒温自动调节过程

2）绘制系统组成框图

要明确的三个问题为：

（1）此控制系统的控制目的是保持电炉箱中温度恒定。由此确定被控量（输出量）为电炉箱温度；受控对象为电炉箱。

（2）此电炉箱是通过给电阻丝通电来加热的。由此确定执行元件为调压变压器、减速器与直流伺服电动机；放大元件为电压放大器、功率放大器；偏差量（控制量）为电压 ΔU。

（3）存在反馈，采用温度负反馈。由图 1-7 可见，检测装置为热电偶。反馈量为电压 U_{fT}；偏差量为 $\Delta U = U_{sT} - U_{fT}$。

另外考虑系统存在外界扰动，如炉壁散热以及增减工件等。由以上分析，绘制出系统组成框图如图 1-8 所示。

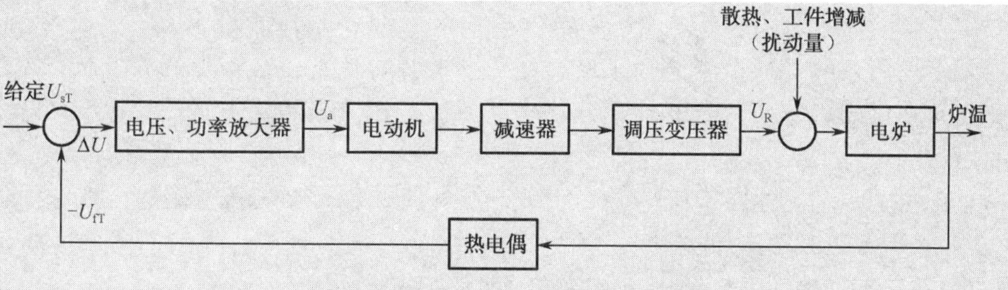

图 1-8　电炉箱恒温自动控制系统框图

【实例 1-3】 图 1-9 为雷达天线位置跟随系统。

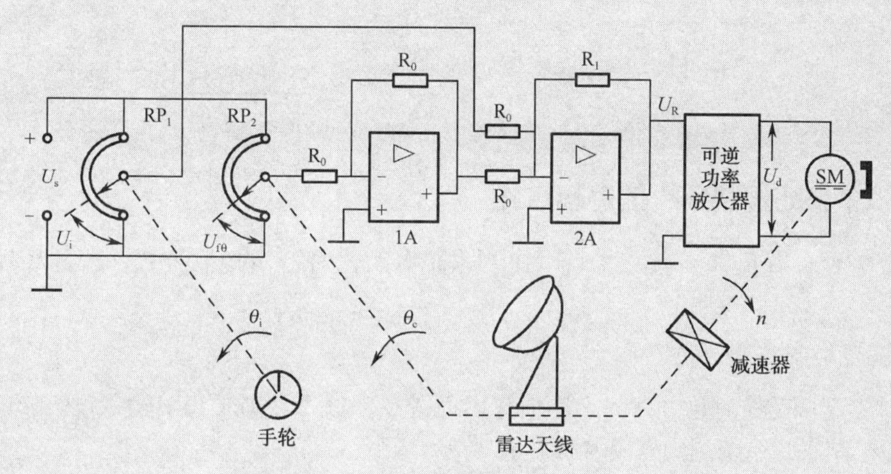

图 1-9　雷达天线位置跟随系统

1）工作原理与调节过程分析

雷达天线位置跟随系统是雷达天线跟随着手轮转动位置变化而变化。手轮转动给出给定指令θ_i，经与手轮联动的给定电位器 RP_1 转化为电压信号U_i；采用与雷达联动的电位器 RP_2 检测角位移θ_c，并将其转化为电压$U_{f\theta}$，采用负反馈控制（由图可见，电位器 RP_1 与 RP_2 并接在同一电源上，且具有公共接地端，故$U_{f\theta}$与U_i极性相同，必须增设一个反相器 1A），两者差值为偏差电压$\Delta U = U_i - U_{f\theta}$，系统稳态时，雷达天线转动的角位移等于手轮转动给出的给定值时，$\Delta U = 0$，永磁式直流伺服电动机停转。当手轮转动变化时，出现偏差电压，$\Delta U \neq 0$，此偏差电压经电压放大和功率放大后，驱动直流伺服电动机，电动机经减速器带动雷达天线转动，从而跟随手轮转动。其自动调节过程见图 1-10。

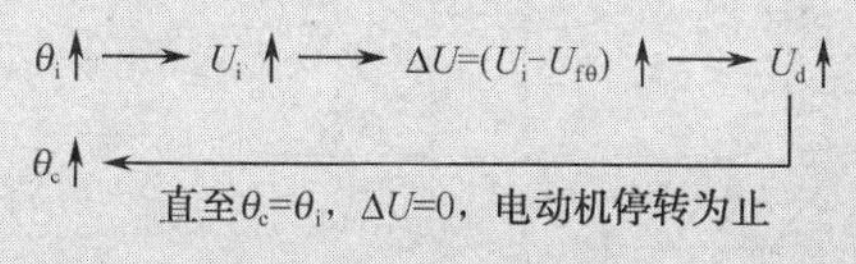

图 1-10　雷达天线位置跟随自动调节过程

2）绘制系统组成框图

要明确的三个问题为：

（1）此控制系统的控制目的是雷达天线跟随手轮转动。由此确定被控量（输出量）为

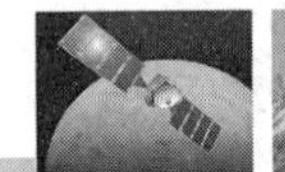

雷达天线的角位移θ_c；受控对象为雷达天线。

（2）此控制系统是通过直流伺服电动机带动负载雷达天线的。由此确定执行元件为永磁式直流伺服电动机、减速器；放大元件为电压放大器、功率放大器；偏差量（控制量）为电压ΔU。

（3）存在反馈，采用位置负反馈。由图 1-9 可见，检测装置为检测电位器 RP_2 及反相器 1A。反馈量为电压$U_{f\theta}$；偏差量为$\Delta U = U_i - U_{f\theta}$。

由以上分析，绘制出系统组成框图如图 1-11 所示。

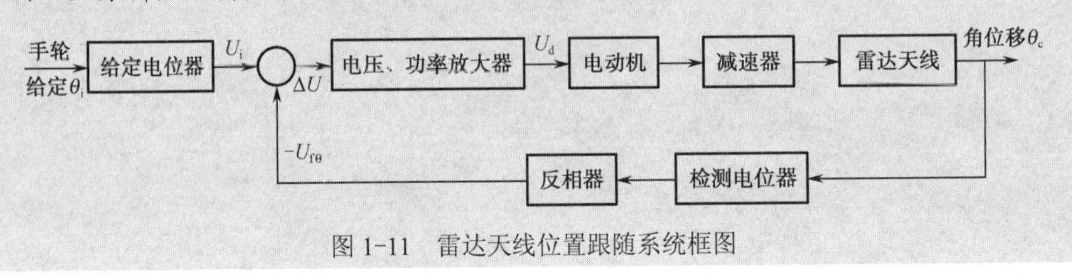

图 1-11　雷达天线位置跟随系统框图

1.2.3　自动控制系统的控制方式

按照是否含有反馈环节，将自动控制系统分为两种基本控制方式，即开环控制与闭环控制。

1. 开环控制

控制装置与受控对象之间只有顺向作用而无反向联系，即输出对输入没有影响的控制称为开环控制。其系统组成框图如图 1-12 所示。

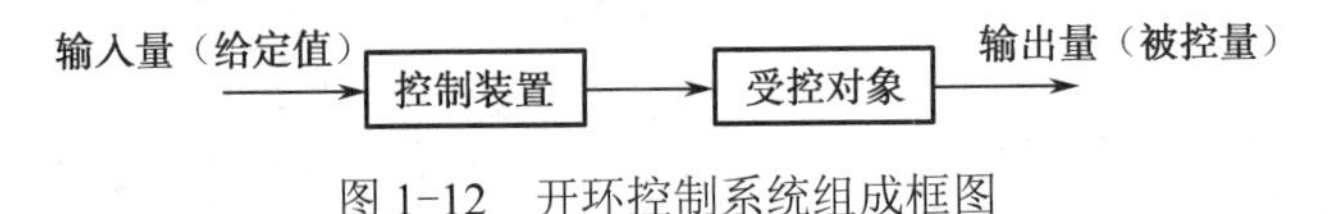

图 1-12　开环控制系统组成框图

【实例 1-4】 图 1-13 所示为电炉箱控制系统。

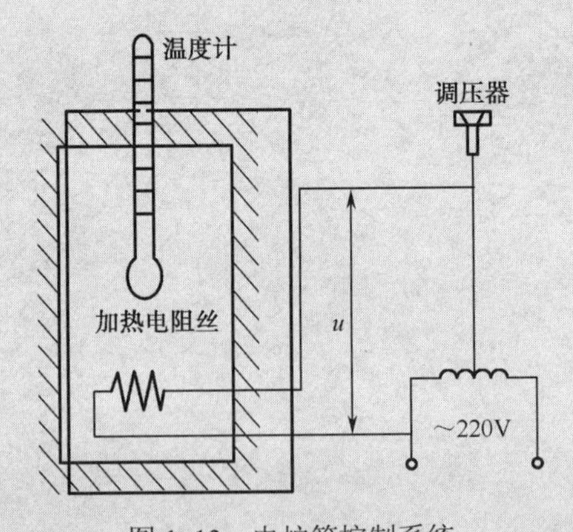

图 1-13　电炉箱控制系统

该系统受控对象为电炉箱，控制装置为调压器与加热电阻丝，受控量为炉温。由预先设定的手柄位置来调节调压器的滑动触头，从而调节加在加热电阻丝上的电压，从而控制电炉箱的温度。其系统组成框图如图 1-14 所示。

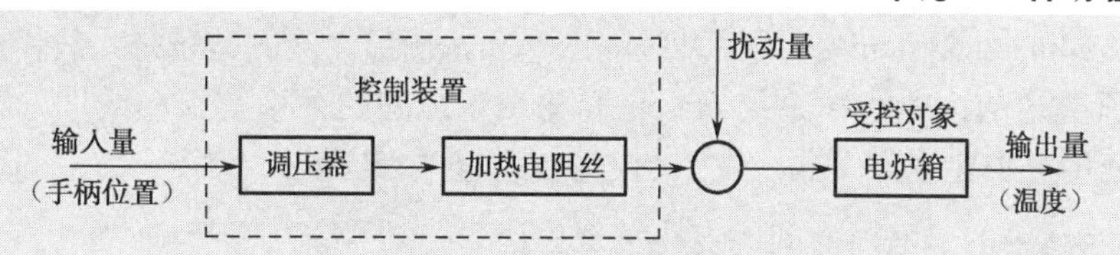

图 1-14 开环电炉箱控制系统框图

由图 1-14 可见，系统的被控量没有反馈到输入端与给定值进行比较，即输出对输入没有影响，故属于开环控制。由于采用开环控制，存在炉壁散热以及增减工件等扰动而使炉温发生变化时，将无法自动补偿并保持炉温恒定，开环控制抗扰性能比较差。

开环控制的优点是无反馈环节，结构简单，成本低；缺点是抗扰性能差，控制精度不高。因此，只有在输入与输出之间关系固定，且因扰动而引起的误差可预先知道，对控制性能要求不高的场合可采用开环控制系统。而当无法预计的扰动因素使输出量产生的偏差超过允许限度时，就不能采用开环控制而应考虑闭环控制。如实例 1-4 的电炉箱控制系统，炉壁散热和增减工件使炉温产生变化是无法预先确定的，因此本系统在实际应用时要采用闭环控制。

2. 闭环控制

控制装置与受控对象之间，不但有顺向作用而且还有反向联系，即输出对输入有影响的控制称为闭环控制。其系统组成框图如图 1-5 所示。【实例 1-2】和【实例 1-3】为闭环控制系统，已做了详细介绍，在此不再赘述。

可见闭环控制系统存在反馈，利用偏差（给定量与反馈量之间的偏差）来实现控制，故闭环控制又常称为反馈控制或偏差控制。闭环控制系统的优点是可自动进行补偿，具有较高的控制精度和较强的抗扰能力。但由于闭环控制系统要增加检测与反馈比较环节等，故系统复杂、成本较高，另外闭环控制也会使系统稳定性变差，易产生振动甚至不能正常工作。

课堂练习

指出下列系统中哪些属于开环控制？哪些属于闭环控制？

家用电冰箱、家用空调、洗衣机、抽水马桶、普通车床、电饭煲、多速电风扇、高楼水箱、调光台灯、自动报时电子钟。

1.3 自动控制系统的分类

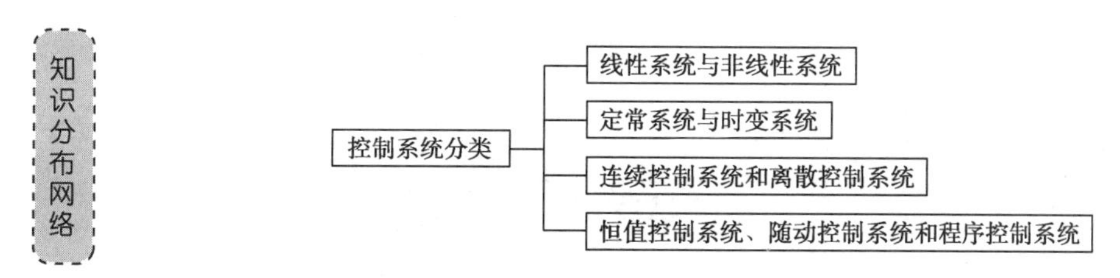

1. 按照系统输入量和输出量间关系分类

自动控制系统按照系统输入量和输出量之间的关系分为线性系统（Linear System）和非

线性系统（Nonlinear System）。线性系统输入量和输出量之间的关系是由线性微分方程或线性差分方程所描述的；非线性系统输入量和输出量之间的关系是由非线性方程所描述的。线性系统可应用叠加定理，而非线性系统不能应用叠加定理。

2. 按照系统中的参数对时间的变化情况分类

按照系统中的参数对时间的变化情况分为定常系统（Time-Invariant System）和时变系统（Time-Varying System）。定常系统又称时不变系统，是指系统的全部参数不随时间变化，数学模型为定常微分方程；时变系统是指系统中有的参数是随时间变化的。

3. 按照系统传输信号对时间的关系分类

按照系统传输信号对时间的关系分为连续控制系统（Continuous Control System）和离散控制系统（Discrete Control System）。连续控制系统又称为模拟控制系统（Analogue Control System），是指系统中各环节的信号都是时间 t 的连续函数，即模拟量；离散控制系统又称为采样数据系统（Sampled-Date Control System），是指系统中有一处或数处信号为时间的离散信号，如脉冲或数码信号。

若系统既是连续的、线性的又是定常的，则称之为连续线性定常系统。本书只讨论连续线性定常系统。

4. 按照输入量变化的规律分类

按照输入量的变化规律分为恒值控制系统（Fixed Set-Point Control System）、随动控制系统（Follow-Up Control System）和程序控制系统（Process Control System）。恒值控制系统是指系统的输入量是一定值，且要求系统输出量相应保持恒值。它是最常见的一类控制系统，如电动机速度控制、恒温、恒压、水位控制等。随动控制系统又称伺服控制系统（Servo Control System），是指系统的输入量是变化未知的时间函数（有时是随机的），且要求系统的输出量能跟随输入量的变化而做相应变化，如雷达自动跟踪系统、机器人控制系统等。程序控制系统是指系统的输入量按照预先知道的规律变化，且要求输出量随之变化，如数控机床的工作台移动系统、自动生产线等。

除了以上的分类方法外，还有其他的一些方法。如根据组成系统物理部件的类型，分为电气控制系统、机械控制系统、液压控制系统、气动控制系统等。

1.4 控制系统的性能及分析方法

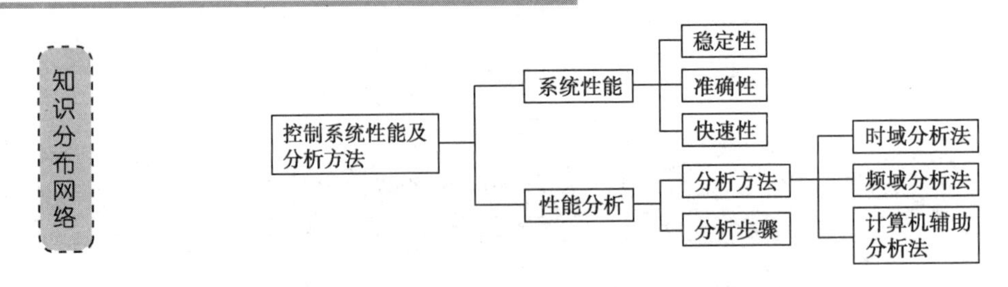

1.4.1 控制系统的性能要求

对于自动控制系统，在定性分析系统即掌握系统工作原理的基础上，绘制系统组成框

图，建立系统数学模型后，将对系统做定量分析，即分析系统性能的优劣。工程上常从稳（稳定性）、准（准确性）、快（快速性）三个方面来分析系统的性能。

1. 稳定性

稳定性是指系统受到外部作用扰动后产生振荡，经过一段时间后，能抑制振荡，其输出量可以达到某一稳定状态，即输出量收敛，如图 1-15（a）所示；反之称为不稳定，对于不稳定的系统，其输出量发散，如图 1-15（b）所示。

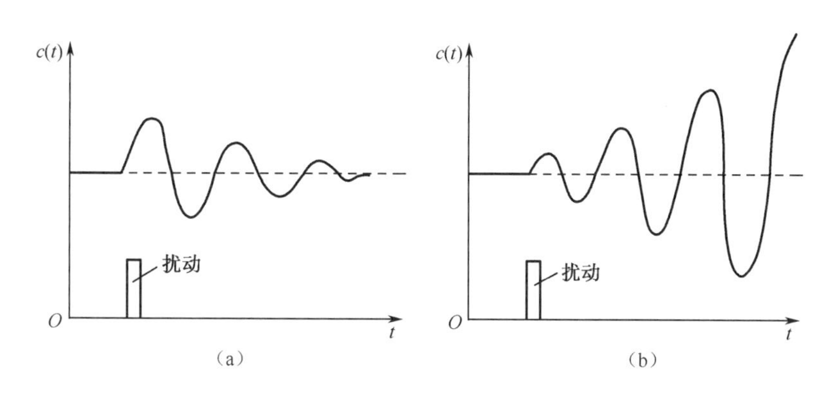

图 1-15　稳定系统和不稳定系统动态过程

显然，不稳定的系统是无法正常工作的。因此，对自动控制系统性能要求的首要条件是系统必须稳定，只有在稳定的前提条件下才能探讨准确性和快速性。

2. 快速性

对于一个稳定的系统，当系统输入量变化或有扰动信号作用时，其输出量可能要经过一个逐渐变化的过程才能到达稳态值，这个逐渐变化的过程称之为动态过程或过渡过程。快速性是反映系统动态过程经历时间的长短，时间越短，快速性越好。通常系统的动态过程为衰减振荡过程，如图 1-16 所示，系统输出即系统响应经过几次振荡后，达到新的稳定状态。对于系统动态过程性能的优劣，除了快速性之外，还有反映系统动态过程平稳性指标，故将快速性和平稳性作为表征系统动态性能的指标，统称为动态性能指标，有关动态性能指标将在单元 3 中详细介绍。

3. 准确性

准确性是反映稳定的系统动态过程结束后，其输出量的稳态值与期望值的接近程度，如图 1-17 所示。输出量的稳态值与期望值的差值称为稳态误差 e_{ss}，反映了系统稳态精度，稳态误差 e_{ss} 越小，系统稳态精度越高，准确性越好。若系统稳态误差 e_{ss} 为零，称为无差系统，否则称为有差系统。

工程上一般从系统的稳、准、快三个方面来评价系统性能，但系统这三个性能往往是相互制约的，过分注重系统稳定性，可能会引起系统快速性和稳态精度变低；反之，过分注重快速性，可能会引起系统振荡加剧，甚至不稳定。因此，根据具体工作任务提出的要求不同，在分析和设计自动控制系统时，对系统三大性能要有所侧重，并注意统筹兼顾，以满足其要求，这也正是本书讨论的重点内容。

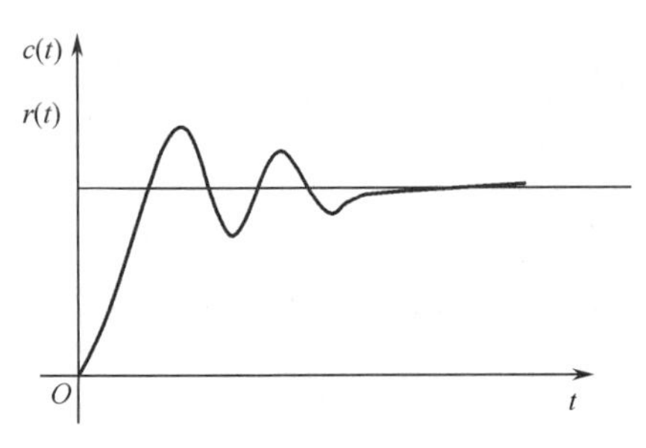

图 1-16　稳定振荡系统动态过程

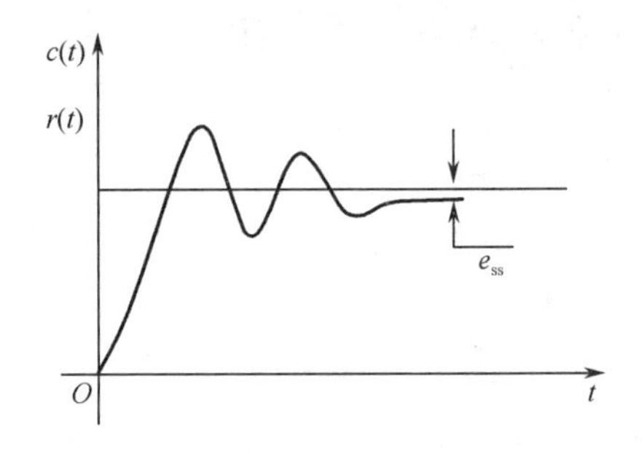

图 1-17　控制系统稳态精度

1.4.2　控制系统的性能分析方法

自动控制理论是研究自动控制共同规律的技术学科，它分为经典控制理论和现代控制理论。经典控制理论是建立在传递函数基础上的，研究单输入单输出系统；现代控制理论是建立在状态变量基础上的，研究多输入多输出系统及变参数非线性系统，适用自适应控制和最优控制等。本书所研究的控制系统，基本上都是单输入单输出系统，应用的是工程实践中应用最多的经典控制理论。

经典控制理论分析与设计自动控制系统的具体步骤是：

（1）对系统做定性分析，明确系统工作原理。

（2）建立系统数学模型。将前面介绍的控制系统组成框图中的框中文字部分用传递函数代替即为系统用图形表示的复域数学模型。关于系统数学模型有不同的表示形式，将在单元 2 详细介绍。

（3）根据不同的分析方法对自动控制系统做定量分析，即分析系统稳、准、快三大性能。常用的分析方法有时域分析法、频率响应分析法、根轨迹法等。由于这几种分析方法各有所长，故长期并行采用。近年来，随着计算机的发展，MATLAB 软件在控制系统的分析与设计中得到广泛应用，特别是 MATLAB 中的 SIMULINK 仿真为控制系统分析与设计提供了强有力的工具。

（4）在控制系统分析的基础上，确定改善系统性能的有效途径，使系统满足所要求的性能和技术指标。

本书对于控制理论的介绍也是按照这样的思路和步骤进行的，直流调速系统是作为控制理论在电力拖动系统中的具体应用来进行介绍的。

1.5　MATLAB 软件应用基础

知识分布网络

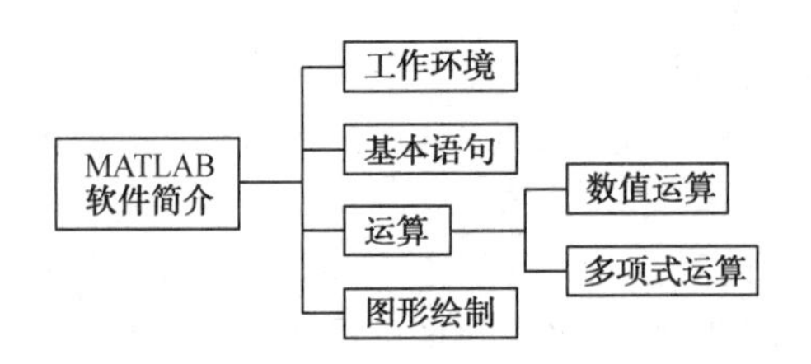

1.5.1　MATLAB 语言系统

MATLAB 是矩阵实验室（Matrix Laboratory）的英文缩写，它是以矩阵运算为基础的，适合于科学计算、工程计算和仿真等需求的数学软件系统。它是美国 Math Works 公司推出的一个方便、实用、界面友好的具有强大计算功能和良好的图形可视化功能的一套软件，被誉为"巨人肩上的工具"、"第四代计算机语言"。它具有许多专门用途的工具箱软件，如控制系统工具箱（Control System Toolbox）、系统识别工具箱（System Identification Toolbox）、信号处理工具箱（Signal Processing Toolbox）、鲁棒控制工具箱（Robust Control Toolbox）等等，使其在信号处理、控制系统识别、模糊控制及神经网络等领域得到广泛应用。

本书以 MATLAB 6.5 版本为例，介绍其在分析自动控制系统性能中的应用。

1. MATLAB 工作环境

启动 MATLAB 软件后，显示的界面如图 1-18 所示。

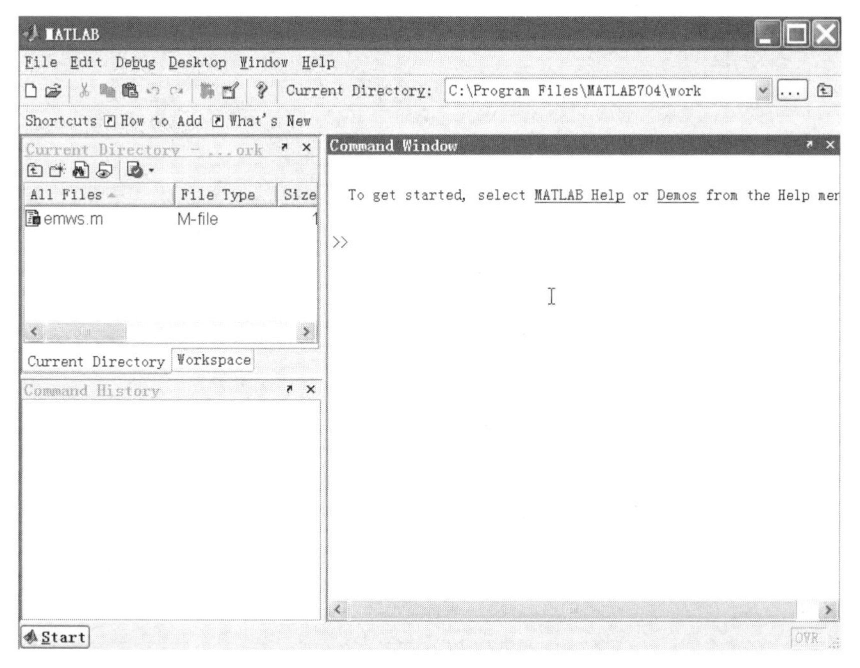

图 1-18　MATLAB 软件系统界面

整个界面分为四个窗口部分，分别为命令窗口（Command Window）、历史命令窗口（Command History）、工作空间窗口（Workspace）和当前目录窗口（Current Directory）。这些窗口可以如图 1-18 所示重叠在一起，也可以独立分离出来。

（1）命令窗口是用户与 MATLAB 交互的窗口，用于输入命令或程序，运行函数或 M 文件。

（2）命令历史窗口记录显示命令窗口中已经运行的命令。若重新执行命令窗口中已经执行的某一命令，则可以在命令历史窗口中选中这一条命令行，双击即可。

（3）工作空间窗口用于临时保存 MATLAB 程序或命令执行后所产生的所有变量的相关信息，包含变量的值（Name）、变量类型（Class）及占用空间大小（Size）等。

（4）当前目录窗口显示当前目录下的所有文件，若想看到目录下某一文件内容，选中这一文件并双击即可。

2. MATLAB 命令窗口（Command Window）

用户与 MATLAB 交互的窗口 Command Window 在使用时需要注意以下几点：

（1）输入命令后按回车键，则立即显示命令执行结果；若不显示命令执行结果，则需在输入命令后以分号结束。

（2）多条命令可以放在一行，它们之间用分号隔开。

（3）若一条完整的命令在一行中无法写下，则在语句行尾加上三个连续的点（…）表示续行。

（4）MATLAB 命令都为小写，且区分大小写。

（5）为程序加注释使用%，注释为单行型。

1.5.2 MATLAB 基本语句结构

1. 变量命名规则

MATLAB 中变量可用来存放数据，也可用来存放向量或矩阵，其命名规则如下：

（1）变量命名时区分字母大小写。如 A 和 a 表示不同变量。

（2）变量的名字必须以字母开头，之后可以是任意字母、数字或下画线。如 A34 是合法变量名，而 3A4 就不是合法的。

（3）变量中不能包含有标点符号和空格。如 A3_4 是合法的变量名，而 A3,4 就不是合法的。

2. 一些特殊变量

MATLAB 中存在一些特殊变量，其功能说明如表 1-1 所示。

表 1-1　常用特殊变量及功能说明

变量名	功能说明	变量名	功能说明
ans	计算结果默认变量名	inf	无穷大
i 或 j	虚数单位	nan	不定量
pi	圆周率		

3. MATLAB 的数学表达式

MATLAB 中表达式的输入基本同“手写算式”规则，具体如下：

（1）表达式由变量名、运算符和函数名组成。常见的数学运算符和函数如表 1-2 所示。

表 1-2　常见的数学运算符和函数

MATLAB 运算符	功能说明	MATLAB 函数	功能说明
+	加	/或\	除
-	减	^	幂
*	乘	sin()	正弦函数

续表

MATLAB 运算符	功 能 说 明	MATLAB 函数	功 能 说 明
cos()	余弦函数	exp()	自然指数 e^x
sqrt()	开平方	log()	以 e 为底的对数 $\ln(x)$
说明：MATLAB 用左斜杠和右斜杠分别表示“左除”或“右除”运算。对标量而言，这两者的作用没有区别，但对矩阵来说，“左除”和“右除”是不同的运算。			

（2）数值与变量或变量与变量相乘都不能连写，需用“*”号隔开。

（3）在相同的优先级下，表达式按数学运算顺序自左向右执行运算。

（4）表达式的优先级规定为：指数运算级别最高，乘除运算级别次之，加减运算级别最低。

（5）括号可以改变运算的次序，按先内后外的原则执行。

1.5.3　MATLAB 的运算

1. 基本运算及矩阵输入

1）数值基本运算

在 MATLAB 下进行加、减、乘、除、幂等的基本数学运算，只需在 Command Window 窗口的提示符（>>）之后，将运算式直接输入，输入完成后，按【Enter】键即可执行命令进行运算。

【实例 1-5】 求 $[10+2\times(4+5)]\div5^2$ 的运算结果。

用键盘在 MATLAB 指令窗中输入以下内容：

```
>>[10+2*(4+5)]/5^2
```

执行结果为：ans=1.1200

MATLAB 会将运算结果直接存入一变量 ans，若要将上述运算式结果存入另一个变量 x，则输入应为：

```
>>x=[10+2*(4+5)]/5^2
```

执行结果为：

```
x=1.1200
```

若不想让 MATLAB 每次都显示运算结果，只需在运算式最后加分号（；）即可。

2）矩阵的输入

在矩阵运算时，首先要进行矩阵输入，然后其基本运算同数值基本运算。对于矩阵的输入通常有以下两种方法。

（1）方法 1：在 Command Window 窗口直接输入。

任何矩阵（向量），可以直接按行方式输入每个元素：同一行中的元素用逗号（，）或者用空格符来分隔；行与行之间用分号（；）（或回车）分隔，矩阵的元素直接排在方括号（[ ]）内。

【实例 1-6】 建立向量 $\boldsymbol{A}=[1\quad2\quad3]$，$\boldsymbol{B}=\begin{bmatrix}1\\2\\3\end{bmatrix}$。

用键盘在 MATLAB 指令窗中输入以下内容：

```
>>A=[1, 2, 3]
```

回车后，执行结果为:

```
A=
   1   2   3
```

若用键盘在 MATLAB 指令窗中输入以下内容:

```
>>A=[1; 2; 3]
```

回车后，执行结果为:

```
A= 1
   2
   3
```

【实例 1-7】 在 MATLAB 指令窗口中输入

```
>>a=1;b=2;c=3;
>>x=[5,b,c;a*b,a+c,c/b]
```

回车后，执行结果为:

```
x=
     5.000   2.000   3.000
     2.000   4.000   1.500
```

（2）方法 2：采用矩阵函数或语句生成。

① 用线性等间距生成向量矩阵（start：step：end），其中 start 为起始值，step 为步长，end 为终止值。当步长为 1 时可省略 step 参数；另外 step 也可以为负值。

【实例 1-8】 在 MATLAB 指令窗口中输入

```
>>a=1:2:10
```

回车后，显示结果为:

```
a=1   3   5   7   9
```

② linspace(n1,n2,n)，产生线性等分向量，即在线性空间上，行矢量的值从 n1 到 n2，数据个数为 n，缺省 n 为 100。

【实例 1-9】 在 MATLAB 指令窗口中输入

```
>>a= linspace(1,10,10)
```

回车后，显示结果为:

```
a=1   2   3   4   5   6   7   8   9   10
```

③ logspace(n1,n2,n)，产生对数等分向量，即在对数空间上，行矢量的值从 10^{n1} 到 10^{n2}，数据个数为 n，缺省 n 为 50。这个指令为建立对数频域轴坐标提供了方便。

【实例 1-10】 在 MATLAB 指令窗口中输入

```
>>a= logspace(1,3,3)
```

回车后，显示结果为:

```
a=10   100   1000
```

④ MATLAB 中存在一些特殊矩阵函数，其功能说明如表 1-3 所示。

表 1-3　常用特殊矩阵函数及功能说明

函　数	功能说明
zeros(m,n)	生成 m×n 全零阵
eye(m,n)	生成 m×n 单位阵
ones(m,n)	生成 m×n 全 1 阵
rand(m,n)	生成 m×n 均匀分布随机矩阵

2. 多项式运算

在 MATLAB 中，多项式使用降幂系数的行向量表示。如多项式 $P(x)=x^4-12x^3+25x+116$，要在 MATLAB 中表示此多项式，只需用键盘在 MATLAB 指令窗中输入 P=[1,-12,0,25,116]即可。

常见的多项式运算函数及功能说明如表 1-4 所示。

表 1-4　常见的多项式运算函数及功能说明

函　数	功能说明	函　数	功能说明
roots	多项式求根	conv	多项式乘积
poly	由根求多项式	deconv	多项式除法
polyval	多项式求值	polyfit	多项式曲线拟合

1）多项式求根函数 roots()与由根求多项式函数 poly()

【实例 1-11】 ① 求多项式 $P(x)=x^4-12x^3+25x+116$ 的根。

```
>>P=[1,-12,0,25,116];
>>r=roots(P)
```

回车后，显示结果为：

```
r =
  11.7473
   2.7028
  -1.2251 + 1.4672i
  -1.2251 - 1.4672i
```

② 若已知多项式的根为 r，求此根对应的多项式。

```
>>P=poly(r)
```

回车后，显示结果为：

```
P=
    1   -12    0    25   116
```

2）多项式乘积函数 conv()

【实例 1-12】 求多项式 $A(s)=(s+1)(s+2)$ 的展开式：

```
>>A=conv([1  1], [1  2])
```

回车后，显示结果为：

```
A=
        1   3   2
```

则 $A(s)=s^2+3s+2$

注意：conv()函数只能用于两个多项式相乘，多个多项式相乘则必须嵌套使用。

【实例 1-13】 求多项式 $A(s)=(s+1)(s+2)(s+3)$ 的展开式。

```
>>A=conv(conv([1   1], [1   2]), [1   3])
```

回车后，显示结果为：

```
A=
        1   6    11   6
```

则 $A(s)=s^3+6s^2+11s+6$

1.5.4 MATLAB 二维图形绘制

MATLAB 最常用的绘制二维曲线的命令是 plot()。其调用格式为：

```
plot( x1,y1,'option1',x2,y2,'option1',…)
```

命令功能是在二维坐标系 x 轴和 y 轴中分别绘制以函数关系 $\text{y1}=f(\text{x1})$， $\text{y2}=f(\text{x2})$ 等决定的曲线，可以同时绘制多条。选项参数 option 定义了图形曲线的颜色、线型及标记符号，它由一对单引号括起来。表 1-5～表 1-7 分别给出了二维图形颜色、线型和标记的控制字符。

表 1-5　颜色控制符说明

字　符	颜　色	字　符	颜　色
Y	黄色	R	红色
G	绿色	B	蓝色
W	白色	K	黑色
C	青色	M	紫红色

表 1-6　线型控制符说明

符　号	线　型	符　号	线　型
—	实线（默认）	:	点连线
—·	点画线	--	虚线

表 1-7　数据点标记字符说明

控 制 符	标　记	控 制 符	标　记
.	点	+	十字符
。	圆圈	*	星号
×	叉号	s	正方形
d	菱形	h	六角形
<	左三角	>	右三角

【实例 1-14】 在 MATLAB 命令窗口输入以下命令：

```
>>x=0:0.5:10;
>>y=sin(x);
>>plot(x,y,'k:o')
```

执行后绘制的图形如图 1-19 所示。从图中可以看出，在 plot(x,y,'k:o')命令中所加的字符串'k:o'中，第一个字符“k”表示曲线的颜色为黑色；第二个字符“:”表示曲线的线型采用点连线；而第三个字符“o”则表示在曲线上的每一个数据点处用圆圈标出。

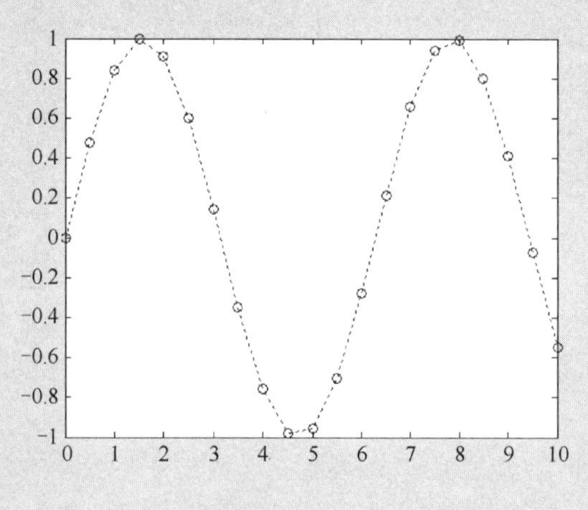

图 1-19 带颜色、线型及标记符号的正弦曲线

1. 多窗口绘制图形

MATLAB 语言通过使用创建绘图窗口命令 figure(n)可以进行多个图形窗口绘图，其中 n 为创建图形窗口的序号。

2. 多次重叠绘制图形

hold on 命令功能是把当前图形保持在屏幕上不变，同时允许在这个坐标内绘制另外一个图形。

hold off 命令功能是使新图覆盖旧的图形。

【实例 1-15】 同时绘制两个周期内的正弦曲线和余弦曲线。

解： MATLAB 程序为：

```
t=0: 0.1 : 4*pi;
y1=sin(t) ;
y2=cos(t) ;
plot(t,y1,'-') ;
hold on
plot(t,y2, '--')
```

所绘制的图形如图 1-20 所示。

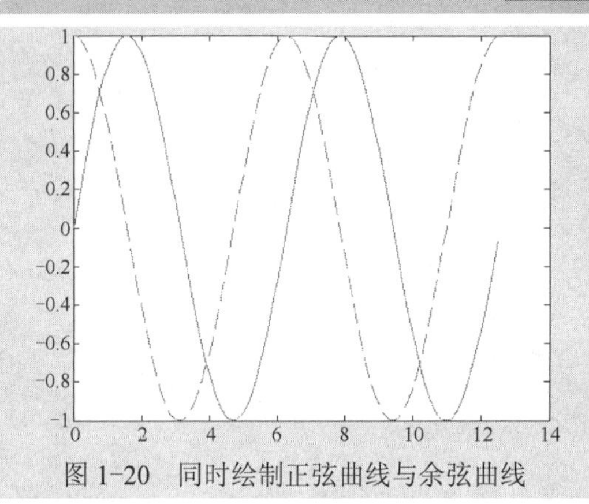

图 1-20　同时绘制正弦曲线与余弦曲线

3. 图形控制函数

grid on 命令功能是在所画出的图形坐标中加入网格线；grid off 是除去图形坐标中的网格线。

title（'字符串'）功能是在所画图形的最上端标注图形标题。

xlabel（'字符串'）、ylabel（'字符串'）功能是设置 x 、 y 坐标轴的名称。

axis（[xmin，xmax，ymin，ymax]）功能是设定坐标轴的范围。

text（x，y，'字符串'）功能是在图形的指定坐标位置 (x, y) 处，标示字符串。

gtext（'字符串'）功能是在交互方式下用鼠标添加文本。该函数只能在 MATLAB 命令窗口中执行。

【实例 1-16】 在实例 1-14 中，增加上述一些标记命令，程序为：

```
x=0:0.5:10;
y=sin(x);
plot(x,y,'k:o') ;
grid on ;
title('正弦曲线') ;
xlabel('time') ;
ylabel('sin(t) ')
```

所绘制的图形如图 1-21 所示。

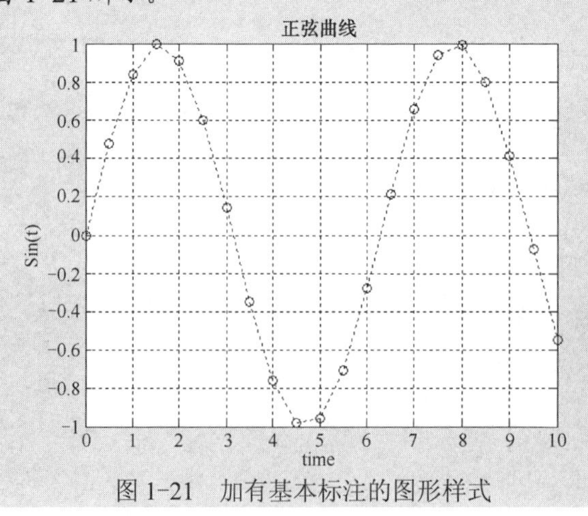

图 1-21　加有基本标注的图形样式

任务 1 单闭环直流调速系统定性分析与框图建立

1. 任务工单

任务名称	单闭环直流调速系统定性分析与框图建立
基本知识	（1）开环与闭环控制。 （2）反馈类型。 （3）组成框图
职业技能目标	（1）控制系统的组成分析能力。 （2）学习资料的查询能力。 （3）培养团队协作的能力
电路	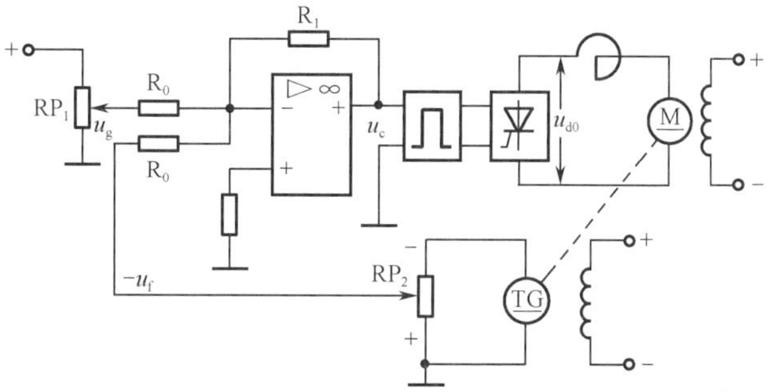
任务内容与步骤	（1）定性分析直流单闭环有静差直流调速系统，了解各个环节或元件的功能和基本特性。 （2）明确三个问题，即 ① 控制的目的是什么？由此确定被控量（输出量）以及受控对象； ② 控制装置是什么？由此确定偏差量、放大元件及驱动受控对象的执行元件； ③ 是否存在反馈？由此确定反馈量与检测装置以及反馈类型。 （3）绘制系统组成框图。 （4）撰写工作任务报告
任务评分	（1）前期准备情况（10%）。 （2）正确分析系统的构成，并准确描述各单元电路作用（40%）。 （3）系统结构图建立正确（30%）。 （4）实训报告（20%）

2. 任务目标

学习定性分析一个自动控制系统，明确其工作原理，并按其功能转化成系统组成框图。

3. 任务内容

（1）定性分析单闭环直流调速系统，了解各个环节或元件的功能和基本特性，掌握调速系统的功能和工作原理。

（2）明确相关的三个问题，绘制系统组成框图。

4. 任务实现

1）单闭环有静差直流调速系统组成及工作原理分析

单闭环有静差直流调速系统如图 1-22 所示。电位器 RP_1 提供给定电压 u_g，测速发电机

TG 和反馈电位器 RP_2 构成转速检测环节，系统的输出量转速经转速检测环节转化为与转速成正比的反馈电压 u_f 反馈到输入端并与输入端进行比较，采用的是负反馈控制。放大器的输入电压是 $\Delta u = u_g - u_f$，经放大器放大后为 u_c，是晶闸管触发电路的控制电压，改变 u_c 即改变触发角 α，改变晶闸管整流装置输出直流电压 u_{d0}，实现了对电动机转速的控制，属于调压调速。

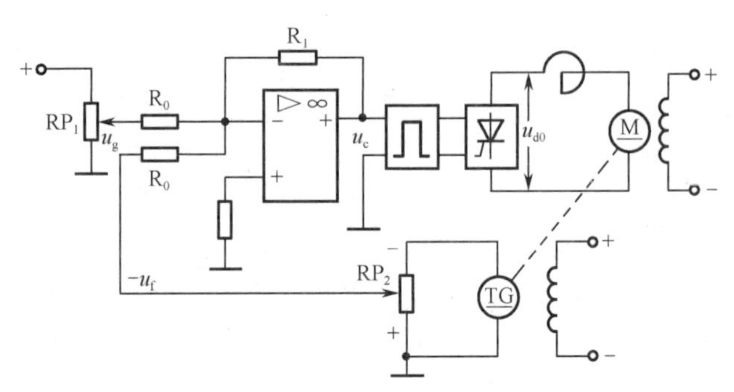

图 1-22　具有转速负反馈的单闭环有静差直流调速系统

其自动调节过程如图 1-23 所示。

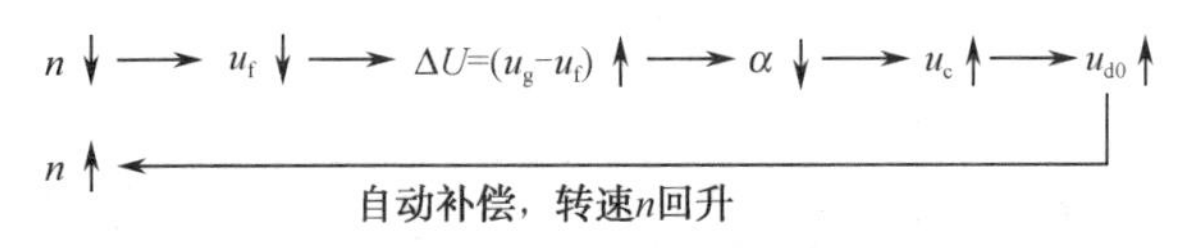

图 1-23　单闭环调速系统自动调节过程

由于本系统转速 n 虽然能自动回升，但不能回到原来的转速，因此本系统称为有静差直流调速系统。

2）绘制系统组成框图

明确三个问题，并绘制系统组成框图。由学生自己分析完成，并完成相应的任务报告。

5. 拓展思考

进一步理解组成一个自动控制系统的主要元件或环节有哪些？它们的特点和作用是什么？举出现实生活中的一个例子，详细分析其组成并绘制系统组成框图。

知识梳理与总结

（1）自动控制就是在没有人参与的情况下，利用控制装置操纵受控对象，使其满足所要求的性能。

（2）典型自动控制系统的组成框图，定性分析系统，明确三个问题，绘制出系统组成框图。

（3）自动控制系统的基本控制方式有开环控制和闭环控制。开环控制系统结构简单，成本低，但抗扰性能差，控制精度不高。对于扰动而引起的误差可预先知道，对控制性能要求不高的场合可采用开环控制系统。闭环控制系统能自动进行补偿，具有较高的控制精度和较强的抗扰能力，但系统复杂、成本较高，存在稳定性问题。

（4）自动控制系统按照不同的分类方法可进行不同分类。

（5）工程上一般从系统的稳（稳定性）、准（准确性）、快（快速性）三个方面来评价系统性能，但系统这三个性能往往是相互制约的，因此根据具体工作任务提出的要求不同，在分析和设计自动控制系统时，对系统三大性能要有所侧重，并注意统筹兼顾，以满足其要求。

（6）自动控制系统仿真软件 MATLAB 介绍。

思考与练习题 1

1-1　什么是系统？什么是自动控制系统？

1-2　什么是开环控制与闭环控制？比较它们的特点。

1-3　试列举日常生活中的开环控制系统与闭环控制系统的例子，并说明其工作原理。

1-4　组成自动控制系统的主要元件或环节有哪些？它们各有什么特点，起什么作用？

1-5　图 1-24 为热水电加热器示意图，它向用户提供热水并向水箱补充冷水。为了保持热水器的期望温度，由温控开关接通或断开电加热器的电源。试说明系统工作原理，并画出系统组成框图。

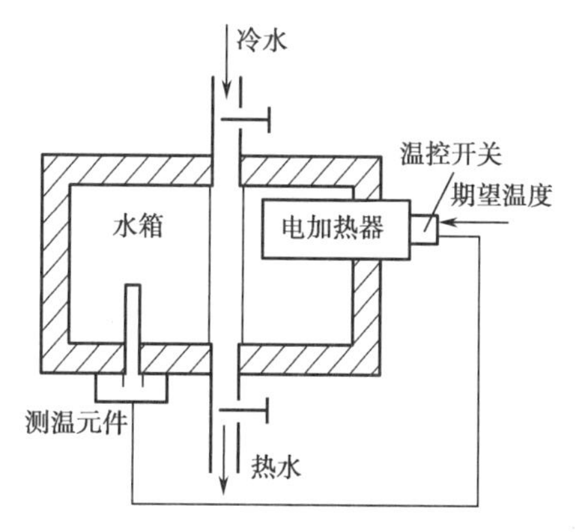

图 1-24　热水电加热器示意图

1-6　图 1-25 是仓库大门自动控制系统原理示意图。试说明系统自动控制大门开、闭的工作原理，并画出系统组成框图。

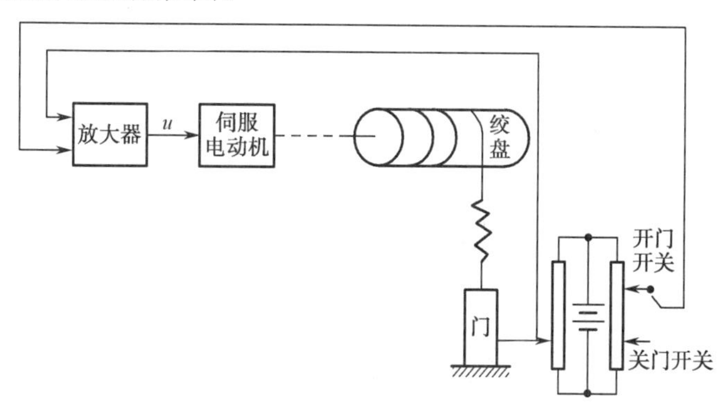

图 1-25　仓库大门自动控制系统原理示意图

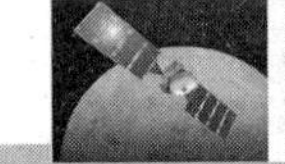

1-7 衡量一个自动控制系统的性能指标通常有哪些？它们是如何定义的？

1-8 图 1-26 为太阳能自动跟踪装置角位移 $\theta_0(t)$ 三种情况下的阶跃响应曲线，试分析比较Ⅰ、Ⅱ、Ⅲ三种情况的技术性能优劣。

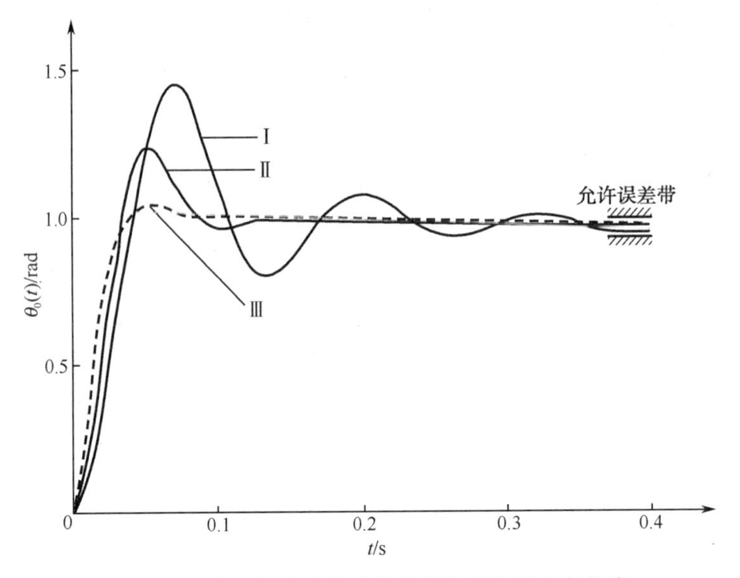

图 1-26 太阳能自动跟踪装置角位移阶跃响应曲线

单元2 自动控制系统数学模型建立

教学导航

知识目标	1. 数学工具——拉普拉斯变换及应用； 2. 控制系统时域数学模型——微分方程； 3. 控制系统复域数学模型——传递函数； 4. 控制系统数学模型建立； 5. 典型环节数学模型； 6. 系统方框图建立与简化； 7. MATLAB 软件描述系统数学模型
能力目标	1. 系统各基本环节单元参数测试与特性测试能力； 2. 控制系统数学模型的建立与简化处理能力； 3. 控制系统仿真能力； 4. 资料的查询能力； 5. 自主学习能力
素质目标	1. 团队协作能力； 2. 组织沟通能力； 3. 严谨认真的学习工作作风
重难点	1. 传递函数； 2. 方框图的简化及梅逊公式
任务	1. 控制系统典型环节的模拟与测试； 2. 单闭环直流调速系统数学模型建立
推荐教学方法	动画教学、任务驱动教学

要对自动控制系统做定量分析，分析系统稳、准、快三大性能，就必须先把具体的系统抽象成数学模型，即建立系统数学模型。所谓系统的数学模型是指描述系统（或元件）动态特性的数学表达方式。系统数学模型有以下几种表达形式：

数学模型
- 微分方程：最基本的方法，时域数学模型
- 传递函数：复域数学模型，古典控制理论中最为重要，工程上用得最多
- 图形表示
  - 框图（方框图、动态结构图）
  - 信号流程图
- 频率特性：频域数学模型

时域数学模型借助于拉普拉斯变换转变为复域数学模型，利用图形表示更为形象直观，而图形表示是建立在传递函数（复域数学模型）基础之上的，故拉普拉斯变换是经典控制理论的数学基础，为此，在介绍系统数学模型之前，先介绍数学工具即拉普拉斯变换。

拉普拉斯变换（Laplace Transform）简称拉氏变换，它是一种函数的变换，经变换后，可将微分方程转化为代数方程，并同时考虑外作用和初始条件，这样利用拉式变换可使微分方程的求解大为简化。

2.1　拉普拉斯变换及其应用

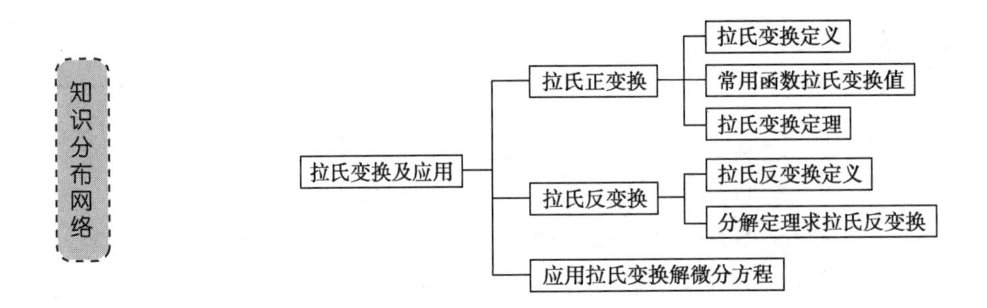

2.1.1　拉氏变换的概念

1. 拉氏变换定义

1）拉氏正变换

对于定义在[0,∞)区间上的函数 $f(t)$，有拉普拉斯积分

$$F(s)=\int_0^{+\infty} f(t)\mathrm{e}^{-st}\mathrm{d}t \tag{2-1}$$

函数 $F(s)$ 叫作函数 $f(t)$ 的拉普拉斯正变换，简称为拉氏正变换（拉氏变换在没有特别说明情况下一般是指拉氏正变换）。

记作：

$$L[f(t)]=F(s) \tag{2-2}$$

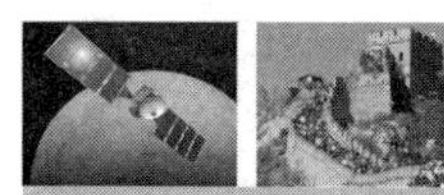

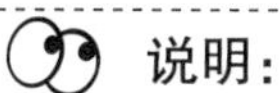

说明：

- s 为复数变量，$s=\sigma+\mathrm{j}\omega$，因此拉氏变换是将时变量函数 $f(t)$ 转化为复变量函数 $F(s)$。
- 通常称 $f(t)$ 为 $F(s)$ 的原函数，$F(s)$ 为 $f(t)$ 的象函数，也就是说拉氏变换是将原函数 $f(t)$ 转化为象函数 $F(s)$。
- 拉氏变换是一种单值变换，$f(t)$ 和 $F(s)$ 之间具有一一对应关系。

2）拉氏反变换

拉氏反变换是拉氏正变换的逆运算，定义式为：

$$f(t)=\frac{1}{2\pi \mathrm{j}}\int_{\sigma-\mathrm{j}\omega}^{\sigma+\mathrm{j}\omega}F(s)\mathrm{e}^{st}\mathrm{d}s \tag{2-3}$$

记作：

$$L^{-1}[F(s)]=f(t) \tag{2-4}$$

2. 常用函数的拉氏变换值

1）单位阶跃函数

单位阶跃函数表示为 $1(t)$ 或 $\varepsilon(t)$，如图 2-1 所示。它是自动控制系统的典型输入信号之一，相当于突加一个恒定信号，比如开关的开断、阀门的开启和关闭等。其数学表达式为

$$f(t)=1(t)=\varepsilon(t)=\begin{cases}0 & (t<0)\\ 1 & (t\geqslant 0)\end{cases}$$

由式（2-1）可得

$$F(s)=L[1(t)]=\int_{0}^{+\infty}1\times \mathrm{e}^{-st}\mathrm{d}t=-\tfrac{1}{s}\mathrm{e}^{-st}\Big|_{0}^{+\infty}=\frac{1}{s} \tag{2-5}$$

2）单位斜坡函数

单位斜坡函数也称为等速度函数，如图 2-2 所示，是一个随时间做均匀变化的信号。它也是自动控制系统的典型输入信号之一，如随动系统中恒速变化的位置指令信号、数控机床加工斜面时的进给指令位置信号等。其数学表达式为

$$f(t)=\begin{cases}0 & (t<0)\\ t & (t\geqslant 0)\end{cases}$$

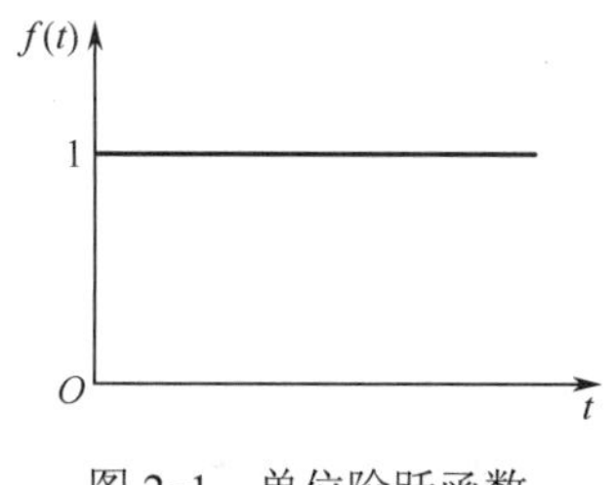

图 2-1　单位阶跃函数

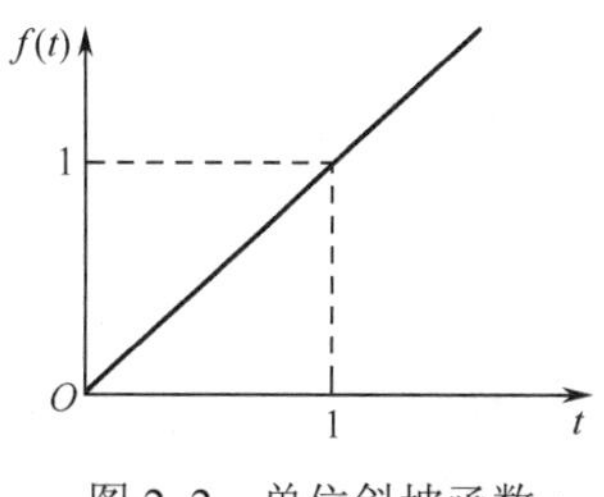

图 2-2　单位斜坡函数

由式（2-1）求出其拉氏变换值为

$$F(s)=L[f(t)]=\frac{1}{s^{2}} \tag{2-6}$$

3）单位抛物线函数

单位抛物线函数也称为等加速度函数，如图 2-3 所示，是一个随时间以等加速增长的信号。它也是自动控制系统的典型输入信号之一，如随动系统中做等加速度变化的位置指令信号等。其数学表达式为

$$f(t)=\begin{cases}0 & (t<0)\\ \dfrac{1}{2}t^2 & (t\geqslant 0)\end{cases}$$

由式（2-1）求出其拉氏变换值为

$$F(s)=L[f(t)]=\frac{1}{s^3} \tag{2-7}$$

4）单位脉冲函数

单位脉冲函数表示为$\delta(t)$，如图 2-4 所示，是一个单位理想脉冲函数（令脉宽趋于0）。其数学表达式为

$$\delta(t)=\begin{cases}0 & (t\neq 0)\\ \infty & (t=0)\end{cases}$$

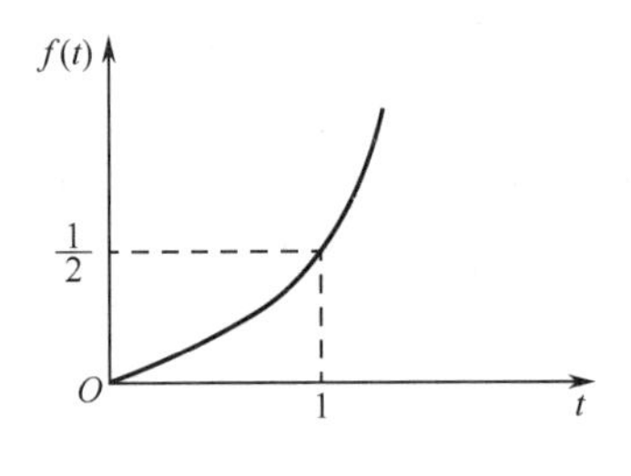

图 2-3　单位抛物线函数

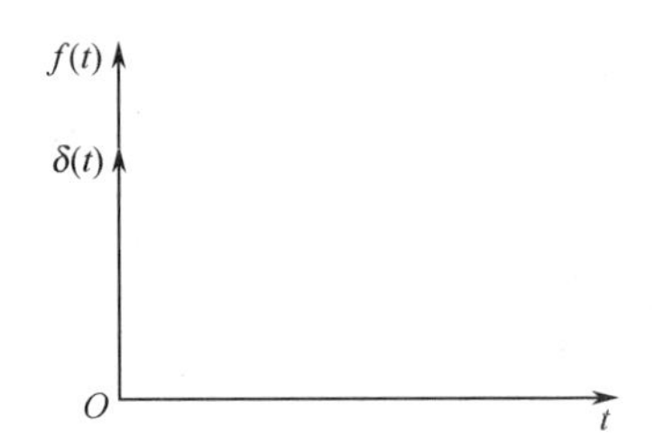

图 2-4　单位理想脉冲函数

实际中无法得到理想的单位脉冲函数，在工程实际中，只要输入信号的强度足够大，且持续时间（脉宽）远小于被控对象的时间常数时，这种单位窄脉冲信号则可视为单位脉冲函数，如脉宽很窄的电压信号、瞬间作用的冲击力等。

由于$\int_{-\infty}^{+\infty}\delta(t)\mathrm{d}t=1$，即脉冲面积为 1，相应地由式（2-1）求出其拉氏变换值为

$$L[\delta(t)]=1 \tag{2-8}$$

5）指数函数

指数函数表示为$\mathrm{e}^{-\alpha t}$，由式（2-1）求出其拉氏变换值为

$$L[\mathrm{e}^{-\alpha t}]=\int_0^{+\infty}\mathrm{e}^{-\alpha t}\cdot\mathrm{e}^{-st}\mathrm{d}t=\int_0^{+\infty}\mathrm{e}^{-(\alpha+s)t}\mathrm{d}t=\frac{1}{s+\alpha} \tag{2-9}$$

6）正弦函数

根据欧拉公式$\sin\omega t=\dfrac{1}{2\mathrm{j}}(\mathrm{e}^{j\omega t}-\mathrm{e}^{-j\omega t})$，再由式（2-1）可求出正弦函数的拉氏变换值为

$$L[\sin\omega t]=\int_0^{+\infty}\sin\omega t\cdot\mathrm{e}^{-st}\mathrm{d}t=\frac{1}{2\mathrm{j}}\int_0^{+\infty}(\mathrm{e}^{\mathrm{j}\omega t}-\mathrm{e}^{-\mathrm{j}\omega t})\mathrm{e}^{-st}\mathrm{d}t=\frac{\omega}{s^2+\omega^2} \tag{2-10}$$

同理，根据欧拉公式 $\cos\omega t=\dfrac{1}{2}(\mathrm{e}^{\mathrm{j}\omega t}+\mathrm{e}^{-\mathrm{j}\omega t})$，可得

$$L[\cos\omega t]=\int_0^{+\infty}\cos\omega t\cdot\mathrm{e}^{-st}\mathrm{d}t=\frac{1}{2}\int_0^{+\infty}(\mathrm{e}^{\mathrm{j}\omega t}+\mathrm{e}^{-\mathrm{j}\omega t})\mathrm{e}^{-st}\mathrm{d}t=\frac{s}{s^2+\omega^2}\qquad(2\text{-}11)$$

2.1.2　拉氏变换的运算定理

在应用拉氏变换时，常需要借助拉氏变换运算定理，这些定理都可以通过拉氏变换定义式加以证明，本书仅介绍运算定理，证明省略。

1. 线性定理

若函数 $f_1(t)$、$f_2(t)$ 的象函数分别为 $F_1(s)$、$F_2(s)$，对于常数 K_1、K_2，则有

$$L[K_1f_1(t)\pm K_2f_2(t)]=K_1F_1(s)\pm K_2F_2(s)\qquad(2\text{-}12)$$

【实例 2-1】 求 $L\left[\dfrac{1}{2}+t^2-\mathrm{e}^{-3t}\right]$。

解： $L\left[\dfrac{1}{2}+t^2-\mathrm{e}^{-3t}\right]=L\left[\dfrac{1}{2}\right]+L\left[2\times\dfrac{1}{2}t^2\right]-L[\mathrm{e}^{-3t}]$

$$=\frac{1}{2s}+\frac{2}{s^3}-\frac{1}{s+3}$$

2. 微分定理

在零初始条件下，即

$$f(0)=f'(0)=\cdots=f^{(n-1)}(0)=0$$

则有

$$L[f^{(n)}(t)]=s^nF(s)\qquad(2\text{-}13)$$

可见，它是拉氏变换能将微分运算转换成代数运算的依据。因此微分定理是十分重要的运算定理。

【实例 2-2】 试写出如图 2-5 所示的 RLC 串联电路在零初始条件下的输出象函数。

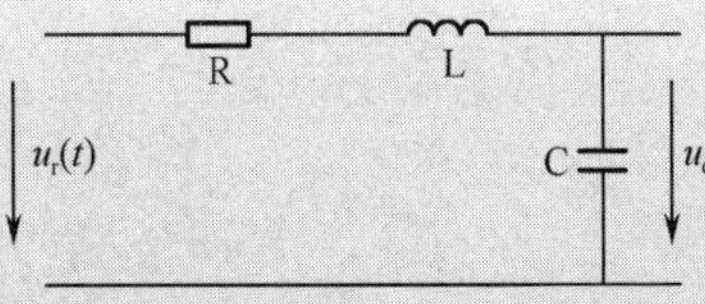

图 2-5　RLC 串联电路

解：

RLC 电路的微分方程

$$LC\frac{\mathrm{d}^2u_c}{\mathrm{d}t^2}+RC\frac{\mathrm{d}u_c}{\mathrm{d}t}+u_c=u_r$$

可利用微分定理对上面微分方程进行拉氏变换：

$$LCs^2U_c(s)+RCsU_c(s)+U_c(s)=U_r(s)$$

$$(LCs^2+RCs+1)U_c(s)=U_r(s)$$

这样微分方程转化为线性代数方程，易求出输出象函数为

$$U_c(s)=\frac{U_r(s)}{LCs^2+RCs+1}$$

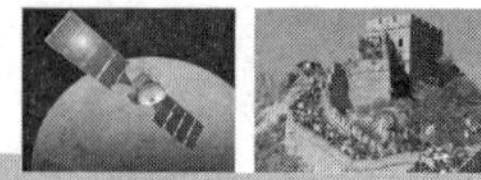

若已知输入为单位阶跃函数即 $u_r(t)=\varepsilon(t)$，可知其拉氏变换值为 $U_r(s)=\frac{1}{s}$，则输出

$$U_c(s)=\frac{U_r(s)}{LCs^2+RCs+1}=\frac{1}{s(LCs^2+RCs+1)}$$

再利用拉氏反变换即可求得输出的原函数 $u_c(t)$，可见利用拉氏变换解微分方程将比直接解微分方程容易得多。

3. 积分定理

它是微分的逆运算。在零初始条件下，即

$$\int f(t)\mathrm{d}t\Big|_{t=0}=\iint f(t)(\mathrm{d}t)^2\Big|_{t=0}=\cdots=\underbrace{\int\cdots\int}_{n-1} f(t)(\mathrm{d}t)^{n-1}\Big|_{t=0}$$

则

$$L[\int\cdots\int f(t)(\mathrm{d}t)^n]=\frac{F(s)}{s^n} \tag{2-14}$$

4. 位移定理（频域平移定理）

对任一常数 α，有

$$L[\mathrm{e}^{-\alpha t}f(t)]=F(s+\alpha) \tag{2-15}$$

【实例 2-3】 求 $\mathrm{e}^{-\alpha t}\sin\omega t$ 的拉氏变换值。

解： 直接运用位移定理可得

$$L[\mathrm{e}^{-\alpha t}\sin\omega t]=\frac{\omega}{(s+\alpha)^2+\omega^2}$$

同理，可求得

$$L[\mathrm{e}^{-\alpha t}\cos\omega t]=\frac{s+\alpha}{(s+\alpha)^2+\omega^2}$$

$$L[\mathrm{e}^{-\alpha t}t^n]=\frac{n!}{(s+\alpha)^{n+1}}\quad(n=1,2,3,\cdots)$$

5. 延迟定理（时域平移定理）

将 $f(t)$ 沿横坐标右移 τ 时间后得到 $f(t-\tau)$，$f(t-\tau)$ 称为 $f(t)$ 的延迟函数，其拉氏变换式为

$$L[f(t-\tau)]=\mathrm{e}^{-s\tau}F(s) \tag{2-16}$$

【实例 2-4】 求图 2-6（a）方波的拉氏变换值。

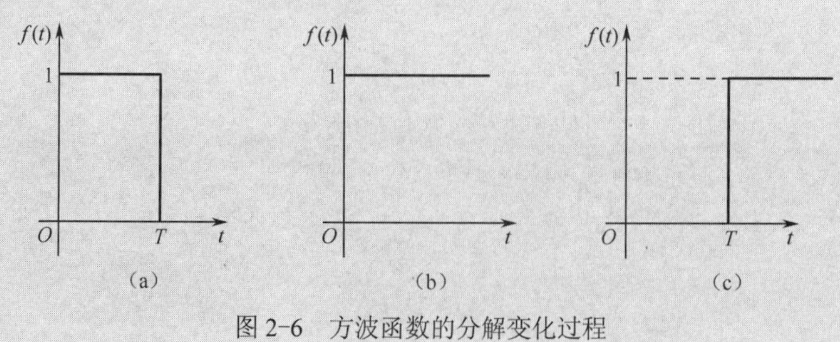

图 2-6　方波函数的分解变化过程

解：

图 2-6（a）方波可表示为图 2-6（b）与图 2-6（c）之差，即

$$f(t)=\varepsilon(t)-\varepsilon(t-T)$$

故，其拉氏变换值为

$$L[f(t)]=\frac{1}{s}-\frac{1}{s}\mathrm{e}^{-Ts}=\frac{1-\mathrm{e}^{-Ts}}{s}$$

6. 终值定理

$$\lim_{t\to\infty}f(t)=\lim_{s\to 0}sF(s) \tag{2-17}$$

可见，原函数的终值（稳态值）可以通过将象函数 $F(s)$ 乘以 s 后，再求 $s\to 0$ 的极限值来求得。条件是：$sF(s)$ 的全部极点除坐标原点外应全部分布在 s 平面的左半平面。

终值定理在分析研究系统的稳态性能时有着很多的应用，因此终值定理也是一个经常用到的运算定理。

2.1.3　利用分解定理求拉氏反变换

拉氏反变换的求解有多种方法，其中比较简单的方法是通过查拉氏变换表求取原函数，以及利用分解定理（部分分式法）求取。

在自动控制理论中常遇到的象函数 $F(s)$ 是复变量 s 的有理分式形式，即分母多项式阶次高于分子多项式阶次。

$$F(s)=\frac{B(s)}{A(s)}=\frac{b_m s^m+b_{m-1}s^{m-1}+\cdots+b_1 s+b_0}{s^n+a_{n-1}s^{n-1}+\cdots+a_1 s+a_0}$$

式中 $a_0,a_1,\cdots,a_{n-1}$ 和 $b_0,b_1,\cdots,b_m$ 均为实数，n、m 为正数，且 $n>m$。将 $F(s)$ 分母 $A(s)$ 进行因式分解，可写为

$$A(s)=(s-p_1)(s-p_2)\cdots(s-p_n)$$

式中 $p_1,p_2,\cdots,p_n$ 为 $A(s)=0$ 的根，也称为 $F(s)$ 的极点，它们可以是实数，也可以是复数，若是复数，一定是一对共轭根。

这样可将象函数 $F(s)$ 采用部分分式展开成若干分量的和，即

$$F(s)=F_1(s)+F_2(s)+\cdots F_n(s)$$

$F_1(s),F_2(s),\cdots,F_n(s)$ 的拉氏反变换很容易由拉氏变换表查得，即可得

$$\begin{aligned}f(t)&=L^{-1}[F(s)]=L^{-1}[F_1(s)+F_2(s)+\cdots F_n(s)]\\&=f_1(t)+f_2(t)+\cdots f_n(t)\end{aligned}$$

下面分情况介绍。

1. $A(s)=0$ 无重根情况

可将 $F(s)$ 展开成 n 个简单的分式之和，即

$$\begin{aligned}F(s)&=\frac{B(s)}{A(s)}=\frac{B(s)}{(s-p_1)(s-p_2)\cdots(s-p_n)}\\&=\frac{c_1}{s-p_1}+\frac{c_2}{s-p_2}+\cdots+\frac{c_n}{s-p_n} \qquad (2\text{-}18)\\&=\sum_{i=1}^{n}\frac{c_i}{s-p_i}\end{aligned}$$

式中 c_i（$i=1,2,\cdots,n$）称为单根待定系数，其求法如式（2-19）所示。

$$c_i=\lim_{s\to p_i}(s-p_i)F(s) \tag{2-19}$$

由于 $L[\mathrm{e}^{pt}]=\dfrac{1}{s-p}$，故象函数 $F(s)$ 的原函数为：

$$f(t)=L^{-1}[F(s)]=\sum_{i=1}^{n}c_i\mathrm{e}^{p_i t} \tag{2-20}$$

【实例 2-5】 求 $F(s)=\dfrac{s+2}{s^2+4s+3}$ 的拉氏反变换。

解 由式（2-18）进行部分分式展开：

$$F(s)=\frac{s+2}{s^2+4s+3}=\frac{s+2}{(s+1)(s+3)}=\frac{c_1}{s+1}+\frac{c_2}{s+3}$$

由式（2-19）可得：

$$c_1=\lim_{s\to -1}(s+1)F(s)=\lim_{s\to -1}(s+1)\frac{s+2}{(s+1)(s+3)}=\frac{1}{2}$$

$$c_2=\lim_{s\to -3}(s+3)F(s)=\lim_{s\to -3}(s+3)\frac{s+2}{(s+1)(s+3)}=\frac{1}{2}$$

因此：

$$f(t)=L^{-1}[F(s)]=L^{-1}\left[\frac{\frac{1}{2}}{s+1}\right]+L^{-1}\left[\frac{\frac{1}{2}}{s+3}\right]=\frac{1}{2}\mathrm{e}^{-t}+\frac{1}{2}\mathrm{e}^{-3t}$$

2. $A(s)=0$ 有重根情况

假设 $A(s)=0$ 在 $s=p_1$ 处有 r 个重根，其余根均为单根，则 $F(s)$ 展开成如下 n 个分式之和：

$$\begin{aligned}F(s)&=\frac{B(s)}{A(s)}=\frac{B(s)}{(s-p_1)^r(s-p_{r+1})\cdots(s-p_n)}\\&=\underbrace{\frac{c_{11}}{(s-p_1)^r}+\frac{c_{12}}{(s-p_1)^{r-1}}+\cdots+\frac{c_{1r}}{s-p_1}}_{\text{重根部分}}+\underbrace{\frac{c_{r+1}}{s+p_{r+1}}+\cdots+\frac{c_n}{s-p_n}}_{\text{单根部分}}\end{aligned} \tag{2-21}$$

式中 $c_{11},c_{12},\cdots,c_{1r}$ 称为重根待定系数，求法如式（2-22）；$c_{r+1},\cdots,c_n$ 为单根待定系数，求法如式（2-19）。

$$\begin{aligned}c_{11}&=\lim_{s\to p_1}(s-p_1)^r F(s)\\c_{12}&=\lim_{s\to p_1}\frac{\mathrm{d}}{\mathrm{d}s}[(s-p_1)^r F(s)]\\c_{13}&=\frac{1}{2!}\lim_{s\to p_1}\frac{\mathrm{d}^2}{\mathrm{d}s^2}[(s-p_1)^r F(s)]\\&\vdots\\c_{1r}&=\frac{1}{(r-1)!}\lim_{s\to p_1}\frac{\mathrm{d}^{r-1}}{\mathrm{d}s^{r-1}}[(s-p_1)^r F(s)]\end{aligned} \tag{2-22}$$

由于$L\left[\frac{1}{r!}t^r\right]=\frac{1}{s^{r+1}}$，根据位移定理得$L\left[\frac{1}{r!}t^r e^{pt}\right]=\frac{1}{(s-p)^{r+1}}$，故象函数$F(s)$的原函数为

$$f(t)=L^{-1}[F(s)]=\underbrace{\left[\frac{c_{11}}{(r-1)!}t^{r-1}+\frac{c_{12}}{(r-2)!}t^{r-2}+\cdots+c_{1r}\right]e^{p_1 t}}_{\text{重根部分的原函数}}+\underbrace{c_{r+1}e^{p_{r+1}t}+\cdots+c_n e^{p_n t}}_{\text{单根部分的原函数}} \tag{2-23}$$

【实例 2-6】 求$F(s)=\frac{1}{(s+1)^2(s+2)}$的拉氏反变换。

解：

$$F(s)=\frac{1}{(s+1)^2(s+2)}=\underbrace{\frac{c_{11}}{(s+1)^2}+\frac{c_{12}}{s+1}}_{\text{重根部分}}+\underbrace{\frac{c_2}{s+2}}_{\text{单根部分}}$$

先求重根待定系数，得

$$c_{11}=\lim_{s\to -1}(s+1)^2F(s)=1$$

$$c_{12}=\lim_{s\to -1}\frac{d}{ds}[(s+1)^2F(s)]=-1$$

再求单根待定系数，得

$$c_2=\lim_{s\to -2}(s+2)F(s)=1$$

所以

$$F(s)=\frac{1}{(s+1)^2(s+2)}=\underbrace{\frac{1}{(s+1)^2}+\frac{-1}{s+1}}_{\text{重根部分}}+\underbrace{\frac{1}{s+2}}_{\text{单根部分}}$$

求出拉氏反变换得原函数为

$$f(t)=L^{-1}[F(s)]=\underbrace{te^{-t}-e^{-t}}_{\text{重根部分原函数}}+\underbrace{e^{-2t}}_{\text{单根部分原函数}}$$

2.1.4 应用拉氏变换求解微分方程

应用拉氏变换求解微分方程的步骤如下：

（1）利用拉氏变换将微分方程转化为以s为变量的线性代数方程；

（2）解代数方程得到输出量的象函数；

（3）利用拉氏反变换求出原函数即得到微分方程解。

解法过程如图 2-7 所示，下面举例说明。

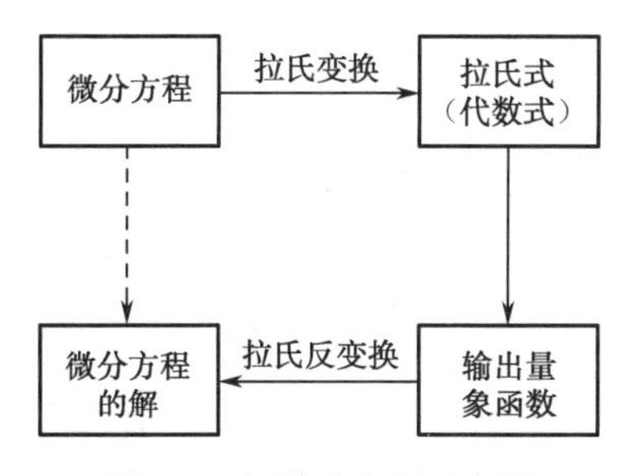

图 2-7 解微分方程示意图

【实例 2-7】 RC 网络如图 2-8 所示，在开关 S 闭合之前，电路处于零初始状态即 $u_c(0_-)=0$，试求开关 S 闭合后，电容的端电压 $u_c(t)$。

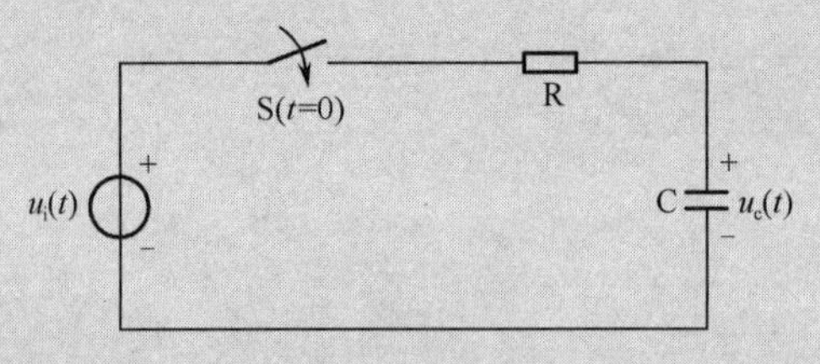

图 2-8　RC 网络

解　RC 网络的微分方程为：

$$RC\frac{\mathrm{d}u_c(t)}{\mathrm{d}t}+u_c(t)=u_i(t)$$

开关 S 瞬时闭合，相当于网络有阶跃电压输入 $u_i(t)=U_s\cdot 1(t)$，故 RC 网络微分方程为：

$$RC\frac{\mathrm{d}u_c(t)}{\mathrm{d}t}+u_c(t)=U_s\cdot 1(t)$$

进行拉氏变换，可得：

$$RCsU_c(s)+U_c(s)=\frac{U_s}{s}$$

解代数方程得到输出量的象函数为：

$$U_c(s)=\frac{U_s}{s(RCs+1)}$$

利用部分分式展开，得到：

$$U_c(s)=\frac{U_s}{s}-\frac{U_s}{\left(s+\frac{1}{RC}\right)}$$

进行拉氏反变换得到输出原函数为：

$$u_c(t)=U_s(1-\mathrm{e}^{-\frac{t}{RC}})$$

响应曲线如图 2-9 所示。

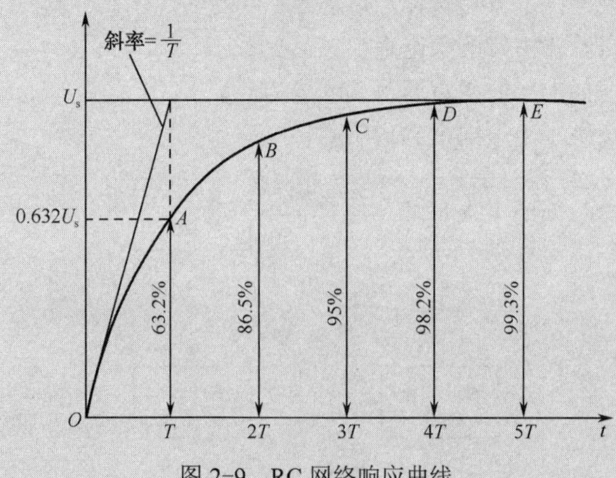

图 2-9　RC 网络响应曲线

2.2　自动控制系统的数学模型

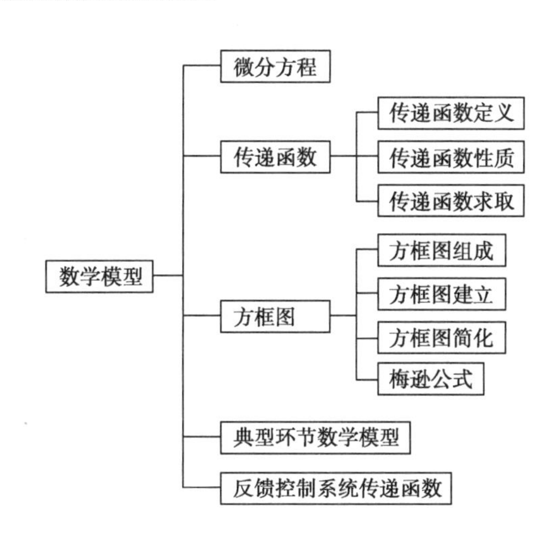

2.2.1　控制系统的微分方程

微分方程是系统最基本的数学模型，是描述自动控制系统（或元件）动态特性的最直接方法。列写系统微分方程通常按照以下步骤进行。

（1）确定系统的输入量和输出量；

（2）根据相应的物理定义列方程；

（3）将各微分方程联立起来消去中间变量，只留下输入量和输出量；

（4）整理成标准形式，即与输出量有关的各项放在微分方程左侧，与输入量有关的各项放在微分方程的右侧，方程两端变量的导数项按降幂排列。

在微分方程的建立过程中，第二步是关键步，这需要在定性分析的基础上进行。

微分方程的建立步骤通过下列 3 个实例进行说明。

【实例 2-8】 图 2-10 所示机械位移系统是由弹簧、质量物体和阻尼器所组成的，试列写质量 m 在外力 F 作用下位移 $y(t)$ 的运动方程。

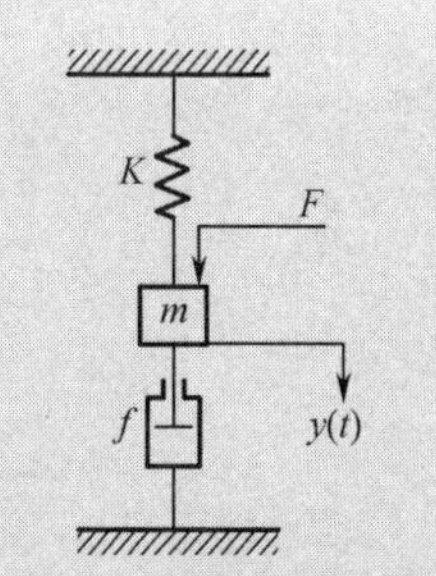

图 2-10　机械位移系统

（1）确定输入量、输出量。

设外作用力 $F(t)$ 为输入量，质量物体位移 $y(t)$ 为输出量。

（2）根据相应物理定义列方程。

根据牛顿第二定律 $ma=\sum F$ ，可得:

$$ma=F(t)-F_{\mathrm{B}}(t)-F_{\mathrm{K}}(t)$$

其中，$F_{\mathrm{K}}(t)$ 为弹簧阻力，与物体位移成正比，为:

$$F_{\mathrm{K}}(t)=Ky(t)$$

$F_{\mathrm{B}}(t)$ 为阻尼器的黏滞摩擦阻力，与物体位移的变化量成正比，也就是与物体运动的速度成正比，为:

$$F_{\mathrm{B}}(t)=f\frac{\mathrm{d}y(t)}{\mathrm{d}t}$$

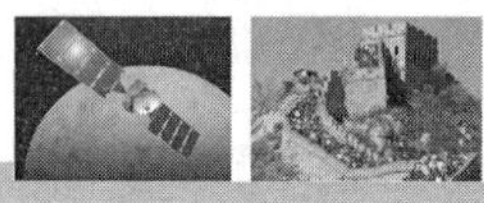

a为物体的加速度，为：

$$a = \frac{d^2 y(t)}{dt^2}$$

（3）消除中间变量，并整理成标准形式。

$$m\frac{d^2 y(t)}{dt^2} + f\frac{dy(t)}{dt} + y(t) = F(t)$$

【实例 2-9】 图 2-11 所示为 RLC 串联电路。设输入电压为$u_r(t)$，输出电压为$u_c(t)$，试列写其微分方程。

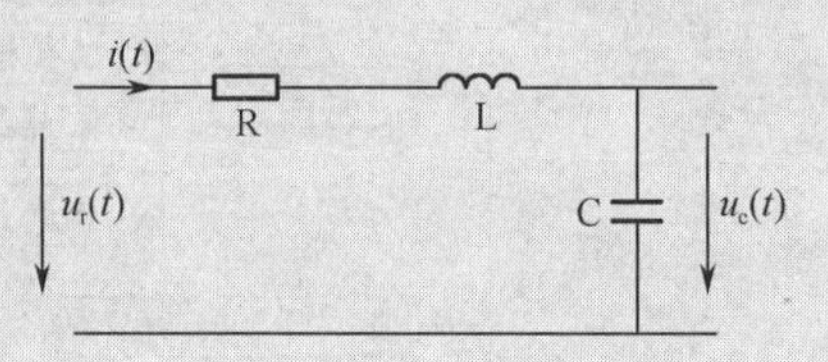

图 2-11　RLC 串联电路

解：（1）确定输入量、输出量。

设输入量为$u_r(t)$，输出量为$u_c(t)$。

（2）根据相应物理定义列方程。

根据基尔霍夫定律，可得：

$$Ri(t) + L\frac{di(t)}{dt} + u_c(t) = u_r(t)$$

电容的伏安关系表示为：

$$i = C\frac{du_c(t)}{dt}$$

（3）消除中间变量，并整理成标准形式为：

$$LC\frac{d^2 u_c(t)}{dt^2} + RC\frac{du_c(t)}{dt} + u_c(t) = u_r(t)$$

【实例 2-10】 图 2-12 所示为他励直流电动机电路图。试写出以电枢电压$u_a(t)$为输入量，以电动机转速n为输出量的微分方程。

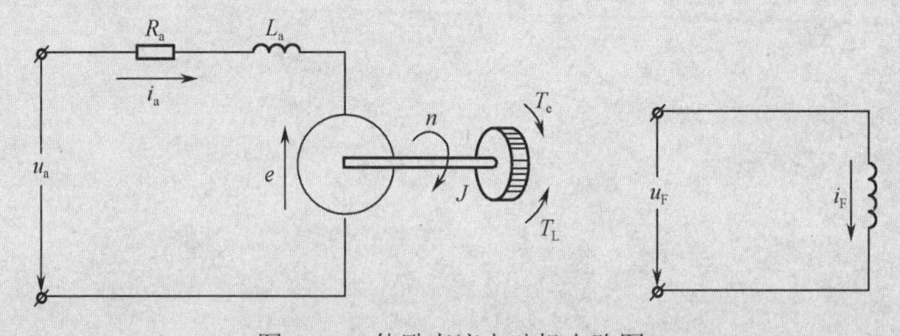

图 2-12　他励直流电动机电路图

解：（1）确定输入量、输出量。

分析励磁电流i_F恒定，改变电枢电压$u_a(t)$对电动机转速n的影响，故以电枢电压$u_a(t)$为输入量，电动机转速n为输出量列写电动机的微分方程，而将负载转矩T_L作为电动机的

外界扰动量。

（2）根据相应物理定义列方程。

电动机有两个独立回路：一个是电枢回路，有关物理量的角标用 a 表示，如图 2-12 所示，其中u_a、i_a、R_a、L_a、e分别为电枢电压、电流、电阻、电感和反电势，T_e为电磁转矩，T_L为负载转矩；另一个是励磁回路，有关物理量的角标用 F 表示。

直流电动机各物理量间的基本关系如下：

$$u_a = R_a i_a + L_a \frac{di_a}{dt} + e \tag{2-24}$$

$$T_e = K_T \phi i_a \tag{2-25}$$

$$T_e - T_L = \frac{GD^2}{375}\frac{dn}{dt} \tag{2-26}$$

$$e = K_e \phi n \tag{2-27}$$

其中，K_T为转矩常量，K_e为电动势常量，GD^2为电机的飞轮惯量。

（3）消除中间变量，并整理成标准形式。

为了简化方程，不考虑电动机的负载转矩，即设$T_L = 0$，将式（2-25）带入式（2-26），得：

$$i_a = \frac{GD^2}{375K_T\phi}\cdot\frac{dn}{dt} \tag{2-28}$$

将式（2-28）和式（2-27）代入式（2-24），并整理得：

$$\frac{L_a}{R_a}\cdot\frac{GD^2}{375}\cdot\frac{R_a}{K_T K_e \phi^2}\cdot\frac{d^2n}{dt^2} + \frac{GD^2 R_a}{375K_T K_e\phi^2}\cdot\frac{dn}{dt} + n = \frac{u_a}{K_e\phi}$$

令电枢回路电磁时间常数： $T_a = \dfrac{L_a}{R_a}$

电动机的机电时间常数： $T_m = \dfrac{GD^2 R_a}{375K_T K_e \phi^2}$

则其微分方程式可写为：

$$T_m T_a \frac{d^2n}{dt^2} + T_m\frac{dn}{dt} + n = \frac{1}{K_e\phi}u_a$$

通过以上三例微分方程式的建立，可见物理环节不同的系统或环节可以有相同的微分方程。

2.2.2 传递函数

利用拉氏变换这个数学工具，可将线性常微分方程转化为易处理的线性代数方程，可以将时域数学模型转化为复数域的数学模型即传递函数。传递函数是一个非常重要的概念，它比微分方程简单明了且运算方便，是自动控制中最常用的数学模型。

1. 传递函数的定义

传递函数是指线性定常系统（或环节）在零初始条件下，其输出的拉氏变换值$C(s)$与输入的拉氏变换值$R(s)$之比。传递函数一般用$G(s)$来表示，即

$$G(s) = \frac{C(s)}{R(s)} \tag{2-29}$$

由式（2-29）可得

$$C(s)=G(s)R(s) \tag{2-30}$$

由式（2-30）可见，输入信号经系统（或环节）传递后成为输出信号，也就是输入信号象函数与$G(s)$相乘后即得到输出信号象函数$C(s)$，故$G(s)$称为传递函数。这种信息传递关系用如图2-13所示的方框图表示，功能框内是传递函数。

图2-13 系统方框图

2. 传递函数的性质

（1）对于一个确定的系统（输入量与输出量也已确定），它的微分方程是唯一的，传递函数是由微分方程变换而来的，故其传递函数也是唯一的。

（2）传递函数是在零初始条件下定义的，因而不能反映非零初始条件下的全部运动规律。

（3）传递函数反映系统固有特性，只取决于系统（或环节）的结构和参数，而与系统的输入无关。

（4）传递函数是复变量s的有理分式，其分子和分母的各项系数均为实数，传递函数分母中的最高次幂n即为系统的阶次，相应系统称为n阶系统。

（5）令传递函数分母多项式等于零的方程为系统的特征方程（系统特征方程的根就是传递函数的极点）。特征方程的根反映了系统动态过程的性质，故由传递函数可以研究系统的动态特性。

（6）传递函数一般有两种表示方法，即零极点形式和典型环节形式。

零极点形式通式为：

$$G(s)=\frac{K_0(s-z_1)(s-z_2)\cdots(s-z_m)}{(s-p_1)(s-p_2)\cdots(s-p_n)}=\frac{K_0\prod_{j=1}^{m}(s-z_j)}{\prod_{i=1}^{n}(s-p_i)} \tag{2-31}$$

其中，z_j（$j=1,2,\cdots m$）为零点，p_i（$i=1,2,\cdots n$）为极点。

典型环节形式通式为：

$$G(s)=\frac{K\prod_{j=1}^{m}(\tau_j s+1)}{s^{\gamma}\prod_{i=1}^{n-\gamma}(\tau_i s+1)} \tag{2-32}$$

其中，τ为时间常数。

注意： 通常所说的系统增益是指典型环节形式下的增益K，而不是零极点形式下的增益K_0。

3. 由定义求取传递函数

方法1： 建立系统（或环节）微分方程，根据拉氏变换的时域微分性对此微分方程进行拉氏变换，然后根据传递函数定义求出系统（或环节）传递函数。

对于实例 2-9 中图 2-11 所示的 RLC 串联电路，若电路的输入量为$u_{\mathrm{r}}(t)$，输出量为$u_{\mathrm{c}}(t)$，其微分方程为：

$$LC\frac{\mathrm{d}^2u_{\mathrm{c}}(t)}{\mathrm{d}t^2}+RC\frac{\mathrm{d}u_{\mathrm{c}}(t)}{\mathrm{d}t}+u_{\mathrm{c}}(t)=u_{\mathrm{r}}(t) \tag{2-33}$$

根据拉氏变换的时域微分性对式（2-33）进行拉氏变换得：

$$LCs^2U_{\mathrm{c}}(s)+RCsU_{\mathrm{c}}(s)+U_{\mathrm{c}}(s)=U_{\mathrm{r}}(s)$$

$$(LCs^2+RCs+1)U_{\mathrm{c}}(s)=U_{\mathrm{r}}(s)$$

根据传递函数定义，即可得串联 RLC 电路的传递函数为：

$$G(s)=\frac{1}{LCs^2+RCs+1}$$

方法 2：用复阻抗法求电网络传递函数。

对于任一二端电网络，设初始条件为零，电路两端间电压的拉氏变换为$U(s)$，通过元件的电流的拉氏变换为$I(s)$，那么二端电路的复阻抗$Z(s)=\dfrac{U(s)}{I(s)}$。可见，如果二端电路的元件是电阻 R、电容 C 和电感 L，根据拉氏变换微分定理将它们的伏安关系进行拉氏变换即可得它们的复阻抗分别为R、$\dfrac{1}{sC}$、sL。利用复阻抗的概念可将时域电路模型转化为复域电路模型，接下来对于电路的分析如同电阻电路的分析。

对于图 2-11 所示的 RLC 串联电路，是时域电路模型，利用复阻抗概念将其转化为复域电路模型如图 2-14 所示。

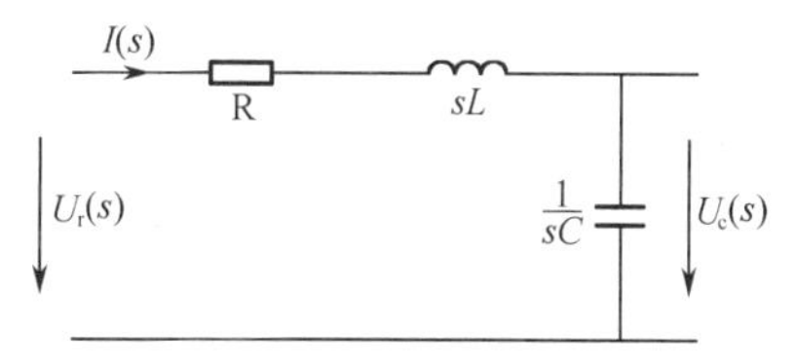

图 2-14　复域电路模型

根据传递函数定义，即可得串联 RLC 电路的传递函数为：

$$G(s)=\frac{U_{\mathrm{c}}(s)}{U_{\mathrm{r}}(s)}=\frac{\dfrac{1}{Cs}I(s)}{\left(R+sL+\dfrac{1}{Cs}\right)I(s)}=\frac{1}{LCs^2+RCs+1}$$

显然，与微分方程拉氏变换后求传递函数的方法结果一致。

2.2.3　典型环节的数学模型

任何一个复杂的控制系统，总可以看成是由一些典型环节（Typical Elements）组合而成的，研究和掌握这些典型环节的特性有助于对系统性能的研究。典型环节有比例环节、惯性环节、积分环节、微分环节、振荡环节、延迟环节等，下面分别进行介绍。

1. 比例环节

比例环节又称放大环节，其微分方程为：

$$c(t)=Kr(t)$$

式中 K 为放大倍数。对微分方程等式两边进行拉氏变换，利用传递函数定义可得其传递函数为：

$$G(s)=\frac{C(s)}{R(s)}=K \tag{2-34}$$

其方框图和单位阶跃响应如图 2-15 所示。

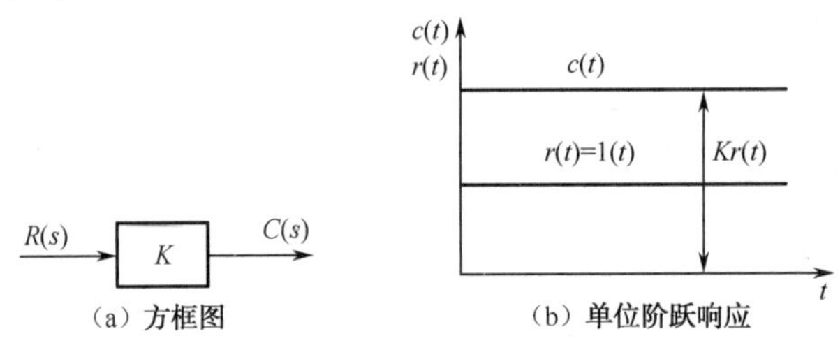

图 2-15　比例环节方框图及阶跃响应

比例环节的特点是输出不失真、不延迟、成比例地复现输入信号的变化。它是自动控制系统中遇到最多的一种，例如线性电位器、由运算放大器构成的比例环节、齿轮减速器等，如图 2-16 所示。

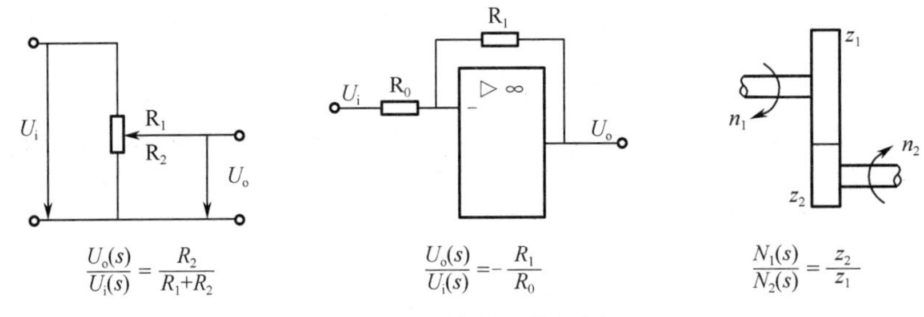

图 2-16　比例环节实例

2. 惯性环节

惯性环节微分方程为：

$$T\frac{\mathrm{d}c(t)}{\mathrm{d}t}+c(t)=r(t)$$

式中 T 为时间常数。对微分方程等式两边进行拉氏变换，利用传递函数定义可得其传递函数为：

$$G(s)=\frac{C(s)}{R(s)}=\frac{1}{Ts+1} \tag{2-35}$$

当输入信号为单位阶跃信号即 $R(s)=\frac{1}{s}$ 时，有：

$$C(s)=G(s)R(s)=\frac{1}{Ts+1}\cdot\frac{1}{s}=\frac{1}{s(Ts+1)}$$

利用分解定理求其拉普拉斯反变换，得到此环节的单位阶跃响应为：

$$c(t)=1-\mathrm{e}^{-\frac{t}{T}}$$

其方框图和单位阶跃响应如图 2-17 所示。

惯性环节的特点是输出量不能瞬时完成与输入量完全一致的变化，只能按指数规律逐渐变化，具有惯性，其常见实例如图 2-18 所示。

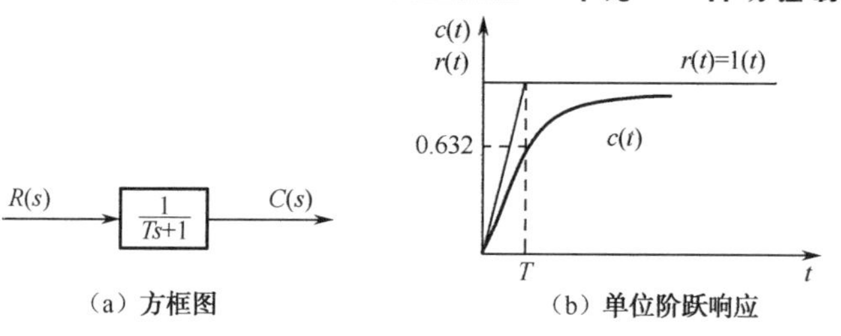

图 2-17　惯性环节方框图及阶跃响应

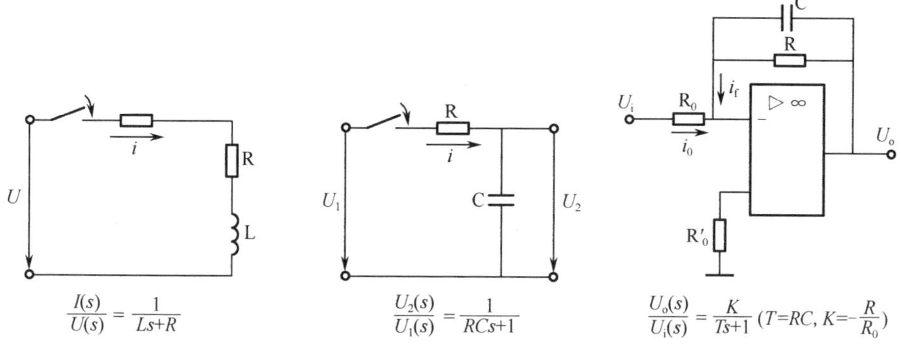

图 2-18　惯性环节实例

3. 积分环节

积分环节微分方程为：

$$T\frac{\mathrm{d}c(t)}{\mathrm{d}t}=r(t)$$

式中 T 为积分时间常数。对微分方程等式两边进行拉氏变换，利用传递函数定义可得其传递函数为：

$$G(s)=\frac{C(s)}{R(s)}=\frac{1}{Ts} \tag{2-36}$$

当输入信号为单位阶跃信号即 $R(s)=\dfrac{1}{s}$ 时，有：

$$C(s)=G(s)R(s)=\frac{1}{Ts}\cdot\frac{1}{s}=\frac{1}{Ts^2}$$

求其拉普拉斯反变换，得到此环节的单位阶跃响应为：

$$c(t)=\frac{1}{T}t$$

其方框图和单位阶跃响应如图 2-19 所示。

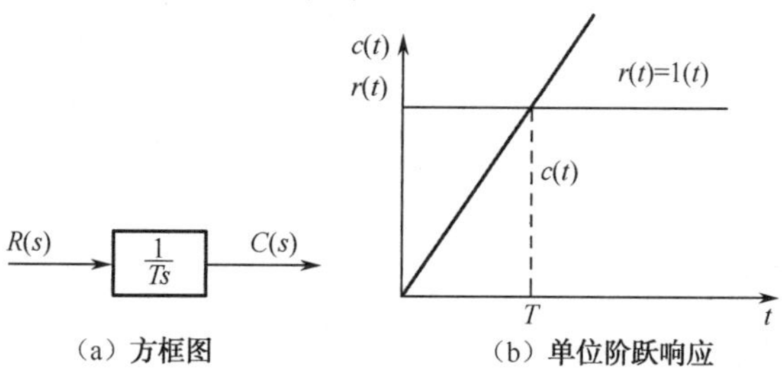

图 2-19　积分环节方框图及阶跃响应

积分环节的特点是输出量为输入量对时间的积累，输出积累一段时间后，即便输入为零，输出也将保持原值不变，即具有记忆功能。常见的积分环节实例如图 2-20 所示。

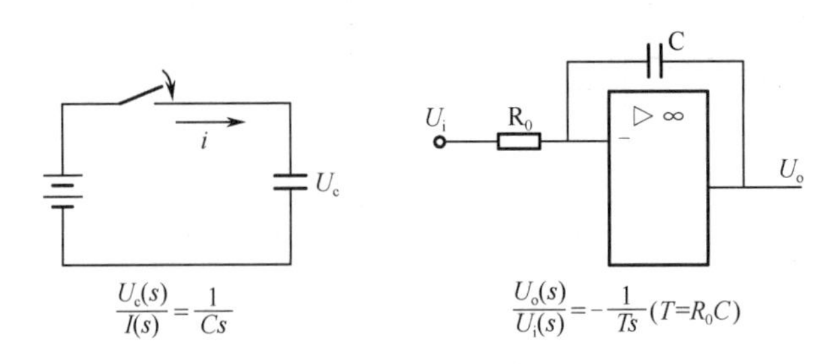

图 2-20　积分环节实例

4. 微分环节

理想微分环节微分方程为：

$$T\frac{\mathrm{d}r(t)}{\mathrm{d}t}=c(t)$$

式中 T 为微分时间常数。对微分方程等式两边进行拉氏变换，利用传递函数定义可得其传递函数为：

$$G(s)=\frac{C(s)}{R(s)}=Ts \tag{2-37}$$

当输入信号为单位阶跃信号即 $R(s)=\frac{1}{s}$ 时，有：

$$C(s)=G(s)R(s)=Ts\cdot\frac{1}{s}=T$$

求其拉普拉斯反变换，得到此环节的单位阶跃响应为：

$$c(t)=T\delta(t)$$

其方框图和单位阶跃响应如图 2-21 所示。

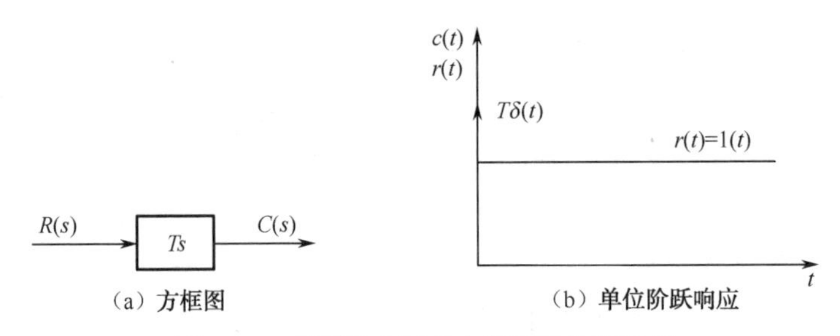

图 2-21　理想微分环节方框图及阶跃响应

由图 2-21（b）可见，当输入为阶跃函数时，输出量理论上是一个幅值为无穷大、时间宽度趋于零的脉冲，这在实际上是不可能的，故它不可能单独存在，总是与其他环节同时存在。一些理想微分环节实例如图 2-22 所示。

理想微分环节只是数学上的近似，实际微分环节总是有惯性的，实际微分环节传递函数为 $G(s)=\frac{Ts}{Ts+1}$，其单位阶跃响应的象函数为：

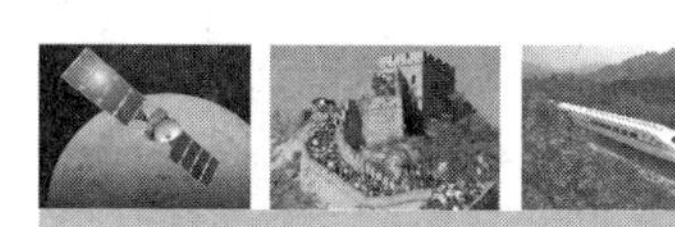

$$C(s)=G(s)R(s)=\frac{Ts}{Ts+1}\cdot\frac{1}{s}=\frac{1}{s+\frac{1}{T}}$$

求其拉氏反变换得：

$$c(t)=\mathrm{e}^{-\frac{t}{T}}$$

单位阶跃响应如图 2-23 所示。

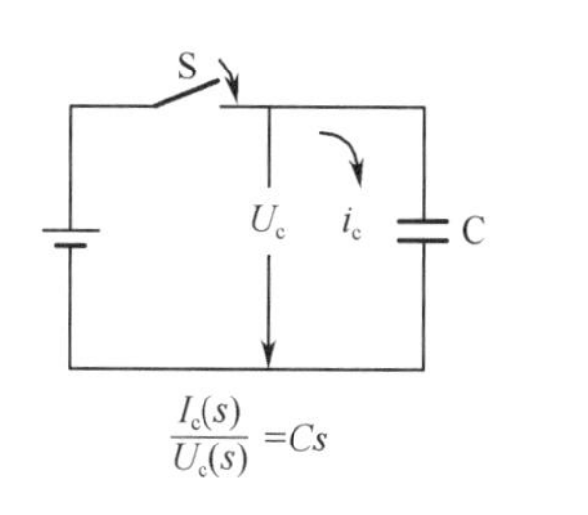

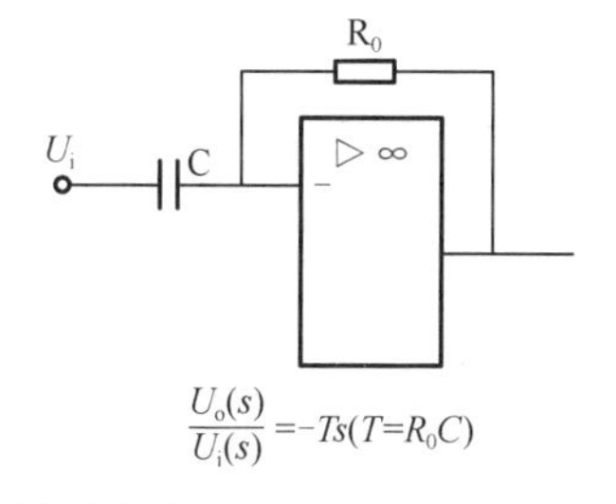

图 2-22　理想微分环节实例

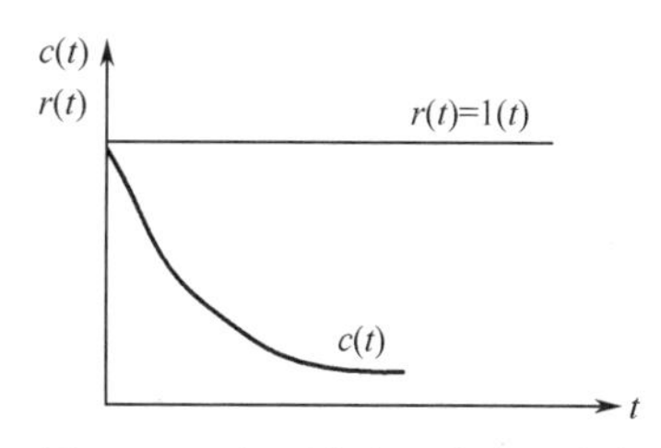

图 2-23　实际微分环节阶跃响应

在许多场合无法单独使用微分环节，常采用比例微分环节，其微分方程为：

$$T\frac{\mathrm{d}r(t)}{\mathrm{d}t}+r(t)=c(t)$$

传递函数为：

$$G(s)=\frac{C(s)}{R(s)}=Ts+1$$

同理可求出比例微分环节的单位阶跃响应：

$$c(t)=T\delta(t)+1$$

其响应曲线如图 2-24（a）所示，当输入量为阶跃函数，输出量在 t=0 时会产生一个宽度趋于零的脉冲；当 t>0 时，系统的输出等于输入。由运放构成的比例微分环节如图 2-24（b）所示。

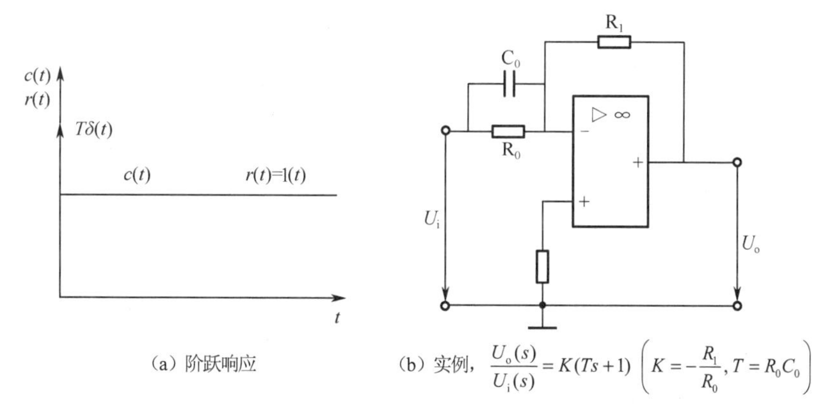

（a）阶跃响应　　（b）实例，$\frac{U_o(s)}{U_i(s)}=K(Ts+1)\left(K=-\frac{R_1}{R_0},T=R_0C_0\right)$

图 2-24　比例微分环节阶跃响应及实例

5. 振荡环节

二阶微分方程为：

$$T^2\frac{\mathrm{d}c^2(t)}{\mathrm{d}t^2}+2\xi T\frac{\mathrm{d}c(t)}{\mathrm{d}t}+c(t)=r(t)$$

式中 T 为时间常数，ξ 为阻尼比。当 $0<\xi<1$ 时，系统阶跃输出为振荡过程，此时二阶系统称为振荡环节。

振荡环节的传递函数为：

$$G(s)=\frac{C(s)}{R(s)}=\frac{1}{T^2s^2+2\xi Ts+1} \tag{2-38}$$

令 $\omega_n=\frac{1}{T}$ 为振荡环节的无阻尼自然振荡角频率，振荡环节的传递函数也可写为：

$$G(s)=\frac{C(s)}{R(s)}=\frac{\omega_n^2}{s^2+2\xi\omega_n s+\omega_n^2} \tag{2-39}$$

当输入信号为单位阶跃信号即 $R(s)=\frac{1}{s}$ 时，求其输出的拉普拉斯反变换，得到振荡环节的单位阶跃响应为：

$$c(t)=1-\frac{e^{-\xi\omega_n t}}{\sqrt{1-\xi^2}}\sin\left(\omega_n\sqrt{1-\xi^2}\,t+\arctan\frac{\sqrt{1-\xi^2}}{\xi}\right)$$

其方框图和单位阶跃响应如图 2-25 所示。

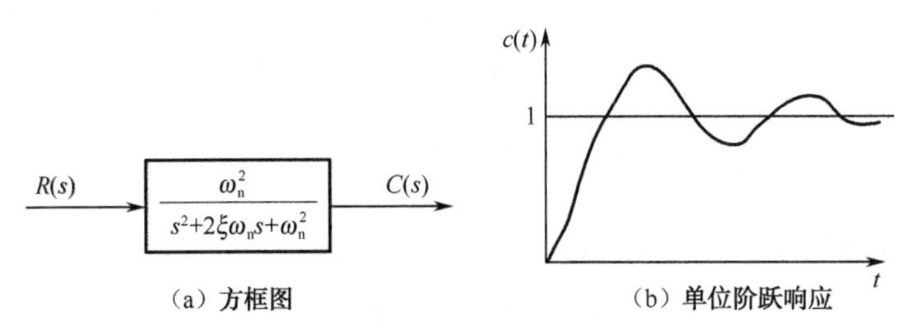

图 2-25　振荡环节方框图及阶跃响应

振荡环节的特点是，若输入为一阶跃信号，则其动态响应具有振荡。常见的振荡环节实例有：

本单元实例 2-8 中介绍的机械位移系统，其传递函数为：

$$G(s)=\frac{1}{ms^2+fs+k}$$

本单元实例 2-9 中介绍的 RLC 电路，其传递函数为：

$$G(s)=\frac{1}{LCs^2+RCs+1}$$

本单元实例 2-10 中介绍的他励直流电动机，其传递函数为：

$$G(s)=\frac{\frac{1}{K_e\phi}}{T_mT_as^2+T_ms+1}$$

6. 延迟环节

延迟环节又称时滞环节，其输出量在滞后一段时间后不失真地反映输入的变化形式，其数学表达式为：

$$c(t)=r(t-\tau)$$

式中 τ 为延时时间。延迟环节传递函数为：

$$G(s)=\frac{C(s)}{R(s)}=\mathrm{e}^{-\tau s}=\frac{1}{\mathrm{e}^{\tau s}} \tag{2-40}$$

当输入信号为单位阶跃信号即 $R(s)=\frac{1}{s}$ 时，其输出为：

$$c(t)=1(t-\tau)=\varepsilon(t-\tau)$$

其方框图和单位阶跃响应如图 2-26 所示。

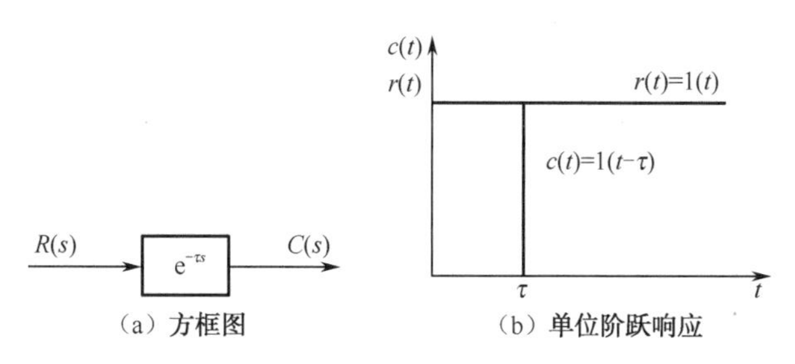

（a）方框图　（b）单位阶跃响应

图 2-26　延迟环节方框图及阶跃响应

延时环节的特点是其输出波形与输入波形相同，但延迟了时间 τ。延迟环节的存在对系统的稳定性不利。

由于在实际电路中，延迟时间很短，故为了分析计算方便，可对延迟环节做近似处理，也就是将 $\mathrm{e}^{\tau s}$ 按泰勒级数展开，τ 很小，可略去高次项，得

$$G(s)=\frac{1}{\mathrm{e}^{\tau s}}=\frac{1}{1+\tau s+\frac{1}{2!}\tau^2 s^2+\cdots}\approx\frac{1}{1+\tau s}$$

可见，在一定的条件下，延迟环节可用一个小惯性环节代替。

延时环节一般与其他环节一起出现。延时环节的实例，如晶闸管整流电路，当控制电压改变时，由于晶闸管导通后即失控，要等到下一个周期开始后才能响应，这意味着在时间上会造成延迟，对于单相全波电路，平均延时时间 $\tau=5\text{ms}$，对于三相桥式，平均延时时间 $\tau=1.7\text{ms}$。

2.2.4　控制系统的方框图

方框图又称动态结构图，是系统数学模型的一种图形表示方法，它可以形象描述自动控制系统各单元之间和各作用量之间的相互联系，具有简明直观，且可利用等效变换方法方便地求出系统的传递函数，故在自动控制系统的分析中得到广泛应用。

1. 方框图的组成

控制系统方框图一般由四种基本符号构成，如图 2-27 所示，下面分别进行介绍。

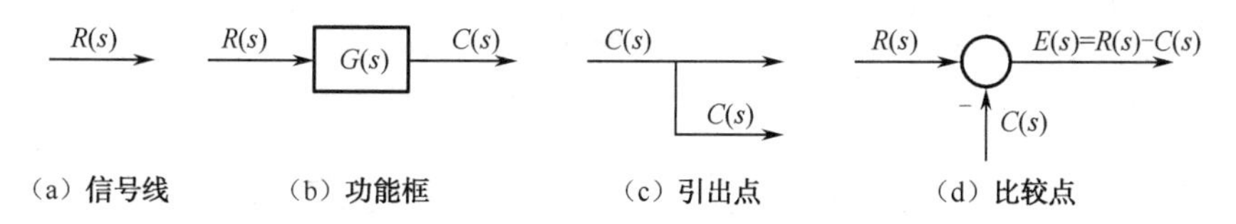

（a）信号线　（b）功能框　（c）引出点　（d）比较点

图 2-27　控制系统框图组成

1）信号线（Signal Line）

信号线表示信号流经的途径和方向，如图 2-27（a）所示。箭头表示信号传递的方向，信号线上的标注为信号的名称。

2）功能框（Block Diagram）

如图 2-27（b）所示，框中所填入的是系统或环节的传递函数 $G(s)$，箭头指向方框的信号为输入量 $R(s)$，箭头离开方框的信号为输出量 $C(s)$，它们之间的关系为 $C(s)=G(s)R(s)$。

3）引出点（Pickoff Point）

引出点也称分支点，如图 2-27（c）所示，表示信号由该点引出，从同一信号线上引出的信号，其大小和性质完全相同。

4）比较点（Comparing Point）

比较点也称综合点、和点，如图 2-27（d）所示，表示信号在此做代数运算，输出量为各输入量的代数和。

2. 方框图的建立

建立系统方框图一般步骤为：

（1）根据系统工作原理，分解各环节，确定各环节的输入量和输出量，求出各环节传递函数并画出各环节的功能框。

（2）确定系统的输入量和输出量，从输入量开始，从左到右，根据相互作用的顺序，依次画出各环节，直至得出所需的输出量。

（3）由内到外画出各反馈环节，完成整个系统的方框图。

下面通过实例进行说明。

【实例 2-11】 试绘制如图 2-28 所示两级 RC 网络的框图。

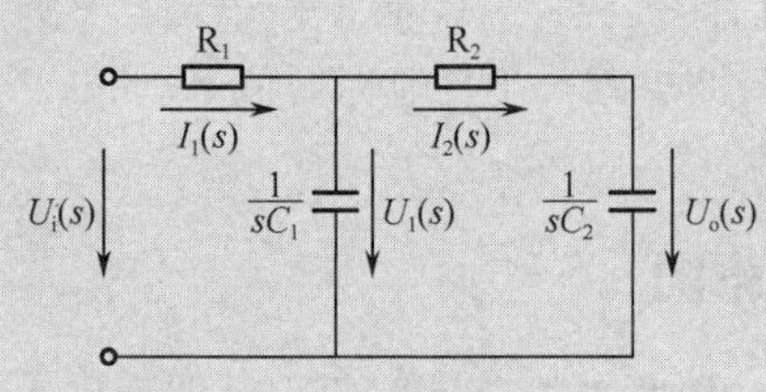

图 2-28　两级 RC 网络电路图

解：（1）根据系统工作原理，采用复阻抗法，对各元件列出复域方程。

电阻 R_1：$I_1(s)=[U_i(s)-U_1(s)]\dfrac{1}{R_1}$　　电容 C_1：$U_1(s)=[I_1(s)-I_2(s)]\dfrac{1}{sC_1}$

电阻 R_2：$I_2(s)=[U_1(s)-U_o(s)]\dfrac{1}{R_2}$

电容 C_2：$U_o(s)=I_2(s)\dfrac{1}{sC_2}$

（2）确定系统输入量为 $U_i(s)$，输出量为 $U_o(s)$，从输入量开始，从左到右，根据相互作用的顺序，依次画出各环节，直至得出输出量。

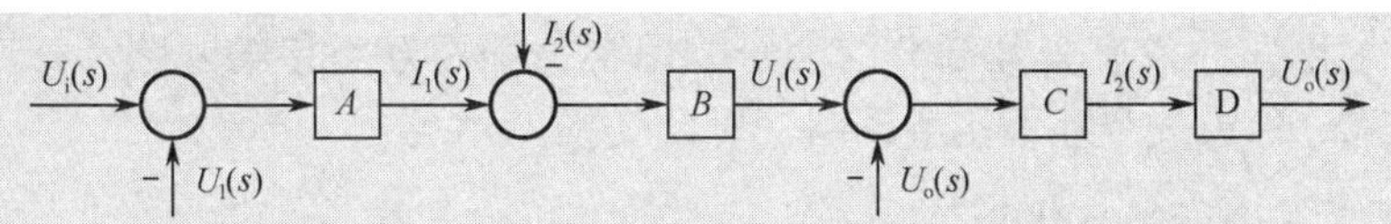

（3）画出各反馈环节，完成整个系统方框图的绘制，如图 2-29 所示。

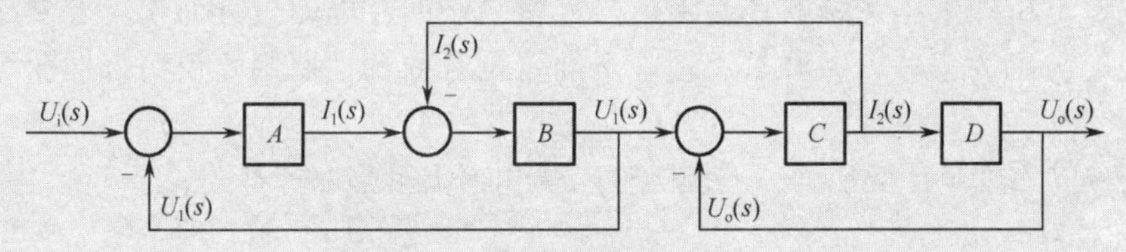

图 2-29　两级 RC 网络方框图

其中，$A=\dfrac{1}{R_1}$，$B=\dfrac{1}{sC_1}$，$C=\dfrac{1}{R_2}$，$D=\dfrac{1}{sC_2}$。

【实例 2-12】 绘制例 2-10 他励直流电动机的方框图。

解 （1）根据直流电动机各物理量间的基本关系，进行拉氏变换得到复数域的方程如下:

$$u_a = R_a i_a + L_a \frac{\mathrm{d}i_a}{\mathrm{d}t} + e \Rightarrow U_a(s) - E(s) = (R_a + sL_a)I_a(s)$$

$$T_e = K_T \phi i_a \Rightarrow T_e(s) = K_T \phi I_a(s)$$

$$T_e - T_L = \frac{GD^2}{375}\frac{\mathrm{d}n}{\mathrm{d}t} \Rightarrow T_e(s) - T_L(s) = \frac{GD^2}{375} sN(s)$$

$$e = K_e \phi n \Rightarrow E(s) = K_e \phi N(s)$$

（2）确定系统输入量为 $U_a(s)$，输出量为 $N(s)$，从输入量开始，从左到右，根据相互作用的顺序，依次画出各环节，直至得出输出量。

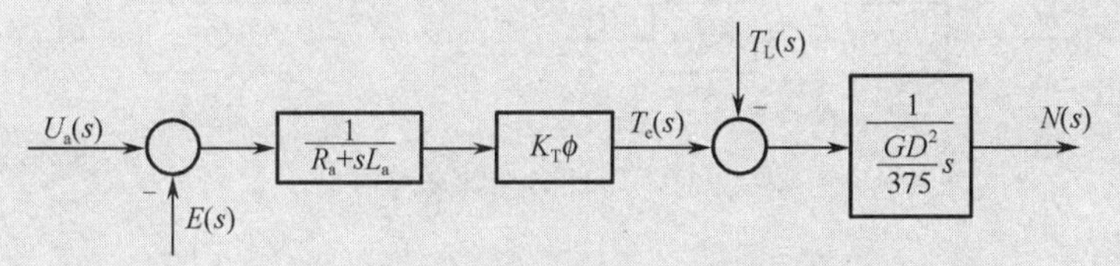

（3）画出各反馈环节，完成整个系统方框图的绘制，如图 2-30 所示。

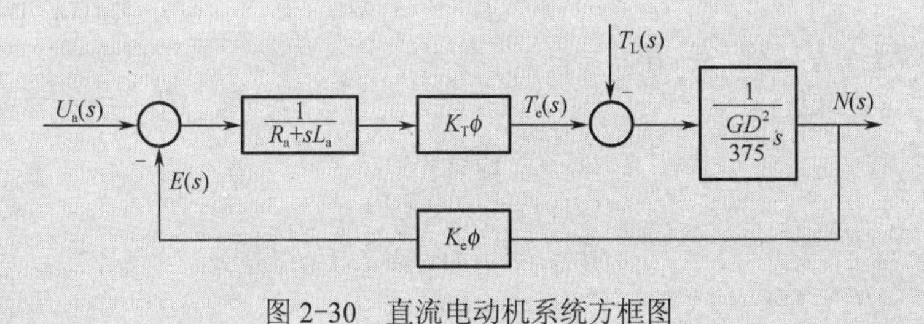

图 2-30　直流电动机系统方框图

3. 有关方框图的几个概念

（1）前向通道：沿信号传递方向，从系统的输入端到输出端的信号通道。

（2）反馈通道：从输出端返回到输入端的信号通道。

（3）回路：若通道的终点就是通道的始点，通道中各点要经过且只经过一次。

（4）不接触回路：没有公共部分的两个回路称为两两互不接触回路，相应地三个回路之间没有公共部分称为三个互不接触回路，以此类推。

4. 方框图的等效变换与化简

为了便于分析和求出系统的传递函数，需将复杂的方框图进行简化。方框图有三种基本连接方式，分别为串联、并联、反馈，下面依据等效变换原则，说明方框图等效变换的基本规则。

等效变换的原则是：变换前后系统的输入量和输出量都保持不变。

1）串联

如图 2-31（a）所示，前一个环节的输出量是后一个环节的输入量，这两个环节所构成的连接方式称之为串联。

由图 2-31（a）可见：

$$X(s)=G_1(s)R(s)$$
$$C(s)=G_2(s)X(s)$$

故

$$G(s)=\frac{C(s)}{R(s)}=G_1(s)G_2(s) \tag{2-41}$$

因而等效为如图 2-31（b）所示。由此可得出，环节串联等效传递函数为各串联环节传递函数的乘积，即有：

$$G(s)=\prod_{i=1}^{n}G_i(s)$$

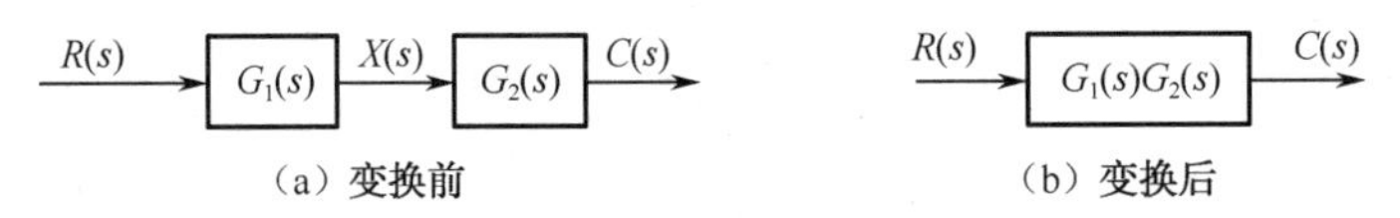

图 2-31　串联环节等效变换

2）并联

如图 2-32（a）所示，两个环节的输入量相同，输出量为各环节输出量的代数和，这两个环节所构成的连接方式称之为并联。

由图 2-32（a）可见：

$$X_1(s)=G_1(s)R(s)$$
$$X_2(s)=G_2(s)R(s)$$
$$C(s)=X_1(s)-X_2(s)$$

故

$$G(s)=\frac{C(s)}{R(s)}=G_1(s)-G_2(s) \tag{2-42}$$

因而等效为如图 2-32（b）所示。由此可得出，环节并联等效传递函数为各并联环节传递函数的代数和，即有：

$$G(s)=\sum_{i=1}^{n}G_i(s)$$

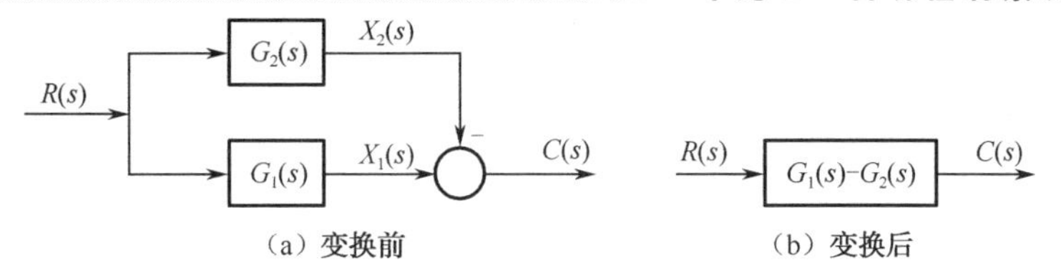

图 2-32　并联环节等效变换

3）反馈

如图 2-33（a）所示，将输出经反馈环节反馈到输入端，与输入端进行比较，所构成的连接方式称之为反馈。图中 $G(s)$ 为前向通道传递函数，$H(s)$ 为反馈通道传递函数。

由图 2-33（a）可见：

$$E(s)=R(s)-B(s)$$
$$C(s)=G(s)E(s)$$
$$B(s)=H(s)C(s)$$

故

$$\phi(s)=\frac{C(s)}{R(s)}=\frac{G(s)}{1+G(s)H(s)}=\frac{G(s)}{1+G_{\mathrm{k}}(s)} \tag{2-43}$$

因而等效为如图 2-33（b）所示。式（2-43）中，$\phi(s)$ 称为闭环传递函数，$G_{\mathrm{k}}(s)=G(s)H(s)$ 称为闭环系统的开环传递函数，简称开环传递函数，注意区别于开环系统的传递函数。

图 2-33（a）所示为负反馈，若反馈到输入端的极性为“+”即为正反馈。其等效闭环传递函数为：

$$\phi(s)=\frac{C(s)}{R(s)}=\frac{G(s)}{1-G(s)H(s)}=\frac{G(s)}{1-G_{\mathrm{k}}(s)}$$

当反馈通道传递函数 $H(s)=1$ 时，称为单位反馈。

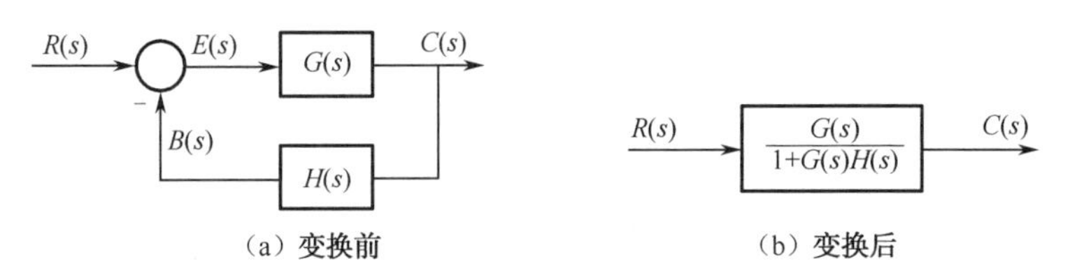

图 2-33　反馈环节等效变换

4）引出点和比较点的移动

在一些复杂系统的方框图中，三种基本连接方式常存在交叉现象，为了消除交叉，方便进行上述三种等效变换，常需移动某些引出点或比较点的位置，以方便系统方框图的简化。

移动必须满足下面的两条原则：

（1）移动前后前向通道的传递函数必须保持不变。

（2）移动前后回路的传递函数也要保持不变。

注意：移动时，在满足上述两条原则的基础上，还要注意不能改变原系统的性质，下面举例说明。

【实例 2-13】 简化实例 2-11 的两级 RC 网络的方框图。

解： 我们首先来分析系统方框图，由图 2-34（a）可见，系统有一个前向通道，其传递函数为 $ABCD$；有三个回路，如图 2-34（a）中所标注的Ⅰ、Ⅱ、Ⅲ，其传递函数分别为 $-BC$、$-AB$、$-CD$；Ⅱ回路与Ⅲ回路之间没有公共部分，故为两两互不接触回路。

方框图的简化途径不是唯一的，有时在进行引出点或比较点移动简化时，满足了移动规则，但是这种移动方法确是错误的，如图 2-34（b）所示。因为引出点前移后，虽然可以满足移动规则，但是移动后Ⅰ回路与Ⅲ回路之间没有公共部分，成为了两两互不接触回路，但原系统Ⅰ回路与Ⅲ回路是接触回路，故是错误的。

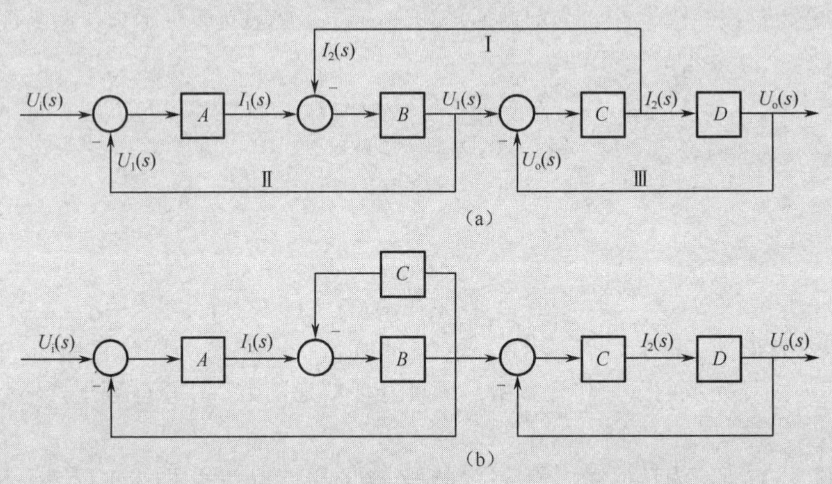

图 2-34 错误的两级 RC 网络方框图简化

简化系统方框图的正确步骤如图 2-35 所示。为了求出系统的传递函数，将比较点和引出点同时移动，以解除交叉，如图 2-35（a）所示。

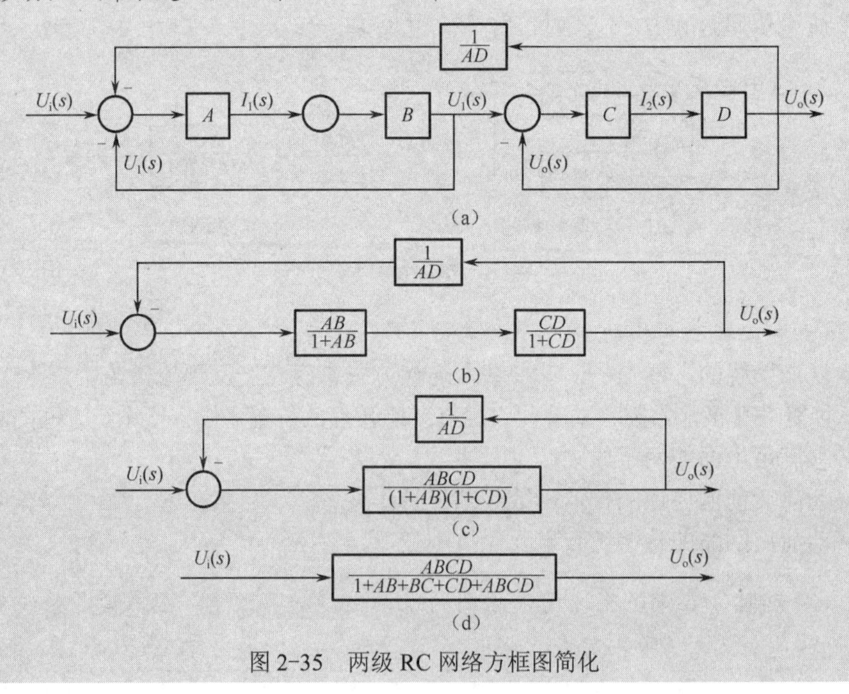

图 2-35 两级 RC 网络方框图简化

5. 梅逊公式

利用梅逊公式，无须做上述等效变换，便可求出系统的传递函数，故在实际中得到广泛应用，下面通过实例说明。

【实例 2-14】 应用梅逊公式简化实例 2-13 的两级 RC 网络的方框图。

解： 梅逊公式为

$$\phi(s)=\frac{\sum_{k=1}^{n}p_k\Delta_k}{\Delta} \tag{2-44}$$

式中各项含义如下:

（1）Δ 为特征式

$$\Delta=1-\sum L_i+\sum L_iL_j-\sum L_iL_jL_z+\cdots$$

其中 $\sum L_i$ 为各回路传递函数之和。如图 2-34（a）所示系统有三个回路，标注分别为 Ⅰ、Ⅱ、Ⅲ，故此系统 $\sum L_i=-BC-AB-CD$。

$\sum L_iL_j$ 为所有两两互不接触回路传递函数乘积之和。如图 2-34（a）所示系统，Ⅱ和Ⅲ回路为两两互不接触回路，故此系统 $\sum L_iL_j=ABCD$。

$\sum L_iL_jL_z$ 为所有三个互不接触的回路传递函数乘积之和。如图 2-34（a）所示系统中没有三个互不接触回路，故此系统 $\sum L_iL_jL_z=0$。

所以，该系统的特征式为

$$\Delta=1-\sum L_i+\sum L_iL_j=1+BC+AB+CD+ABCD$$

（2）n 为前向通道的个数；p_k 为第 k 条前向通道传递函数；Δ_k 为相应的余因子式。

如图 2-34（a）所示系统只有一个前向通道，故 $p_1=ABCD$。

Δ_k 是指从 Δ 中除去与第 k 条前向通道相接触的回路后余下的部分。如图 2-34（a）所示系统的这一前向通道与三个回路都有接触，故 $\Delta_1=1$。

将以上各式带入梅逊公式便可得系统的传递函数为:

$$\phi(s)=\frac{U_o(s)}{U_i(s)}=\frac{p_1\Delta_1}{\Delta}=\frac{ABCD}{1+BC+AB+CD+ABCD}$$

2.2.5 反馈控制系统的传递函数

闭环控制系统的典型框图如图 2-36 所示。控制系统外作用一般有两类信号，一类是系统给定输入信号 $R(s)$，另一类是系统扰动输入信号 $D(s)$。研究系统受控量 $C(s)$ 的变化规律，不仅要考虑给定信号的作用，还要考虑扰动信号作用。

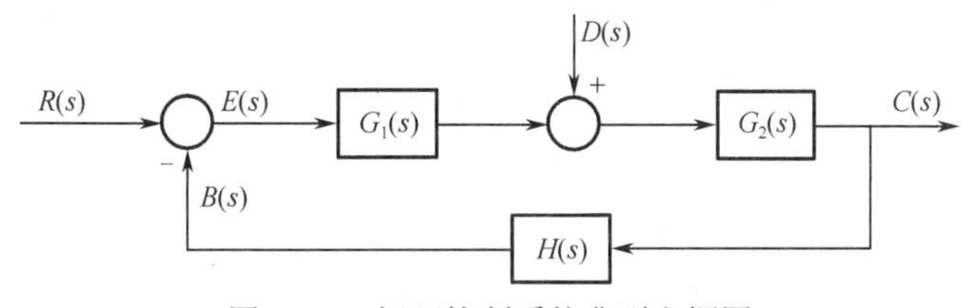

图 2-36 闭环控制系统典型方框图

1. 系统的闭环传递函数

1）给定输入信号作用下的闭环传递函数$\phi(s)$

令$D(s)=0$，仅$R(s)$单独作用时，图 2-36 可简化为图 2-37 所示，可求得系统的闭环传递函数为：

$$\phi(s)=\frac{C(s)}{R(s)}=\frac{G_1(s)G_2(s)}{1+G_1(s)G_2(s)H(s)}=\frac{G_1(s)G_2(s)}{1+G_k(s)} \tag{2-45}$$

系统输出量的象函数为：

$$C(s)=\phi(s)R(s)=\frac{G_1(s)G_2(s)}{1+G_k(s)}R(s) \tag{2-46}$$

2）扰动输入信号作用下的闭环传递函数$\phi_d(s)$

令$R(s)=0$，仅$D(s)$单独作用时，图 2-36 可简化为图 2-38 所示，可求得系统的闭环传递函数为：

$$\phi_d(s)=\frac{C(s)}{D(s)}=\frac{G_2(s)}{1+G_1(s)G_2(s)H(s)}=\frac{G_2(s)}{1+G_k(s)} \tag{2-47}$$

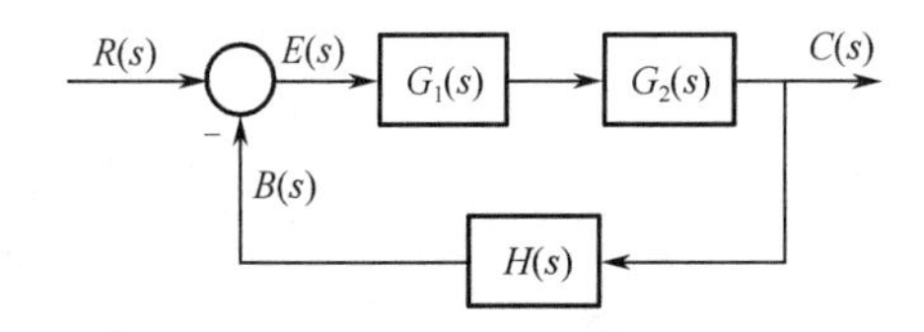

图 2-37　给定信号作用时系统方框图

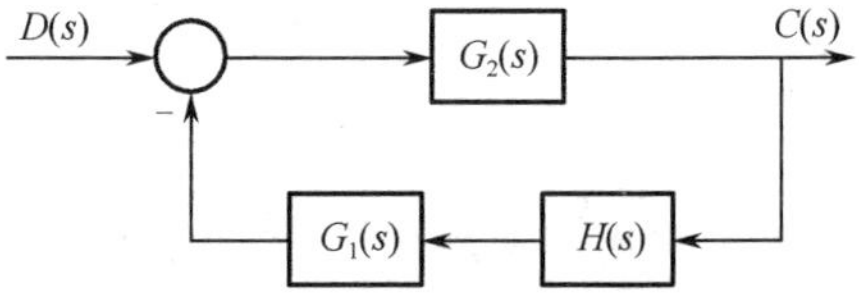

图 2-38　扰动信号作用时系统方框图

系统输出量的象函数为：

$$C(s)=\phi_d(s)D(s)=\frac{G_2(s)}{1+G_k(s)}D(s) \tag{2-48}$$

故系统总输出为：

$$C(s)=\phi(s)R(s)+\phi_d(s)D(s)=\frac{G_1(s)G_2(s)}{1+G_k(s)}R(s)+\frac{G_2(s)}{1+G_k(s)}D(s)$$

2. 系统的误差传递函数

1）给定输入信号作用下的误差传递函数$\phi_e(s)$

令$D(s)=0$，仅$R(s)$单独作用时，图 2-36 可简化为图 2-39 所示，可求得系统的误差传递函数为：

$$\phi_e(s)=\frac{E_r(s)}{R(s)}=\frac{1}{1+G_1(s)G_2(s)H(s)}=\frac{1}{1+G_k(s)} \tag{2-49}$$

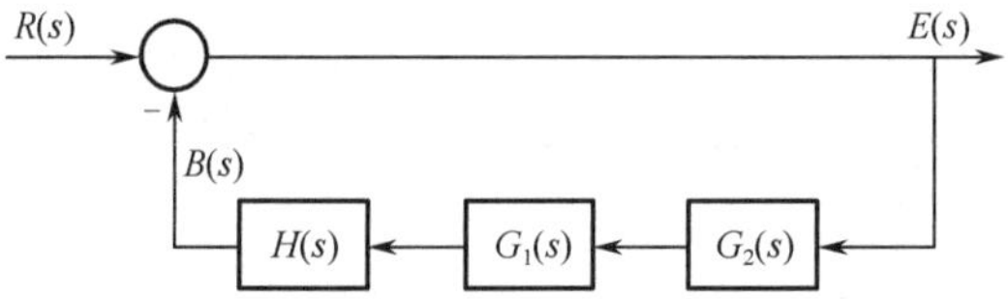

图 2-39　给定信号作用下误差输出方框图

此时，给定信号作用下的系统误差的象函数为：

$$E_{\mathrm{r}}(s)=\phi_{\mathrm{e}}(s)R(s)=\frac{1}{1+G_{\mathrm{k}}(s)}R(s) \tag{2-50}$$

2）扰动输入信号作用下的误差传递函数 $\phi_{\mathrm{ed}}(s)$

令 $R(s)=0$，仅 $D(s)$ 单独作用时，图 2-36 可简化为图 2-40 所示，可求得系统的误差传递函数为：

$$\phi_{\mathrm{ed}}(s)=\frac{E_{\mathrm{d}}(s)}{D(s)}=\frac{-G_2(s)H(s)}{1+G_1(s)G_2(s)H(s)}=\frac{-G_2(s)H(s)}{1+G_{\mathrm{k}}(s)} \tag{2-51}$$

系统输出量的象函数为：

$$E_{\mathrm{d}}(s)=\phi_{\mathrm{ed}}(s)D(s)=\frac{-G_2(s)H(s)}{1+G_{\mathrm{k}}(s)}D(s) \tag{2-52}$$

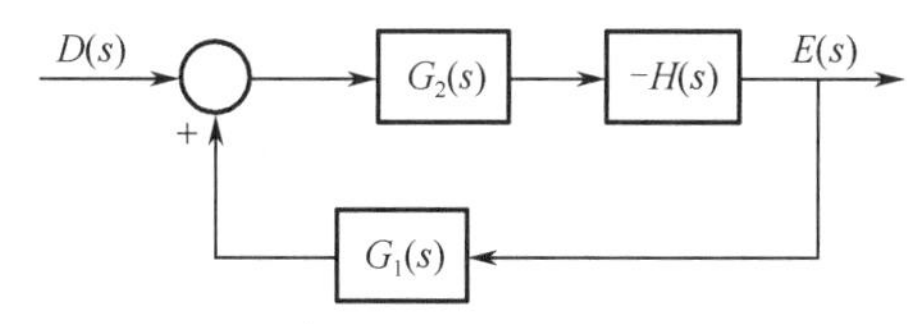

图 2-40　扰动信号作用下误差输出方框图

故系统总误差为：

$$E(s)=E_{\mathrm{r}}(s)+E_{\mathrm{d}}(s)=\phi_{\mathrm{e}}(s)R(s)+\phi_{\mathrm{ed}}(s)D(s)=\frac{1}{1+G_{\mathrm{k}}(s)}R(s)+\frac{-G_2(s)H(s)}{1+G_{\mathrm{k}}(s)}D(s)$$

由式（2-45）、式（2-47）、式（2-49）、式（2-51）可见，传递函数虽各不相同，但却有相同的分母，即闭环特征多项式是一样的。故也可定义系统特征方程为：

$$1+G_{\mathrm{k}}(s)=0 \tag{2-53}$$

其中，$G_{\mathrm{k}}(s)$为闭环系统的开环传递函数。

2.3　基于 MATLAB/SIMULINK 建立控制系统数学模型

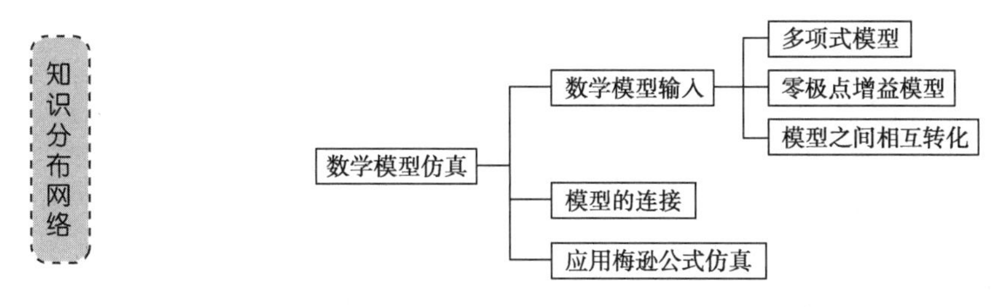

2.3.1　传递函数的描述

1. 连续系统的传递函数模型

连续系统的传递函数如下：

$$G(s)=\frac{b_1s^m+b_2s^{m-1}+\cdots+b_{m-1}s+b_m}{a_1s^n+a_2s^{n-1}+\cdots+a_{n-1}s+a_n}=\frac{\mathrm{num}}{\mathrm{den}}\quad ,n\geqslant m$$

在 MATLAB 中用分子、分母多项式系数按 s 的降幂次序构成两个向量：

$$num=[b_1, b_2, \cdots, b_m] \qquad den=[a_1, a_2, \cdots, a_n]$$

用函数 tf( )来建立控制系统的传递函数模型，其命令调用格式为：

```
g=tf(num,den)
```

【实例 2-15】 已知系统传递函数

$$G(s)=\frac{12s^3+24s^2+20}{2s^4+4s^3+6s^2+2s+2}$$

解 MATLAB 程序为：

```
num=[ 12   24   0   20 ];
den=[ 2   4   6   2   2 ];
g=tf(num，den)
```

运行后命令窗口显示：

```
Transfer function:
        12 s^3 + 24 s^2 + 20
------------------------------
2 s^4 + 4 s^3 + 6 s^2 + 2 s + 2
```

2. 零极点增益模型

零极点模型是传递函数模型的另一种表现形式，其表达形式如下：

$$G(s)=\frac{K(s-z_1)(s-z_2)\cdots(s-z_m)}{(s-p_1)(s-p_2)\cdots(s-p_n)}$$

式中，z_j（$j=1,2,\cdots m$）为零点，p_i（$i=1,2,\cdots n$）为极点。

在 MATLAB 中，零极点增益模型用[z,p,k]矢量组表示。即：

```
z=[z1,z2,⋯,zm]
p=[p1,p2,...,pn]
k=[K]
```

用函数命令 zpk( )来建立系统的零极点增益模型，其调用格式为：

```
g=zpk(z, p, k)
```

【实例 2-16】 将例 2-15 的传递函数表示为零极点形式。

解 MATLAB 程序为：

```
num=[ 12   24   0   20 ];
den=[ 2   4   6   2   2 ];
g=tf(num，den);
g1=zpk(g)
```

运行后命令窗口显示：

```
Zero/pole/gain:
        6 (s+2.312) (s^2 - 0.3118s + 0.7209)
-----------------------------------------------
(s^2 + 0.08663s + 0.413) (s^2 + 1.913s + 2.421)
```

3. 控制系统模型间的相互转化

函数 tf2zp( )是将多项式模型转化为零极点模型，其调用格式为：

```
[z, p, k]=tf2zp(num, den)
```

函数 zp2tf( )是将零极点模型转化为多项式模型，其调用格式为：

```
[num, den]=zp2tf(z, p, k)
```

【实例 2-17】 已知系统传递函数 $G(s)=\dfrac{s^2+5s+6}{s^3+2s^2+s}$，求其等效的零极点模型。

解 MATLAB 程序为：

```
num=[ 1   5   6 ];
den=[ 1   2   1   0 ];
[z, p, k]=tf2zp(num, den);
g=zpk(z, p, k)
```

运行后命令窗口显示：

```
Zero/pole/gain:
(s+3) (s + 2)
--------------------
s(s+1)^2
```

2.3.2 模型的连接及闭环传递函数求取

1. 串联连接

环节串联，其等效传递函数可使用 series( )函数实现。注意：series( )函数只能实现两个模型的串联，如果串联模型多于两个，则必须多次使用。此函数调用格式为：

```
[num, den]=series(num1, den1, num2, den2)
```

2. 并联连接

环节并联，其等效传递函数可使用 parallel( )函数实现。注意：parallel( )函数只能实现两个模型的并联，如果并联模型多于两个，则必须多次使用。此函数调用格式为：

```
[num, den]=parallel(num1, den1, num2, den2)
```

3. 反馈连接

两个环节反馈连接，其等效传递函数可用 feedback( )函数实现。此函数调用格式为：

```
[numc, denc]=feedback(num1, den1, num2, den2, sign)
```

其中，sign 是反馈极性，sign 默认为负反馈，sign=−1；正反馈时，sign=1。

特殊地，若系统为单位反馈系统，可使用 cloop( )函数求得，其调用格式为：

```
[numc, denc]=cloop(num, den, sign)
```

同样，sign 是反馈极性，sign 默认为负反馈，sign=−1；正反馈时，sign=1。

【实例 2-18】 已知系统方框图如图 2-41 所示，求其闭环系统传递函数。

解 MATLAB 程序为：

```
num1=1
den1=[ 1   2 ]
num2=1
den2=[ 1   1 ]
[num3, den3]=series(num1, den1, num2, den2)
[num,den]=feedback(num3, den3, [ 1 ], [ 1   0 ])
G=tf(num,den)
```

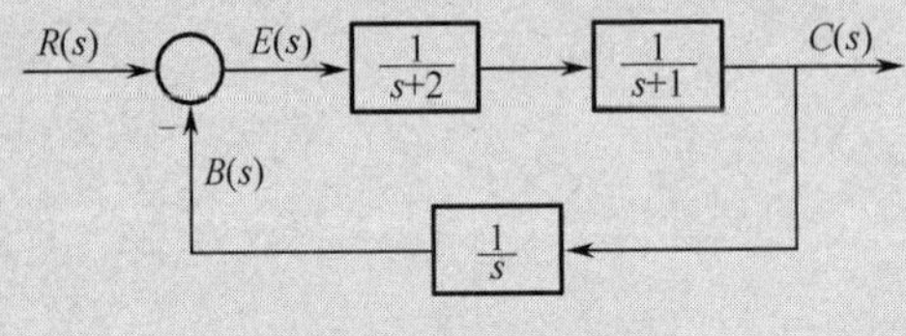

图 2-41　系统方框图

运行后命令窗口显示：

```
Transfer function:
        s
------------------------------
s^3 + 3 s^2 + 2 s + 1
```

若要得到上述系统的单位阶跃响应，则输入：

```
T=0:0.1:3;
[y,x,t]=step(num,den);
Plot(t,y)
```

执行后，出现图形为：

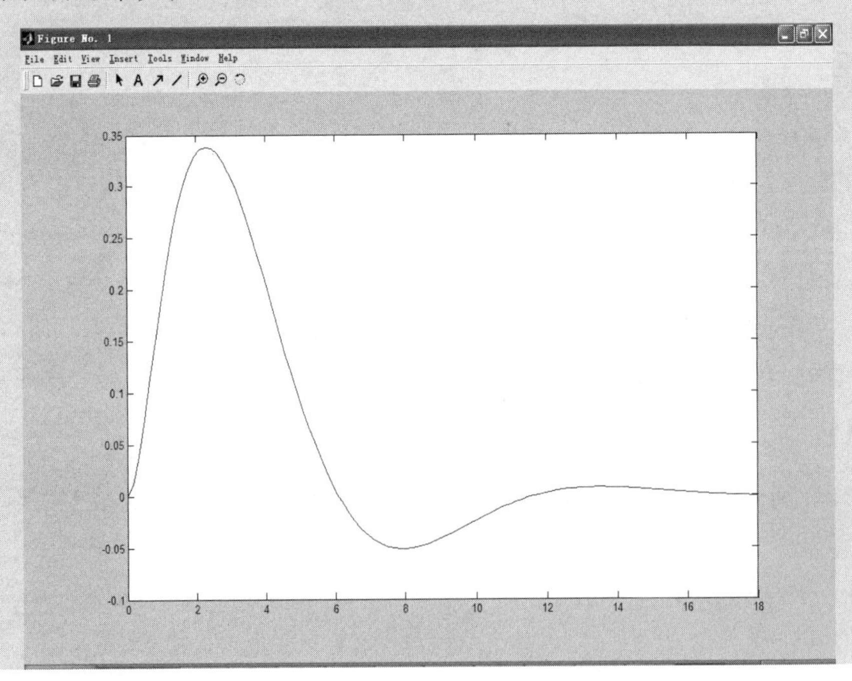

4. 梅逊公式计算系统传递函数

【实例 2-19】 已知系统 SIMULINK 结构图模型如图 2-42 所示，求系统闭环传递函数。

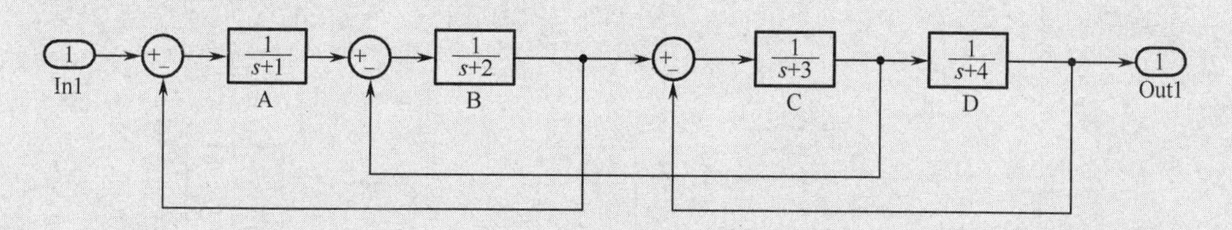

图 2-42　系统 SIMULINK 结构图模型

解 MATLAB 程序为：

```
syms s
A=1/(s+1);
B=1/(s+2);
C=1/(s+3);
D=1/(s+4);
g=factor((A*B*C*D)/(1+A*B+B*C+C*D+A*B*C*D))
```

运行后命令窗口显示：

```
g =
1/(s^4+10*s^3+38*s^2+65*s+43)
```

任务 2　控制系统典型环节的模拟与测试

1. 任务工单

任务名称	控制系统典型环节的模拟与测试
基本知识	（1）传递函数概念； （2）典型环节的数学模型
职业技能目标	（1）系统各基本环节单元参数测试及特性测试能力； （2）控制系统模型的建立与简化处理能力； （3）控制系统的仿真能力； （4）学习资料的查询能力； （5）培养团队协作的能力
电路	U_i　R_0　R_1　C　R 10 k　R 10 k　U_o 测试点 比例积分电路

续表

电路	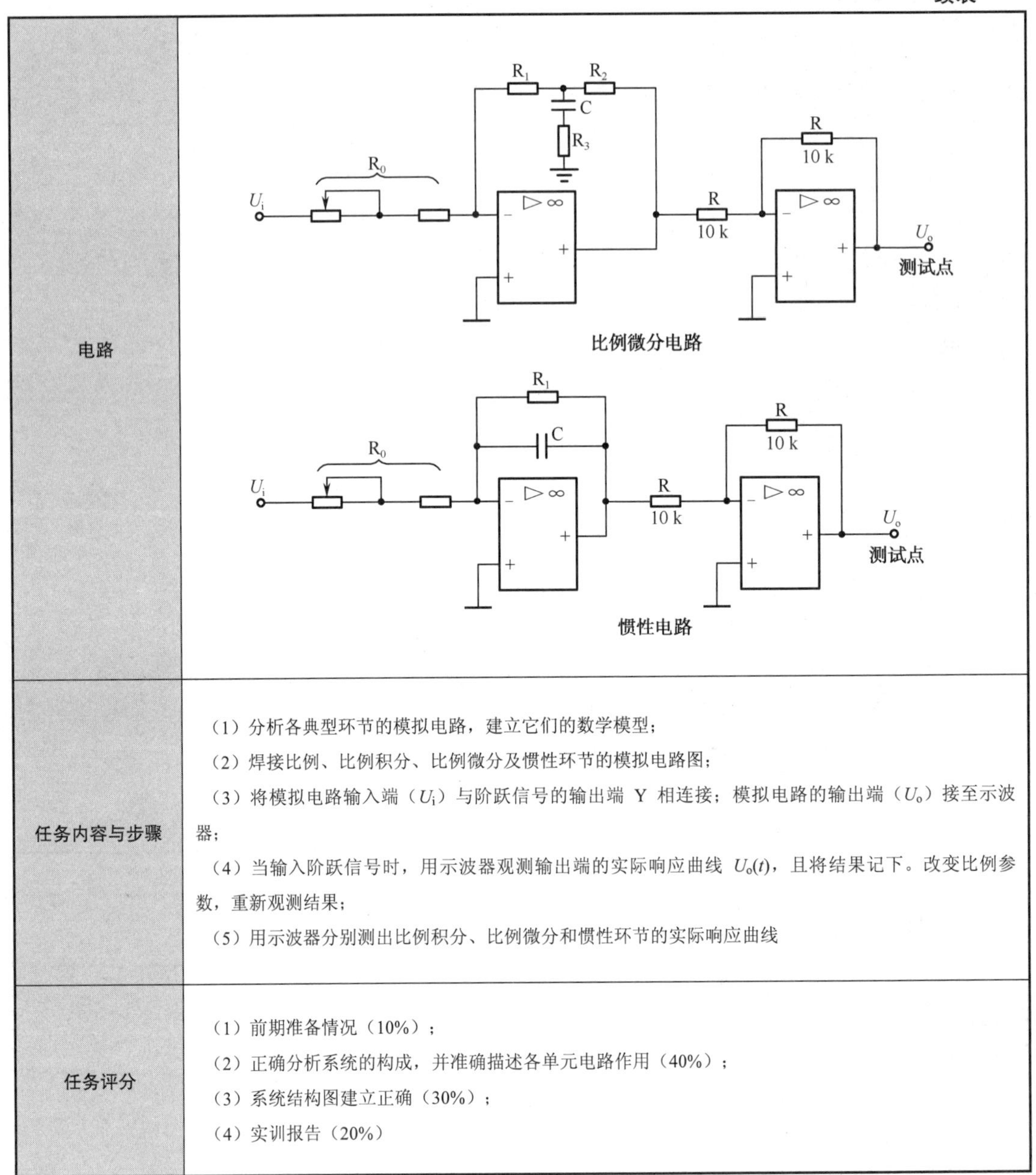 比例微分电路 惯性电路
任务内容与步骤	（1）分析各典型环节的模拟电路，建立它们的数学模型； （2）焊接比例、比例积分、比例微分及惯性环节的模拟电路图； （3）将模拟电路输入端（U_i）与阶跃信号的输出端 Y 相连接；模拟电路的输出端（U_o）接至示波器； （4）当输入阶跃信号时，用示波器观测输出端的实际响应曲线 $U_o(t)$，且将结果记下。改变比例参数，重新观测结果； （5）用示波器分别测出比例积分、比例微分和惯性环节的实际响应曲线
任务评分	（1）前期准备情况（10%）； （2）正确分析系统的构成，并准确描述各单元电路作用（40%）； （3）系统结构图建立正确（30%）； （4）实训报告（20%）

2. 任务目标

（1）掌握控制系统中各典型环节的电路模拟，学会运用模拟电子组件构造控制系统。

（2）测量和分析各典型环节的单位阶跃响应曲线，了解参数变化对环节输出特性的影响。

（3）掌握各典型环节特征参数的测量方法，并能根据阶跃响应曲线建立其传递函数。

3. 任务内容

（1）使用运算放大器、电阻、电容等分立元件构成各种典型环节的模拟电路，如下表所示。

名称	模拟电路图	传递函数
比例（P）	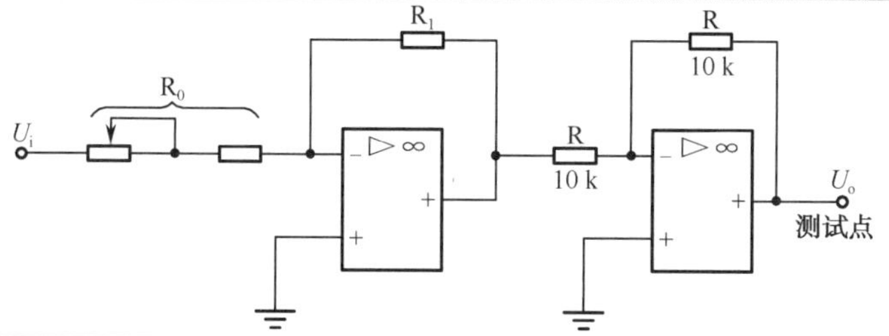	$\frac{U_o(s)}{U_i(s)}=K$ $K=\frac{R_1}{R_0}$
积分（I）	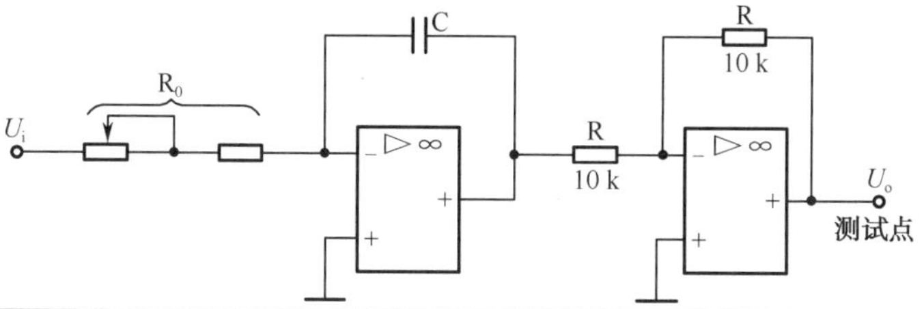	$\frac{U_o(s)}{U_i(s)}=\frac{1}{Ts}$ $T=R_0C$
比例积分（PI）	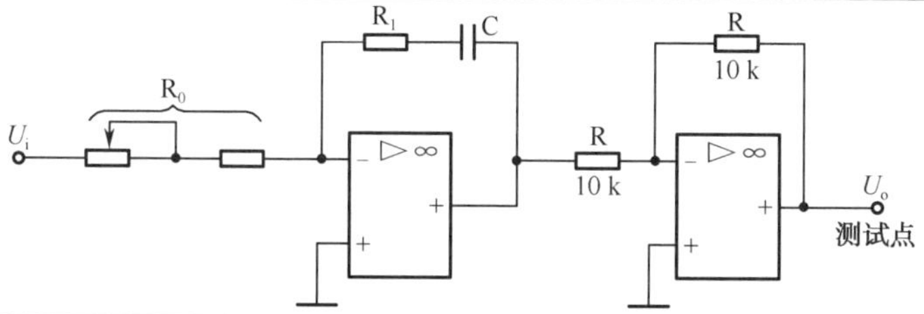	$\frac{U_o(s)}{U_i(s)}=K\left(1+\frac{1}{Ts}\right)$ $K=\frac{R_1}{R_0}$，$T=R_1C$
比例微分（PD）	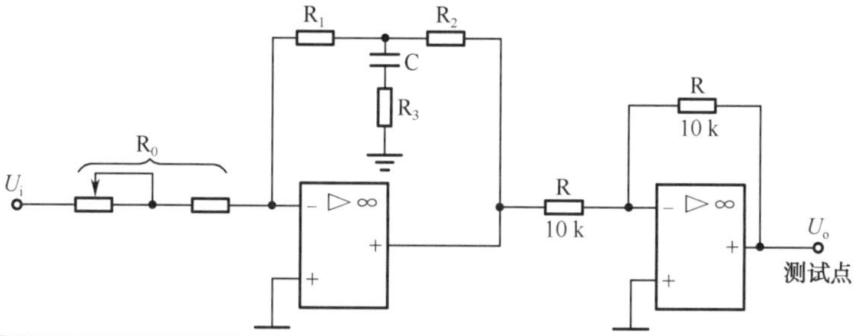	$\frac{U_o(s)}{U_i(s)}=K\frac{Ts+1}{\tau s+1}$ $K=\frac{R_1+R_2}{R_0}$， $T=\frac{R_1R_2+R_2R_3+R_3R_1}{R_1+R_2}C$， $\tau=R_3C$
惯性环节（T）	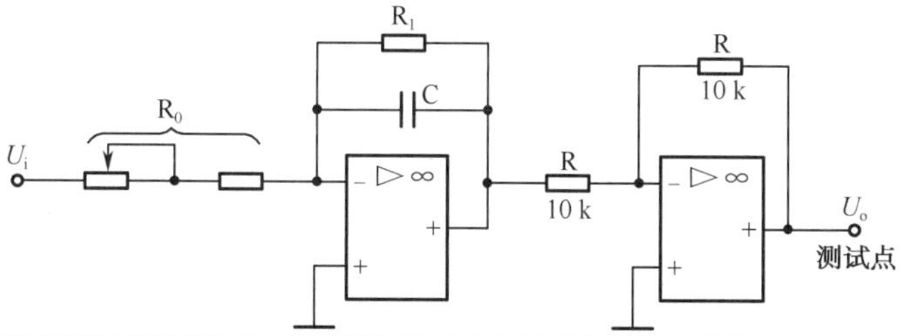	$\frac{U_o(s)}{U_i(s)}=\frac{K}{Ts+1}$ $K=\frac{R_1}{R_0}$，$T=R_1C$

（2）测试各典型环节在单位阶跃信号作用下的输出响应。

（3）改变各典型环节的相关参数，观测对输出响应的影响。

4. 任务实现

（1）阶跃信号产生（由天煌 TKKL-4 型控制理论/计算机控制技术试验箱提供）

① 准备：使运放处于工作状态。

将信号发生器单元 U1 的 ST 端与+5 V 端用“短路块”短接，使模拟电路中的场效应管

（K30A）夹断，这时运放处于工作状态。

② 阶跃信号的产生：电路可采用图 2-43 所示电路，它由“阶跃信号单元”（U_3）及“给定单元”（U_4）组成。

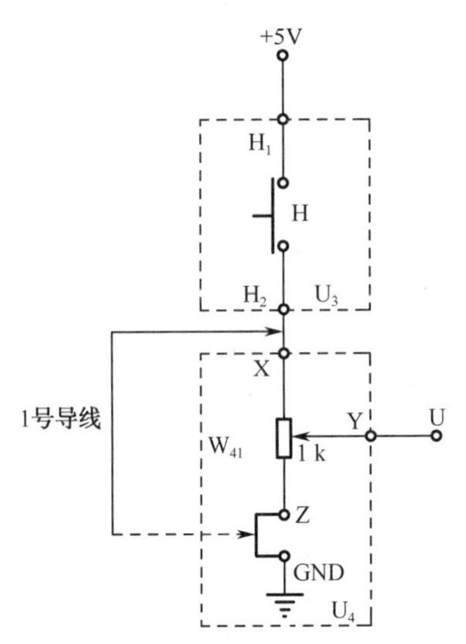

图 2-43 阶跃信号产生电路图

具体线路形成：在 U_3 单元中，将 H_1 与+5 V 端用 1 号任务导线连接，H_2 端用 1 号任务导线接至 U_4 单元的 X 端；在 U_4 单元中，将 Z 端和 GND 端用 1 号任务导线连接，最后由插座的 Y 端输出信号。

以后任务若再用阶跃信号时，方法同上，不再赘述。

（2）对比例环节、惯性环节、比例积分环节和比例微分环节进行单位阶跃响应测试，观察并记录阶跃响应曲线和特征参数的值，填入到数据表格中。

典型环节	电路参数	特征参数	传递函数	阶跃响应曲线（理想）	阶跃响应曲线（实测）
比例环节					
惯性环节					
比例积分环节					
比例微分环节					

（3）总结各环节的特性，能够由典型环节构造复合控制系统。

5. 拓展思考

（1）为什么 PI 电路在阶跃信号作用下，输出的终值为一常量？

（2）为什么 PD 电路在单位阶跃信号作用下，在 t=0 时的输出为一有限值？

（3）使用 MATLAB 软件对各典型环节的单位阶跃响应进行仿真，比较与实际测试曲线的差异，并说明原因。

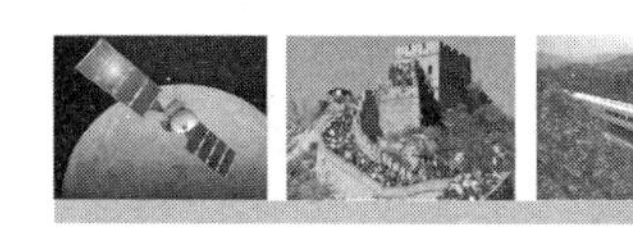

任务 3　单闭环直流调速系统数学模型建立

1. 任务工单

任务名称	单闭环直流调速系统数学模型建立
基本知识	（1）传递函数概念； （2）传递函数的图形化表示； （3）方框图建立； （4）方框图的简化
职业技能目标	（1）系统的定性分析能力； （2）控制系统模型的建立与简化处理能力； （3）控制系统的仿真能力； （4）学习资料的查询能力； （5）培养团队协作的能力
电路	设系统参数为： $T_a=0.03\,s$，$T_m=0.2\,s$，$K_s=40$，$R_a=0.5\,\Omega$，$K_e\phi=0.132\,V/r\cdot min^{-1}$，$\alpha=0.07$，$\tau_0=0.00167\,s$
任务内容与步骤	在任务 1 中，了解单闭环直流调速系统的基本工作原理，建立系统组成框图基础上，建立系统复数域数学模型，并以图形化表示，即建立系统方框图，具体如下： （1）建立单闭环直流调速系统各组成部分的传递函数； （2）将单闭环直流调速系统各组成部分的功能框按信号的传递方向连接形成系统方框图； （3）简化系统框图
任务评分	（1）前期准备情况（10%）； （2）正确分析系统的构成，并准确建立各部分传递函数（40%）； （3）系统结构图建立正确（30%）； （4）实训报告（20%）

2. 任务目标

（1）掌握利用系统组成框图、建立系统数学模型的方法。

（2）掌握通过对系统各组成部件功能、特性分析，将各组成部分用图形进行描述，并正确连接组成系统方框图。

（3）掌握自动控制系统等效变换的规则，求取系统闭环传递函数。

3. 任务内容

在任务 1 中，了解单闭环直流调速系统的基本工作原理，建立系统组成框图，如图 2-44 所示。

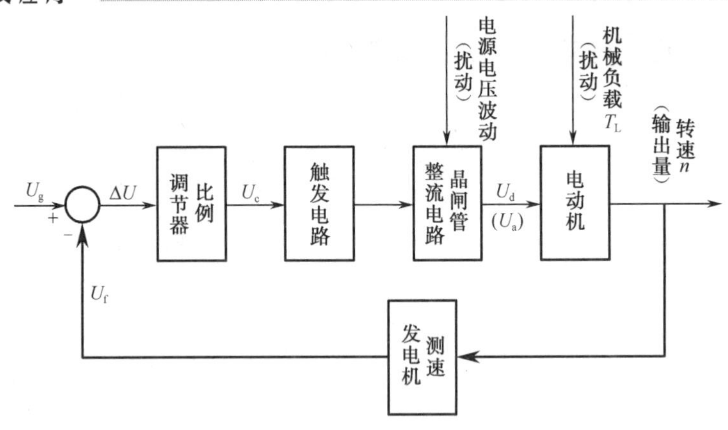

图 2-44　单闭环直流调速系统组成框图

在此基础上，建立系统数学模型即建立系统方框图并进行简化求出系统闭环传递函数，具体内容如下：

（1）建立单闭环直流调速系统各组成部分的传递函数。

（2）将单闭环直流调速系统各组成部分的功能框按信号的传递方向连接形成系统方框图。

（3）简化系统框图。

4. 任务实现

1）系统各组成部分的数学模型

（1）他励直流电动机

【实例 2-20】 建立了他励直流电动机的数学模型，利用框图简化规则，对其进行简化，如图 2-45 所示。其中：

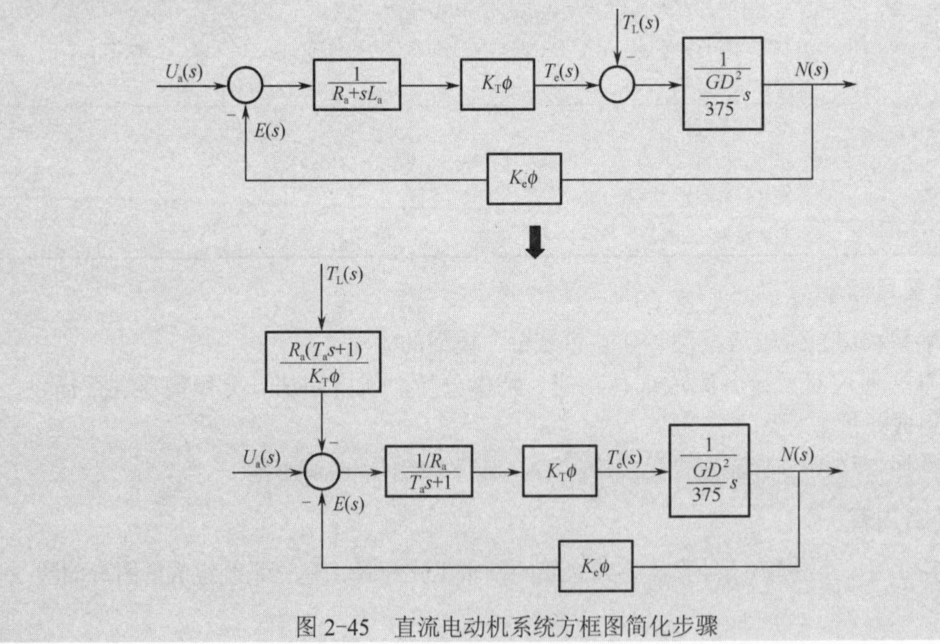

图 2-45　直流电动机系统方框图简化步骤

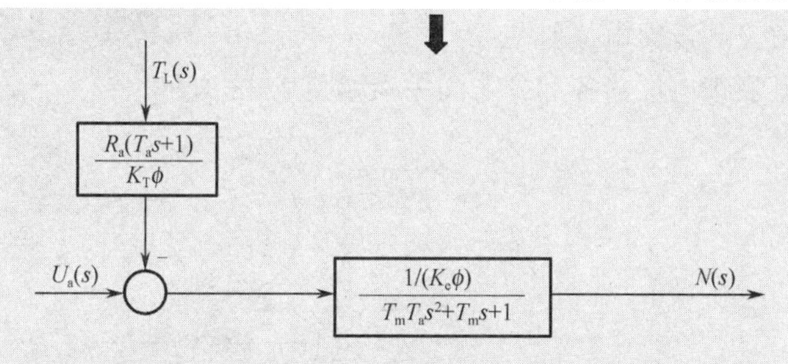

图 2-45　直流电动机系统方框图简化步骤（续）

$J_G = \dfrac{GD^2}{375}$（转速惯量）；

$T_a = \dfrac{L_a}{R_a}$(电枢回路的电磁时间常数)；

$T_m = \dfrac{J_G R_a}{K_e K_T \phi^2}$（电动机的机电时间常数）。

（2）晶闸管的触发与整流电路

晶闸管整流装置的调节特性为整流输出的平均电压 U_d 与触发电路的控制电压 U_c 之间关系，即 $U_d = f(U_c)$，调节特性如图 2-46 所示。

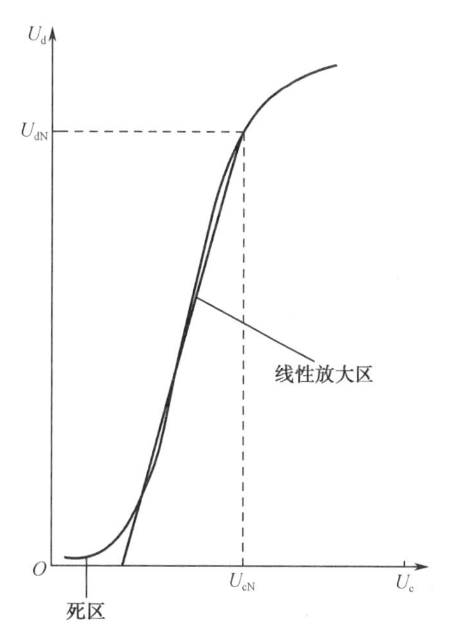

图 2-46　晶闸管整流装置调节特性

由图可见，它既有死区，又会饱和，中间部分接近线性放大。若在一定范围内将晶闸管调节特性的非线性问题进行线性化处理，则可以把晶闸管调节特性视为由其死区特性和线性放大区特性两部分组成。在线性放大区，其整流输出电压 U_d 基本上与其触发电路控制电压 U_c 成正比关系，即 $U_d(s) = K_s U_c(s)$。若控制电压 $U_c = 10\text{ V}$ 时，对应输出的平均电压 $U_d = 440\text{ V}$，则 $K_s = 440/10 = 44$。

在死区部分，晶闸管触发装置和整流装置之间存在滞后作用，这是因为，当控制电压改变时，由于晶闸管导通以后即失控，要等到下一个周期开始后才能响应，导通角才会改变，出现了 τ_0 的延迟（对单相全波电路 $\tau_0 = 5\text{ ms}$，三相桥式电路 $\tau_0 = 1.7\text{ ms}$）。

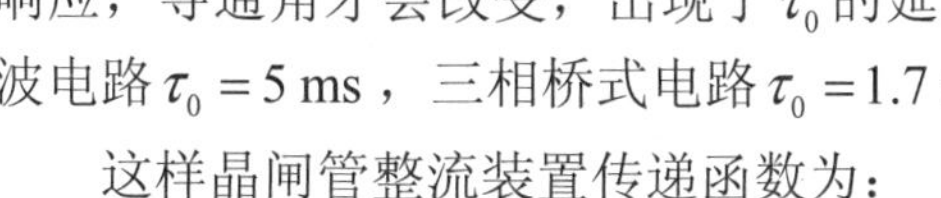

这样晶闸管整流装置传递函数为：

$$\frac{U_d(s)}{U_c(s)} = K_s e^{-\tau_0 s} \approx \frac{K_s}{1+\tau_0 s}$$

其方框图如图 2-47 所示。

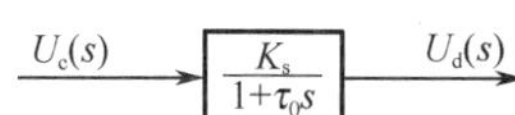

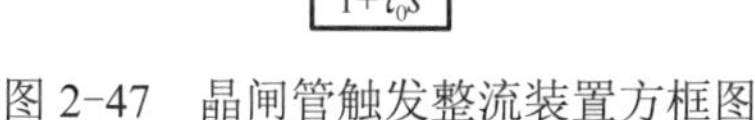

图 2-47　晶闸管触发整流装置方框图

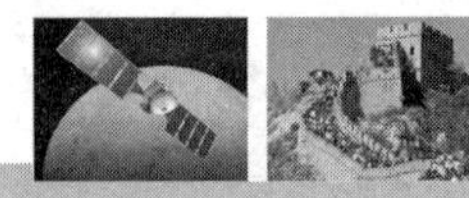

（3）测速发电机及其反馈电位器

测速发电机及其反馈电位器各部分之间关系如图 2-48 所示。

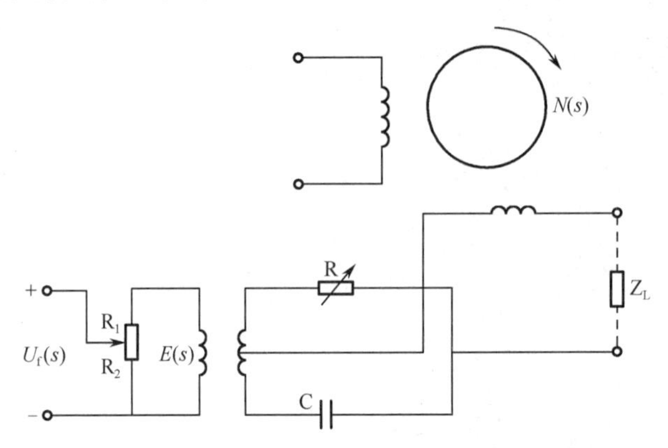

图 2-48　测速发电机及其反馈电位器之间关系图

测速发电机将他励直流电动机的转速 n 转换为感生电动势 e，二者成正比关系，即有：

$$E(s)=K_{\mathrm{n}}N(s)$$

反馈电位器将感生电动势 e 进行电压分配，转换成可以与给定电压进行比较的反馈电压，即有：

$$U_{\mathrm{f}}(s)=\frac{R_2}{R_1+R_2}E(s)=\frac{R_2}{R_1+R_2}K_{\mathrm{n}}N(s)=\alpha N(s)$$

这样测速发电机及其反馈电位器传递函数为：

$$\frac{U_{\mathrm{f}}(s)}{N(s)}=\alpha$$

其方框图如图 2-49 所示。

（4）给定量与反馈量的比较放大

比较放大电路如图 2-50 所示。

$N(s)$ → α → $U_{\mathrm{f}}(s)$

图 2-49　转速检测环节方框图

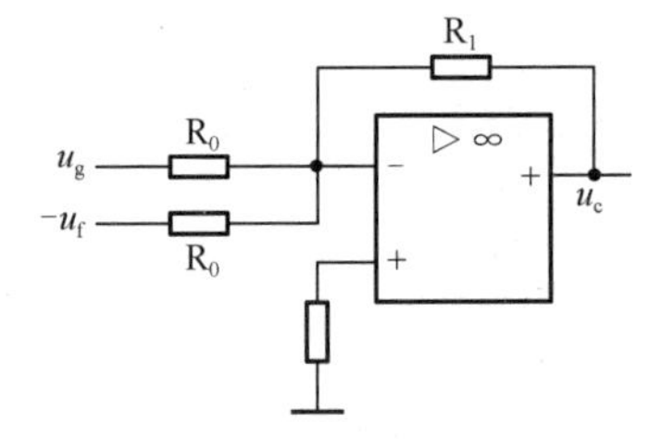

图 2-50　比较放大电路

可见，$u_{\mathrm{c}}=-\dfrac{R_1}{R_0}(u_{\mathrm{g}}-u_{\mathrm{f}})$。对其进行拉氏变换，得：

$$U_{\mathrm{c}}(s)=-\frac{R_1}{R_0}[U_{\mathrm{g}}(s)-U_{\mathrm{f}}(s)]=K_{\mathrm{c}}\Delta U(s)$$

这样比较放大环节的传递函数为：

$$\frac{U_{\mathrm{c}}(s)}{\Delta U(s)}=K_{\mathrm{c}}$$

其方框图如图 2-51 所示。

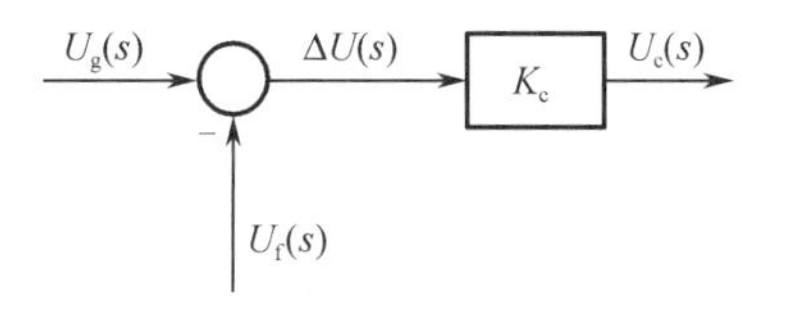

图 2-51　比较放大环节方框图

2）系统框图

按信号传递关系将各组成部分连接起来，构成单闭环直流调速系统的方框图，如图 2-52 所示。

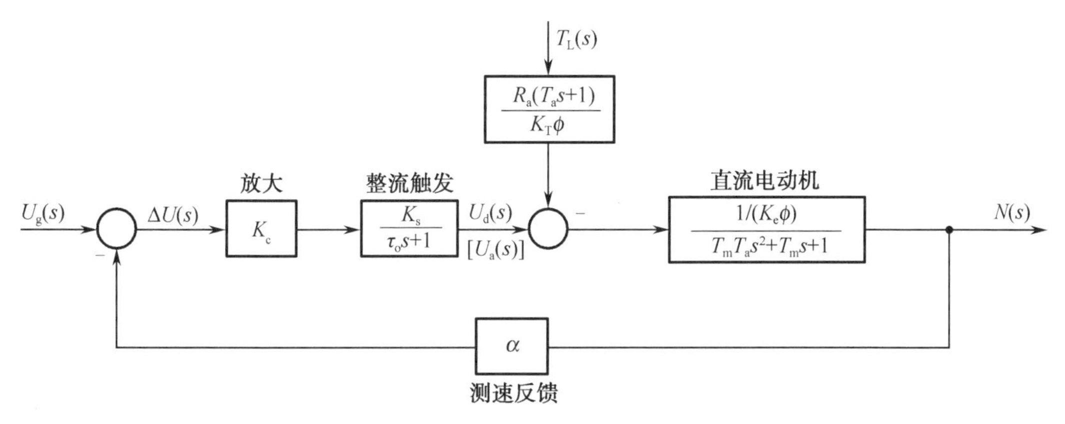

图 2-52　单闭环直流调速系统方框图

3）简化系统，求出系统闭环传递函数

知识梳理与总结

（1）拉氏变换的定义，包括拉氏正变换与拉氏反变换，记住常用函数的拉氏变换值。

（2）拉氏变换的主要运算定理，包括线性定理、微分定理、积分定理、终值定理、延迟定理和复数域中的位移定理等。

（3）分解定理求拉氏反变换的方法。

（4）拉氏变换求解微分方程步骤为：首先将微分方程等式两边进行拉氏变换，这样将微分方程转化为线性代数方程，可求出输出量的象函数，对象函数进行拉氏反变换即得微分方程的解。

（5）分析系统性能之前须建立系统数学模型，描述系统的数学模型有：微分方程、传递函数、方框图以及后面将介绍的频率特性等。微分方程是系统的时域数学模型，也是最基本的数学模型；传递函数是在零初始条件下定义的，它是系统的复数域数学模型，也是自动控制系统最常用的数学模型；方框图是传递函数的一种图形化的描述方式，是一种图形化的数学模型。

（6）为了便于系统分析，通常将一个控制系统可看作是由一些典型环节串联组成。典

型环节包括：比例环节、积分环节、微分环节、惯性环节、振荡环节及延迟环节等，掌握典型环节的数学模型。

（7）作为数学模型的图形表示——方框图，既能反映系统各变量之间的数学关系，也能方便地求出系统传递函数。他一般由信号线、比较点、功能框、引出点四个基本符合构成，其建立的一般步骤为：

① 根据系统工作原理，分解各环节，确定各环节的输入量和输出量，求出各环节传递函数并画出各环节的功能框。

② 确定系统的输入量和输出量，从输入量开始，从左到右，根据相互作用的顺序，依次画出各环节，直至得出所需的输出量。

③ 最后由内到外画出各反馈环节，完成整个系统的方框图。

（8）根据系统方框图求系统传递函数，即进行方框图简化，有两种方法，方框图的等效变换和梅逊公式。方框图的等效变换包括：环节串联，其等效传递函数为各串联环节传递函数之乘积；环节并联其等效传递函数为各并联环节传递函数之代数和；反馈连接，其闭环传递函数为$\phi(s)=\dfrac{G(s)}{1\pm G(s)H(s)}$，式中$G(s)$为前向通道传递函数，为$H(s)$反馈通道传递函数，$G_{\mathrm{k}}(s)=G(s)H(s)$为开环传递函数，$H(s)=1$时，称之为单位反馈系统。

（9）梅逊公式为$\phi(s)=\dfrac{\sum\limits_{k=1}^{n}p_k\Delta_k}{\Delta}$，$\Delta$为特征式$\Delta=1-\sum L_i+\sum L_iL_j-\sum L_iL_jL_z+\cdots$，其中$\sum L_i$为各回路传递函数之和，$\sum L_iL_j$为所有两两互不接触回路传递函数乘积之和，$\sum L_iL_jL_z$为所有三个互不接触的回路传递函数乘积之和；$n$为前向通道的个数；$p_k$为第$k$条前向通道传递函数；$\Delta_k$为相应的余因子式。

（10）系统传递函数分为开环传递函数、闭环传递函数、误差传递函数等。

（11）控制系统数学模型的仿真。传递函数描述包括：函数 tf( )来建立控制系统的传递函数模型；zpk( )来建立系统的零极点增益模型；函数 tf2zp( )是将多项式模型转化为零极点模型；函数 zp2tf( )是将零极点模型转化为多项式模型。传递函数求取包括：环节串联，其等效传递函数可使用 series( )函数实现；环节并联，其等效传递函数可使用 parallel( )函数实现；两个环节反馈连接，其等效传递函数可用 feedback( )函数实现。

思考与练习题 2

2-1 求下列函数的拉氏变换。

（1）$f(t)=3(1-\cos 4t)$

（2）$f(t)=t^2-\mathrm{e}^{4t}+5\sin 2t$

（3）$f(t)=1-t\mathrm{e}^{-t}$

2-2 已知微分方程$u(t)=Ri(t)+L\dfrac{\mathrm{d}i(t)}{\mathrm{d}t}+e(t)$，求电流$i(t)$的拉氏式。

2-3 应用终值定理求下列象函数的原函数$f(t)$的稳态值。

（1）$F(s)=\dfrac{4(s+1)}{(s+2)(s+3)}$

（2）$F(s)=\dfrac{4(s+1)}{s(s+2)(s+3)}$

（3）$F(s)=\dfrac{4(s+1)}{s^2(s+2)(s+3)}$

2-4　求下列函数的拉氏反变换。

（1）$F(s)=\dfrac{4(s+1)}{(s+2)(s+3)}$

（2）$F(s)=\dfrac{1}{s(s^2+1)}$

2-5　已知初始条件为零，求下列微分方程：

$$\frac{\mathrm{d}^2y(t)}{\mathrm{d}t^2}+5\frac{\mathrm{d}y(t)}{\mathrm{d}t}+6y(t)=6$$

2-6　系统的数学模型指的是什么？建立系统数学模型的意义是什么？

2-7　定义传递函数的前提条件是什么？

2-8　什么是系统特征方程？

2-9　惯性环节在什么条件下可近似为比例环节，又在什么条件下可近似为积分环节？

2-10　二阶系统是一个振荡环节，这种说法对吗，为什么？

2-11　环节传递函数为 $G(s)=\dfrac{2}{s^2+3s+2}$，属于振荡环节吗？如果不是振荡环节，那么属于什么环节？

2-12　方框图等效变换的原则是什么？

2-13　试求出图 2-53 所示的电网络传递函数。

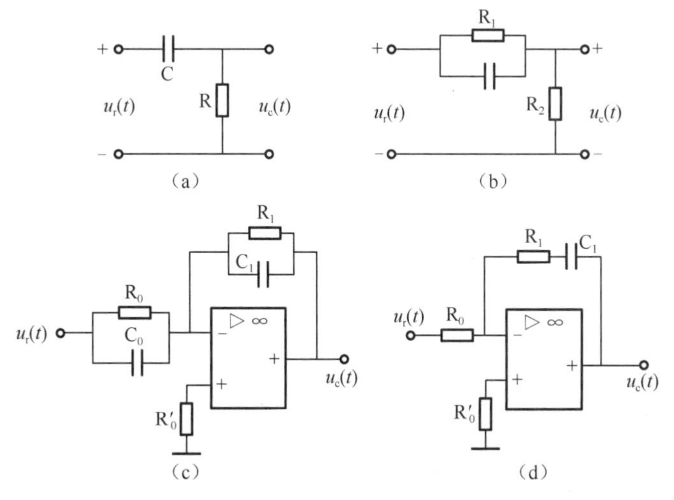

图 2-53　常用电网络环节

2-14　已知自动控制系统方框图如图 2-54 所示，试分别用系统方框图的等效变换和梅逊公式求出系统闭环传递函数。

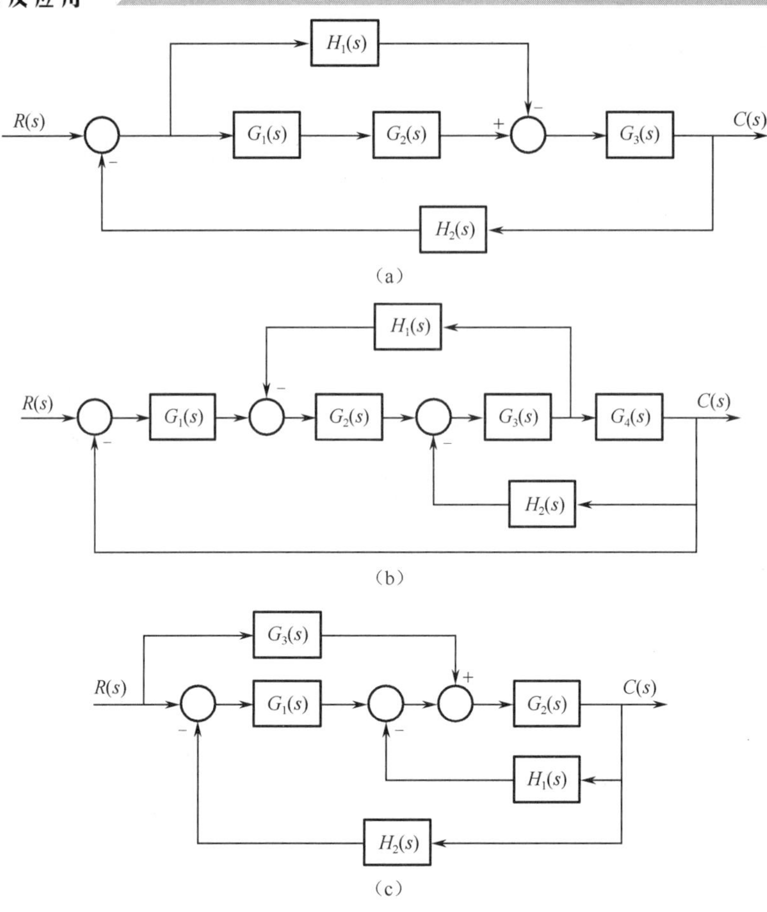

图 2-54　自动控制系统方框图

2-15　图 2-55 为某一调速系统方框图，其中 $U_{\mathrm{i}}(s)$ 为给定量，$\Delta U(s)$ 为扰动量（电网电压波动）。求取转速对给定量的闭环传递函数 $\dfrac{N(s)}{U_{\mathrm{i}}(s)}$ 和转速对扰动量的闭环传递函数 $\dfrac{N(s)}{\Delta U(s)}$ 。

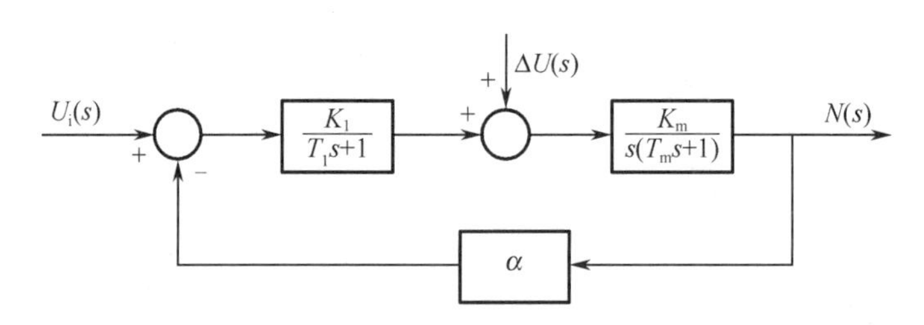

图 2-55　某调速系统方框图

2-16　已知某随动系统方框图如图 2-56 所示，图中的 $G_{\mathrm{c}}(s)$ 为检测环节与串联校正环节的总传递函数，设 $G_{\mathrm{c}}(s)=\dfrac{2(0.5s+1)}{0.5s}$，应用 MATLAB 软件，求取系统的闭环传递函数 $\phi(s)$ 及 $\phi(s)$ 的零点和极点并在 s 平面上标出零极点的位置。

2-17　应用 Simulink 软件，建立题 2-16 所示系统的仿真模型，并求此系统的单位阶跃响应曲线。

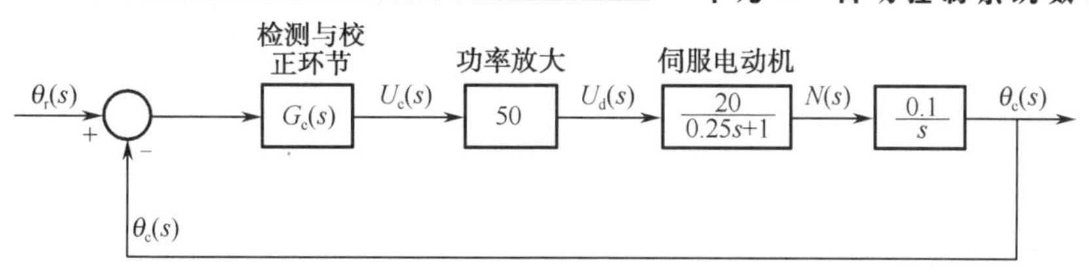

图 2-56　某随动系统方框图

单元3 自动控制系统性能分析与改善

教学导航

知识目标	1. 掌握自动控制系统的性能指标； 2. 熟练利用时域分析法分析系统性能； 3. 能够运用频域分析法进行系统性能分析； 4. 掌握PID控制规律对系统性能的影响
能力目标	1. 能够利用时域分析法和频域分析法进行系统分析的能力； 2. 能够根据系统性能指标进行系统校正的能力； 3. 能够利用MATLAB软件进行系统分析和校正的能力
素质目标	1. 运用基本控制理论知识进行实际问题分析，不断提高分析问题和解决问题的能力，增强团队合作精神； 2. 能够利用MATLAB工具进行分析实际问题的能力，不断提高自学能力
重难点	重点：系统性能指标，系统分析方法； 难点：频域分析法，系统校正
任务	1. 二阶系统性能分析与测试；　2. 三阶系统性能分析与测试； 3. 频率分析法分析系统性能； 4. 转速负反馈有静差直流调速系统性能分析
推荐教学方法	根据具体内容采用不同教学方法，如导入法、实例法、类比法、动画教学、任务驱动教学等

3.1　自动控制系统性能指标

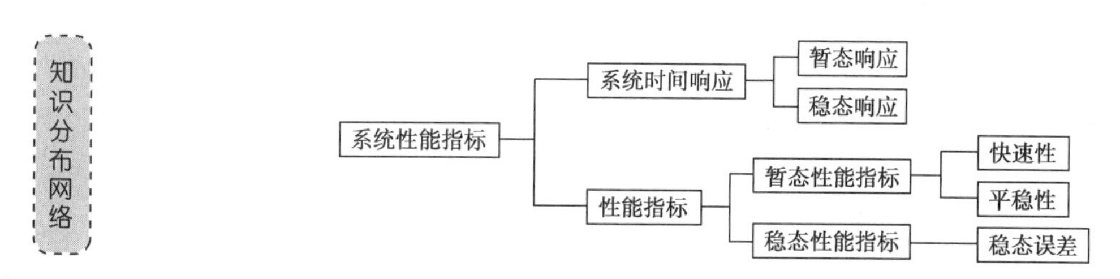

在建立自动控制系统的数学模型之后，就可以进行自动控制系统的分析和设计。系统性能分析，就是分析控制系统能否满足它所提出来的性能指标要求，分析某些参数变化对系统性能的影响。而系统的性能指标是在输入信号作用下的响应中体现出来的，下面先介绍系统的输出响应。

1. 控制系统的时间响应

自动控制系统在外部输入信号作用下的输出由暂态（动态）响应与稳态响应两部分组成。

暂态响应是指随时间增长而趋于零的那部分响应。如果系统数学模型以微分方程形式描述，暂态响应由齐次方程的通解所决定，特征方程的根决定了系统的运动形态。因而暂态响应与系统的外界输入无关，仅取决于系统本身的结构参数，反映了系统本身的特性。只有稳定的系统暂态响应才有意义。

稳态响应是指时间趋于无穷大时的响应。如果系统数学模型以微分方程形式描述，稳态响应由非齐次方程的特解所决定，而非齐次方程的特解与外作用激励信号有关，因此稳态响应和系统输入信号有关，并且持续时间与输入作用存在的时间一样长。

2. 性能指标

控制系统在不同输入信号作用下其输出响应的表现形式不同，而典型输入信号中阶跃信号是一种最严峻的信号，如果控制系统在单位阶跃输入作用下的性能指标能满足要求，那么在其他典型输入作用下的性能指标也能满足要求，因此常常通过阶跃信号作用下的系统阶跃响应来定义系统的时域性能指标。下面由典型单位阶跃响应曲线来介绍控制系统的性能指标，典型单位阶跃响应曲线通常有衰减振荡和单调上升两种形式，如图 3-1 所示。

控制系统的时域性能表现稳定性、稳态性能和动态性能三个方面，稳定性是指控制系统偏离平衡状态后，自动恢复到平衡状态的能力（稳定性在后面单独介绍），此处给出暂态（动态）性能和稳态性能指标，具体定义如下：

1）暂态性能指标（动态性能指标）

系统从一个稳态过渡到新的稳态都需要经历一段时间，亦即需要经历一个过渡过程，该过程也称为动态过程、暂态过程和瞬态过程。表征这个过渡过程性能的指标叫做暂态（动态）指标，一般从快速性和平稳性两个方面描述，具体包括延迟时间、上升时间、峰值

时间和调节时间等。

（1）快速性

① 延迟时间（delay-time）t_d：定义为响应从零开始第一次上升到稳态值的 50%所需的时间。

② 上升时间（rising time）t_r：对于图 3-1（a）的形式，定义为系统响应曲线从零开始，第一次上升至稳态值所需要的时间；而对于图 3-1（b）形式的曲线，上升时间定义为响应过程从稳态值的 10%上升到稳态值的 90%所需的时间。

③ 峰值时间（peak time）t_p：定义为响应从零开始达到第一个峰值所需的时间。

④ 调节时间（settling time）t_s：又称过渡过程时间，调整时间，暂态过程时间，是指响应到达并不再越出稳态值的容许误差范围（±2%或±5%）内所需的最短时间。即 $|c(t_s)-c(\infty)|\leqslant\Delta c(\infty)$，Δ取 0.02 或 0.05。

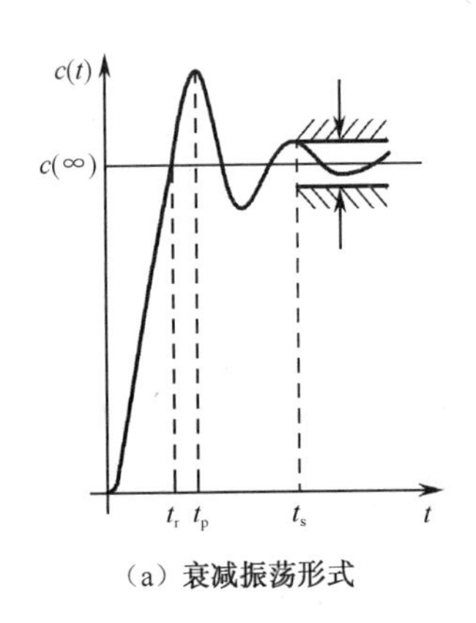

（a）衰减振荡形式

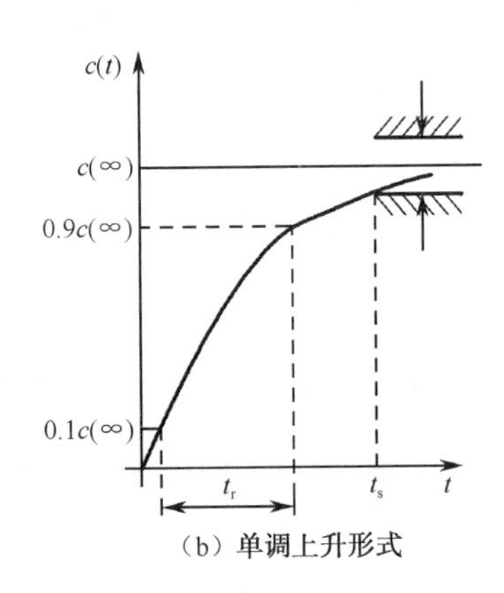

（b）单调上升形式

图 3-1　典型单位阶跃响应曲线

（2）平稳性

平稳指动态过程振荡的振幅和频率，即被控量围绕给定值摆动的幅度和摆动的次数。

① 振荡次数 N：指响应在调节时间的范围内围绕其稳态值所振荡的次数。

$$N=\frac{t_s}{T_d} \tag{3-1}$$

式中 T_d 为振荡周期。

② 超调量 $\sigma\%$：定义为响应曲线中对稳态值的最大超出量与稳态值的百分比。

$$\sigma\%=\frac{c(t_p)-c(\infty)}{c(\infty)}\times100\% \tag{3-2}$$

2）稳态性能指标

当系统从一个稳态过渡到新的稳态，或系统受扰动作用又重新达到平衡后，系统会出现偏差，这种偏差称为稳态误差 e_{ss}（Steady-State Error）。

稳态误差 e_{ss}：定义为系统响应的期望值与实际值之差的稳态值。

$$e_{ss}=\lim_{t\to\infty}e(t)=\lim_{t\to\infty}[c_r(t)-c(t)] \tag{3-3}$$

式中 $c_r(t)$ 为系统响应的期望值。

系统稳态误差的大小反映了系统的稳态精度（或静态精度），它表明了系统的准确程度。稳态误差越小，则系统的稳态精度越高。

一般以最大超调量、调整时间和稳态误差来评价系统响应的平稳性、快速性和稳态精度。对于上述指标希望最大超调量（振荡次数）越小越好，调整时间越短越好，稳态误差越小越好，即希望系统能达到稳、快、准。

在对自动控制系统进行性能分析时，主要的方法有时域分析法、频域分析法和根轨迹法等。本单元主要利用时域分析法和频域分析法来研究线性定常系统的性能分析。

3.2　系统时域分析法

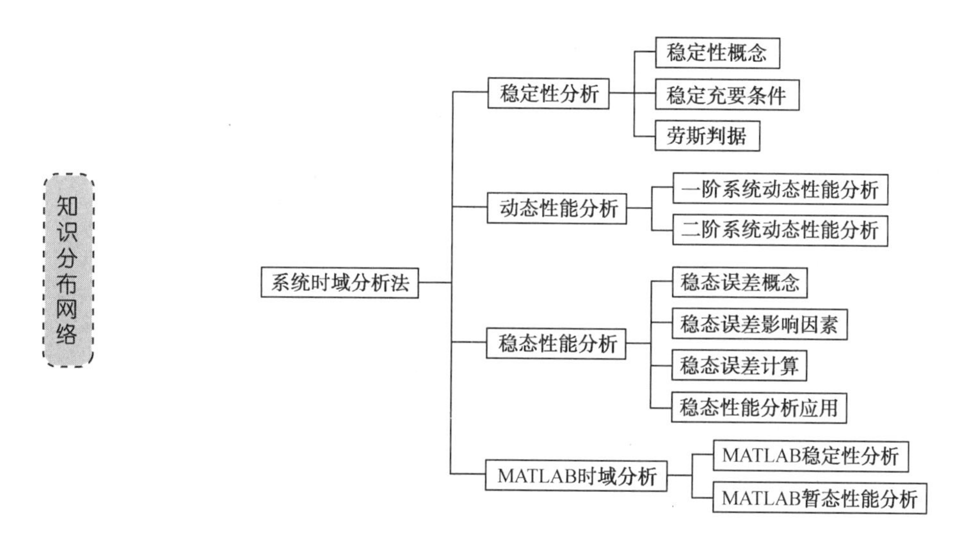

时域分析法是根据描述系统的微分方程或传递函数，直接求解出系统在输入作用下输出的表达式或相应的响应曲线来分析系统的稳定性、动态特性和稳态特性。此方法是一种直接在时间域中对系统进行分析的方法，故称之为时域分析法。 它具有直观、准确和物理概念清晰的优点，可以提供系统时间响应的全部信息。它是一种控制系统分析最早的方法，也是最基本的分析方法。

在系统的三大性能分析中最重要的是系统的稳定性能，这是因为工程上所使用的控制系统首先必须是稳定的系统，不稳定的系统是根本无法工作的。因此分析研究系统时，首先要对系统进行稳定性分析。

3.2.1　稳定性分析

1．系统稳定性的概念

稳定性的概念可以通过图 3-2 所示的方法加以说明。考虑置于水平面上的圆锥体，其底部朝下时，如果施加一个很小的外力（扰动），圆锥体会稍微产生倾斜，外作用力撤销后，经过若干次摆动，它仍会返回到原来的状态。而当圆锥体尖部朝下放置时，由于只有一点能使圆锥体保持平衡，所以在受到任何极微小的外力（扰动）后，它就会倾倒，如果没有外力作用，就再也不能回到原来的状态。

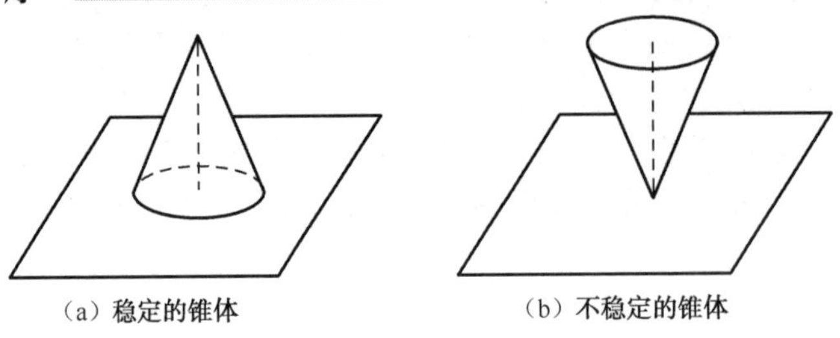

(a) 稳定的锥体　　(b) 不稳定的锥体

图 3-2　控制系统稳定性示例

因此，对于线性定常系统来说：如果系统受到扰动后，偏离了原来的平衡状态，但在扰动消失后，系统能通过自身的调节作用使偏差逐渐减小，重新回到平衡状态，则称系统是稳定的，或说系统具有稳定性，如图 3-3（b）所示。如果扰动消失后，系统偏差不断增加，不能恢复到平衡状态，则称系统是不稳定的，或说系统不具有稳定性，如图 3-3（a）所示。

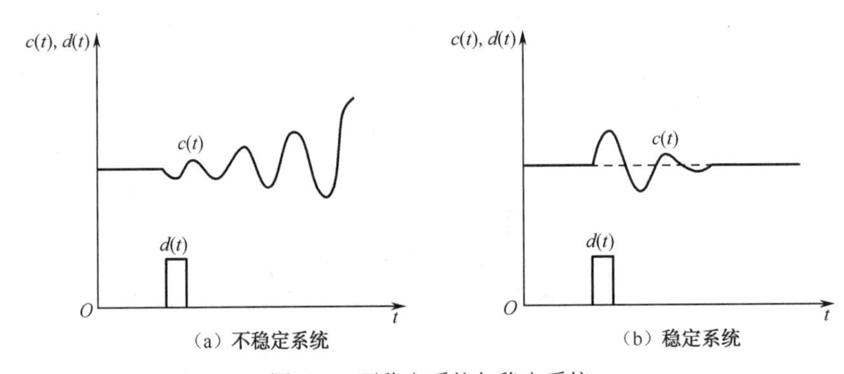

(a) 不稳定系统　　(b) 稳定系统

图 3-3　不稳定系统与稳定系统

由此把系统的稳定性定义为，线性定常系统处于某一平衡状态，若此系统在干扰作用下离开了平衡状态，在干扰消失后系统经过自动调节能够重新达到平衡状态的性能。稳定是系统的一种固有特性，它只取决于系统的结构参数而与初始条件及外作用无关。

控制系统稳定性包括绝对稳定性与相对稳定性。绝对稳定性是指系统稳定与否，而相对稳定性是指在绝对稳定的前提下系统稳定的程度，系统离不稳定有多大的裕度，常用稳定裕量来表示（参见劳斯判据相对稳定性的确定和奈氏判据中相对稳定裕量）。下面介绍控制系统的绝对稳定性。

2. 系统稳定的充分必要条件

对于具体的系统仅用定性分析是不够的，下面从微分方程的角度来研究系统的稳定性。

若设系统的输入量只有扰动作用 $d(t)$，扰动作用下的输出为 $c(t)$，则线性常系数系统微分方程的一般式为：

$$\begin{aligned}&a_n\frac{\mathrm{d}^n}{\mathrm{d}t^n}c(t)+a_{n-1}\frac{\mathrm{d}^{n-1}}{\mathrm{d}t^{n-1}}c(t)+\ldots a_1\frac{\mathrm{d}}{\mathrm{d}t}c(t)+a_0c(t)\\&=b_m\frac{\mathrm{d}_m}{\mathrm{d}t^m}d(t)+b_{m-1}\frac{\mathrm{d}^{m-1}}{\mathrm{d}t^{m-1}}d(t)+\ldots b_1\frac{\mathrm{d}}{\mathrm{d}t}d(t)+b_0d(t)\end{aligned}\tag{3-4}$$

根据稳定性的概念可知，研究系统稳定性就是研究系统在扰动消失以后的运动情况。

扰动的消失，即 $d(t)=0$，式（3-4）的微分方程即变为齐次方程。

$$a_n \frac{\mathrm{d}^n}{\mathrm{d}t^n}c(t)+a_{n-1}\frac{\mathrm{d}^{n-1}}{\mathrm{d}t^{n-1}}c(t)+\ldots a_1\frac{\mathrm{d}}{\mathrm{d}t}c(t)+a_0c(t)=0$$

该齐次方程的解就表征了扰动作用后系统的运动过程，由于齐次方程的解对应控制系统的暂态响应，若此解是收敛的，则该系统是稳定的；若此解是发散的，则该系统不稳定，分析如下：

由高等数学知识可知，解齐次微分方程时，首先求解它的特征方程：

$$D(s)=a_ns^n+a_{n-1}s^{n-1}\ldots a_1s+a_0=0 \tag{3-5}$$

设上式有 k 个实根 $-p_i$（$i=1,2,\cdots,k$），r 对共轭复数根（$-\sigma_j \pm \mathrm{j}\omega_j$）（$j=1,2,\cdots,r$），且有 $k+2r=n$，则齐次方程式解的一般式为：

$$c(t)=\sum_{i=1}^{k}c_i\mathrm{e}^{-p_it}+\sum_{j=1}^{t}\mathrm{e}^{-\sigma_jt}(A_j\cos\omega_jt+B_j\sin\omega_jt)$$

式中系数 A_j、B_j 和 C_i 由初始条件决定。

式（3-5）中特征方程根的分布情况讨论如下：

（1）若 $-p_i<0$，$-\sigma_j<0$（即极点都具有负实部），则上述齐次方程的解是收敛的，系统最终能恢复至平衡状态，所以系统稳定。

（2）若 $-p_i$ 或 $-\sigma_j$ 中有一个或一个以上是正数，则当 $t\rightarrow\infty$ 时，$c(t)$将发散，上述齐次方程的解是发散的，系统是不稳定的。

（3）只要 $-p_i$ 中有一个为零，当 $t\rightarrow\infty$ 时，此时对应的系统输出为一常值；当 $-\sigma_j$ 中有一个为零（即有一对虚根），则系统为等幅振荡，不能恢复原平衡状态，这时系统处于稳定的临界状态。

系统稳定性与特征方程的根的关系如表 3-1 所示。

由表 3-1 可看出：只要系统中任意一个瞬态分量是发散的（或等幅振荡的），则系统响应必然发散（或等幅振荡），只有系统的特征根全部为负实数时，系统才稳定。

表 3-1　系统稳定性与特征方程的根的关系

系统特征方程及其特征根	极 点 分 布	单位阶跃响应	稳 定 性
$s^2+2\xi\omega_n+\omega_n^2=0$ $s_{1,2}=-\xi\omega_n\pm\mathrm{j}\omega_n\sqrt{1-\xi^2}$ $(0<\xi<1)$	jω　S平面　O　σ	c(t)　O　t $c(t)=1-\frac{1}{\sqrt{1-\xi^2}}\mathrm{e}^{-\xi\omega_nt}\sin(\omega_dt+\phi)$	稳定
$s^2+\omega_n^2=0$ $s_{1,2}=\pm\mathrm{j}\omega_n$ $(\xi=0)$	jω　S平面　ω_n　O　σ	c(t)　O　t $c(t)=1-\cos\omega_nt$	临界（属不稳定）

续表

系统特征方程及其特征根	极点分布	单位阶跃响应	稳定性
$s^2+2\xi\omega_n+\omega_n^2=0$ $s_{1,2}=-\xi\omega_n\pm j\omega_n\sqrt{1-\xi^2}$ $(0>\xi>-1)$	jω S平面 O σ	c(t) O t $c(t)=1-\frac{1}{\sqrt{1-\xi^2}}e^{-\xi\omega_n t}\sin(\omega_d t+\phi)$	不稳定
$Ts+1=0$ $s=-\frac{1}{T}$	jω S平面 $-\frac{1}{T}$ O σ	c(t) O t $c(t)=1-e^{-t/T}$	稳定
$Ts-1=0$ $s=\frac{1}{T}$	jω S平面 O $\frac{1}{T}$ σ	c(t) O t $c(t)=-1+e^{t/T}$	不稳定

总结上述，可以得出如下结论：线性系统稳定的充分必要条件是它的所有特征根均为负实数，或具有负的实数部分。即它的所有特征根，均在 S 平面的左半部分。

因此系统稳定性的判断，就变成求解特征方程的根，并检验其特征根是否都具有负实部的问题。但是当系统阶次较高时，求解其特征方程比较困难，于是出现了不需求解特征方程而能间接判断特征方程根的符号的方法。常用的间接方法有劳斯稳定判据和频率法稳定判据。本节先介绍劳斯稳定判据。

3. 劳斯稳定判据

判断控制系统稳定性条件实际上可以通过系统特征方程根在 S 平面上分布情况来确定。在 1877 年劳斯（Routh)提出的稳定性判据（劳斯判据，Routh Criterion），也称为代数稳定判据，它根据系统特征方程式的系数进行代数运算来确定特征方程根在 S 平面的位置，以判定控制系统的稳定性。下面先来介绍常用的劳斯判据。

1）劳斯判据的必要条件

已知系统的闭环特征方程（化为标准形式即降幂形式）为：

$$D(s)=a_n s^n+a_{n-1}s^{n-1}\dots a_1 s+a_0=0$$

则劳斯判据的必要条件为：

（1）特征方程的系数 a_0、a_1、… a_n 的符号全部相同。

（2）特征方程的系数 a_0、a_1、… a_n 不为零，即不能有缺省项。

在判别系统的稳定性时，首先判断其必要条件，如果特征方程系数不同号或有缺项，则系统不稳定。但是，假若特征方程满足必要条件即所有系数同号且不缺项，并不能判定系统稳定，还需要进行充分条件的判断。

2）劳斯充分条件判据

（1）列劳斯表

按照 s 的降幂排列从上至下依次写出 s^n 、 s^{n-1} 、 … s^0 ，共有（n+1）行，然后将特征方程左边的系数在前面两行按照从上至下从左到右的顺序全部列出，如下所示：

$$
\begin{array}{lllll}
s^n & a_n & a_{n-2} & a_{n-4} & \cdots \\
s^{n-1} & a_{n-1} & a_{n-3} & a_{n-5} & \cdots \\
s^{n-2} & b_1 & b_2 & b_3 & \cdots \\
s^{n-3} & c_1 & c_2 & c_3 & \cdots \\
s^{n-4} & d_1 & d_2 & d_3 & \cdots \\
\vdots & \vdots & \vdots & \vdots & \vdots \\
s^1 & f_1 & & & \\
s^0 & g_1 & & &
\end{array}
$$

从第三行开始的所有系数通过其前面两行的相关系数计算得出，其计算方法为：

$$b_1=\frac{a_{n-1}a_{n-2}-a_na_{n-3}}{a_{n-1}}，\ b_2=\frac{a_{n-1}a_{n-4}-a_na_{n-5}}{a_{n-1}}，\ c_1=\frac{b_1a_{n-3}-a_{n-1}b_2}{b_1}，\ c_2=\frac{b_1a_{n-5}-a_{n-1}b_3}{b_1}$$

$$d_1=\frac{c_1b_2-b_1c_2}{c_1}，\ d_2=\frac{c_1b_3-b_1c_3}{c_1}\cdots$$

按此规律把所有系数全部计算完，在计算过程中，为了简化数值运算，可将某一行中的各系数均乘一个正数，不会影响稳定性结论。最后根据第一列的系数来判断系统的稳定性。

（2）根据劳斯表中可能出现的情况判断系统稳定性

① 劳斯表中第一列所有系数均不为零的情况。

劳斯判据判断控制系统稳定的充分条件是：第一列系数不变号系统稳定，第一列系数变号，系统不稳定，符号改变的次数等于右半平面极点个数。

【实例 3-1】 设系统特征方程为 $s^4+2s^3+3s^2+4s+5=0$ ，试用劳斯稳定判据判别系统稳定性。

解： 由上述特征方程可看出特征方程不缺项且所有系数均为正数，其满足劳斯的必要条件，列出劳斯表：

$$
\begin{array}{llll}
s^4 & 1 & 3 & 5 \\
s^3 & 2 & 4 & 0 \\
s^2 & 1 & 5 & \\
s^1 & -6 & & \\
s^0 & 5 & &
\end{array}
$$

$$b_1=\frac{2\times3-1\times4}{2}=1 \qquad b_2=\frac{2\times5-1\times0}{2}=5$$

$$c_1=\frac{1\times4-2\times5}{1}=-6$$

$$d_1=\frac{-6\times5-1\times0}{-6}=5$$

从劳斯表中可看出第一列系数有两次符号变化（从+1 变化到−6，从−6 变化到+5），故系统不稳定，且有两个正实部的根。

② 劳斯表中某行第一列系数等于零，而其余项中有不为零的情况。

这时将第一列系数为零的项，用一个很小的正数 ε 来代替这个零，使劳斯阵列表继续运算

下去。如果第一列系数有符号变化，则系统不稳定，不稳定根的个数由符号变化次数决定。

【实例 3-2】 设系统特征方程为 $s^4+2s^3+s^2+2s+2=0$，试用劳斯稳定判据判断系统的稳定性。

解 劳斯阵列表为:

s^4	1	1	2
s^3	2	2	0
s^2	ε（取代0）	2	
s^1	$2-4/\varepsilon$		
s^0	2		

由上面劳斯表可见第一列系数的符号改变两次（因为 $2-4/\varepsilon$为负数），故系统是不稳定的且在 S 右半平面上有两个不稳定根。

③ 劳斯表中某行所有系数均为零的情况

若劳斯阵列表中某一行（设为第 k 行）的所有系数均为零，则说明在根平面内存在一些大小相等，并且关于原点对称的共轭纯虚根。在这种情况下可做如下处理：

a．利用第 k-1 行的系数构成辅助多项式 A(s)；

b．将构造的辅助多项式求取对 s 的导数，并用求导后的系数代替第 k 行的系数；

c．继续计算劳斯阵列表；

d．令辅助多项式等于零可求得关于原点对称的纯虚根（属于验证，列劳斯表不需要此步骤)。

【实例 3-3】 设系统特征方程为 $s^6+2s^5+6s^4+8s^3+10s^2+4s+4=0$，试用劳斯稳定判据判断系统的稳定性。

解 列出劳斯表为:

s^6	1	6	10	4
s^5	2	8	4	
s^4	2	8	4	→辅助多项式 $A(s)$的系数
s^3	0	0	0	

计算劳斯表时，第四行出现全 0 行，因此利用第三行的系数构造辅助多项式：$A(s)=2s^4+8s^2+4$

对上述辅助多项式求导得，$dA(s)/ds=8s^3+16s$

以导数的系数取代全零行的各元素，继续列写劳斯表:

s^6	1	6	10	4
s^5	2	8	4	
s^4	2	8	4	
s^3	8	16	←	$dA(s)/ds$ 的系数
s^2	4	4		
s^1	8			
s^0	4			

由上面劳斯表可见第一列系数的符号没有发生改变，故在 S 平面右半平面上无根即无正实部的根。但由于第四行的所有系数均为零，表示有共轭纯虚根（根位于虚轴上）。解辅助方程 $A(s)=2s^4+8s^2+4=0$，可得共轭纯虚根：$s_{1,2}=\pm\mathrm{j}\sqrt{0.586}=\pm\mathrm{j}0.766$　　$s_{3,4}=\pm\mathrm{j}\sqrt{3.414}=\pm\mathrm{j}1.848$

有两对共轭纯虚根，故系统临界稳定。

3）劳斯判据的应用

劳斯判据不仅可以判别系统稳定不稳定，即系统的绝对稳定性，而且也可检验系统是否有一定的稳定裕量，即相对稳定性。另外劳斯判据还可用来分析系统参数对稳定性的影响和鉴别延迟系统的稳定性。

（1）分析系统参数对稳定性的影响（直接应用劳斯判据）

【实例 3-4】 系统如图 3-4 所示，试求取使系统稳定的 K 值的范围。

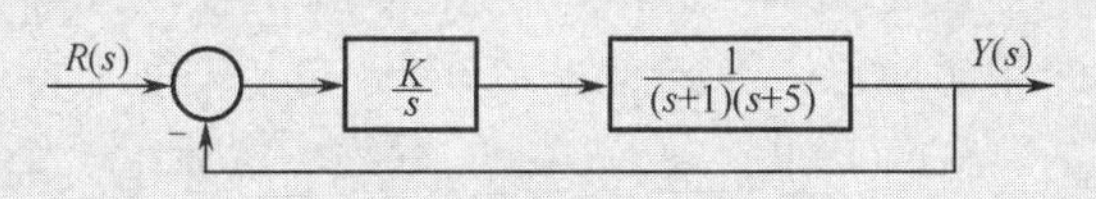

图 3-4　控制系统结构图

解： 首先求出控制系统的闭环传递函数，得到其特征方程为：

$$s^3+6s^2+5s+K=0$$

列劳斯表：

$$\begin{array}{lcc} s^3 & 1 & 5 \\ s^2 & 6 & K \\ s & \dfrac{30-K}{6} & 0 \\ s^0 & K & \end{array}$$

系统稳定必须满足：

$$\begin{cases} \dfrac{30-K}{6}>0 \\ K>0 \end{cases}$$

所以系统稳定的 K 值的范围为 $0<K<30$。

【实例 3-5】 电机调速系统如图 3-5 所示，图中 $K_0=40$，$K_e\phi=0.12\,\mathrm{V/(r/min)}$，$T_m=0.1\,\mathrm{s}$，$T_d=0.02\,\mathrm{s}$，$\tau_0=0.005\,\mathrm{s}$，$\alpha=0.01\,\mathrm{V/(r/min)}$，确定使系统稳定的放大器的放大倍数。

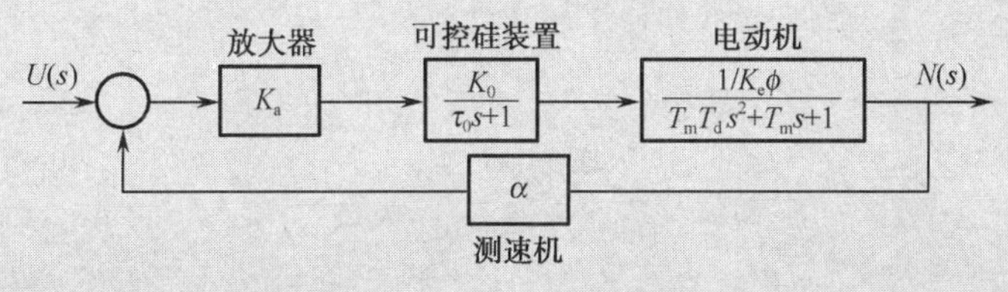

图 3-5　调速系统框图

解　由图可得闭环系统的特征方程：

$$0.0000012s^3+0.0003s^2+0.0126s+(0.12+0.4K_a)=0$$

列出劳斯表如下:

s^3	0.0000012 (0.012)	0.0126 (126)	$(\times 10^4)$
s^2	0.0003	$0.12+0.4K_a$	
s^1	$126-40(0.12+0.4K_a)$		
s^0	$0.12+0.4K_a$		

由劳斯表第一列系数均大于 0，由 $126-40(0.12+0.4K_a)>0$ 及 $0.12+0.4K_a>0$

求得放大器的放大倍数 $-0.3<K_a<7.58$。

（2）确定系统的相对稳定性

控制系统的相对稳定性是指在绝对稳定的前提下系统稳定的程度，即稳定裕量：系统离稳定的边界有多少余量，也就是实部最大的特征根与虚轴的距离。若闭环系统特征方程的负实部根紧靠虚轴，系统动态过程将呈现缓慢的非周期特性或具有强烈的振荡特性。为使稳定的系统具有良好的动态响应，常希望系统在 S 左半平面上特征根的位置与虚轴有一定的距离。因此可在 S 左半平面上作一条 $s=-\sigma$ 的垂线，然后用一个新变量 $z=s+\sigma$ 代入原控制系统特征方程，得到一个以 z 为新变量的新特征方程，对新特征方程再应用劳斯判据，可以判断系统的特征根是否全部位于 $s=-\sigma$ 的左侧。

若要求系统有 σ 的稳定裕量，则可按下述步骤进行：

① 用 $s=z-\sigma$ 代入特征方程；

② 将 z 看作新坐标，用劳斯判据再次判断系统的稳定性。

【实例 3-6】 控制系统闭环特征方程式为 $s^3+2s^2+5s+5=0$，问系统的稳定裕量是否为 1?

解： 利用劳斯判据判断控制系统的稳定性，由闭环特征方程式列出劳斯表如下

s^3	1	5
s^2	2	5
s^1	2.5	0
s^0	5	

由劳斯表的第一列系数均大于 0，故控制系统稳定（绝对稳定），所有特征根均位于 S 左半平面，现在要判断控制系统的稳定裕量是否为 1，即判断系统的特征根是否均位于-1 的左侧。用 $s=z-1$ 代入原控制系统特征方程式得:

$$(z-1)^3+2(z-1)^2+5(z-1)+5=z^3-z^2+4z+1=0$$

重新列出劳斯表如下:

z^3	1	4
z^2	−1	1
z	5	0
z^0	1	

由上面的劳斯表可看出其第一列系数的符号变化两次，即说明原控制系统有两个特征根位于-1 的右侧，其实从原特征方程式可解出其三个特征根为 s_1=−0.3834+1.9767i，s_2=−0.3834−1.9767i，s_3=−1.2332，正好有一对共轭复根位于-1 的右侧。

4. 结构不稳定及其改进措施

结构不稳定系统是指仅靠调整系统参数无法稳定的系统，如图 3-6 所示。

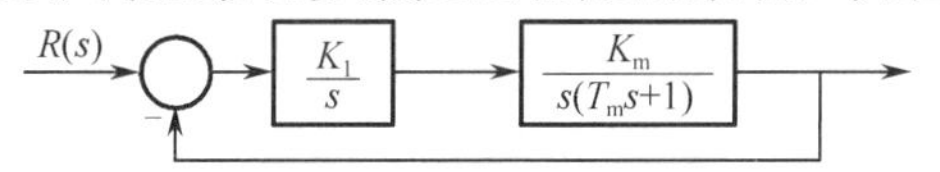

图 3-6 系统结构方框图

求得系统的闭环传递函数为 $\phi(s)=\dfrac{K_1K_m}{T_ms^3+s^2+K_1K_m}$。

得到系统的特征方程为 $D(s)=T_ms^3+s^2+K_1K_m=0$。

由于该系统的特征方程缺一次项，因此无论怎样调整 K_1K_m 或 T_m 的值，都不能使系统稳定，此系统即为不稳定系统。针对这样的不稳定系统采取的改进方法有反馈校正和串联校正方法。

（1）用局部反馈包围有积分作用的环节，以破坏其积分性质。

（2）在系统的主通道串入一阶微分环节。

具体内容在系统性能的改善中介绍。

3.2.2 控制系统动态性能分析

1. 一阶系统动态性能分析

1）一阶系统的阶跃响应

（1）一阶系统阶跃响应分析

控制系统的运动微分方程为一阶微分方程，则称为一阶系统。

一阶系统可用形如 $T\dfrac{\mathrm{d}c(t)}{\mathrm{d}t}+c(t)=r(t)$ 的微分方程，或传递函数为 $\dfrac{C(s)}{R(s)}=\dfrac{1}{Ts+1}$ 的形式来描述。其中 T 具有时间的量纲，称为时间常数，它是唯一表征一阶系统特征的参数。一阶系统动态结构如图 3-7 所示。

取系统的输入信号为 $r(t)=1(t)$，有 $R(s)=1/s$，则输出的拉氏变换为：

$$C(s)=\frac{1}{Ts+1}\cdot\frac{1}{s}=\frac{1}{s}-\frac{1}{s+1/T}$$

将上式进行拉氏反变换得：

$$c(t)=1-\mathrm{e}^{-\frac{t}{T}} \quad t\geqslant 0 \tag{3-6}$$

系统的阶跃响应由暂态分量和稳态分量两部分组成，1 表示输出量中的稳态分量，$\mathrm{e}^{-\frac{t}{T}}$ 表示输出量中的暂态分量。画出一阶系统的单位阶跃响应曲线如图 3-8 所示。

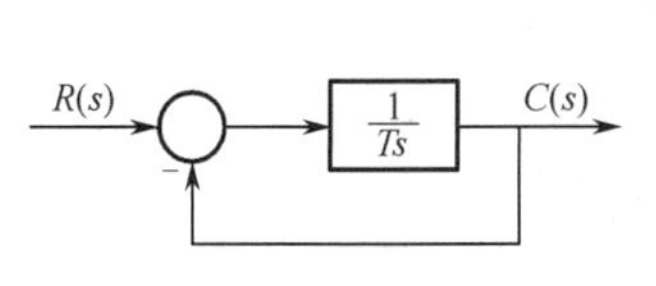

图 3-7 一阶系统动态结构图

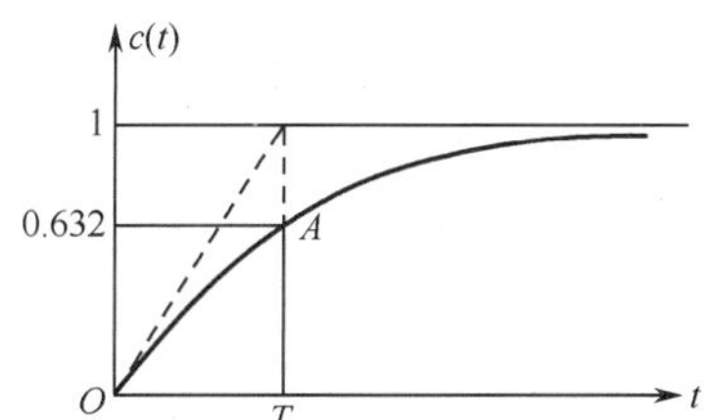

图 3-8 一阶系统的单位阶跃响应曲线

由图 3-8 可知，其单位阶跃响应曲线是一条单调上升曲线。由于一阶系统只有一个系统特征参数 T，下面介绍时间常数 T 的求取方法。

当时间 t 取一些特殊的时间点与对应的响应值之间的关系如表 3-2 所示。

表 3-2 特殊点与响应值之间的对应关系

t	0	T	$2T$	$3T$	$4T$	∞
$c(t)$	0	0.632	0.865	0.950	0.982	1

随着时间趋向于无穷大时，响应曲线的终值达到给定值。当 $t=T$ 时，对应单位阶跃响应曲线上的 A 点，有 $c(t)=0.632$，即当时间由 $t=0$ 变化到 $t=T$ 时，系统输出达到响应终值的 63.2%，这为实验测定一阶系统的时间常数 T 提供了理论依据。

另外对单位阶跃响应曲线求导得： $c'(t)=\dfrac{1}{T}\mathrm{e}^{-\frac{t}{T}}$

当 $t=0$ 时，有：

$$\left.\frac{\mathrm{d}c(t)}{\mathrm{d}t}\right|_{t=0}=\left.\frac{1}{T}\mathrm{e}^{-t/T}\right|_{t=0}=\frac{1}{T}$$

上式说明，阶跃响应曲线在时间 $t=0$ 时的变化率（斜率）为 $1/T$，表明一阶系统的单位阶跃响应若以初始速度等速上升至稳态值 1，所需时间恰好为 T，并且随着时间的推移，变化率逐渐减小，最终趋于 0。这也是在单位阶跃响应实验曲线上确定一阶系统时间常数 T 的方法之一。

（2）一阶系统动态性能指标

① 延迟时间 t_{d}：为响应第一次从 0 上升到 0.5 倍稳态值所需的时间。

即有 $$c(t_{\mathrm{d}})=0.5\text{，则有 }t_{\mathrm{d}}=0.69T \tag{3-7}$$

② 上升时间 t_{r}：单调上升响应过程从稳态值的 10%上升到稳态值的 90%所需的时间。

则有 $$t_{\mathrm{r}}=2.20T \tag{3-8}$$

③ 调节时间 t_{s}：响应到达并保持在终值附近的±5%（或±2%）以内所需的最短时间。即 $|c(t)-c(\infty)|\leqslant\Delta c(\infty)$，$\Delta$取 0.02 或 0.05。有

$$t_{\mathrm{s}}=3T\quad(\Delta=0.05) \tag{3-9}$$

或 $$t_{\mathrm{s}}=4T\quad(\Delta=0.02)$$

由上可见，T 越小，系统快速性越好。

2）一阶系统的单位脉冲响应

仍以图 3-7 所示的一阶系统为例来分析其单位脉冲响应，其传递函数为：

$$\varPhi(s)=\frac{C(s)}{R(s)}=\frac{1}{Ts+1}$$

当输入脉冲信号 $r(t)=\delta(t)$时，其对应的拉氏变换 $R(s)=1$，所以系统输出量经拉氏反变换得到 $c(t)=\dfrac{1}{T}\mathrm{e}^{-\frac{1}{T}t}(t\geqslant 0)$，其数学表达式与单位阶跃响应的导函数相同，画出其脉冲响应曲线如图 3-9 所示。它是一条单调衰减曲线，当时间趋向无穷大时，其值衰减为 0。

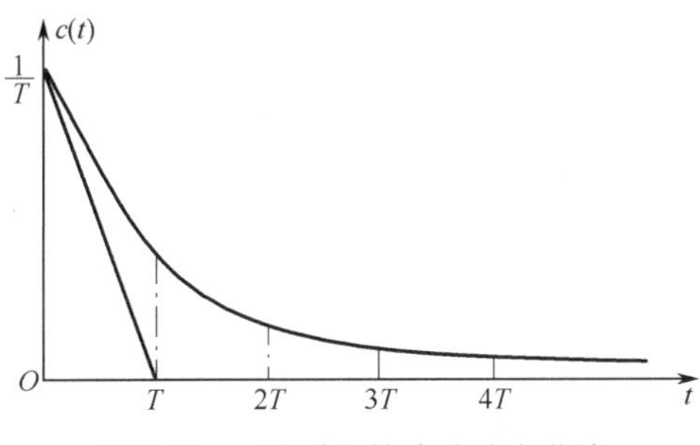

图 3-9　一阶系统的脉冲响应曲线

3）一阶系统的单位斜坡响应

仍以图 3-7 所示的一阶系统为例来分析其单位斜坡响应，其传递函数为：

$$\Phi(s)=\frac{C(s)}{R(s)}=\frac{1}{Ts+1}$$

由于输入信号为 $r(t)=t$，同理求得其输出：

$$c(t)=t-T+T\mathrm{e}^{-\frac{1}{T}t}\,(t\geqslant 0)\text{，} \tag{3-10}$$

画出其单位斜坡响应曲线如图 3-10 所示。

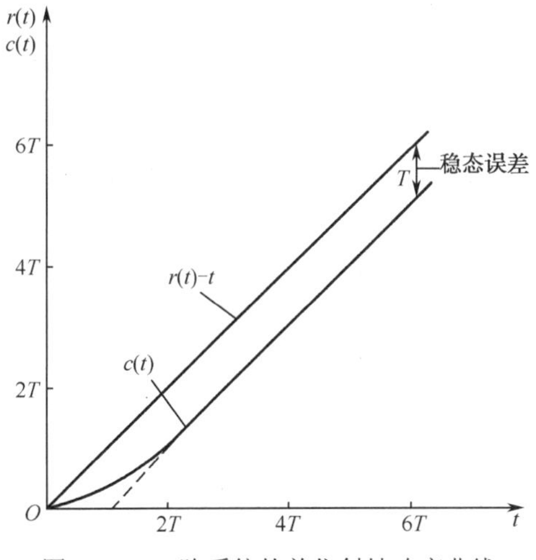

图 3-10　一阶系统的单位斜坡响应曲线

一阶系统的单位斜坡响应是一条由零开始逐渐变为等速变化的曲线。其稳态输出分量部分 $t-T$ 与输入信号的斜率相同，但在时间上滞后一个时间常数 T，即存在跟踪误差，其数值与时间 T 相等。一阶系统单位斜坡响应的暂态分量为 $T\mathrm{e}^{-\frac{1}{T}t}$，是一个非周期的衰减过程。

对该响应曲线求导得 $c'(t)=1-\mathrm{e}^{-\frac{t}{T}}$，其表达式与单位阶跃响应曲线相同，初始斜率=0，稳态输出斜率=1。

4）一阶系统的单位加速度响应

以图 3-7 所示的一阶系统为例来分析其单位加速度响应，其传递函数为 $\Phi(s)=\dfrac{C(s)}{R(s)}=$

$\frac{1}{Ts+1}$，设系统的输入信号为单位加速度信号 $r(t)=\frac{1}{2}t^2$，同理可求得一阶系统的单位加速度响应为：

$$c(t)=\frac{1}{2}t^2-Tt+T^2(1-\mathrm{e}^{-t/T}) \tag{3-11}$$

由式（3-11）与输入信号间的关系知，随着时间的推移，两者间的误差越来越大，直到无穷大，因此一阶系统不能实现对加速度信号的跟踪。将一阶系统的单位加速度响应对时间求导得到 $c'(t)=t-T+T\mathrm{e}^{-\frac{1}{T}t}$，其表达式与一阶系统的单位斜坡响应表达式相同。

一阶系统的典型响应与时间常数 T 密切相关。只要时间常数 T 小，单位阶跃响应调节时间小，单位斜坡响应稳态值滞后时间也小。但一阶系统不能跟踪加速度函数。

由以上四种响应曲线关系可见，单位脉冲函数与单位阶跃函数的一阶导数及单位斜坡函数的二阶导数是相同的，对应有单位脉冲响应与单位阶跃响应的一阶导数及单位斜坡响应的二阶导数也相同，这表明：线性系统对输入信号导数的响应，等于系统对输入信号响应的导数。

【实例 3-7】 某一阶系统如图 3-11 所示，（1）求调节时间 t_s；（2）若要求 t_s=0.1 s，求反馈通道上的反馈系数，用 K_h 表示。

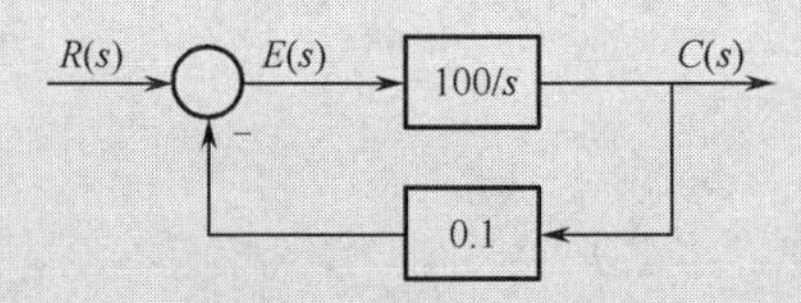

图 3-11　系统结构图

解　（1）先求出系统的传递函数得：

$$\Phi(s)=\frac{G(s)}{1+G(s)H(s)}=\frac{100/s}{1+(100/s)\times 0.1}=\frac{100}{s+10}=\frac{10}{1+s/10}$$

与标准形式对比得：T=1/10=0.1，

又由调节时间：

$$t_s=3T=0.3\ \mathrm{s}$$

（2）由闭环系统的传递函数　$\Phi(s)=\frac{100/s}{1+K_h\cdot 100/s}=\frac{1/K_h}{1+s/100K_h}$

由题意要求 t_s=0.1 s，即 $3T$=0.1 s，即 $\frac{1}{100K_h}=\frac{0.1}{3}$，得 K_h=0.3。

2. 二阶系统动态性能分析

以二阶微分方程描述的系统称为二阶系统。在控制工程中，二阶系统比较常见。此外，许多高阶系统，在一定条件下忽略一些次要因素，常降阶为二阶系统来研究。因此，深入研究二阶系统具有广泛的实际意义。下面以典型二阶系统作为二阶系统的模型来进行分析。

1）典型二阶系统的阶跃响应

在单元 2 中，已得到其微分方程为：

$$T^2\frac{\mathrm{d}^2c(t)}{\mathrm{d}t^2}+2\xi T\frac{\mathrm{d}c(t)}{\mathrm{d}t}+c(t)=r(t)$$

对上式取拉氏变换并整理得其传递函数为：

$$\frac{C(s)}{R(s)}=\Phi(s)=\frac{1}{T^2s^2+2\xi Ts+1}=\frac{\omega_n^2}{s^2+2\xi\omega_n s+\omega_n^2} \tag{3-12}$$

式中，$\omega_n=\frac{1}{T}$——无阻尼自然振荡角频率；

ξ——阻尼比。

其对应的结构图模型如图 3-12 所示。

二阶系统特征方程为：$s^2+2\xi\omega_n s+\omega_n^2=0$

特征方程的两个根（闭环极点）为：$s_{1,2}=-\xi\omega_n\pm j\omega_n\sqrt{\xi^2-1}$

当ξ取值不同时，两个特征根的类型也不一样，因此系统的运动过程也不一样。下面分情况讨论。

（1）欠阻尼二阶系统（即 0<ξ<1 时）

此时，系统有一对共轭复根：

$$s_{1,2}=-\xi\omega_n\pm j\omega_n\sqrt{1-\xi^2}=-\sigma\pm j\omega_d$$

σ称为衰减系数，ω_d称为阻尼振荡角频率，两个复根在复平面上的分布如图 3-13 所示。

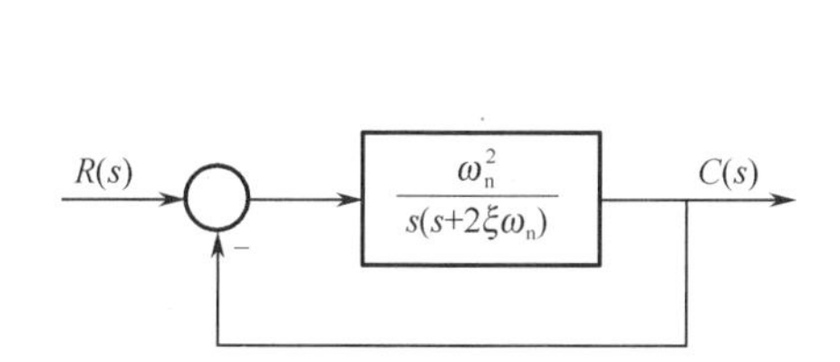

图 3-12　典型的二阶系统结构图

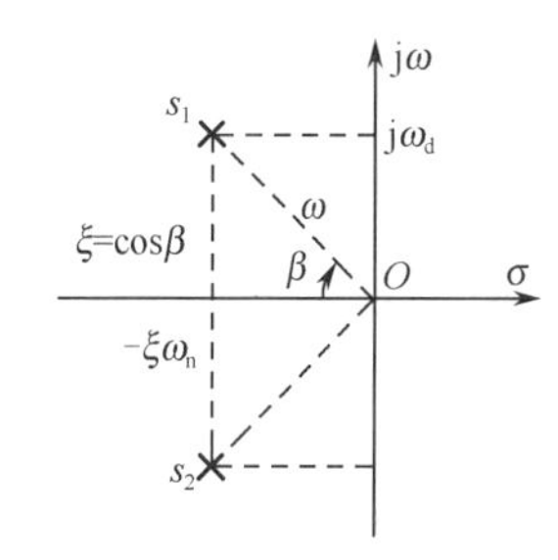

图 3-13　欠阻尼二阶系统的根的分布

若$r(t)$为单位阶跃信号，则$R(s)=\frac{1}{s}$，于是有：

$$\begin{aligned}C(s)=\Phi(s)\cdot R(s)&=\frac{\omega_n^2}{s^2+2\xi\omega_n s+\omega_n^2}\cdot\frac{1}{s}\\&=\frac{1}{s}-\frac{s+\xi\omega_n}{(s+\xi\omega_n)^2+\omega_d^2}-\frac{\xi\omega_n}{(s+\xi\omega_n)^2+\omega_d^2}\end{aligned} \tag{3-13}$$

对式（3-13）取拉氏反变换，得到其对应的单位阶跃响应为：

$$c(t)=1-\frac{e^{-\xi\omega_n t}}{\sqrt{1-\xi^2}}\sin(\omega_d t+\beta)\quad(t\geqslant 0) \tag{3-14}$$

其中
$$\omega_d=\omega_n\sqrt{1-\xi^2}，\quad \beta=\arctan\frac{\sqrt{1-\xi^2}}{\xi} \tag{3-15}$$

欠阻尼二阶系统的单位阶跃响应瞬态部分是阻尼（衰减）正弦振荡过程，阻尼的大小由$\xi\omega_n$（即σ，特征根实部）决定；振荡角频率为阻尼振荡角频率ω_d（特征根虚部），其值由阻尼比ξ和自然振荡角频率ω_n决定。

（2）临界阻尼二阶系统（即ξ=1 时）

此时系统有两个相同的负实根：$s_{1,2}=-\omega_n$。

当 $r(t)=1(t)$ 时，有 $R(s)=\dfrac{1}{s}$，则：

$$C(s)=\Phi(s)\cdot R(s)=\frac{\omega_n^2}{(s+\omega_n)^2}\cdot\frac{1}{s}=\frac{1}{s}-\frac{\omega_n}{(s+\omega_n)^2}-\frac{1}{s+\omega_n}$$

求拉氏反变换，得其单位阶跃响应表达式为：

$$c(t)=1-e^{-\omega_n t}(1+\omega_n t) \tag{3-16}$$

此时临界阻尼二阶系统单位阶跃响应是无超调、无振荡单调上升的曲线。

（3）无阻尼二阶系统（即ξ=0 时）

此时系统有两个纯虚根：$s_{1,2}=\pm j\omega_n$。

当 $r(t)=1(t)$ 时，有 $R(s)=\dfrac{1}{s}$，则：

$$C(s)=\Phi(s)\cdot R(s)=\frac{\omega_n^2}{s^2+\omega_n^2}\cdot\frac{1}{s}=\frac{1}{s}-\frac{s}{s^2+\omega_n^2}$$

求拉氏反变换，得系统在单位阶跃信号作用下的阶跃响应：

$$c(t)=1-\cos\omega_n t \tag{3-17}$$

系统的单位阶跃响应为一条平均值为 1 的不衰减的等幅余弦振荡曲线，其振荡角频率为 ω_n，即无阻尼振荡频率。

（4）过阻尼二阶系统（即ξ>1 时）

此时系统有两个不相等负实根：$s_{1,2}=-\xi\omega_n\pm\omega_n\sqrt{\xi^2-1}$。

当 $r(t)=1(t)$ 时，有 $R(s)=\dfrac{1}{s}$

$$C(s)=\Phi(s)\cdot R(s)=\frac{\omega_n^2}{s^2+2\xi\omega_n s+\omega_n^2}\cdot\frac{1}{s}=\frac{1}{s}+\frac{A}{s-s_1}+\frac{B}{s-s_2}$$

式中，$A=\lim\limits_{s\to s_1}(s-s_1)C(s)=\dfrac{\omega_n^2}{s_1(s_1-s_2)}$

$$B=\lim_{s\to s_2}(s-s_2)C(s)=\frac{\omega_n^2}{s_2(s_2-s_1)}$$

求拉氏反变换，得阶跃响应：

$$c(t)=1+Ae^{s_1 t}+Be^{s_2 t} \tag{3-18}$$

式（3-18）表明，二阶系统的单位阶跃响应包含着两个单调衰减指数项，其代数和不会超过稳态值 1，因而过阻尼二阶系统的单位阶跃响应是无振荡、无超调、无稳态误差的响应，也称为过阻尼响应。

以上几种情况的单位阶跃响应曲线如图 3-14 所示。

典型二阶系统在不同的阻尼比的情况下，它们的阶跃响应输出特性是不同的：若阻尼比ξ过小，则系统的振荡加剧，超调量增加；若阻尼比过大则系统的响应过慢，又大大增加了调节时间。因此，选择适当的阻尼比以满足自动控制系统的稳定性和快速性，是控制系统分析和设计中一个要考虑的因素。对于二阶控制系统的设计一般取ξ=0.4～0.8，此时其超调量适度，调节时间较短，常称ξ=0.707 时的阻尼比为最佳阻尼比。

由于欠阻尼二阶系统与过阻尼二阶系统具有不同形式的响应曲线，它们的动态性能指

标的估算方法不尽相同，而过阻尼二阶系统的单位阶跃响应曲线与一阶系统单位阶跃响应类似（指标相同但指标的计算值不同，此处从略）。

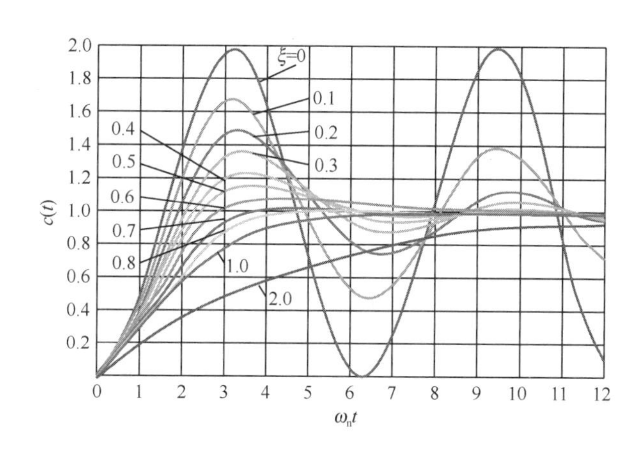

图 3-14　典型二阶系统的单位阶跃响应曲线

2）欠阻尼二阶系统的动态性能指标

由上面已经知道，欠阻尼二阶系统单位阶跃响应为 $c(t)=1-\dfrac{\mathrm{e}^{-\xi\omega_\mathrm{n}t}}{\sqrt{1-\xi^2}}\sin(\omega_\mathrm{d}t+\beta)\quad(t\geqslant 0)$，根据系统性能指标的定义求得动态指标如下：

（1）上升时间 t_r

由上升时间的定义：阶跃响应从零第一次升到稳态所需的时间。有：

$$c(t_\mathrm{r})=1$$

即：

$$\frac{\mathrm{e}^{-\xi\omega_\mathrm{n}t_\mathrm{r}}}{\sqrt{1-\xi^2}}\sin(\omega_\mathrm{d}t_\mathrm{r}+\beta)=0$$

得：

$$t_\mathrm{r}=\frac{\pi-\beta}{\omega_\mathrm{d}}=\frac{\pi-\beta}{\omega_\mathrm{n}\sqrt{1-\xi^2}} \tag{3-19}$$

由上式可见，当阻尼比一定时，阻尼角 β 不变，系统的响应速度与无阻尼振荡频率 ω_n 成反比；而当阻尼振荡频率 ω_d 一定时，阻尼比越小，上升时间越短。

（2）峰值时间 t_p

由峰值时间的定义：单位阶跃响应超过稳态值达到第一个峰值所需要的时间。

令

$$\left.\frac{\mathrm{d}c(t)}{\mathrm{d}t}\right|_{t=t_\mathrm{p}}=0 \text{ 得 } t_\mathrm{p}=\frac{\pi}{\omega_\mathrm{d}}=\frac{\pi}{\omega_\mathrm{n}\sqrt{1-\xi^2}} \tag{3-20}$$

上式说明峰值时间等于阻尼振荡周期的一半。

（3）超调量 $\sigma\%$

由超调量的定义：单位阶跃响应中最大超出量与稳态值之比。

由 $\sigma\%=\dfrac{c(t_\mathrm{p})-c(\infty)}{c(\infty)}\times 100\%=-\dfrac{\mathrm{e}^{-\xi\omega_\mathrm{n}t_\mathrm{p}}}{\sqrt{1-\xi^2}}\sin(\omega_\mathrm{d}t_\mathrm{p}+\beta)\times 100\%$ 得：

$$\sigma\%=\mathrm{e}^{-\frac{\pi\xi}{\sqrt{1-\xi^2}}}\times 100\% \tag{3-21}$$

由上式可知，超调量$\sigma\%$是阻尼比的函数，仅与阻尼比有关，而与自然频率无关，并且阻尼比越大，超调量越小。

（4）调节时间t_s

由调节时间的定义：单位阶跃响应进入±Δ误差带的最短时间。

由 $$|c(t)-c(\infty)|\leqslant \Delta\times c(\infty) \qquad (t\geqslant t_s)$$

有 $$\left|\frac{e^{-\xi\omega_n t}}{\sqrt{1-\xi^2}}\sin(\omega_d t+\beta)\right|\leqslant \Delta \qquad (t\geqslant t_s)$$

又$|\sin(\omega_d t+\beta)|\leqslant 1$ 则 $$\frac{e^{-\xi\omega_n t}}{\sqrt{1-\xi^2}}\leqslant \Delta \qquad (t\geqslant t_s)$$

工程上通常用包络线代替实际曲线来估算。欠阻尼二阶系统的一对包络线如图3-15所示。

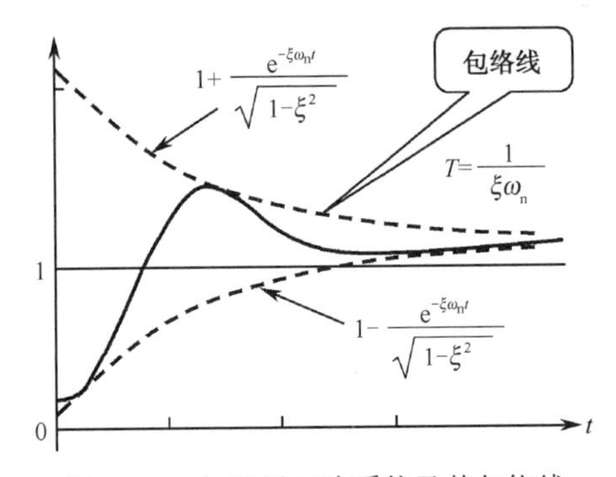

图3-15 欠阻尼二阶系统及其包络线

t_s与Δ及系统参数的近似式为 $$t_s\approx\frac{-\ln\Delta}{\xi\omega_n}$$

有 $$\begin{cases} t_s=\dfrac{3}{\xi\omega_n} & \Delta=5\% \\ t_s=\dfrac{4}{\xi\omega_n} & \Delta=2\% \end{cases} \tag{3-22}$$

式（3-22）说明，调节时间与闭环系统特征方程根的实部数值成反比，如果特征根离虚轴的距离越远，系统的调节时间越短。而系统的超调量由阻尼比决定，所以调节时间主要由无阻尼振荡频率ω_n来确定。可通过保持阻尼比不变而增大无阻尼振荡频率ω_n的方法，在不改变系统超调量的前提下缩短调节时间。

（5）振荡次数N

若阻尼振荡的周期用T_d表示，则有

$$T_d=\frac{2\pi}{\omega_d}=\frac{2\pi}{\omega_n\sqrt{1-\xi^2}}$$

故振荡次数

$$N=\frac{t_s}{T_d}=\frac{\dfrac{3(或4)}{\xi\omega_n}}{\dfrac{2\pi}{\omega_n\sqrt{1-\xi^2}}}=\frac{1.5(或2)\sqrt{1-\xi^2}}{\pi\xi} \qquad (\Delta=5\%或2\%) \tag{3-23}$$

欲使二阶系统具有满意的动态性能指标，必须选择合适的阻尼比ξ和无阻尼自然振荡频率ω_n。提高ω_n，可以提高二阶系统的响应速度；增大ξ，可以提高系统的平稳性，即降低超调量，但增大上升时间和峰值时间。系统的响应速度与平稳性之间往往是相互矛盾的。因此，既要提高系统的平稳性，又要系统具有一定的响应速度，那就只有选择合适的阻尼比ξ和无阻尼自然振荡频率ω_n才能实现，往往采用的是折中处理方法。

【实例 3-8】 已知图 3-16 结构图的中T_m=0.2，K=5，求系统单位阶跃响应指标。

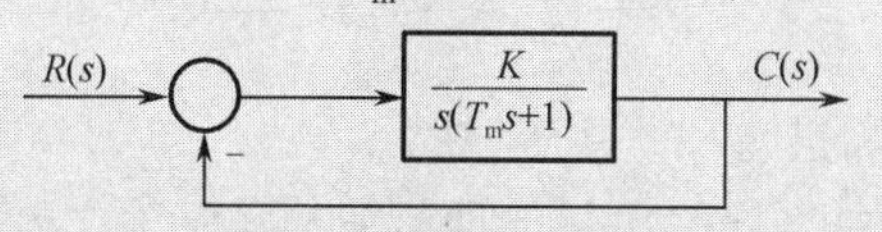

图 3-16　系统结构图

解　要求系统单位阶跃响应指标首先要求出系统闭环传递函数，其闭环传递函数为：

$$\Phi(s)=\frac{G(s)}{1+G(s)}=\frac{K}{s(T_m s+1)+K}$$

化为标准形式：

$$\Phi(s)=\frac{K/T_m}{s^2+s/T_m+K/T_m}=\frac{\omega_n^2}{s^2+2\xi\omega_n s+\omega_n^2}$$

即有

$$2\xi\omega_n=\frac{1}{T_m}=5,\quad \omega_n^2=\frac{K}{T_m}=25$$

解得

$$\omega_n=5,\quad \xi=0.5$$

$$\sigma\%=e^{-\frac{\pi\xi}{\sqrt{1-\xi^2}}}\times 100\%=16.3\%\qquad t_s=\frac{3}{\xi\omega_n}=1.2s$$

$$t_p=\frac{\pi}{\omega_d}=\frac{\pi}{\omega_n\sqrt{1-\xi^2}}=0.73s\qquad t_r=\frac{\pi-\beta}{\omega_d}=0.486s$$

3.2.3　系统稳态性能分析

自动控制系统的暂态输出分量反映了控制系统的动态性能：对于稳定的系统，暂态分量随着时间的推移，将逐渐减小并最终趋向于零。稳态分量反映系统的稳态性能，它反映了控制系统跟随给定量和抑制扰动量的能力和准确度。稳态性能的优劣，常以稳态误差的大小来度量。系统的稳态误差既与系统的结构、参数及外作用的形式有关，同时又与系统存在的摩擦、间隙、死区等非线性因素相关，这里所介绍的稳态误差不考虑由于元件的不灵敏区、零点漂移和老化等因素所造成的永久性误差，而只讨论由于系统结构、参量以及输入的不同形式所引起的稳态误差。

1. 稳态误差的概念

稳态误差是指稳态响应的希望值与实际值之差，即稳定系统误差的终值$e_{ss}=\lim\limits_{t\to\infty}e(t)$，$e(t)$=希望值–实际值

对于图 3-17 所示的控制系统，可分别从输入端和输出端来定义系统的误差。

1）从输入端定义系统的误差

定义 1：系统的误差就是输入信号与反馈信号之差，即

$$E(s)=R(s)-B(s)=R(s)-H(s)C(s) \tag{3-24}$$

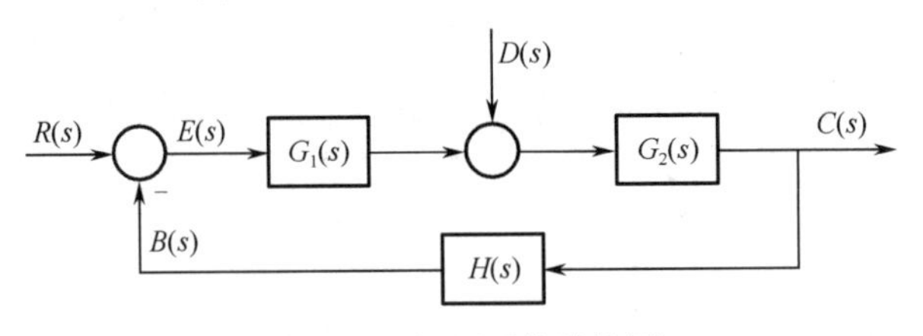

图 3-17　控制系统结构图

2）从输出端定义系统的误差

定义 2：系统的误差就是系统输出量的期望值与实际值之差，即：

$$E'(s)=C_r(s)-C(s)=\frac{R(s)}{H(s)}-C(s)=\frac{R(s)-H(s)C(s)}{H(s)} \tag{3-25}$$

式中，$C_r(s)=\dfrac{R(s)}{H(s)}$ 为系统输出量的期望值。

从式（3-24）和式（3-25）可看出两者相差一个 $H(s)$，对于单位反馈时两种定义相同。从输入端定义的误差在实际系统中是可以测量的，有一定的物理意义；而从输出端定义的误差，有时是无法测量的，一般只有数学意义。因此，本书后面提到的误差没有特别说明的都是按照定义 1 从输入端来定义的误差。由式（3-24）可看出控制系统的稳态误差除了与系统结构、参数有关外，还与系统的输入（包括作用量的大小、变化规律和作用点）有关。

控制系统中产生的稳态误差由两部分组成：给定输入信号所引起的稳态误差（给定或跟随稳态误差）和扰动输入信号所引起的稳态误差（扰动稳态误差）。

由于所研究的是线性系统，两个输入产生的误差可分别单独计算，单独计算一个输入产生的误差时，令另一个输入信号为 0，然后利用叠加原理相加即可计算出系统的稳态误差。

（1）跟随稳态误差（给定稳态误差）

由图 3-17 可计算出系统在给定信号作用下的误差传函为：

$$\phi_{er}(s)=\frac{E_r(s)}{R(s)}=\frac{1}{1+G_1(s)G_2(s)H(s)}，令D(s)=0$$

因

$$E_r(s)=\phi_{er}(s)R(s)$$

由终值定理可计算出控制系统的稳态误差为：

$$e_{ssr}=\lim_{t\to\infty}e_{ssr}(t)=\lim_{s\to 0}sE_r(s) \tag{3-26}$$

（2）扰动稳态误差

将图 3-17 中以扰动信号作为输入信号，误差作为输出信号，计算系统在扰动信号作用下的误差传函为：

$$\phi_{ed}(s)=\frac{E_d(s)}{D(s)}=\frac{-G_2(s)H(s)}{1+G_1(s)G_2(s)H(s)}，令R(s)=0$$

有

$$E_d(s)=\phi_{ed}(s)D(s)$$

由终值定理得：

$$e_{ssd}=\lim_{t\to\infty}e_{ssd}(t)=\lim_{s\to 0}sE_d(s) \tag{3-27}$$

因而系统误差：

$$E(s)=E_r(s)+E_d(s)=\phi_{er}(s)R(s)+\phi_{ed}(s)D(s)$$

利用拉氏变换终值定理可以直接由误差拉氏式 $E(s)$ 求得稳态误差。即：

$$e_{ss}=\lim_{t\to\infty}e(t)=\lim_{s\to 0}sE(s)=e_{ssr}+e_{ssd} \tag{3-28}$$

2. 系统稳态误差与系统型别、系统开环增益间的关系

一个复杂的控制系统通常可看成由一些典型的环节组成。设控制系统的开环传递函数为：

$$G_k(s)=\frac{K}{s^{\upsilon}}\frac{\Pi(\tau s+1)(b_2s^2+b_1s+1)}{\Pi(Ts+1)(a_2s^2+a_1s+1)} \tag{3-29}$$

在这些典型环节中，当 $s\to 0$ 时，除了 K 和 s^{υ} 以外，其他各项均趋于 1。这样，系统的稳态误差将主要取决于系统中的比例和积分环节。这是系统稳态误差的一个十分重要的结论。

在图 3-17 所示的典型系统中，设 $G_1(s)$ 中包含 υ_1 个积分环节，其增益为 K_1，则：

$$\lim_{s\to 0}G_1(s)=\lim_{s\to 0}\frac{K_1}{s^{\upsilon_1}}$$

设 $G_2(s)$ 中包含 υ_2 个积分环节，其增益为 K_2，则：

$$\lim_{s\to 0}G_2(s)=\lim_{s\to 0}\frac{K_2}{s^{\upsilon_2}}$$

设 $H(s)$ 中不含积分环节，其增益为 α，有 $\lim\limits_{s\to 0}H(s)=\alpha$

则系统的跟随稳态误差为：

$$e_{ssr}=\lim_{s\to 0}\frac{sR(s)}{1+G_1(s)G_2(s)H(s)}=\lim_{s\to 0}\frac{sR(s)}{1+\dfrac{K_1K_2\alpha}{s^{\upsilon_1+\upsilon_2}}} \tag{3-30}$$

若设 $K_1K_2\alpha=K$（开环增益），$\upsilon_1+\upsilon_2=\upsilon$（前向通道积分个数）。则有：

$$e_{ssr}=\lim_{s\to 0}\frac{sR(s)}{1+\dfrac{K}{s^{\upsilon}}}=\lim_{s\to 0}\frac{s^{\upsilon+1}R(s)}{s^{\upsilon}+K} \tag{3-31}$$

同理，系统的扰动稳态误差有：

$$e_{ssd}=\lim_{s\to 0}\frac{-sG_2(s)H(s)D(s)}{1+G_1(s)G_2(s)H(s)}=\lim_{s\to 0}\frac{-s\dfrac{K_2\alpha}{s^{\upsilon_2}}D(s)}{1+\dfrac{K_1K_2\alpha}{s^{\upsilon_1+\upsilon_2}}}=\lim_{s\to 0}\frac{-s^{(\upsilon_1+1)}D(s)}{K_1} \tag{3-32}$$

分析式（3-31）和式（3-32）系统的跟随稳态误差和系统的扰动稳态误差，可以看出：

（1）系统的稳态误差与系统中所包含的积分环节的个数 υ 有关，因此工程上往往把系统中所包含的积分环节的个数 υ 称为型别或无静差度。

若 υ=0，称为 0 型系统（又称零阶无静差）。

若 υ=1，称为 I 型系统（又称一阶无静差）。

若 υ=2，称为 Ⅱ 型系统（又称二阶无静差）。

由于含两个以上积分环节的系统不易稳定（后面分析可知），所以很少采用 Ⅱ 型以上的系统。

（2）对同一个系统，由于作用量和作用点不同，一般说来，其跟随稳态误差和扰动稳态误差是不同的。对随动系统来说，前者是主要的；对恒值控制系统，后者则是主要的。

① 跟随稳态误差 e_{ssr} 与前向通路积分个数 υ 和开环增益 K 有关。若 υ 越多，K 越大，则跟随稳态精度越高（对跟随信号，系统为 υ 型系统）。

② 扰动稳态误差 e_{ssd} 与扰动量作用点前的前向通路的积分个数 υ_1 和增益 K_1 有关，若 υ_1 越多。K_1 越大，则对该扰动信号的稳态精度越高（对该扰动信号，系统为 υ_1 型系统）。对扰动作用来讲，减小或消除误差的措施：增大扰动作用点之前的前向通路增益、增大扰动作用点之前的前向通路积分环节数。

3. 稳态误差计算

1）利用拉普拉斯变换终值定理

仍以图 3-17 为实例来说明，给定输入信号作用下的稳态误差传函

$$\phi_{er}(s)=\frac{E_r(s)}{R(s)}=\frac{1}{1+G_k(s)},\quad 令\ D(s)=0$$

误差的拉氏变换式为：

$$E_r(s)=\phi_{er}(s)R(s)$$

由终值定理得：

$$e_{ssr}=\lim_{t\to\infty}e_r(t)=\lim_{s\to 0}sE_r(s)=\lim_{s\to 0}s\phi_{er}(s)R(s)=\lim_{s\to 0}s\frac{1}{1+G_k(s)}R(s) \tag{3-33}$$

利用式（3-33）就可以求出系统在给定信号作用下的稳态误差。

【实例 3-9】 如图 3-18 所示系统中 $G(s)=\dfrac{100}{s(s+10)}$，$H(s)=0.5$，求此二阶系统在单位阶跃输入信号作用下的稳态误差。

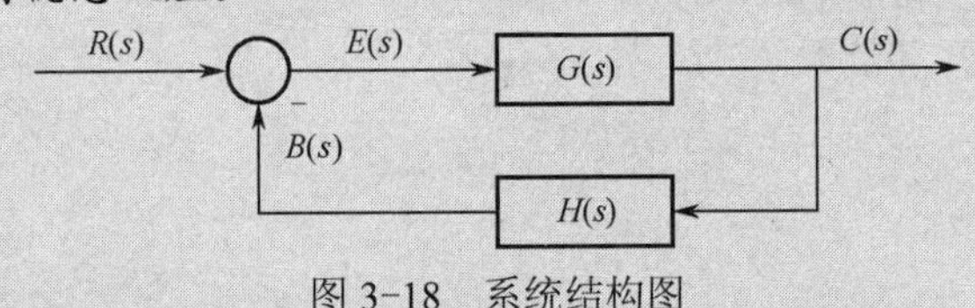

图 3-18　系统结构图

解： 首先根据系统结构图求出系统误差传函，然后应用终值定理求稳态误差。

$$e_{ssr}=\lim_{s\to 0}sE_r(s)=\lim_{s\to 0}s\frac{1}{1+G(s)H(s)}R(s)=\lim_{s\to 0}s\frac{1}{1+\dfrac{100}{s(s+10)}0.5}\frac{1}{s}=0$$

同样若求扰动信号作用下的稳态误差也可按同样的方法，先求出扰动作用下的误差传函，然后用终值定理求出稳态误差。下面举例说明。

【实例 3-10】 已知系统结构图如图 3-19 所示，图中 $G_1(s)=\dfrac{K_1}{T_1s+1}$，$G_2(s)=\dfrac{K_2}{s(T_2s+1)}$，求系统在单位阶跃扰动作用下的稳态误差。

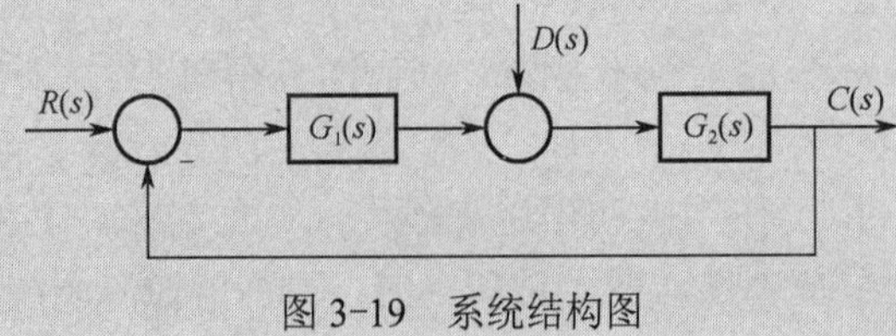

图 3-19　系统结构图

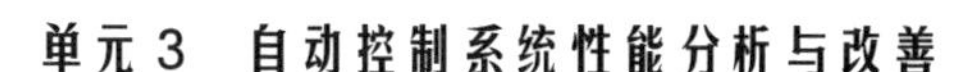

解：系统在扰动作用下的误差传递函数：

$$\phi_{ed}(s)=\frac{-G_2(s)}{1+G_1(s)G_2(s)}=\frac{-K_2(T_1s+1)}{s(T_1s+1)(T_2s+1)+K_1K_2}$$

因而有 $E_d(s)=\phi_{ed}(s)D(s)=\dfrac{-K_2(T_1s+1)}{s(T_1s+1)(T_2s+1)+K_1K_2}\cdot\dfrac{1}{s}$

利用终值定理得：

$$e_{ssd}=\lim_{s\to 0}sE_d(s)=\lim_{s\to 0}s\cdot\frac{-K_2(T_1s+1)}{s(T_1s+1)(T_2s+1)+K_1K_2}\cdot\frac{1}{s}=-\frac{1}{K_1}$$

由此例可知：扰动稳态误差与扰动作用点前的前向通道的传递函数 $G_1(s)$ 中的 K_1 有关。要减小扰动稳态误差，应使扰动作用点前的前向通道中的增益 K_1 适当大一些。

同理可验证，要消除扰动稳态误差，应在扰动量作用点前的前向通道中增加积分环节。如果令 3-19 图中的 $G_1(s)=\dfrac{K_1}{s(T_1s+1)}$，$G_2(s)=\dfrac{K_2}{s(T_2s+1)}$，则利用终值定理同样可求出在单位阶跃扰动作用下系统的稳态误差 $e_{ssd}=0$。

2）利用稳态误差系数计算

（1）阶跃输入信号作用下稳态误差及静态位置误差系数

设输入信号为阶跃信号，则有 $r(t)=R\cdot 1(t)$，　其中 R 为输入阶跃信号的幅值，则有 $R(s)=\dfrac{R}{s}$ 。由终值定理得各型系统在阶跃信号作用下的稳态误差为：

$$\begin{aligned}e_{ssr}&=\lim_{s\to 0}s\,E_r(s)=\lim_{s\to 0}\frac{sR(s)}{1+G_k(s)}\\&=\lim_{s\to 0}\frac{R}{1+G_k(s)}=\frac{R}{1+\lim\limits_{s\to 0}G_k(s)}\end{aligned}\tag{3-34}$$

由式（3-34）可看出系统的稳态误差只与输入信号幅值 R 及 $\lim\limits_{s\to 0}G_k(s)$ 有关，因此定义

$$K_p=\lim_{s\to 0}G_k(s)\tag{3-35}$$

称 K_p 为静态位置误差系数，表示各型系统在阶跃信号作用下的位置误差。

于是：

$$e_{ssr}=\frac{R}{1+K_p}\tag{3-36}$$

由式（3-36）可知系统稳态误差与位置误差系数和阶跃输入信号的幅值有关。对于不同的型别系统，则有阶跃输入下稳态误差与静态位置误差系数关系如下：

$$\left.\begin{aligned}&0\text{型系型}，\quad K_p=K，\quad e_{ssr}=\frac{R}{1+K}\\&\text{I 型系型}，\quad K_p=\infty，\quad e_{ssr}=0\\&\text{II型系型}，\quad K_p=\infty，\quad e_{ssr}=0\end{aligned}\right\}\tag{3-37}$$

其中 K 为开环增益，下同。式（3-37）表明，如果系统要求在阶跃信号作用下不存在稳态误差，则必须选用 I 型系统及 I 型以上的系统，习惯上常把系统在阶跃输入作用下的稳态误差称为静差，所以，0 型系统称为有（静）差系统或零阶无差度系统，I 型系统称为

一阶无差度系统，Ⅱ型系统称为二阶无差度系统。

（2）斜坡输入信号作用下稳态误差及静态速度误差系数

设输入信号为斜坡信号，则有 $r(t)=Rt$ ，其中 R 为输入斜坡信号的斜率，则有 $R(s)=\dfrac{R}{s^2}$ 。

由终值定理得各型系统在斜坡信号作用下的稳态误差为：

$$\begin{aligned}e_{\text{ssr}} &= \lim_{s\to 0} s\,E_{\text{r}}(s)=\lim_{s\to 0}\frac{sR(s)}{1+G_{\text{k}}(s)} \\ &= \lim_{s\to 0}\frac{R}{s+sG_{\text{k}}(s)}=\frac{R}{\lim\limits_{s\to 0}sG_{\text{k}}(s)}\end{aligned} \tag{3-38}$$

由式（3-38）可看出稳态误差只与输入信号斜率幅值 R 及 $\lim\limits_{s\to 0}sG_{\text{k}}(s)$ 有关，因此定义

$$K_{\text{v}}=\lim_{s\to 0}sG_{\text{k}}(s) \tag{3-39}$$

称 K_{v} 为静态速度误差系数。

于是：
$$e_{\text{ssr}}=\frac{R}{K_{\text{v}}} \tag{3-40}$$

由式（3-40）可看出系统稳态误差与静态速度误差系数和斜坡输入信号的幅值有关。常把系统在速度（斜坡）信号作用下的稳态输出与输入之间存在的误差称为速度误差，对于不同的型别系统，斜坡输入下稳态误差及静态位置误差系数关系如下：

$$\left.\begin{array}{lll}0\text{型系型}, & K_{\text{v}}=0, & e_{\text{ssr}}=\infty \\ \text{Ⅰ型系型}, & K_{\text{v}}=K, & e_{\text{ssr}}=\dfrac{R}{K} \\ \text{Ⅱ型系型}, & K_{\text{v}}=\infty, & e_{\text{ssr}}=0\end{array}\right\} \tag{3-41}$$

式（3-41）表明，0 型系统在稳态时不能跟踪斜坡输入信号；对于Ⅰ型单位反馈系统，其稳态输出速度与输入速度相同，但存在一个稳态误差，其数值与输入速度信号的斜率 R 成正比，与开环增益 K 成反比；对于Ⅱ型系统及Ⅱ型系统以上的系统，稳态时能准确跟踪斜坡输入信号，不存在稳态误差。

（3）加速度输入信号作用下稳态误差及静态加速度误差系数

设输入信号为加速度信号，则有 $r(t)=\dfrac{1}{2}Rt^2$ ，其中 R 为输入加速度信号的速度变化率，则有 $R(s)=\dfrac{R}{s^3}$ 。

由终值定理得各型系统在加速度信号作用下的稳态误差为：

$$e_{\text{ssr}}=\lim_{s\to 0}sE_{\text{r}}(s)=\lim_{s\to 0}\frac{sR(s)}{1+G_{\text{k}}(s)}=\lim_{s\to 0}\frac{R}{s^2+s^2G_{\text{k}}(s)}=\frac{R}{\lim\limits_{s\to 0}s^2G_{\text{k}}(s)} \tag{3-42}$$

由式（3-42）可看出稳态误差只与输入信号幅值 R 及 $\lim\limits_{s\to 0}s^2G_{\text{k}}(s)$ 有关，因此定义：

$$K_{\text{a}}=\lim_{s\to 0}s^2G_{\text{k}}(s) \tag{3-43}$$

称 K_{a} 为静态加速度误差系数。

于是：

$$e_{\mathrm{ssr}}=\frac{R}{K_{\mathrm{a}}} \tag{3-44}$$

由式（3-44）可看出系统稳态误差与静态加速度误差系数和加速度输入信号的幅值有关。此时系统的稳态误差又称为加速度误差，它是指系统在加速度信号作用下，系统稳态输出与输入之间的稳态误差。对于不同的型别系统，加速度输入下稳态误差及静态位置误差系数关系如下：

$$\left.\begin{array}{lll}0\text{ 型系型}, & K_{\mathrm{a}}=0, & e_{\mathrm{ssr}}=\infty \\ \text{Ⅰ 型系型}, & K_{\mathrm{a}}=0, & e_{\mathrm{ssr}}=\infty \\ \text{Ⅱ 型系型}, & K_{\mathrm{a}}=k, & e_{\mathrm{ssr}}=\dfrac{R}{K}\end{array}\right\} \tag{3-45}$$

式（3-45）表明，对于 0 型及Ⅰ型单位反馈系统，在稳态时其输出都不能跟踪加速度输入信号；对于Ⅱ型单位反馈系统其稳态输出与加速度输入存在一个恒定的稳态误差，其幅值大小与输入加速度信号的变化率 R 成正比，与系统开环增益 K 成反比，对于Ⅲ型系统或Ⅲ型以上的系统，只要系统稳定，它就能准确地跟踪加速度输入信号，不存在稳态误差。

通过上述三种常见输入信号及其作用下的稳态误差，可总结得到系统型别、静态误差系数与输入信号之间的关系，如表 3-3 所示。

表 3-3　稳态误差系统型别、静态误差系数与输入信号之间的关系

型　别	静态误差系数			阶跃输入 $r(t)=R\cdot 1(t)$	斜坡输入 $r(t)=Rt$	加速度输入 $r(t)=Rt^2/2$
ν	K_{p}	K_{v}	K_{a}	$e_{\mathrm{ss}}=R/(1+K_{\mathrm{P}})$	$e_{\mathrm{ss}}=R/K_{\mathrm{v}}$	$e_{\mathrm{ss}}=R/K_{\mathrm{a}}$
0	K	0	0	$R/(1+K)$	∞	∞
Ⅰ	∞	K	0	0	R/K	∞
Ⅱ	∞	∞	K	0	0	R/K
Ⅲ	∞	∞	∞	0	0	0

由表 3-3 可清晰地看出系统稳态误差只与系统的开环增益与输入信号及系统型别有关，因而减小或消除误差的措施有提高开环积分环节的阶次 v 和增加开环增益 K，但应以保证系统的稳定性为前提。

如果系统输入的信号是多种典型输入函数的组合，则系统的稳态误差可根据线性叠加定理，将每一个输入单独作用于系统求出对应的稳态误差，然后将各个稳态误差相加即可求出系统的稳态误差。

【实例 3-11】 已知系统结构图 3-19 中 $G_1(s)=\dfrac{250}{s+50}$，$G_2(s)=\dfrac{2}{s(s+1)}$，求 $r(t)=1(t)+2t$ 下的系统稳态误差。

解　由题意可知，系统输入由单位阶跃信号与斜坡信号两个信号组成，因此可应用叠加定理分别求出单个信号作用下的稳态误差，然后再相加。系统的开环传递函数：

$$G_k(s)=G_1(s)G_2(s)=\frac{5}{\frac{1}{50}s+1}\cdot\frac{2}{s(s+1)}=\frac{10}{s(0.02s+1)(s+1)}$$

$r(t)$=1(t)作用时，由表 3-3 可知：$K_p=\infty$，$e_{ssr1}=0$

$r(t)$=2t 作用时，由表 3-3 可知：$K_v=K=10$，$e_{ssr2}=\frac{2}{10}=0.2$

应用叠加定理，可得

$$e_{ssr}=e_{ssr1}+e_{ssr2}=0+0.2=0.2$$

4. 自动调速系统的稳态性能分析应用

1）自动调速系统稳态性能的特点

（1）自动调速系统是恒值控制系统，其给定量是恒定的（确切地说，是预选的），因此，其给定量产生的稳态误差可以通过调节给定量来加以补偿。所以，对自动调速系统来说，主要是扰动量产生的稳态误差。这是因为扰动量是事先无法确定，并且在不断地变化的。

（2）对恒定值控制系统来说，作用信号一般都以阶跃信号为代表，这是因为从稳态来看，阶跃信号是一个恒值的控制信号，从动态来看，阶跃信号是突变信号中最严重的一种输入信号。因此，对恒定值控制系统，其扰动量一般以 $D(s)=D/s$ 为代表。

2）自动调速系统的静差率 s

自动调速系统的稳态误差用转速降 Δn 来表示。转速降 Δn 对额定转速的相对值称为静差率 s，而调速系统的静差率通常对最低额定转速而言，即：

$$s=\frac{\Delta n}{n_{N\min}}\times 100\% \tag{3-46}$$

式中，Δn 为负载由空载到额定负载的转速降（它就是负载阶跃扰动产生的稳态误差）；$n_{N\min}$ 为系统额定最低转速。

对不同的生产机械，允许的调速静差率也是不同的，如普通车床允许静差率为 10%～20%；龙门刨为 6%；冷轧机为 2%；热轧机为 0.2%～0.5%；造纸机为1% 以下，等等。

【实例 3-12】 在如图 3-20 所示的调速系统中，已知电网电压波动（扰动量）$\Delta U(s)=-\frac{20}{s}$ V，（1）求电网电压波动产生的扰动稳态误差 e_{ssd}（以输出端定义即为转速降 Δn）；（2）若系统的额定给定量 $U_s(s)=\frac{10}{s}$ V，求此时系统的稳态输出 n_N；（3）问此时相对误差 e_{ssd}/n_N 为多少？式中 n_N 为额定转速。

解 由于要求扰动作用下的稳态误差，而此稳态误差是按输出端定义的，按式（3-25）则有：

（1）$e_{ssd}=\lim\limits_{s\to 0}sE_d'(s)=\lim\limits_{s\to 0}s\frac{E_d(s)}{H(s)}=\lim\limits_{s\to 0}s\frac{-G_3(s)H(s)}{H(s)[1+G_1(s)G_2(s)G_3(s)H(s)]}\Delta U(s)$=9.4 r/min

（2）图示系统的输入信号有给定信号和扰动信号，因而系统在扰动和给定值作用下的输出：

$$n=\lim_{s\to 0}sN(s)=\lim_{s\to 0}s\left(\frac{G_1G_2G_3}{1+G_1G_2G_3H}U_s(s)+\frac{G_3}{1+G_1G_2G_3H}\Delta U(s)\right)$$

$$=\frac{5\times 40\times 8.33\times 10}{1+5\times 40\times 8.33\times 0.01}+\frac{8.33}{1+5\times 40\times 8.33\times 0.01}\times(-20)=933.6\ \text{r/min}$$

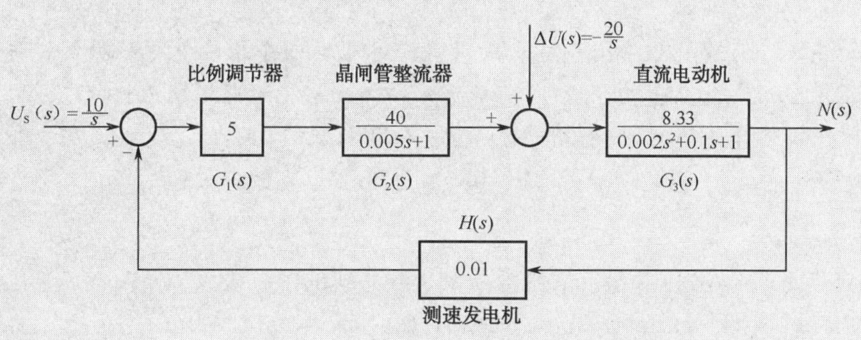

图 3-20　晶闸管直流调速系统方框图

（3）相对误差:

$$\frac{e_{\text{ssd}}}{n_{\text{N}}}=\frac{\Delta n}{n_{\text{N}}}=-\frac{9.4}{943}\times 100\%\approx -1\%$$

3.2.4　基于 MATLAB 的控制系统时域分析

前面已用时域分析方法对线性系统进行了稳定性分析、动态性能分析和稳态性能分析，本节利用 MATLAB 仿真软件进行控制系统的时域分析。由于 MATLAB 软件是一种科学计算软件，使用方便，计算能力强，作图能力强，因而可方便快捷地实现控制系统时域仿真分析。

1. 利用 MATLAB 分析系统的稳定性

线性系统稳定的充分必要条件是它的所有特征根均在 S 平面的左半部分，因此稳定性的判定问题可以利用系统的特征根来判断。

在 MATLAB 中可用以下方法来实现求系统的特征根或极点。

1）多项式求根命令 roots

可用 roots 命令求出已知控制系统特征方程的根。

roots 函数调用格式：roots(p)

说明： p 为系统特征方程式的多项式系数向量。

【实例 3-13】 已知反馈系统特征方程 $s^4+2s^3+3s^2+4s+5=0$，试判定系统稳定性。

解　此例前面用劳斯判据计算劳斯表时，劳斯表中第一列系数符号变化两次，因而系统有两个正根，系统不稳定，此处用 MATLAB 来判定系统稳定性。

在命令窗口执行命令

```
roots([1 2 3 4 5])
```

执行结果如下:

```
ans =
    0.2878 + 1.4161i
    0.2878 - 1.4161i
   -1.2878 + 0.8579i
   -1.2878 - 0.8579i
```

由此命令执行的结果可看出系统有两对共轭复根共四个根，其中一对共轭复根位于 S 左半平面，另一对共轭复根位于 S 右半平面，因而此系统不稳定。用此命令可清楚地知道系统的四个特征根，不但能根据根的分布情况判断系统的稳定性，而且还确切地知道特征根的大小。

2）pzmap 函数

在 MATLAB 中，可利用 pzmap 函数绘制连续系统的零、极点分布图。

调用格式：　[p,z]=pzmap(sys) 或 pzmap (sys)

调用格式中的 sys 为所要判断的闭环系统模型。第一种格式的函数返回系统的零点（用 z 表示）和极点（用 p 表示），第二种格式的函数作出系统的零极点分布图，因而可由返回的极点或极点图来判断系统的稳定性。

【实例 3-14】 系统的传递函数为 $G(s)=\dfrac{3s^4+2s^3+5s^2+4s+6}{s^5+3s^4+4s^3+2s^2+7s+2}$，试判断系统的稳定性。

解 在 MATLAB 中编制的程序如下：

```
num=[3,2,5,4,6]
den=[1,3,4,2,7,2]
[p,z]=pzmap(num,den)
```

执行结果如下：

```
p =
   -1.7680 + 1.2673i
   -1.7680 - 1.2673i
    0.4176 + 1.1130i
    0.4176 - 1.1130i
   -0.2991
z =
    0.4019 + 1.1965i
    0.4019 - 1.1965i
   -0.7352 + 0.8455i
   -0.7352 - 0.8455i
```

系统有两个极点分布在 S 右半平面。因而此系统不稳定。如果用第二种格式返回的图形如图 3-21 所示，图中的“×”表示极点，“○”表示零点。图中可看出有两个极点分布在 S 右半平面，因而系统不稳定。

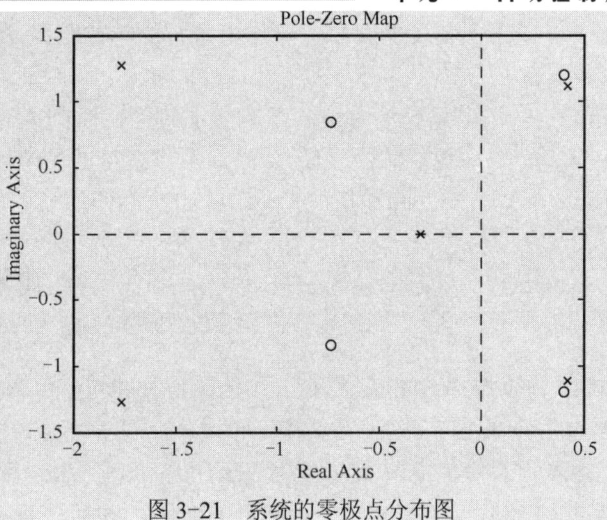

图 3-21　系统的零极点分布图

3）tf2zp 函数

调用格式：[z,p,k]=tf2zp(num,den)

这是模型转换函数，将传递函数模型转换成零极点增益模型，z 和 p 的含义同上，k 表示增益。

同样上例中用 tf2zp 来判断稳定性，则有：[z,p,k]=tf2zp(num,den)

执行结果如下：

```
z =
    0.4019 + 1.1965i
    0.4019 - 1.1965i
   -0.7352 + 0.8455i
   -0.7352 - 0.8455i
p =
   -1.7680 + 1.2673i
   -1.7680 - 1.2673i
    0.4176 + 1.1130i
    0.4176 - 1.1130i
   -0.2991
k =3
```

同样也可以由 p 有两个极点位于 S 右半平面来判断系统不稳定。

2. 利用 MATLAB 分析系统的暂态性能

1）MATLAB 命令

MATLAB 中可用以下几个函数求取线性系统动态响应的命令：

```
step                  求取单位阶跃响应命令
impulse               求取单位脉冲响应命令
```

现将常用的 step 命令的调用格式说明如下：

（1）step(num,den) or step(sys)（下同）——作出系统的单位阶跃响应曲线图，时间自动给定。

（2）step(num,den,t)——作出系统的单位阶跃响应曲线图，时间人工给定。

（3）[y,x]=step(num,den)——返回输出变量 y、x，不作系统的单位阶跃响应曲线图。

（4）[y,x,t]=step(num,den)——返回输出变量 y、x、t，不作系统的单位阶跃响应曲线图，时间自动给定。

or [y,x]= step(num,den,t) ——返回输出变量 y、x，不作系统的单位阶跃响应曲线图,时间人工给定。

说明：当阶跃命令的左端含有变量时，如：[y,x,t]=step(num,den,t)显示屏上不会显示出系统的单位阶跃响应曲线图。因此，必须利用 plot 命令去查看阶跃响应曲线。矩阵 y 和 x 分别为包含系统在计算时间点 t 求出的输出响应和状态响应（y 的列数与输出量相同，每一行对应一个相应的时间 t 单元。x 的列数与状态数相同，每一行对应一个相应的时间 t 单元）。

【实例 3-15】 已知系统的传递函数为 $G(s)=\dfrac{10}{s^2+2s+10}$，绘制其单位阶跃响应曲线。

解 在 MATLAB 命令窗口中输入如下命令：

```
num=[10];den=[1 2 10];t=0:0.1:7;step(num,den,t)
```

得到的阶跃响应曲线如图 3-22 所示。

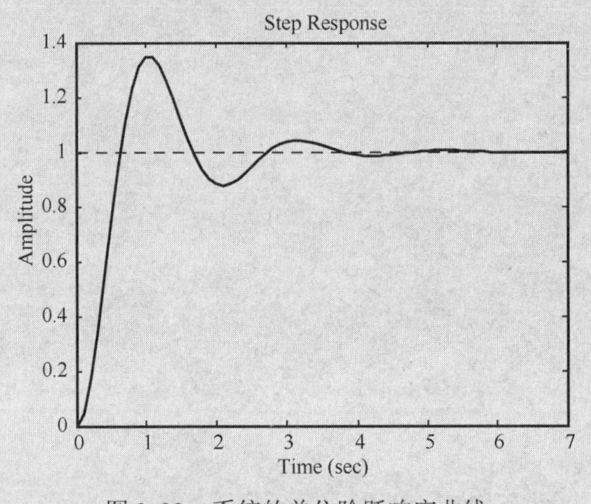

图 3-22 系统的单位阶跃响应曲线

由得到的单位阶跃响应曲线可按照前面系统的动态性能指标的定义得到此系统的各个动态性能指标，也可以直接在上面的单位阶跃响应曲线中标出其动态性能指标。

impulse 函数的使用方法同 step，以下不再重复。

2）Simulink 工具

（1）启动 Simulink

由于 Simulink 是基于 MATLAB 环境之上的高性能的系统级仿真设计平台，因此启动 Simulink 之前必须首先运行 MATLAB，然后才能启动 Simulink 并建立系统模型。启动

Simulink 有两种方式：

① 用命令行方式启动 Simulink。即在 MATLAB 的命令窗口中直接键入如下命令：

```
>>simulink
```

② 使用工具栏按钮启动 Simulink。即用鼠标单击 MATLAB 工具栏中的 Simulink 按钮。

启动 Simulink 对应的基本操作如图 3-23 所示。

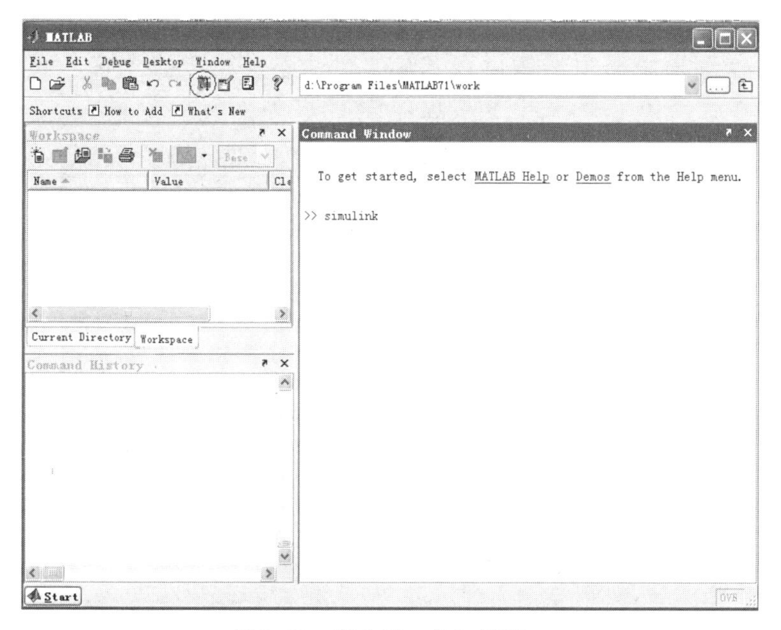

图 3-23　启动 Simulink 界面

启动 Simulink 后，系统自动打开 Simulink 模块库浏览器，库内包含了连续系统、离散系统、输入输出及用户自定义等模块，如图 3-24 所示。

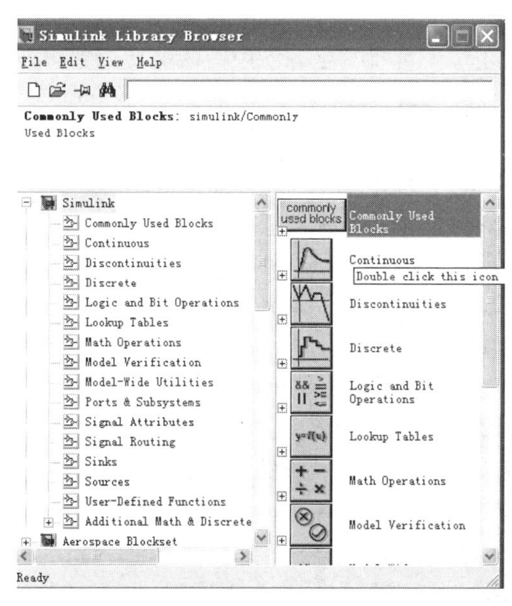

图 3-24　Simulink 模块库

（2）建立 Simulink 模型文件

点击如图 3-24 所示 Simulink 模块库中的新建按钮，或单击 File 菜单下的 New model，就可以新建一个空白的模型窗口，如图 3-25 所示。在系统模型编辑器中，可以“拖动”Simulink 提供的大量的内置模块来建立系统模型。从模块库中可直接将系统所需要的全部模块拖到空白窗口中，然后将它们一一连接起来即构成 Simulink 模型。其中模型中参数的修改只需双击相应的模块，将之改成系统所需要的参数即可。当完成 Simulink 系统模型的编辑之后，需要保存系统模型。然后在 Simulation 菜单中设置系统仿真参数，最后在 Simulation 菜单中选择 start 子菜单便可以进行系统的仿真。

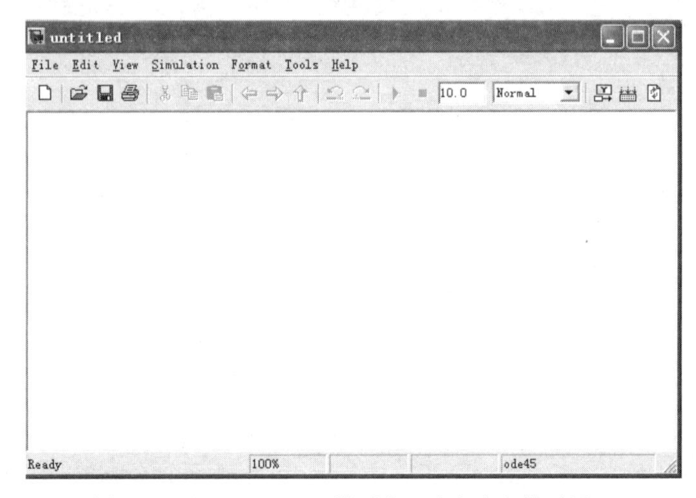

图 3-25　打开 Simulink 模型库及建立空白模型图

下面以开环传递函数 $G_k(s)=\dfrac{1}{(s+1)(s+2)}$ 的单位负反馈系统为例说明应用 Simulink 模块对系统进行建模仿真分析的过程。

分析：由题目中所给开环传递函数可知其由两个惯性环节组成，比例增益为 1。

（1）打开模型窗口：打开 Simulink 模块库并建立一个 untitled 的空白模型窗口。

（2）找出系统所有环节：点击 Simulink 模块库中的 continuous 子库，从中选择传递函数（Transfer Fcn））并将之拖到刚建立的空白窗口中，再复制一个传递函数模块。单位阶跃输入信号从 Simulink 模块库中的输入模块库（Sources），选择 step 将之拖到模型窗口中。控制系统中的比较器从 Simulink 模块库中的 Math Operations 子库中选择 sum 模块，将之拖到模型窗口中。控制系统的输出模块从 Simulink 模块库中的输出模块库（Sinks）库中，选择示波器（scope），将其拖到模型窗口中。

（3）连接系统：用鼠标左键放到环节输出端的箭头上，此时鼠标变成十字形叉，将它按住拖到需要连接的环节输入端箭头处，此时鼠标变成双十字形叉，松开鼠标即可完成连线。按此方法把所有环节全部连接成一个系统。

（4）参数修改：双击要修改参数的环节，如传递函数模块，打开对数模块参数修改对话框，在对话框的分子项（Numerator）中取[1]，在对话框的分母项(Denominate)中取[1 2]，单击 OK 按钮就可完成对数的修改，传递函数模块参数修改如图 3-26 所示，其他模块参数修改类似。此时系统的 Simulink 模型就建立完成，利用 Simulink 建立系统的模型如图 3-27 所示。

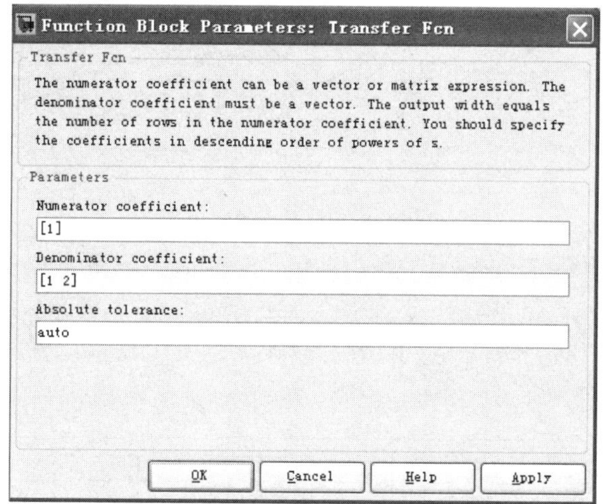

图 3-26　传递函数参数修改对话框

（5）运行仿真：使用 Simulation 菜单中 Configuration Parameters 设置系统仿真时间、仿真器及仿真步长和仿真精度等参数，然后利用 Simulink 菜单中的 start 即可对控制系统进行仿真。仿真结果通过双击示波器来观察单位阶跃响应曲线，此系统的仿真曲线如图 3-28 所示。

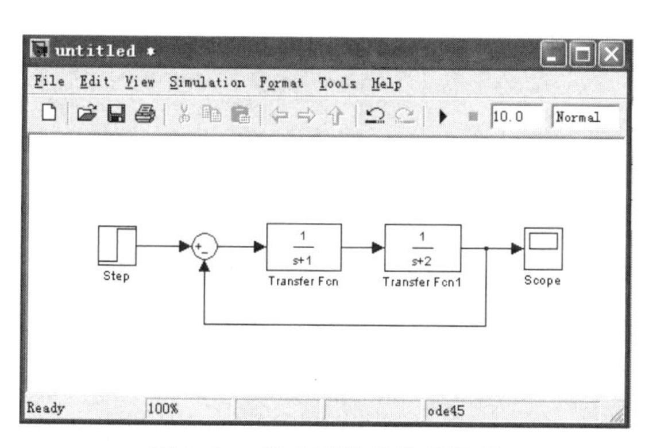

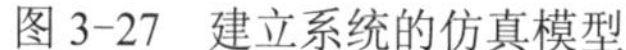
图 3-27　建立系统的仿真模型

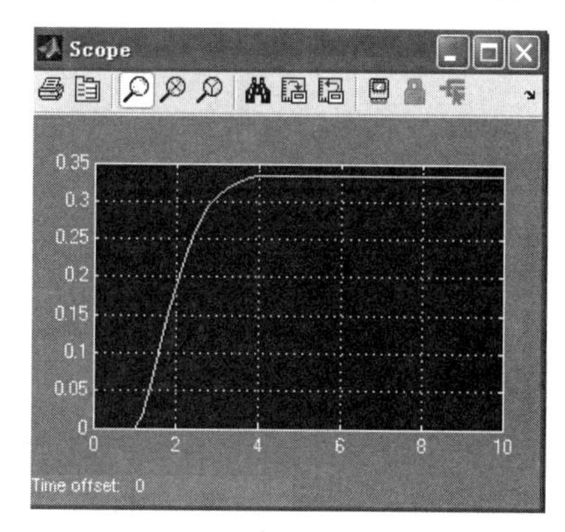

图 3-28　Simulink 仿真结果图

由于系统的阻尼系数$\xi = 0.866$，处于欠阻尼状态，接近于临界阻尼，振荡特性不很明显，最后达到稳态值。同样，从仿真得到的响应曲线可求出系统的动态性能指标和稳态参数。

3. 利用 MATLAB 分析系统的稳态性能

前面用 MATLAB 分析了系统的稳定性和暂态性能，同样也可用利用 MATLAB 分析系统的稳态性能。由于稳态误差包括跟随误差和扰动误差，下面分别进行说明。

1）跟随误差分析

以图 3-29 所示的随动系统为例，$G_c(s)$ 分别取 $G_c(s)$=0.5 及 $G_c(s) = \dfrac{2\ (0.5s+1)}{0.5s}$ 两种情况下系统稳态跟随误差。

（1）控制器采用比例控制（$G_c(s)$=0.5）

首先判断系统的稳定性，该系统为二阶系统，很明显系统是稳定的。也可以用前面介

绍的方法来判断（此处从略）。

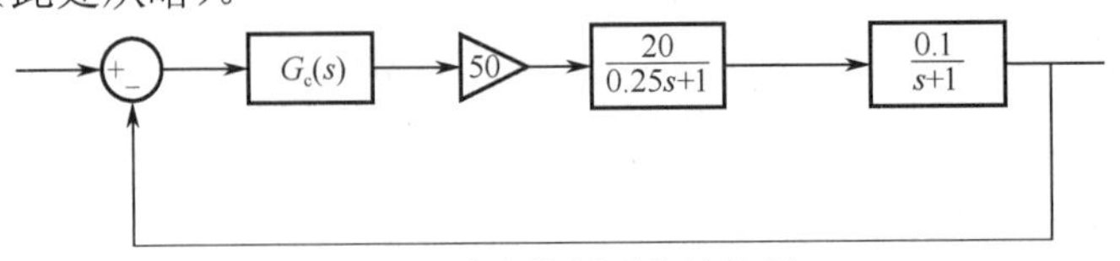

图 3-29　随动控制系统结构图

在 Simulink 环境下建立系统数学模型，如图 3-30 所示；设置仿真参数并运行仿真，观察示波器的阶跃响应和阶跃误差响应，如图 3-31 所示。由于稳态数据观察不清楚，用示波器中的放大镜观察其稳态的阶跃误差响应（输入端定义阶跃信号作用下的误差）和稳态输出曲线，如图 3-32 所示。

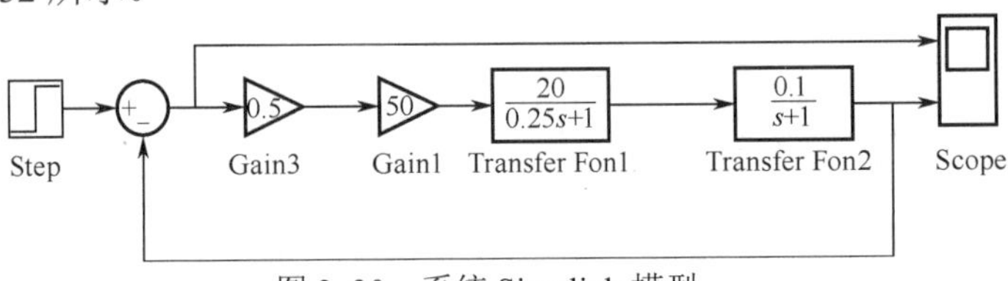

图 3-30　系统 Simulink 模型

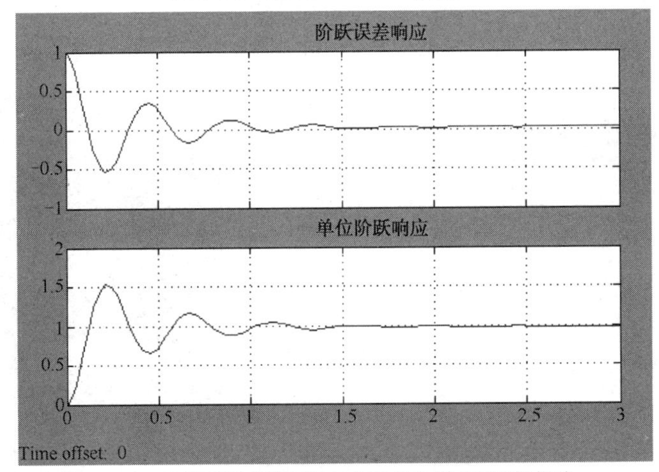

图 3-31　系统的阶跃误差响应和单位阶跃响应曲线

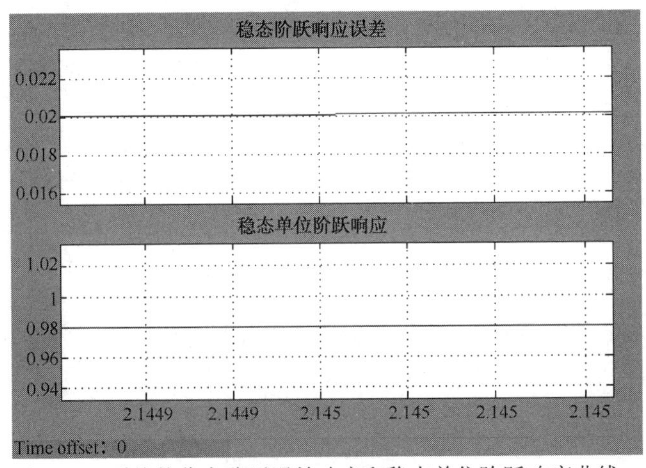

图 3-32　系统的稳态阶跃误差响应和稳态单位阶跃响应曲线

由图 3-32 可看出，系统稳态时存在 0.02 的误差，这是由于 0 型系统在单位阶跃信号作用下存在稳态误差。同样，从理论计算也可得出同样的结论。

（2）控制器采用比例积分控制$\left(G_c(s)=\dfrac{2(0.5s+1)}{0.5s}\right)$

在随动系统中加入 $G_c(s)=\dfrac{2(0.5s+1)}{0.5s}$ 环节后，在 Simulink 环境下建立系统数学模型，如图 3-33 所示；设置仿真参数并运行仿真，观察示波器的阶跃响应和阶跃误差响应，如图 3-34 所示。由于稳态时数据不太清楚，用示波器中的放大镜观察其稳态的阶跃误差响应和稳态输出曲线，如图 3-35 所示。

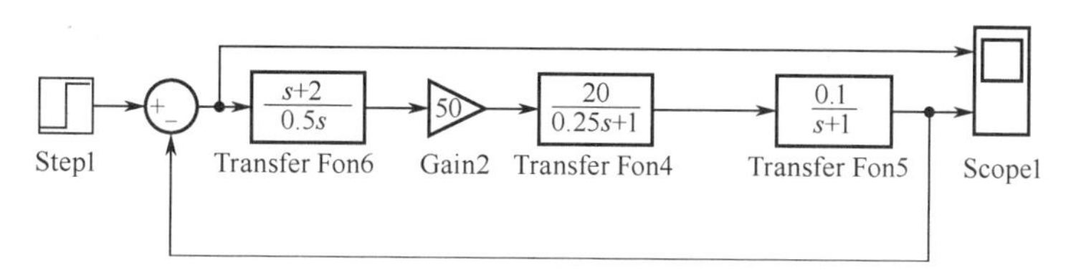

图 3-33　系统 Simulink 模型

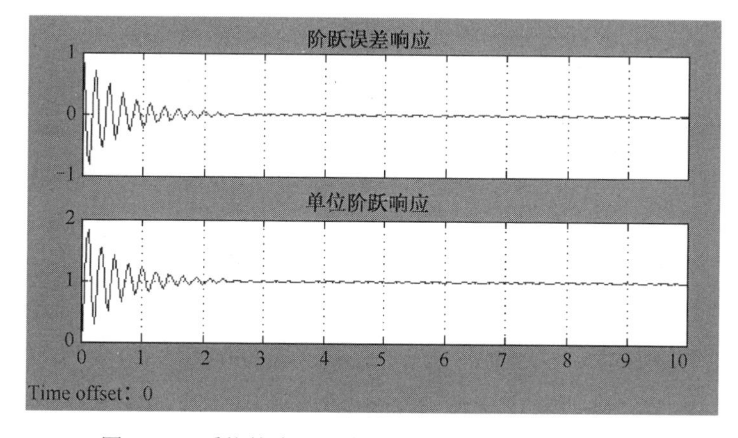

图 3-34　系统的阶跃误差响应和单位阶跃响应曲线

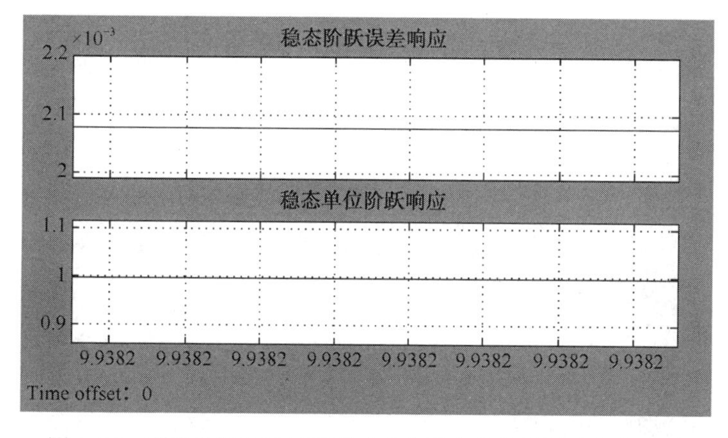

图 3-35　系统的稳态阶跃误差响应和稳态单位阶跃响应曲线

由图 3-35 可看出，系统稳态时存在 2.08×10^{-3} 的误差（实际上系统要达到真正意义的稳态，时间要达到无穷大，此处误差已经很小，近似为零），这是由于在 0 型系统加入 $G_c(s)=\dfrac{2\ (0.5s+1)}{0.5s}$ 环节，提高了系统的型别，由 0 型变成 I 型，可以实现单位阶跃信号作用下无稳态误差。同样，从理论计算也可得出同样的结论。

2）扰动误差分析

此处以实例 3-12 为例分析系统在扰动作用下的误差，首先判断系统的稳定性（此处从略），可知系统是稳定的。

在 Simulink 环境下建立系统数学模型，如图 3-36 所示。在 0.6 s 加入电网电压波动，设置仿真运行时间 1 s，运行仿真，观察示波器的阶跃响应和阶跃误差响应，如图 3-37 所示。从图中可看出在 0.6 s 时系统转速输出量有下降，误差增大（增加值为 9.4 r/min），用示波器中的放大镜观察其稳态的阶跃误差响应和稳态输出曲线，如图 3-38 所示。

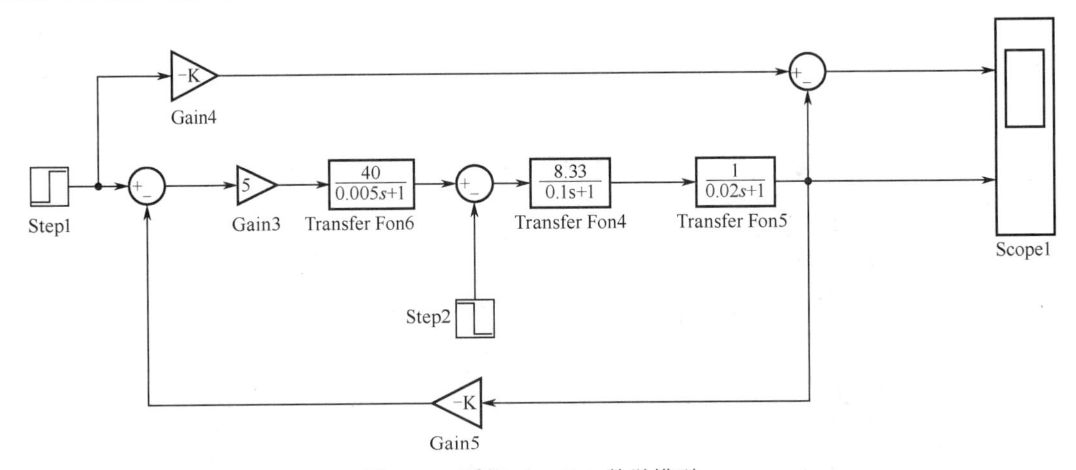

图 3-36　系统 Simulink 数学模型

图 3-38 中系统稳态输出量为 933.86 r/min（与前面理论计算有点偏差，是由于积分算法引起的），此处期望转速为 1000 r/min，转速稳态偏差（与期望转速的偏差）为 66.14 r/min。

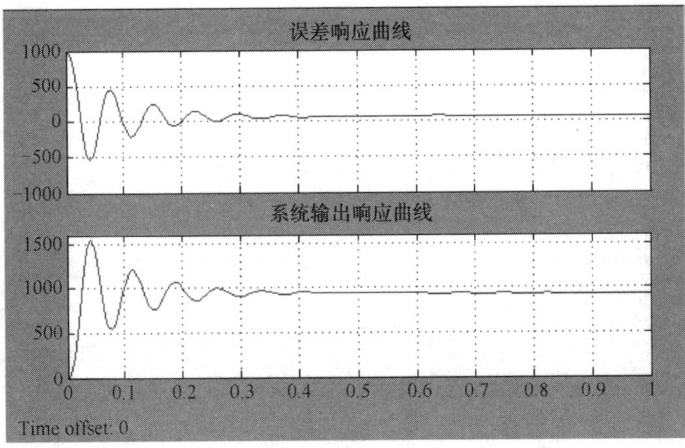

图 3-37　系统的阶跃误差响应和单位阶跃响应曲线

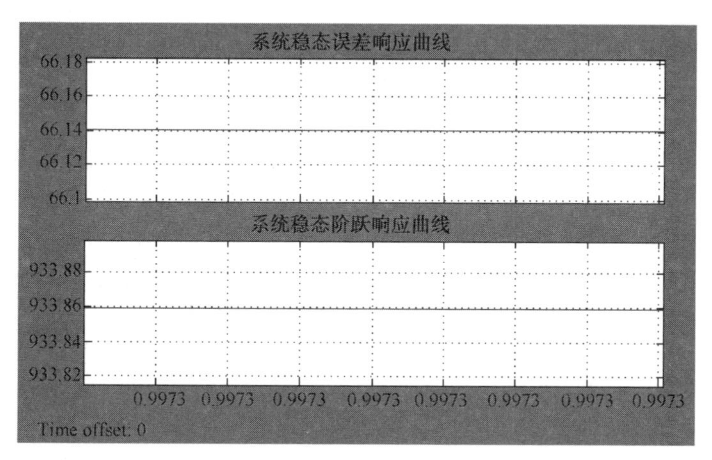

图3-38　系统的稳态阶跃误差响应和稳态单位阶跃响应曲线

3.3　系统频域分析法

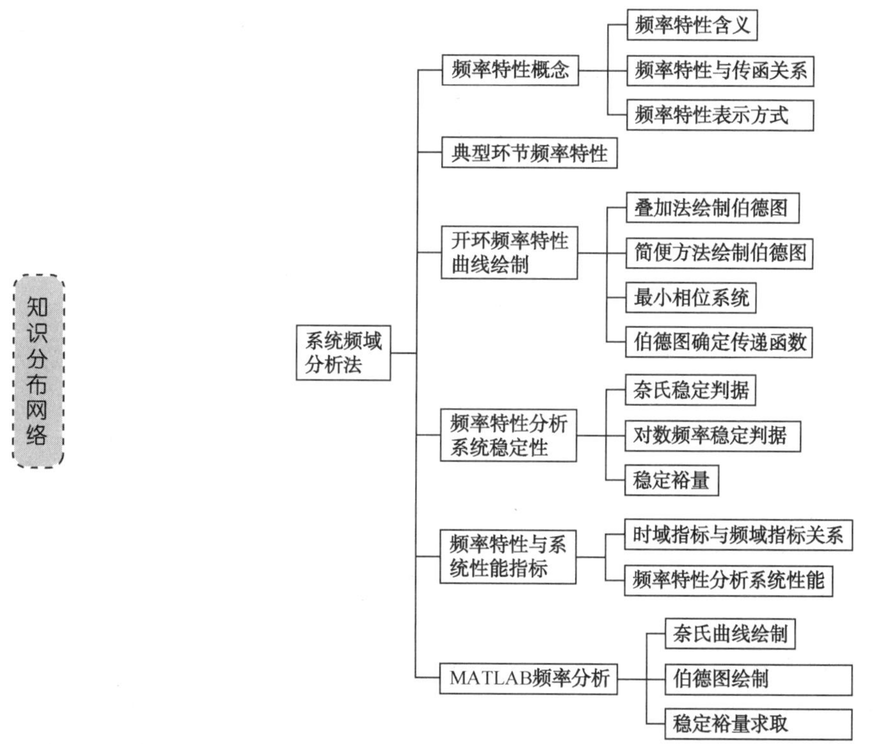

时域分析法是一种解析法，它用时域响应来描述系统的动态性能较为直观与准确。但用解析方法求解高阶系统的时域响应往往比较困难。因此，在工程实践中，人们借助图解分析法——频率特性法（又称频域分析法）来进行系统性能分析。所谓频域分析，即在频率域（简称频域）内分析、研究系统控制的问题。它主要是用图解的方法来进行系统分析，在工程实际中应用广泛，是三大工程分析方法中最重要、最常用的方法。

3.3.1 频率特性的基本概念

1. 频率特性的含义

对于图 3-39 所示的线性系统若在正弦输入信号作用下，其稳态输出量也为正弦量，但其输出的振幅和相位一般均不同于正弦输入量，并且随着输入信号频率的变化而变化。

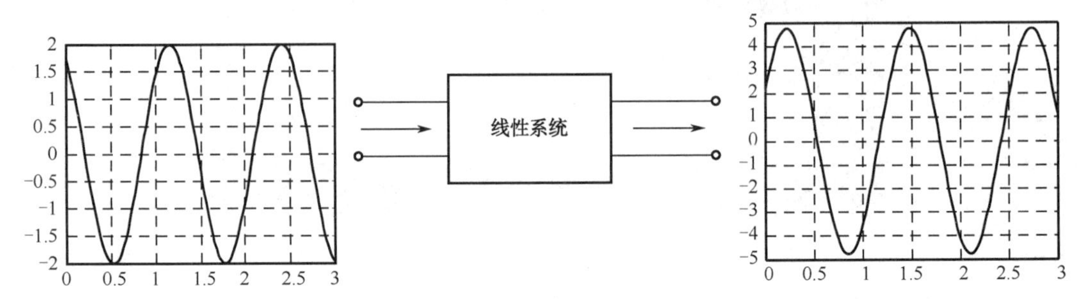

图 3-39 线性系统的频率特性示意图

下面以 RC 电路为例说明频率特性的基本概念。

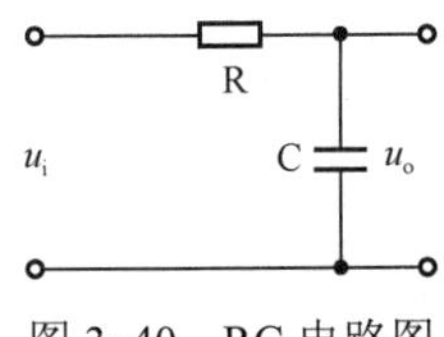

图 3-40 RC 电路图

对于图 3-40 所示的 RC 电路图，其传递函数为：

$$G(s)=\frac{U_o(s)}{U_i(s)}=\frac{1}{1+RCs}=\frac{1}{1+Ts}$$

设输入电压 u_i 为正弦电压，即 $u_i(t)=A_m\sin(\omega t)$，由于正弦输入电压的拉氏变换式为：

$$U_i(s)=A_m\times\frac{\omega}{s^2+\omega^2}$$

则该一阶 RC 电路输出响应的拉氏变换式为：

$$U_o(s)=G(s)U_i(s)=A_m\times\frac{1}{Ts+1}\times\frac{\omega}{s^2+\omega^2} \tag{3-47}$$

对式（3-47）取拉氏反变换得：

$$u_o(t)=\frac{A_m}{\sqrt{1+(T\omega)^2}}e^{-t/T}+\frac{A_m}{\sqrt{1+(T\omega)^2}}\sin[\omega t-\arctan(T\omega)] \tag{3-48}$$

式（3-48）所表示系统的正弦响应由两部分组成：前面为暂态分量，随着时间的延长逐渐衰减到 0；后面为稳态分量，即 $\lim\limits_{t\to\infty}u_o(t)=\frac{A_m}{\sqrt{1+(T\omega)^2}}\sin[\omega t-\arctan(T\omega)]$，其稳态输出也是一个正弦信号，其角频率与输入量的角频率相同，但幅值和相角发生变化，其变化取决于 ω。

由于输入信号和稳态输出都是正弦量，并且频率相同，因此用相量的形式来表示，则有输入电压相量：

$$\dot{U}_i=A_m\angle 0^\circ$$

稳态输出电压相量：

$$\dot{U}_o'=\frac{A_m}{\sqrt{1+(T\omega)^2}}\angle-\arctan(T\omega)$$

稳态输出电压与输入两个相量之比即为频率特性，记作 $G(j\omega)$，即有：

$$G(j\omega)=\frac{\dot{U}_o'}{\dot{U}_i}=\frac{1}{\sqrt{1+(T\omega)^2}}\angle-\arctan(T\omega)$$

因此把线性定常系统在正弦输入信号作用下，其输出的稳态分量与正弦输入信号的相量之比随频率ω的变化关系定义称为频率特性。频率特性包括幅值频率特性（幅频特性）和相位频率特性（相频特性）。

幅频特性，指系统稳态输出量与输入量幅值之比，常用$M(\omega)$表示；相频特性，指系统稳态输出量与输入量的相角差与频率之间的关系，用$\varphi(\omega)$表示。

对于RC电路，频率特性为：

$$G(\mathrm{j}\omega)=\frac{1}{\sqrt{1+T^2\omega^2}}\angle-\arctan(T\omega)=M(\omega)\angle\varphi(\omega)$$

对应的幅频特性为：　$$M(\omega)=\frac{1}{\sqrt{1+T^2\omega^2}}$$

对应的相频特性为：　$$\varphi(\omega)=-\arctan(T\omega)$$

2. 频率特性与传递函数的关系

频率特性和传递函数都是系统的数学模型，只不过频率特性是传递函数的一种特殊情形。由拉氏变换可知，传递函数中的复变量$s=\sigma+\mathrm{j}\omega$。若$\sigma=0$，则$s=\mathrm{j}\omega$。所以，$G(\mathrm{j}\omega)$就是$\sigma=0$时的$G(s)$，故频率特性表示为$G(\mathrm{j}\omega)$。即：

$$G(\mathrm{j}\omega)=G(s)\big|_{s=\mathrm{j}\omega} \tag{3-49}$$

根据频率特性和传递函数之间的这种关系，可以很方便地由传递函数求取频率特性，也可由频率特性求取传递函数。既然频率特性是传递函数的一种特殊情形，那么传递函数的有关性质和运算规律也同样适用于频率特性。

3. 频率特性的表示方式

1）数学式表示方式

由于频率特性是一个复数，所以它和其他复数一样，可以表示为指数形式、直角坐标和极坐标等几种形式，如图3-41所示。直角坐标的横轴为实轴，以R_e表示；纵轴为虚轴，以I_m表示。取极坐标极轴为直角坐标实轴。

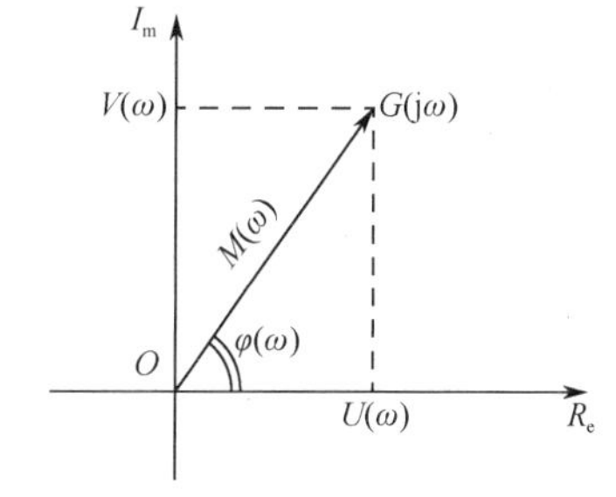

图3-41　频率特性的几种表示方法

频率特性的几种表示方式如下：

$G(\mathrm{j}\omega)=U(\omega)+\mathrm{j}V(\omega)$　（直角坐标表示式）

$G(\mathrm{j}\omega)=|G(\mathrm{j}\omega)|\angle G(\mathrm{j}\omega)$　（极坐标表示式）

$G(\mathrm{j}\omega)=M(\omega)\ \mathrm{e}^{\mathrm{j}\varphi(\omega)}$　（指数表示式）

其中：$U(\omega)$为实频特性，$V(\omega)$为虚频特性，$M(\omega)$为幅频特性，$\varphi(\omega)$为相频特性。

它们之间的关系为：

$$M(\omega)=|G(\mathrm{j}\omega)|=\sqrt{U^2(\omega)+V^2(\omega)} \tag{3-50}$$

$$\varphi(\omega)=\angle G(\mathrm{j}\omega)=\arctan\frac{V(\omega)}{U(\omega)} \tag{3-51}$$

2）图形表示方式

在工程分析和设计中，常把频率特性绘制成曲线，并用绘制的特性曲线进行分析研究。在应用频率特性研究系统性能的过程中，奈奎斯特（Nyquist）采用了极坐标的图形表

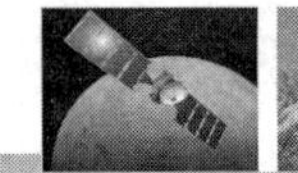

示，并在 1932 年提出了著名的奈氏稳定判据，但奈氏图形绘制麻烦，而且不够直观。1945 年伯德（Bode）提出了对数坐标图形表示方法，使频率特性的绘制和应用更加方便、直观及实用。对数频率特性成为经典理论在工程上应用最多的一种方法。

（1）极坐标图（幅相特性曲线图、奈氏图）

极坐标图是频率响应法常用的一种曲线。取直角坐标的原点为极坐标极点，取直角坐标实轴为极坐标轴，使极坐标与直角坐标重合。当 ω 从 $-\infty \to +\infty$ 变化时，根据频率特性的极坐标表示式 $G(\mathrm{j}\omega)=|G(\mathrm{j}\omega)|\angle G(\mathrm{j}\omega)=M(\omega)\angle\varphi(\omega)$，计算出每一个 ω 所对应的幅值 $M(\omega)$ 和相位 $\varphi(\omega)$，并将它们一一对应画在极坐标平面上，并用光滑曲线连接起来就得到频率特性的极坐标图。在极坐标图上，规定矢量与实轴正方向的夹角为频率特性的相位角，且按逆时针方向为正进行计算。

频率特性的极坐标图，实质上是矢量 $G(\mathrm{j}\omega)$ 的矢端在 ω 由 $-\infty \to +\infty$ 时的运动轨迹。该轨迹又称为幅相频率特性曲线（简称幅相曲线）。由于幅频特性是 ω 的偶函数，而相频特性是 ω 的奇函数，一般画出了 ω 从零变化到正无穷大的幅相曲线，则 ω 从负无穷大变化到零的幅相曲线，按照特性曲线关于实轴对称即可得到。因而一般绘制幅相曲线只需绘制 ω 从零到正无穷大的幅相曲线，这样就得到频率特性的极坐标图。

注意： 极坐标图上要标箭头，箭头为 ω 增大方向。

极坐标图的一般作图方法为：计算起点和终点处的幅频值和相频值（或实频值和虚频值），并在幅相平面上找到对应的起点和终点；然后确定中频段中的特殊点，即令频率特性直角坐标表示方法中的实部或虚部为零，找出极坐标图与虚轴或实轴的交点，最后用光滑的曲线将相应的点连接起来。

根据极坐标图的作图方法，可得出几种 0 型系统的开环幅相频率特性曲线（图 3-42）和Ⅰ型系统的开环幅相频率特性曲线（图 3-43）。

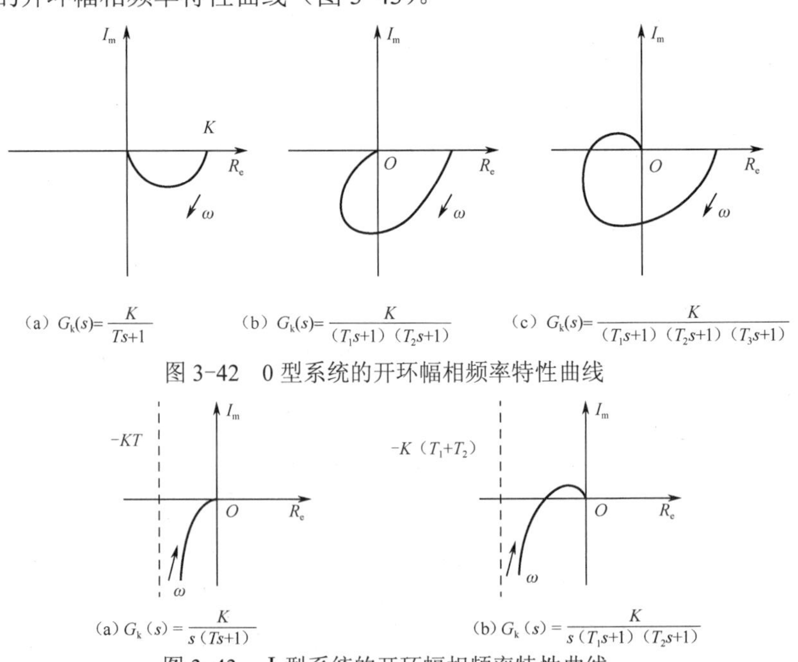

(a) $G_k(s)=\dfrac{K}{Ts+1}$　(b) $G_k(s)=\dfrac{K}{(T_1s+1)(T_2s+1)}$　(c) $G_k(s)=\dfrac{K}{(T_1s+1)(T_2s+1)(T_3s+1)}$

图 3-42　0 型系统的开环幅相频率特性曲线

(a) $G_k(s)=\dfrac{K}{s(Ts+1)}$　(b) $G_k(s)=\dfrac{K}{s(T_1s+1)(T_2s+1)}$

图 3-43　Ⅰ型系统的开环幅相频率特性曲线

（2）对数频率特性

由于极坐标图需要逐点计算和描绘，而且图形又不规则，特别是在进行相乘或相除时图形变换不方便。如果对频率特性的幅值取对数，则乘除运算转化成加减运算，绘制图形时，直接将相应的曲线叠加即可，图形绘制要方便很多。频率特性的相位原先便是代数和的形式，因此不必再取对数。

对于频率特性 $G(\mathrm{j}\omega)=M(\omega)\mathrm{e}^{\mathrm{j}\varphi(\omega)}$，若取它的自然对数，可得：

$$\ln G(\mathrm{j}\omega)=\ln M(\omega)+\mathrm{j}\varphi(\omega)$$

从而可以将频率特性表示为两个函数关系：一是 $\ln M(\omega)$ 与 ω 的关系，称为对数幅频特性；二是 $\varphi(\omega)$ 与 ω 的关系，称为对数相频特性，两者合称对数频率特性。

在实际应用中，并不用自然对数来表示幅频特性，而是采用以 10 为底的常用对数表示，并且令 $L(\omega)=20\lg M(\omega)$（分贝/dB）。

由此定义对数频率特性：
$$\begin{cases}L(\omega)=20\lg M(\omega)\\ \varphi(\omega)\end{cases} \tag{3-52}$$

（3）对数坐标图（Bode 图）

对数频率特性曲线图又叫伯德(Bode)图，它由对数幅频特性和对数相频特性两条曲线组成。伯德图是画在纵轴为等分坐标、横轴为对数坐标的特殊坐标纸上，这种坐标纸叫“半对数坐标纸”。

在线性等分坐标图中，当变量增大或者减小 1 时，坐标间的距离变化一个单位长度，而在对数坐标图中，若以 $\lg\omega$ 为横轴，则 $\lg\omega$ 每变化一个单位长度，ω 将变化 10 倍〔称这为一个“10 倍频程”(decade)，记为 dec〕。由于习惯上都以频率 ω 作为自变量，因此将横轴改为对数分度，标以自变量（rad/s）。这样，横轴对 $\lg\omega$ 是等分刻度，而对 ω 是对数刻度，在标记数据时仍以 ω 值来标注。两者间相应关系如图 3-44 所示。对数幅频特性的纵坐标仍是线性分度，按 $20\lg M(\omega)$ 来分度坐标，其单位为分贝（dB）。

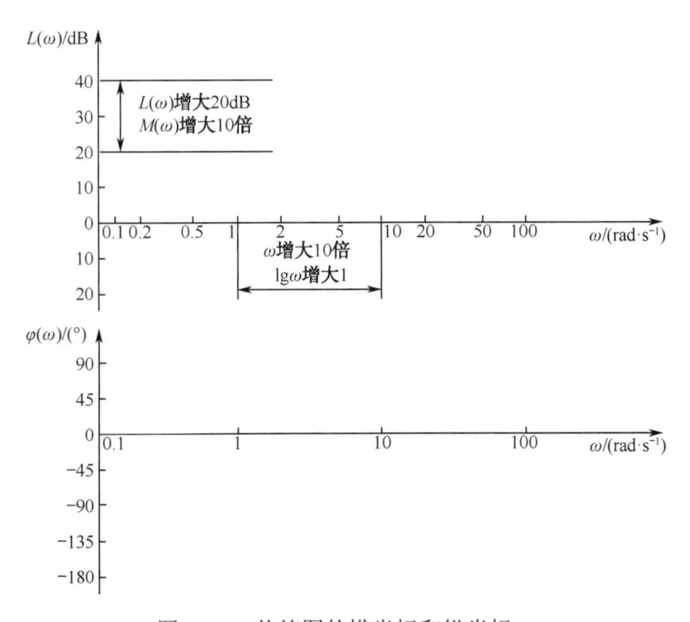

图 3-44 伯德图的横坐标和纵坐标

由于对数幅频特性 $L(\omega)$是画在半对数坐标纸上的，为便于比较对照，相频特性 $\varphi(\omega)$ 也画在与 $L(\omega)$完全相同的半对数坐标纸上，其横轴的取值与对数幅频特性横坐标相同。画在半对数坐标纸上的 $\varphi(\omega)$ 仍称为对数相频特性。对数相频特性图的纵坐标是相角 $\varphi(\omega)$，均匀分度，单位为“度（°）”。

3.3.2 典型环节的频率特性

由于系统的开环传递函数通常为反馈回路中各串联环节的传递函数的乘积组成。若熟悉了典型环节的对数频率特性，则串联环节的对数频率特性就很容易求取，下面先介绍典型环节的对数频率特性。

1. 比例环节的频率特性

（1）传递函数

$$G(s)=K$$

（2）频率特性

$$G(\mathrm{j}\omega)=K=Ke^{\mathrm{j}0}$$

比例环节的幅频特性为一常数 K，相位为 0°，因此其极坐标图位于实轴上的一点，如图 3-45 所示。

（3）对数频率特性

$$\begin{cases}L(\omega)=20\lg K\\ \varphi(\omega)=0\end{cases} \tag{3-53}$$

（4）Bode 图

① 对数幅频特性。由于比例环节的增益为常数，其对数幅频特性曲线 $L(\omega)$ 是一条与 ω 无关的通过纵轴的水平直线，高度为 $20\lg K$（dB）。若 $K>1$，则 $L(\omega)$ 为正值，对数幅频特性曲线位于横轴上方；若 $K<1$，则 $L(\omega)$ 为负值，对数幅频特性曲线位于横轴下方；若 $K=1$，则 $L(\omega)=0$，特性曲线与横轴（零分贝线）重合。

② 对数相频特性。由于 $\varphi(\omega)=0$，因此其对数相频特性曲线是一条与横轴重合的水平线。由此得到比例环节的对数频率特性曲线如图 3-46 所示。

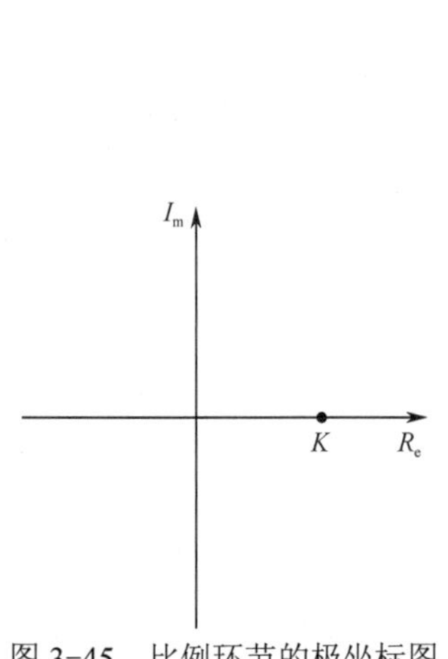

图 3-45　比例环节的极坐标图

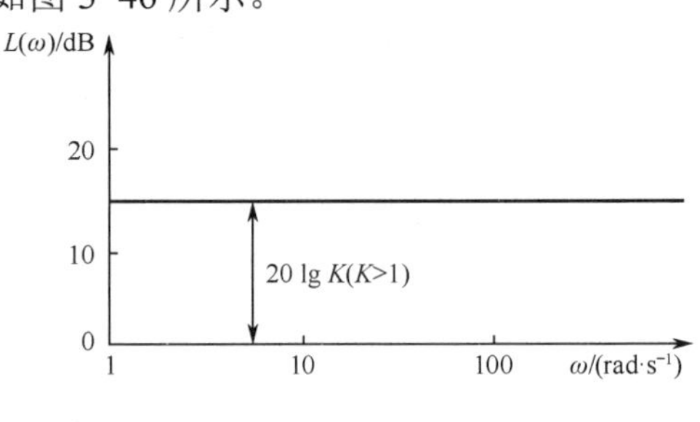

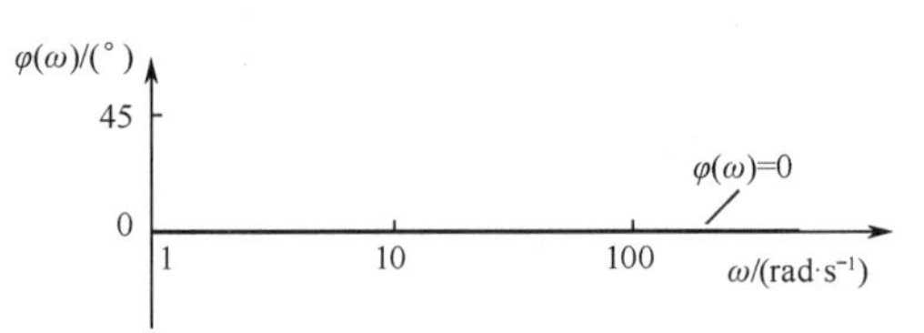

图 3-46　比例环节的对数频率特性曲线

由图 3-46 可知，当系统的比例增益变化后，其对数幅频特性曲线 $L(\omega)$ 将上下平行移动，并且形状不变，系统的对数相频特性曲线 $\varphi(\omega)$ 不发生任何变化。

2. 积分环节的频率特性

（1）传递函数

$$G(s)=\frac{1}{s}$$

（2）频率特性

$$G(\mathrm{j}\omega)=\frac{1}{\mathrm{j}\omega}=-\frac{1}{\omega}\mathrm{j}=\frac{1}{\omega}\mathrm{e}^{-\mathrm{j}\frac{\pi}{2}}$$

ω 由 $0\to\infty$，积分环节的幅频值由 $\infty\to0$，相位角为-90°，其极坐标图如图 3-47 所示。

（3）对数频率特性

$$\begin{cases} L(\omega)=20\lg\dfrac{1}{\omega}=-20\lg\omega \\ \varphi(\omega)=-\dfrac{\pi}{2}=-90^{\circ} \end{cases} \tag{3-54}$$

（4）对数幅频特性曲线

① 对数幅频特性。由于对数幅频特性 $L(\omega)$ 为一条斜率为每十倍频程下降 20 dB（-20 dB/dec）的直线。当 ω=1 时，$L(\omega)$=0，因此该直线是一条通过横轴 ω=1 处、斜率为-20 dB/dec 的直线。

② 对数相频特性。由于对数相频特性 $\varphi(\omega)$=-π/2，因此其对数相频特性曲线是一条通过纵轴 $\varphi(\omega)$=-π/2 处、与横轴平行的直线。

由此得到积分环节的对数频率特性曲线如图 3-48 所示。

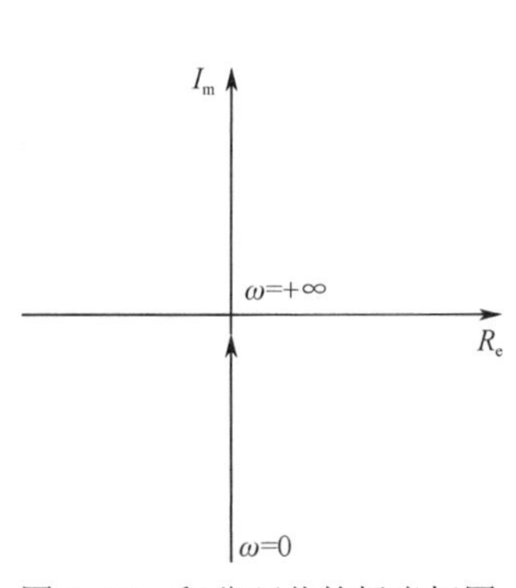

图 3-47　积分环节的极坐标图

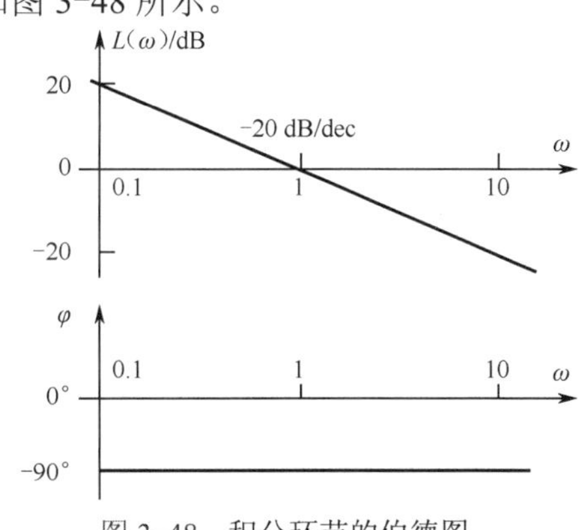

图 3-48　积分环节的伯德图

3. 微分环节的频率特性

（1）传递函数

$$G(s)=s$$

（2）频率特性

$$G(\mathrm{j}\omega)=\mathrm{j}\omega=\omega\mathrm{e}^{\mathrm{j}\frac{\pi}{2}}$$

ω 由 $0\to\infty$，微分环节的幅频值由 $0\to\infty$，相位角为 90°，其极坐标图如图 3-49 所示。

（3）对数频率特性

$$\begin{cases} L(\omega) = 20\lg \omega = 20\lg \omega \\ \varphi(\omega) = \dfrac{\pi}{2} \end{cases} \tag{3-55}$$

（4）Bode 图

① 对数幅频特性。对比积分环节的对数幅频特性可知，它们之间仅差一个负号，因此它们的 Bode 图对称于横轴。即对数幅频特性 $L(\omega)$ 为一条斜率为 20 dB/dec 的直线。该直线通过横轴 ω=1 处，斜率为+20 dB/dec。

② 对数相频特性。由于对数相频特性 $\varphi(\omega)$ =π/2，因此对数相频特性曲线是一条通过纵轴 $\varphi(\omega)$ =π/2 处与横轴平行的直线，与积分环节的对数相频特性曲线关于横轴对称。

由此得到微分环节的对数频率特性曲线如图 3-50 所示。

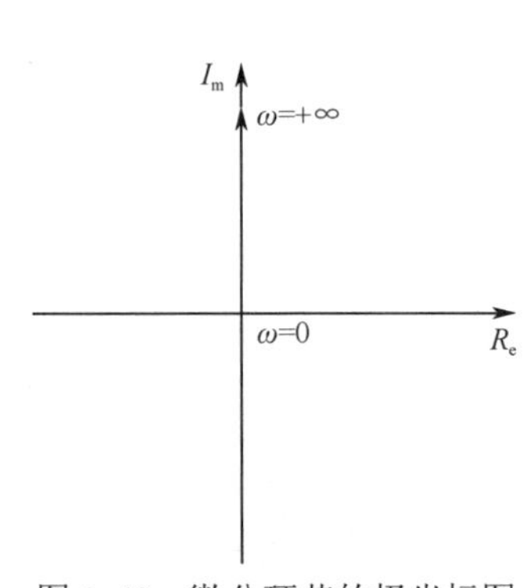

图 3-49　微分环节的极坐标图

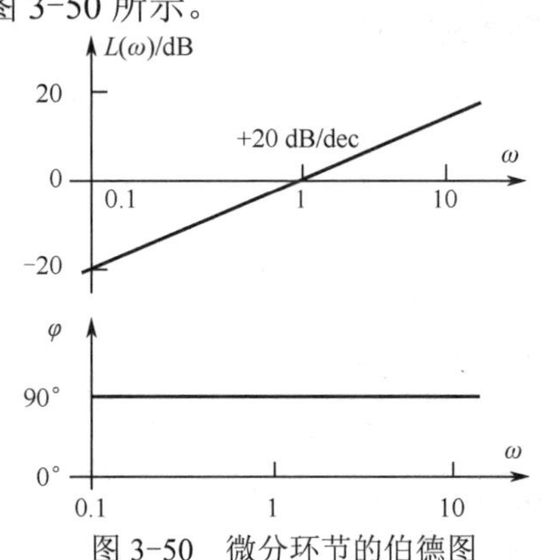

图 3-50　微分环节的伯德图

4．惯性环节的频率特性

（1）传递函数

$$G(s) = \frac{1}{Ts+1}$$

（2）频率特性

$$G(\mathrm{j}\omega) = \frac{1}{\mathrm{j}\omega T+1} = \frac{1}{1+\omega^2 T^2} + \mathrm{j}\frac{-T\omega}{1+\omega^2 T^2} = \frac{1}{\sqrt{T^2\omega^2+1}}\mathrm{e}^{-\mathrm{j}\arctan(T\omega)}$$

ω 由 $0\to\infty$，得到相应的幅值和相位值，可以证明惯性环节的极坐标图为一个以（$\frac{1}{2}$，j0)）为圆心以 $\frac{1}{2}$ 为半径的半圆（此处证明从略），如图 3-51 所示。

（3）对数频率特性

$$\begin{cases} L(\omega) = -20\lg\sqrt{T^2\omega^2+1} \\ \varphi(\omega) = -\arctan(T\omega) \end{cases} \tag{3-56}$$

（4）Bode 图

① 对数幅频特性。由式（3-56）中的对数幅频特性式看出当 ω 从零到正无穷大取值时，计算出相应的对数幅值，绘制出来的特性曲线是一条曲线，逐点描绘将很烦琐，因此工程上采用近似的作图法：先作出 $L(\omega)$ 的渐近线，取一些特殊点的数值，然后求出最大的误差修正量，从而得到近似的实际曲线。

a．低频渐近线。指 $\omega \to 0$（通常取 $\omega \ll 1/T$ 的区段）时的 $L(\omega)$ 图形。当 $\omega \ll 1/T$ 时，$L(\omega) \approx 20\lg 1 = 0$（dB），即在低频区（$\omega \ll 1/T$），对数幅频特性曲线为一条与横轴重合的直线。

b．高频渐近线。指 $\omega \to \infty$（通常取 $\omega \gg 1/T$ 的区段）时的 $L(\omega)$ 图形。$\omega \gg 1/T$ 时，$L(\omega) \approx -20\lg T\omega$，即在高频区（$\omega \gg 1/T$），对数幅频特性曲线为一条在 ω=1/T 处穿越横轴、且斜率为-20 dB/dec 的直线。

对数幅频特性曲线可近似地用上述两条直线表示，且它们相交于 ω=1/T（转折频率）处。由上述两条直线构成的近似对数幅频特性曲线称为渐近对数幅频特性曲线，或折线对数幅频特性曲线。

通常将高频渐近线与低频渐近线交接处的频率称为交接频率或转折频率，此处 ω=1/T 称为交接频率。如果以上述的近似渐近线来代替实际的对数频率特性曲线，则在 ω=1/T 交接频率处其误差最大。在交接频率处的对数幅频值

$$L(\omega)\Big|_{\omega=\frac{1}{T}} = -20\lg\sqrt{(T\omega)^2+1}\Big|_{\omega=\frac{1}{T}} = -20\lg\sqrt{2} = -3.03\ \text{dB}$$

所以惯性环节最大的误差近似为 $L(\omega)$=-3dB，若以渐近线代替实际曲线产生的最大误差值只有 3dB，因此工程上为简化对数频率特性曲线的绘制，常常使用渐近对数幅频特性曲线。如需由渐近对数幅频特性曲线获取精确曲线，只需分别在低于或高于转折频率的一个十倍频程范围内对渐近对数幅频特性曲线进行修正。

② 对数相频特性。绘制相频特性曲线时，取一些特殊点求出其相应的 $\varphi(\omega)$，如当 ω=0 时，$\varphi(\omega)=0$；ω=1/T 时，$\varphi(\omega)$=- 45°；$\omega \to \infty$时，$\varphi(\omega) \to$-90°。

从而对数相频特性曲线过（0，0°）、（$\frac{1}{T}$,-45°）和（+∞,-90°）点，由于惯性环节的相角与频率呈反正切函数关系，所以，对数相频特性曲线将对应于（$\frac{1}{T}$,-45°）这一点斜对称，最后用光滑曲线将它们连接起来，即可得到近似的对数相频特性曲线。

由此得到惯性环节的对数频率特性曲线如图 3-52 所示。

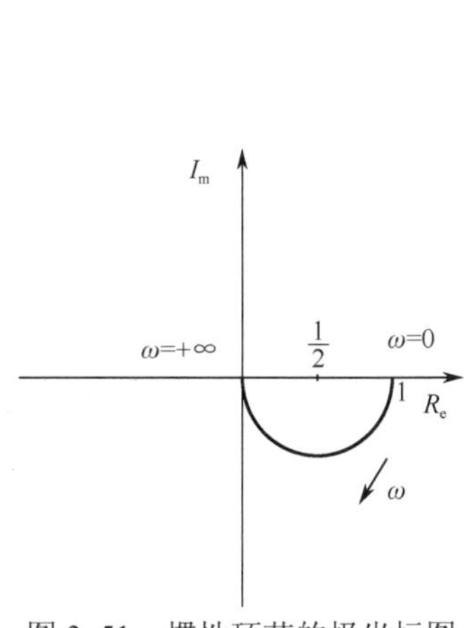

图 3-51　惯性环节的极坐标图

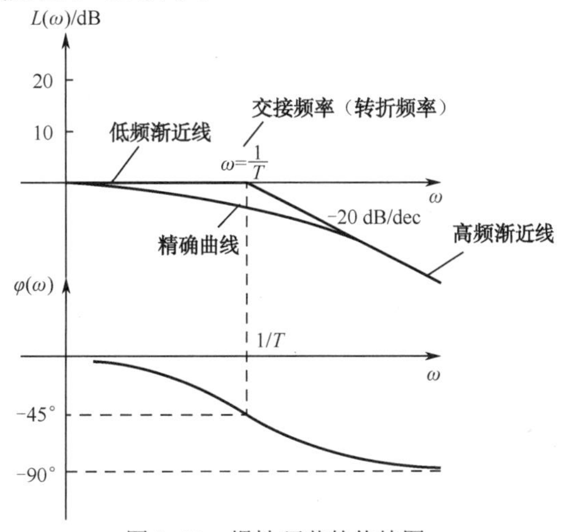

图 3-52　惯性环节的伯德图

5. 比例微分环节的频率特性

（1）传递函数

$$G(s)=\tau_{\mathrm{d}}s+1$$

（2）.频率特性

$$G(\mathrm{j}\omega)=1+\mathrm{j}\omega\tau_{\mathrm{d}}=\sqrt{\tau_{\mathrm{d}}^{2}\omega^{2}+1}\ \ \mathrm{e}^{\mathrm{j}\arctan(\tau_{\mathrm{d}}\omega)}$$

根据比例微分环节的频率特性的实部恒为 1，不随ω值变化，所以其幅相频率特性曲线是一条通过（1，j0）点平行于虚轴的直线，其极坐标图如图 3-53 所示。

（3）对数频率特性

$$\begin{cases}L(\omega)=20\lg\sqrt{\tau_{\mathrm{d}}^{2}\omega^{2}+1}\\ \varphi(\omega)=\arctan(\tau_{\mathrm{d}}\omega)\end{cases}\tag{3-57}$$

（4）Bode 图

① 对数幅频特性。由于比例微分环节与惯性环节的传递函数成倒数关系，对比惯性环节对数频率特性式（3-56）与比例微分环节的对数频率特性式（3-57）中的对数幅频特性可知，它们之间仅差一个负号，因此它们的对数幅频特性曲线图对称于横轴。

② 对数相频特性。由式（3-56）与式（3-57）中的对数相频特性可知，它们之间仅差一个负号，因此它们的对数相频特性曲线图对称于横轴。

微分环节的时间常数τ_{d}改变时，其转折频率 $1/\tau_{\mathrm{d}}$将在 Bode 图的横轴上向左或向右移动。同时，对数幅频特性及对数相频特性曲线也将随之向左或向右移动，但它们的形状保持不变。

由此得到比例微分环节的对数频率特性曲线如图 3-54 所示。

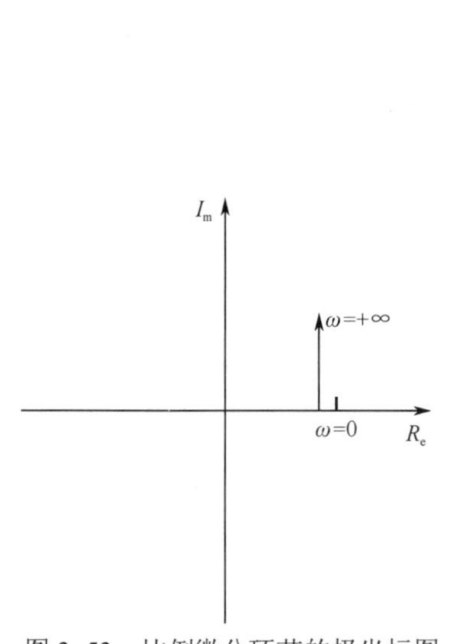

图 3-53　比例微分环节的极坐标图

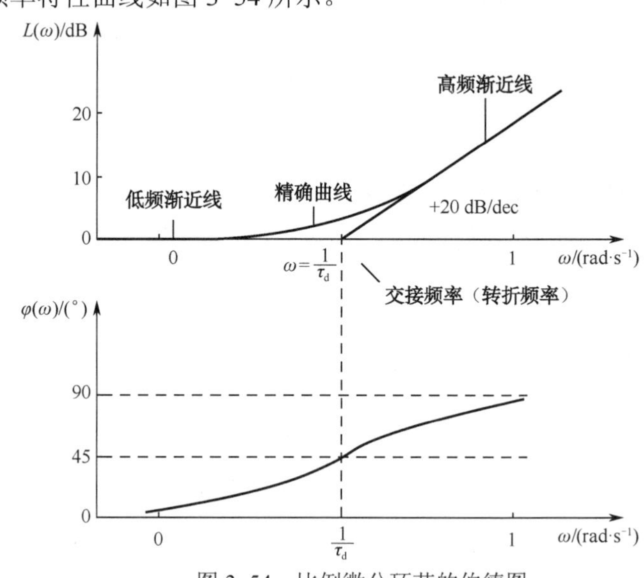

图 3-54　比例微分环节的伯德图

6. 振荡环节的频率特性

（1）传递函数

$$G(s)=\frac{1}{T^{2}s^{2}+2\xi Ts+1}=\frac{\omega_{\mathrm{n}}^{2}}{s^{2}+2\xi\omega_{\mathrm{n}}s+\omega_{\mathrm{n}}^{2}}$$

（2）频率特性

$$G(j\omega)=\frac{1}{T^2(\mathrm{j}\omega)^2+2\xi T(\mathrm{j}\omega)+1}=\frac{1}{1-T^2\omega^2+\mathrm{j}2\xi T\omega}=\frac{1}{\sqrt{(1-T^2\omega^2)^2+(2\xi T\omega)^2}}\mathrm{e}^{\mathrm{j}\varphi(\omega)}$$

其中 $$\varphi(\omega)=\begin{cases}-\arctan\dfrac{2\xi T\omega}{1-T^2\omega^2} & \omega<\dfrac{1}{T}\\ -\dfrac{\pi}{2} & \omega=\dfrac{1}{T}\\ -\pi+\arctan\dfrac{2\xi T\omega}{T^2\omega^2-1} & \omega>\dfrac{1}{T}\end{cases}$$

当 ω 由 $0\to+\infty$ 时，取一些特殊的点，求出其对应的幅频值和相频值。如当 $\omega=0$ 时，$M(0)=1$，$\varphi(0)=0$；当 $\omega=1/T$ 时，$M\left(\dfrac{1}{T}\right)=\dfrac{1}{2\xi}$，$\varphi\left(\dfrac{1}{T}\right)=-90°$；当 $\omega=+\infty$ 时，$M(+\infty)=0$，$\varphi(+\infty)=-180°$。因而其极坐标图与虚轴相交，交于点（$\dfrac{1}{2\xi}$,–90°），得到振荡环节的极坐标图如图 3-55 所示，图中画出了不同 ξ 值时的极坐标图，ξ 越小，与负虚轴的交点越远。

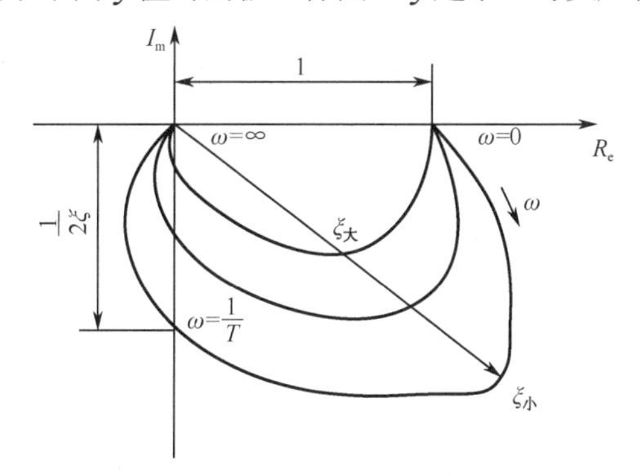

图 3-55　振荡环节的极坐标图

（3）对数频率特性

$$L(\omega)=20\lg\sqrt{(1-T^2\omega^2)^2+(2\xi T\omega)^2} \tag{3-58}$$

$$\varphi(\omega)=\begin{cases}-\arctan\dfrac{2\xi T\omega}{1-T^2\omega^2} & \omega<\dfrac{1}{T}\\ -\dfrac{\pi}{2} & \omega=\dfrac{1}{T}\\ -\pi+\arctan\dfrac{2\xi T\omega}{T^2\omega^2-1} & \omega>\dfrac{1}{T}\end{cases} \tag{3-59}$$

（4）Bode 图

① 对数幅频特性。当 $\omega\ll 1/T$ 时（即低频区），$L(\omega)\approx 20\lg 1=0$，对数幅频特性曲线为与横轴重合的直线；当 $\omega\gg 1/T$ 时（即高频区），$L(\omega)\approx -40\lg T\omega$，对数幅频特性曲线为一条在 $\omega=1/T$ 处穿越横轴、且斜率为–40 dB/dec 的直线。

对数幅频特性曲线可近似用上述两条直线表示（渐近对数幅频特性曲线），且它们相交于 $\omega=1/T$ 处。$\omega=1/T$ 处的频率称为转折频率，也就是无阻尼自然角频率 ω_n。

由此得到振荡环节的对数频率特性曲线如图 3-56 所示。

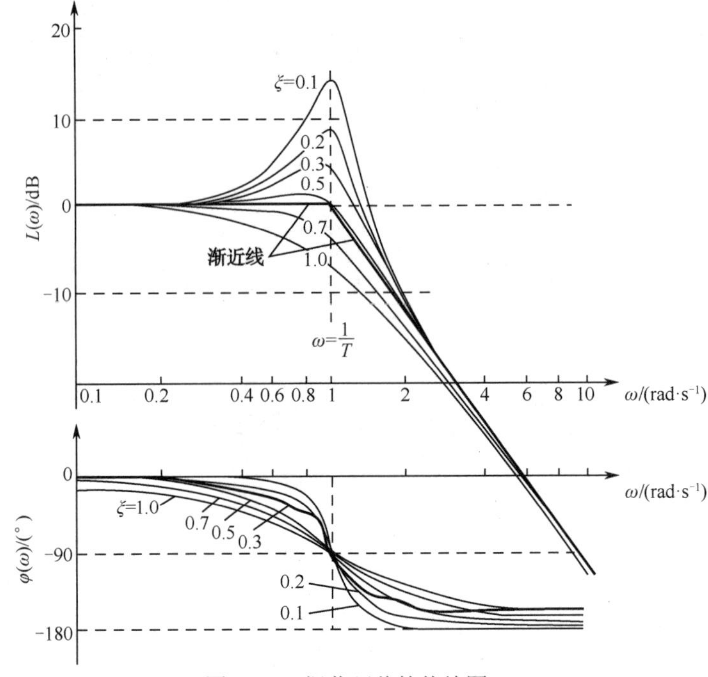

图 3-56　振荡环节的伯德图

当ω=1/T，渐近对数幅频特性曲线与实际曲线的误差为：

$$L(\omega) = -20\lg\sqrt{(2\xi)^2} = -20(\lg 2\xi)$$

振荡环节渐近对数幅频特性曲线与实际曲线的误差与ω和ξ有关。对于不同ξ值，上述误差值列于表 3-4。

表 3-4　振荡环节对数幅频特性最大修正表

ξ	0.1	0.15	0.2	0.25	0.3	0.4	0.5	0.6	0.7	0.8	1.0
误差/dB	14.0	10.4	8.0	6.0	4.4	2.0	0	−1.6	−3.0	−4.0	−6.0

当 $0.4 \leqslant \xi \leqslant 0.7$ 时，误差小于 3 dB，可不对渐近线修正；当$\xi<0.4$ 或$\xi>0.7$，误差很大，应对渐近线修正。

当$\xi<0.707$ 时，幅频特性在 $\omega=\omega_{\mathrm{p}}=\omega_{\mathrm{n}}\sqrt{1-2\xi^2}$ 处，$M(\omega)$最大，称此时的$M(\omega)$值为谐振峰值M_{p}，ω_{p}称为谐振角频率。

$$M_{\mathrm{p}} = \frac{1}{2\xi\sqrt{1-2\xi^2}} \tag{3-60}$$

ξ减小，M_{p}上升，ξ趋于零时，M_{p}趋于无穷大；当ξ=0.5 时，存在谐振峰，转折频率处的误差为零；当ξ>0.707 时，不存在谐振峰。

② 对数相频特性。绘制对数相频特性曲线时，先取一些特殊的点，求出其相频值$\varphi(\omega)$，如当ω=0 时，$\varphi(\omega)$=0；ω=1/T时，$\varphi(\omega)$=- 90°；$\omega\to\infty$时，$\varphi(\omega)\to$-180°。从而其对数相频特性曲线过（0，0°）、（$\frac{1}{T}$,-90°）和（+∞,-180°）点，由于惯性环节的

相角与频率呈反正切函数关系，所以，对数相频特性曲线将对应于（$\frac{1}{T}$, -90°）这一点斜对称，最后用光滑曲线将它们连接起来，即可得到近似的对数相频特性曲线。其对数相频特性曲线$\varphi(\omega)$低频渐近线是一条$\varphi(\omega)=0$的水平直线，而高频渐近线是一条$\varphi(\omega)=-\pi$的水平直线。

由此得到振荡环节的对数频率特性曲线如图 3-56 所示。图中振荡环节的对数相频特性既是ω的函数，又是ξ的函数。随阻尼比ξ不同，对数相频特性在转折频率附近的变化速度也不同。ξ越小，相频特性在转折频率附近的变化速度越大，而在远离转折频率处的变化速度越小。

改变时，其转折频率 $1/T$ 将在 Bode 图的横轴上向左或向右移动。与此同时，对数幅频特性及对数相频特性曲线也将随之向左或向右移动，但它们的形状保持不变。

7. 延迟环节的频率特性

（1）传递函数

$$G(s)=\mathrm{e}^{-\tau_{\mathrm{D}}s}$$

（2）频率特性

$$G(\mathrm{j}\omega)=\mathrm{e}^{-\mathrm{j}\tau_{\mathrm{D}}\omega}$$

由延迟环节的频率特性可知其幅值恒为 1，与ω值无关，故其极坐标为一单位圆，如图 3-57 所示。

（3）对数频率特性

$$\begin{cases}L(\omega)=20\lg 1=0\\ \varphi(\omega)=-\tau_{\mathrm{D}}\omega\end{cases}\tag{3-61}$$

（4）Bode 图

① 对数幅频特性。$L(\omega)$ 为一条与横轴重合的直线。

② 对数相频特性。$\varphi(\omega)$ 为一条随ω增加而增加的滞后的相频特性曲线。由此得到延迟环节的对数频率特性曲线如图 3-58 所示。

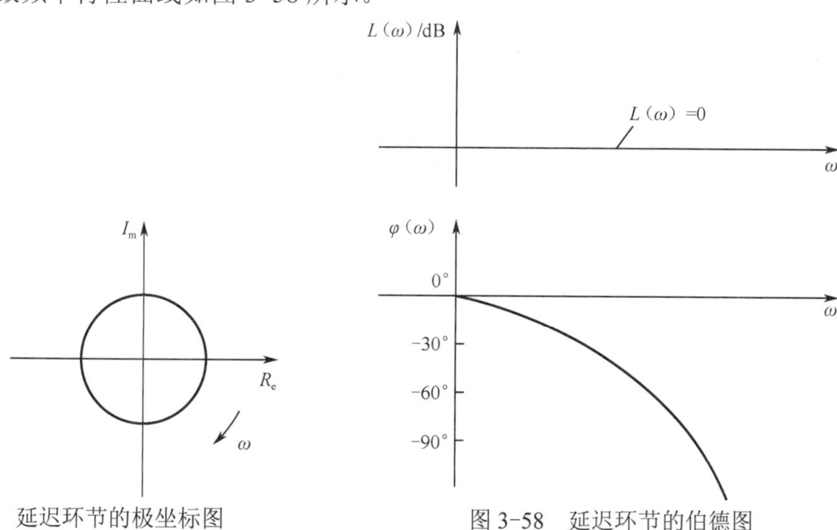

图 3-57　延迟环节的极坐标图

图 3-58　延迟环节的伯德图

3.3.3 开环对数频率特性曲线绘制

1. 采用叠加的方法绘制串联环节的伯德图

系统的开环传递函数通常由典型环节串联而成，即各典型环节的传递函数的乘积。若分别绘出各典型环节的对数频率特性，则串联环节的对数频率特性可由各串联环节的伯德图叠加而成。

假设控制系统由 n 个典型环节串联组成，n 个典型环节分别以 $G_1(s)$ 、$G_2(s)\cdots G_n(s)$ 表示，即有 $G(s)=\prod_{i=1}^{n}G_i(s)$

系统的频率特性为 $G(\mathrm{j}\omega)=\prod_{i=1}^{n}G_i(\mathrm{j}\omega)$

即 $|G(\mathrm{j}\omega)|\mathrm{e}^{\mathrm{j}\angle G(\mathrm{j}\omega)}=\prod_{i=1}^{n}|G_i(\mathrm{j}\omega)|\mathrm{e}^{\mathrm{j}\sum_{i=1}^{n}\angle G_i(\mathrm{j}\omega)}$

因而有

$$\begin{cases}|G(\mathrm{j}\omega)|=\prod_{i=1}^{n}|G_i(\mathrm{j}\omega)| \\ \angle G(\mathrm{j}\omega)=\sum_{i=1}^{n}\angle G_i(\mathrm{j}\omega)\end{cases} \tag{3-62}$$

则系统的对数幅频特性为

$$20\lg|G(\mathrm{j}\omega)|=\sum_{i=1}^{n}20\lg|G_i(\mathrm{j}\omega)| \tag{3-63}$$

式（3-62）和式（3-63）表明，如果系统由 n 个典型环节串联而成，则其对数幅频特性曲线和对数相频特性曲线可由 n 个典型环节对应的曲线叠加而得到。

由此得到叠加法绘制开环对数频率特性曲线的步骤如下：

（1）分析开环系统由哪些典型环节串联而成，并把每个环节写成标准形式；

（2）在同一坐标系下绘制各典型环节的对数幅频特性曲线和对数相频特性曲线；

（3）分别将各典型环节的对数幅频特性曲线和和对数相频特性曲线相加，即可得到开环系统的对数频率特性曲线。

【实例 3-16】 系统开环传递函数为 $G_{\mathrm{k}}(s)=\dfrac{K}{s(Ts+1)}$，绘制系统开环伯德图。

解 由题中开环系统传函可看出其由比例、积分和惯性三个典型环节所组成。

$$G_{\mathrm{k}}(s)=\frac{K}{s(Ts+1)}=K\cdot\frac{1}{s}\cdot\frac{1}{Ts+1}=G_1(s)G_2(s)G_3(s)$$

其中，$\mathrm{G}_1(s)=K$，$\mathrm{G}_2(s)=\dfrac{1}{s}$，$G_3(s)=\dfrac{1}{Ts+1}$。

因此，该系统的开环对数频率特性则为上述三个典型环节的对数频率特性的叠加。

绘制三个典型环节的对数幅频特性和相频特性曲线，比例环节的伯德图如图 3-59 中①所示，它是一条水平直线；积分环节（$1/s$）的伯德图如图 3-59 中②所示，画出惯性环节[$1/(Ts+1)$]的伯德图如图 3-59 中③所示，把三个典型环节的伯德图曲线相叠加如图 3-59 中④所示。

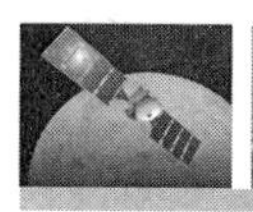

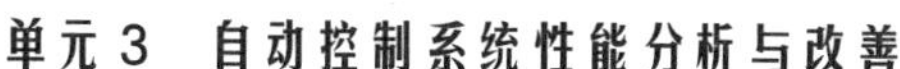

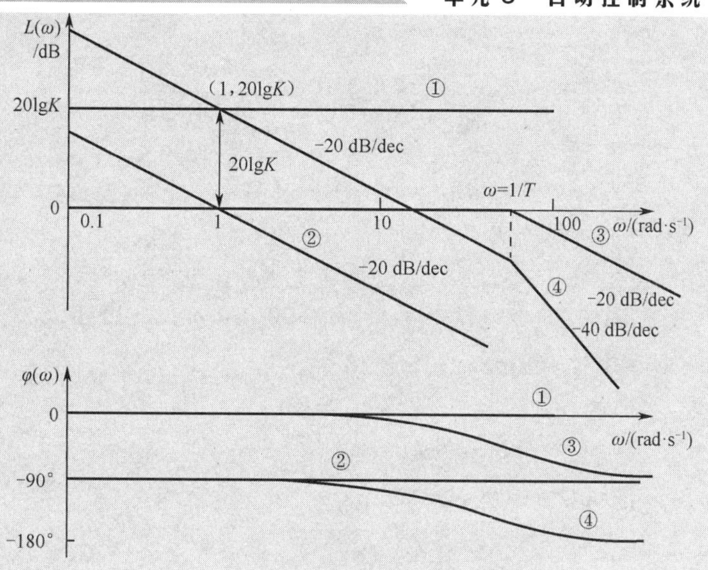

图 3-59 系统的对数频率特性曲线

分析该系统的对数幅频特性曲线④可知：最左端直线的斜率为-20 dB/dec，而这一斜率是由系统的一个积分环节决定的；当 $\omega=1$ 时，曲线的分贝值与比例环节的分贝值（20lg$K$）相等；而在交接频率 $\omega=1/T$ （rad/s）时斜率由-20 dB/dec 变为-40 dB/dec。由此可得到开环系统对数幅频特性的简便画法，而对数相频特性曲线只能采用叠加画法。

2. 系统开环对数幅频特性的简便画法

系统开环对数幅频特性曲线的简便画法步骤如下：

（1）分析系统是由哪些典型环节串联组成的，将这些典型环节的传递函数都化成标准形式（分母常数项为 1）；

（2）确定各典型环节的交接（转折）频率，并按由小到大的顺序将其标在横坐标上；

（3）根据比例环节的 K 值，计算 $20\lg K$，在横坐标上找到 $\omega=1$，纵坐标为 $20\lg K$ 的点 A（1，20lg$K$）；

（4）绘制对数幅频特性的低频渐近线，即过 A 点做一条斜率为 -20υ dB/dec 的斜线（υ 为型别，即开环传函中所含积分环节的个数），直到第一个交接频率（当系统的第一个交接频率 $\omega<1$ 时，仍止于第一个交接频率但其延长线过 A 点）；

（5）从低频渐近线开始，沿 ω 轴的频率增大方向，每遇到一个交接频率，对数幅频特性渐近线就改变一次斜率：

当遇到惯性环节的交接频率时，斜率增加-20 dB/dec

当遇到比例微分的交接频率时，斜率增加+20 dB/dec

当遇到振荡环节的交接频率时，斜率增加-40 dB/dec

（6）若需要，对渐近线进行修正，以获得较精确的对数幅频特性曲线。

【实例 3-17】 绘制开环系统 $G(s)H(s)=\dfrac{100(s+2)}{s(s+1)(s+20)}$ 对数幅频渐近特性曲线。

解 开环传递函数为 $G(s)H(s)=\dfrac{100(s+2)}{s(s+1)(s+20)}$，首先要将开环传函化为典型环节相乘

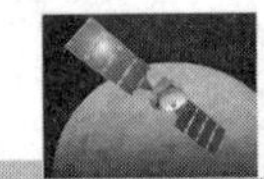

的形式，即

$$G(s)H(s)=\frac{100(s+2)}{s(s+1)(s+20)}=\frac{10(0.5s+1)}{s(s+1)\left(\frac{1}{20}s+1\right)}$$

上式表明系统由比例环节、积分环节、两个惯性和一个比例微分环节组成。

（1）对数幅频特性曲线的画法

由于系统开环增益 K=10，故在 ω=1 处的高度为 20lg$K$=20 dB，即 a 点坐标为（1，20）。

由于含一个积分环节，其低频段斜率为 $1\times(-20\ \text{dB/dec})=-20\ \text{dB/dec}$，因而低频段是一条过点（1，20）、斜率为−20 dB/dec 的直线。

其交接频率从小到大的次序为:

$\omega_1=1$，对应一个惯性环节，斜率变化−20 dB/dec;

$\omega_2=\dfrac{1}{0.5}=2$，对应一个比例微分环节，斜率变化+20 dB/dec;

$\omega_3=\dfrac{1}{\frac{1}{20}}=20$，对应一个惯性环节，斜率变化−20 dB/dec。

从而对数幅频特性曲线在 ω=1 遇到一个惯性环节，斜率变化从−20 dB/dec 变为−40 dB/dec，在 ω=2 遇到一个比例微分环节斜率变化+20 dB/dec，成为−20 dB/dec，在 ω=20 遇到一个惯性环节斜率变化−20 dB/dec，成为−40 dB/dec，这样就可以连接成整个开环系统的近似对数频率特性曲线，如图 3-60 所示。

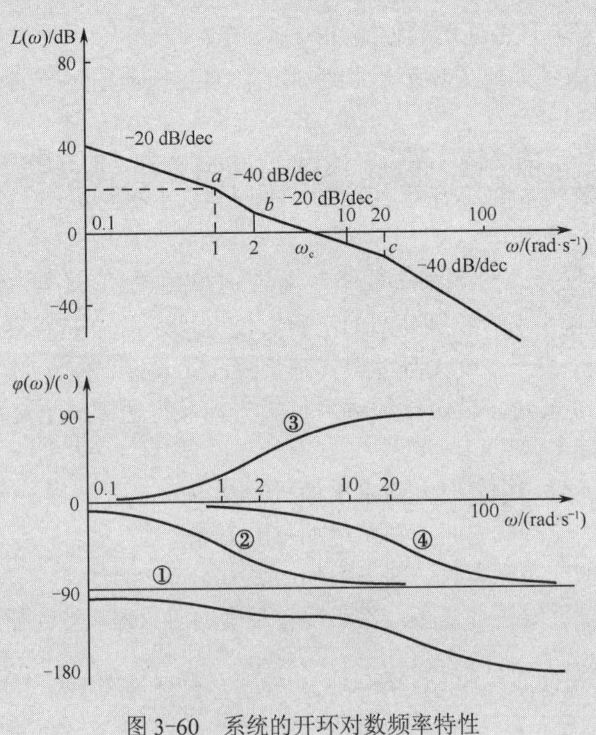

图 3-60　系统的开环对数频率特性

（2）对数相频特性曲线的画法

比例环节的 $\varphi_0(\omega)=0$，是一条水平直线，不影响系统相角，图中未画出；

积分环节的 $\varphi_1(\omega)=-90^\circ$，如图 3-60 中①所示；

惯性环节（$1/(s+1)$）的 $\varphi_2(\omega)=-\arctan\omega$，如图 3-60 中②所示，其低频渐近线为 0，高频渐近线为 -90°；

比例微分环节（$0.5s+1$）的 $\varphi_3(\omega)=\arctan 0.5\omega$，如图 3-60 中③所示，其低频渐近线为 0，高频渐近线为 90°；

惯性环节 $\left(\dfrac{1}{0.05s+1}\right)$ 的 $\varphi_4(\omega)=-\arctan 0.05\omega$，如图 3-60 中④所示，其低频渐近线为 0，高频渐近线为 -90°，该系统的对数相频特性 $\varphi(\omega)$ 则为四者叠加而成，即：$\varphi(\omega)=\varphi_1(\omega)+\varphi_2(\omega)+\varphi_3(\omega)+\varphi_4(\omega)$，如图 3-60 中最下方的曲线所示。

3. 最小相位系统

根据系统传递函数的零点和极点在 S 复平面上的分布情况，来定义最小相位系统和非最小相位系统。若系统传递函数的零点和极点均在 S 复平面的左半平面，则此系统为最小相位系统；反之，若在 S 复平面的右半平面有系统传递函数的零点或极点，则此系统为非最小相位系统。如果开环传递函数的分子、分母中无正实根且无延迟环节及没有不稳定的环节时，该系统必定为最小相位系统。

最小相位系统的对数相频特性和对数幅频特性是一一对应的，根据系统的对数幅频特性，也就能唯一确定其对数相频特性，反之亦然。但是对非最小相位系统，就不存在上述的对应关系。实际工程上大多数是最小相位系统，为简化工作量，对于最小相位系统的伯德图，一般利用伯德（Bode）图进行系统分析时，往往只分析对数幅频特性。

【实例 3-18】 已知控制系统的开环传递函数为 $G_1(s)=\dfrac{1+T_1s}{1+T_2s}$，$G_2(s)=\dfrac{1-T_1s}{1+T_2s}$，$G_3(s)=\dfrac{1+T_1s}{1-T_2s}$，式中 $0<T_1<T_2$，试绘制三个控制系统的对数频率特性曲线。

解　首先分别写出三个系统的幅频频率特性如下：

$$M_1(\omega)=M_2(\omega)=M_3(\omega)=\frac{\sqrt{(T_1\omega)^2+1}}{\sqrt{(T_2\omega)^2+1}}$$

则三个系统的对数幅频频率特性为：

$$L_1(\omega)=L_2(\omega)=L_3(\omega)=20\lg\sqrt{(T_1\omega)^2+1}-20\lg\sqrt{(T_2\omega)^2+1}$$

三个系统的相频频率特性依次为：

$$\varphi_1(\omega)=\arctan T_1\omega-\arctan T_2\omega$$

$$\varphi_2(\omega)=-\arctan T_1\omega-\arctan T_2\omega$$

$$\varphi_3(\omega)=\arctan T_1\omega+\arctan T_2\omega$$

绘出三个系统对数频率特性曲线如图 3-61 所示。

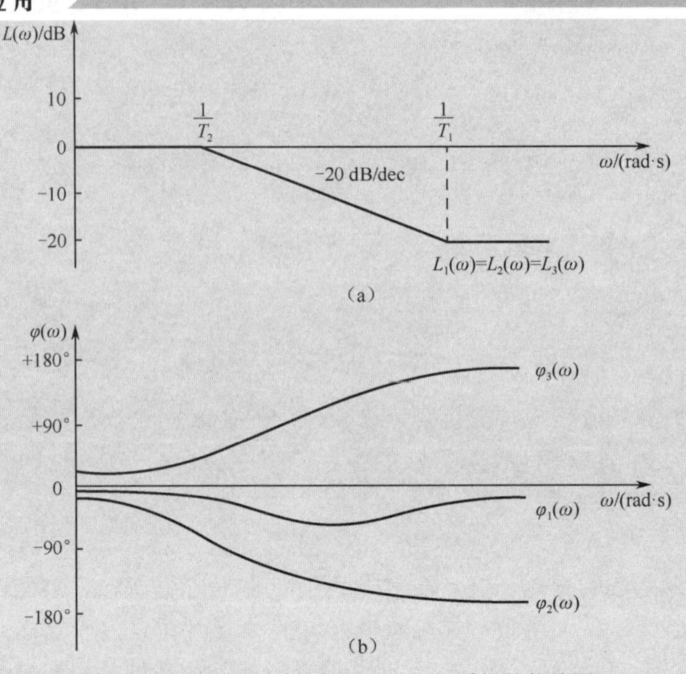

图 3-61　最小相位系统与非最小相位系统的伯德图

由图 3-61 可知，三个系统具有相同的幅频特性，其中最小相位系统 $G_1(s)$的相角变化范围是最小的。$G_2(s)$、$G_3(s)$为非最小相位系统传递函数。

最小相位系统的对数相频特性和对数幅频特性间存在着确定的对应关系，因此对于最小相位系统，只需根据其对数幅频特性就能写出其传递函数，一般只作出它的幅频特性即可。

4．根据 Bode 图确定传递函数

由于最小相位系统的对数相频特性和对数幅频特性间存在着确定的对应关系，根据系统的对数幅频特性，就能唯一确定其对数相频特性。因此对于最小相位系统的伯德图，一般利用 Bode 图的对数幅频特性曲线可求出其传递函数。

由 Bode 图的对数幅频特性曲线确定传递函数的过程与绘制对数幅频特性曲线过程相反，方法如下：

（1）由 Bode 图的低频段斜率判别系统是否含有积分环节及积分环节的个数；

（2）按从小到大的顺序找出各交接频率（转折频率），确定相应的时间常数，根据其斜率的变化判别各转折频率所对应环节的类型；

（3）在图中找到ω=1 时的分贝值 20lg$K$ 所对应的坐标 A 点（1，20lg$K$），若第一个交接频率小于 1，则其延长线交于 A 点，求出 K 值。

（4）判断系统由哪些典型环节组成，从而可直接写出其传递函数。

【实例 3-19】 已知某调节器的对数幅频特性曲线如图 3-62 所示，写出该调节器的传递函数。

解　由于低频段为一水平线，斜率为 0，因而$\upsilon=0$系统不含积分环节，图中各转折交接依次为:

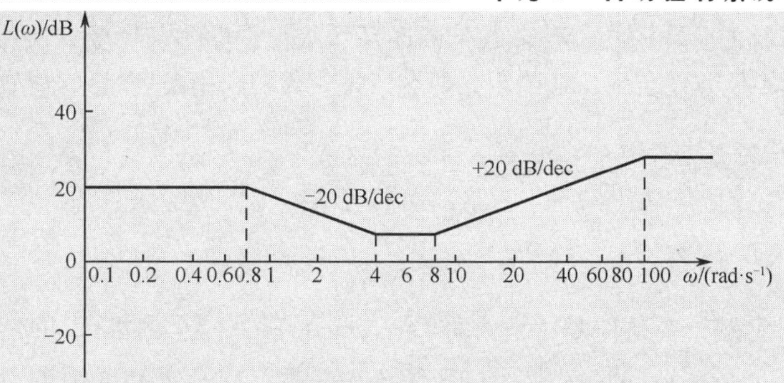

图 3-62　调节器的对数幅频特性曲线

$\omega_1 = 0.8$，则$T_1 = \dfrac{1}{\omega_1} = 1.25$，斜率变化-20 dB/dec，对应一个惯性环节；

$\omega_2 = 4$，则$T_2 = \dfrac{1}{\omega_2} = 0.25$，斜率变化+20 dB/dec，对应一个比例微分环节；

$\omega_3 = 8$，则$T_3 = \dfrac{1}{\omega_3} = 0.125$，斜率变化+20 dB/dec，对应一个比例微分环节；

$\omega_4 = 100$，则$T_4 = \dfrac{1}{\omega_4} = 0.01$，斜率变化-20 dB/dec，对应一个惯性环节。

由于第 1 个转折频率 $\omega_1 = 0.8 < 1$，因此将其低频段延长到 ω=1处，得到 A 点，如图 3-63 所示，有 20lg$K$=20，则有 K=10。所以，该调节器由一个比例环节、两个比例微分环节和两个惯性环节组成。其传递函数形式可写成：

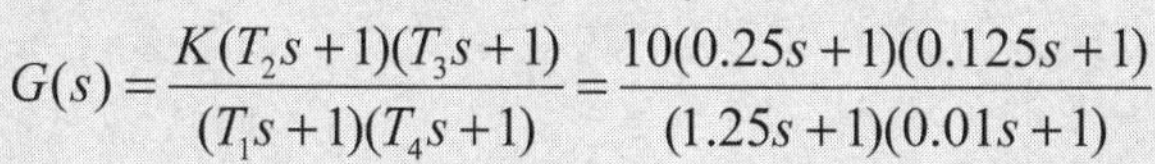

$$G(s) = \frac{K(T_2 s+1)(T_3 s+1)}{(T_1 s+1)(T_4 s+1)} = \frac{10(0.25s+1)(0.125s+1)}{(1.25s+1)(0.01s+1)}$$

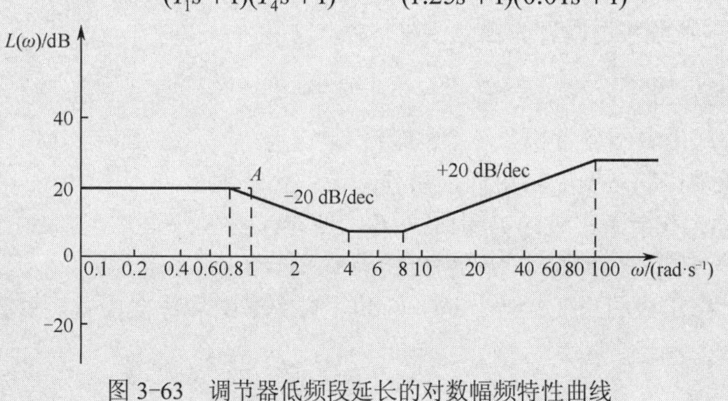

图 3-63　调节器低频段延长的对数幅频特性曲线

3.3.4　频率特性分析系统稳定性

闭环控制系统的稳定性由系统特征方程根的性质唯一确定，对于三阶以下系统，解出特征根就能判断系统是否稳定。三阶以上的高阶系统，求解特征根通常都比较困难，前面介绍了劳斯判据判别系统稳定性的方法，下面利用频域特性来分析系统稳定性。

1. 奈奎斯特稳定判据

奈奎斯特（Nyquist）稳定判据（简称奈氏判据）是判断系统稳定性的又一重要方法。奈

氏判据是根据系统的开环幅相特性曲线判断闭环系统稳定性的一种图解法。应用奈氏判据分析系统的稳定性不仅方便实用，还能用来研究系统参数和结构改变对系统稳定性的影响。

1）开环频率特性与闭环特征式的关系

典型控制系统的结构如图 3-64 所示，由图可求得闭环传递函数为：

$$\frac{C(s)}{R(s)}=\frac{G(s)}{1+H(s)G(s)}=\frac{G(s)}{1+G_{\mathrm{k}}(s)}$$

闭环系统稳定的充要条件是特征方程$1+H(s)G(s)=0$的全部根，都必须位于 S 平面的左半平面。由于闭环系统的特征方程与开环传递函数存在一定的联系，为此构造辅助多项式 $F(s)=1+H(s)G(s)$。

设 $H(s)=\dfrac{N_1(s)}{M_1(s)}$，$G(s)=\dfrac{N_2(s)}{M_2(s)}$

则开环系统传递函数：$H(s)G(s)=\dfrac{N_1(s)}{M_1(s)}\cdot\dfrac{N_2(s)}{M_2(s)}$

有辅助多项式：

$$F(s)=1+H(s)G(s)=1+\frac{N_1(s)}{M_1(s)}\frac{N_2(s)}{M_2(s)}=\frac{M_1(s)M_2(s)+N_1(s)N_2(s)}{M_1(s)M_2(s)} \tag{3-64}$$

由辅助多项式与开环传递函数的关系可知：$F(s)$的极点为系统的开环极点，而 $F(s)$的零点为系统的闭环极点（特征方程根）。

2）映射定理（幅角定理）

映射定理：设 S 平面上的封闭曲线包围了复变函数 $F(s)$的 Z 个零点 P 个极点，并且此曲线不经过 $F(s)$的任一零点和极点，则当复变量 s 沿封闭曲线顺时针方向移动一周时，在 $F(s)$平面上的映射曲线按逆时针方向包围坐标原点 $P-Z$ 周。

3）奈氏判据应用

（1）开环传递函数不包含积分环节的情况

为了分析反馈控制系统的稳定性，只须判断系统是否存在 S 平面右半部的闭环极点。为此，在 S 平面上作一条完整的封闭曲线 Γs，使它包围 S 平面右半部且按顺时针环绕。该曲线包括 S 平面的整个 jω 虚轴（由 $\omega=-\infty$ 到 $\omega=+\infty$）及右半平面上以原点为圆心，半径为无穷大的半圆弧组成的封闭轨迹。这一封闭无穷大半圆称作奈氏轨迹（奈氏回线）。奈氏回线图如图 3-65 所示。

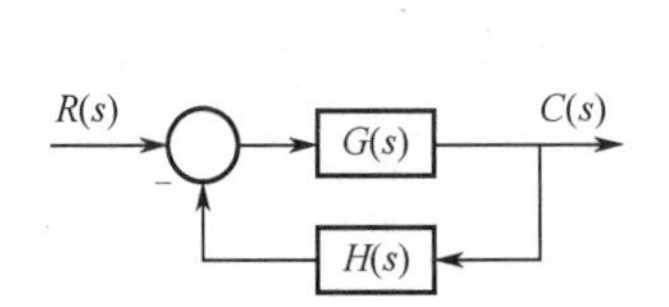

图 3-64　典型控制系统结构

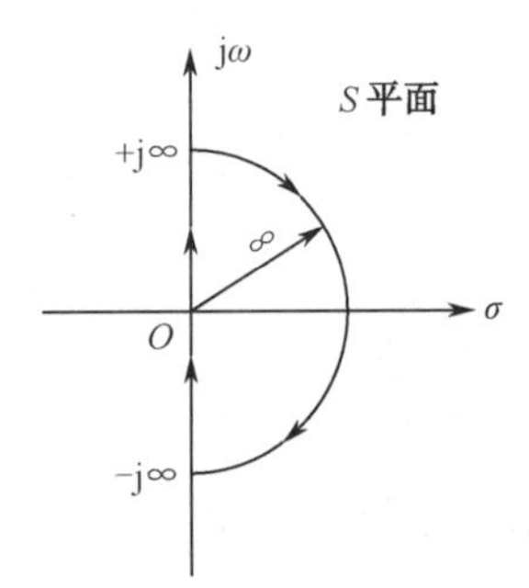

图 3-65　S 平面内的封闭曲线（奈氏回线）

由于奈氏回线顺时针包围了整个右半 S 平面，所以它必然包围了 $F(s)=1+H(s)G(s)=1+G_k(s)$ 的所有正实部的极点和零点。如果 $F(s)=1+H(s)G(s)$ 在右半 S 平面不存在零点，而 $F(s)$ 的零点等于系统的闭环极点，也就是闭环系统在 S 右半面不存在闭环极点，即 Z=0，则系统是稳定的。此时由 $F(s)$ 映射到 S 平面上的封闭曲线逆时针绕 S 平面坐标原点的周数应为 $N=P-Z=P$，否则是不稳定的。

由于 $F(s)=1+H(s)G(s)$ 平面上的映射曲线按逆时针方向对坐标原点的包围相当于 $H(s)G(s)$ 的映射曲线逆时针对（-1,j0）点的包围。因而映射定理中的 $F(s)$平面上的映射曲线按逆时针方向包围坐标原点 $P-Z$ 周，相当于 $H(s)G(s)$ 按逆时针方向包围（-1，j0）点 $P-Z$ 周。

因而有

$$N=P-Z \tag{3-65}$$

P：位于 S 平面右半平面开环极点数，是一个已知量；

N：开环幅相频率特性曲线逆时针绕（-1,j0）点旋转的次数，是一个已知量；

Z：位于 S 平面右半平面闭环极点数，是一未知量。

式（3-65）中已知的 P 和 N 均为开环系统特性的参数，而 Z 是闭环系统的特性参数，所以奈氏曲线是由开环特性来判断闭环系统的稳定性。只需要求开环传递函数在右半平面的极点个数 P 及绘出开环幅相频率特性曲线判断其逆时针绕（-1,j0）点旋转的次数[如果顺时针包围（-1,j0）点，则 N 为负值]，就可求出闭环传递函数在 S 平面右半平面的极点个数 Z。若 Z=0，即在 S 平面右半平面无极点，则闭环系统稳定；若 $Z\neq0$，即在 S 平面右半平面有极点，则闭环系统不稳定，Z 等于几，则闭环系统有几个不稳定根。

【实例 3-20】 设闭环系统的开环传递函数为 $H(s)G(s)=\dfrac{K}{(T_1s+1)(T_2s+1)}$，$T_1$、$T_2$ 均大于 0，试判断闭环系统的稳定性。

解 由题中开环传递函数可知：其在 S 右半平面没有极点，即 P=0，绘出开环传递函数的奈氏曲线如图 3-66 所示，开环幅相频率特性曲线逆时针绕（-1,j0）旋转的次数 N=0，由式（3-65）$Z=P-N=0$，从而得到闭环系统在 S 右半平面无极点数，因而此系统是稳定的。

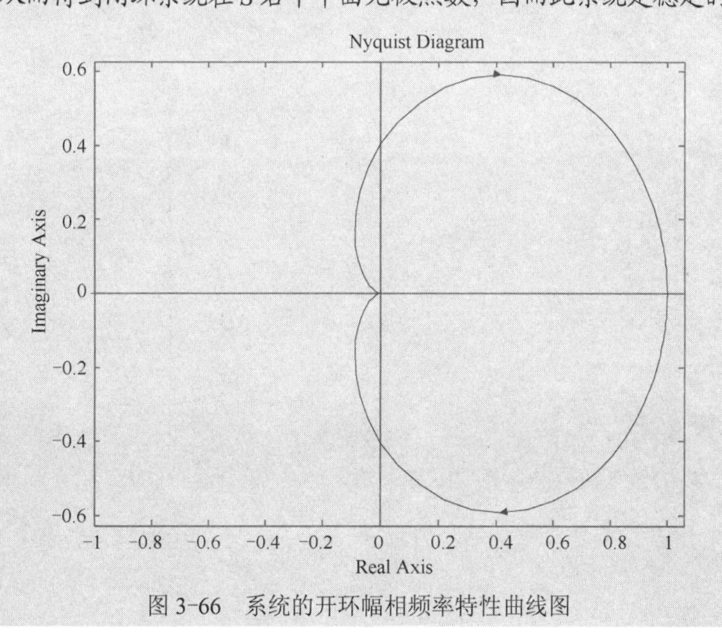

图 3-66 系统的开环幅相频率特性曲线图

（2）开环传递函数包含积分环节的情况

如果开环系统传函含有积分环节，由于奈氏回线包含了开环的极点，不能直接应用映射定理，需要对奈氏曲线作适当的补充。对奈氏回线的修正为：奈氏回线经过坐标原点为圆心，以无穷小量ε为半径的在 S 平面右半部的小半圆，因而绕过了开环极点所在的原点。修正后的奈氏回线如图 3-67 所示。当ε趋向于 0 时，此小半圆的面积也趋近于零，这样处理后就可以满足映射定理的条件要求。

图 3-67　修改的奈氏回线

当ω从 0^- 沿小半圆变化到 0^+ 时，其按逆时针方向旋转了 180°，开环传递函数$G(s)H(s)$在其平面上的映射为

$$G(s)H(s)\Big|_{s=\lim\limits_{\varepsilon\to 0}\varepsilon e^{j\theta}}=\frac{K(\tau_1 s+1)(\tau_2 s+1)\ldots(\tau_n s+1)}{s^{\nu}\ (T_1 s+1)(T_2 s+1)\ldots(T_n s+1)}\Big|_{s=\lim\limits_{\varepsilon\to 0}\varepsilon e^{j\theta}}=\frac{K}{\varepsilon^{\nu}}e^{-j\nu\theta}=\infty e^{-j\nu\theta} \qquad (3\text{-}66)$$

式中ν为系统中串联的积分环节个数。

当ω=0 时，此时映射的奈氏曲线的幅值为无穷大。因此其补画的部分为：从ω等于 0^- 的对应点开始，画一半径为无穷大，顺时针方向绕行ν180°（ν为开环系统传递函数所含积分的个数）的圆弧到ω等于 0^+ 的对应点结束。补画部分完成后仍可以应用幅角定理来判断闭环系统的稳定性。

【实例 3-21】 已知系统的开环传递函数为$G_k(s)=\dfrac{K}{s(Ts+1)}$，判断闭环系统的稳定性。

解　由系统的开环传函知 P=0，绘制出其幅相特性曲线如图 3-68 所示。

系统的开环传递函数中含有一个积分环节，因此从ω等于 0^- 的对应点开始，补画一半径为无穷大，顺时针方向绕行180° 的圆弧到ω等于 0^+ 的对应点结束。补画后的幅相频率特性曲线如图 3-69 所示。

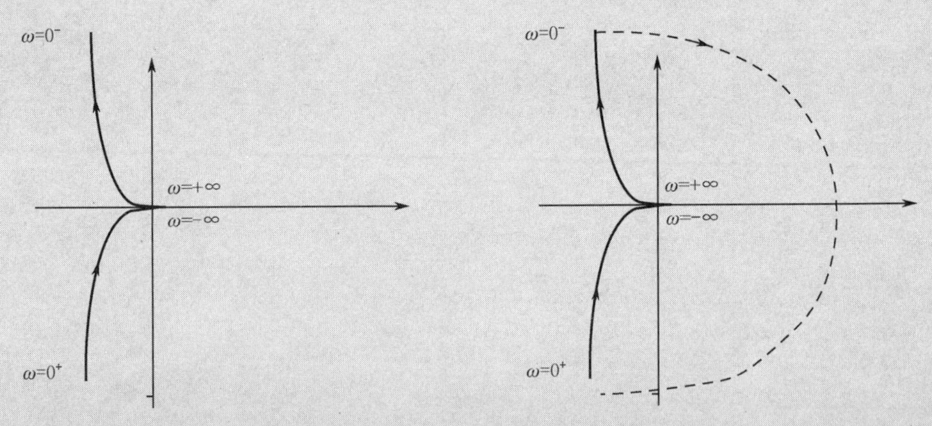

图 3-68　系统的开环幅相频率特性曲线图　　图 3-69　补画后的系统开环幅相频率特性曲线图

由图 3-69 看出奈氏曲线没有包围（-1, j0）点，即 N=0，由 $Z=P-N=0$，判断闭环系统稳定。

2. 对数频率稳定判据

奈氏判据由开环幅相频率特性曲线来判别闭环系统稳定性，而奈氏判据也可用在伯德图上来判别闭环系统的稳定性。由于作 Nyquist 图较麻烦，所以工程上一般采用系统的开环伯德图来判断系统的稳定性，即对数频率稳定性判据，它实质上是建立在 Nyquist 图基础之上的稳定判据。该判据不但能够判断系统稳定性，还可以研究系统的稳定裕量（相对稳定性），以及研究系统结构和参数对系统稳定性的影响。

1）对数坐标图与极坐标图的对应关系

（1）极坐标图上以原点为圆心的单位圆的圆周对应于幅频特性对数坐标图上的 0 dB 线.;

（2）极坐标图上的负实轴对应于相频特性对数坐标图上的-180° 线。

由于有以上的对应关系，故可在伯德图上应用奈氏判据来判别闭环的稳定性，并确定稳定裕度。.

2）正负穿越

在 $L(\omega)>0$ 的频段内，随着 ω 的增加，相频特性曲线由下而上穿越 -180° 相位线为正穿越，它意味着相角的增加。反之，相频特性曲线由上而下穿越 -180° 相位线为负穿越，它意味着相角的减少。正负穿越图如图 3-70 所示。

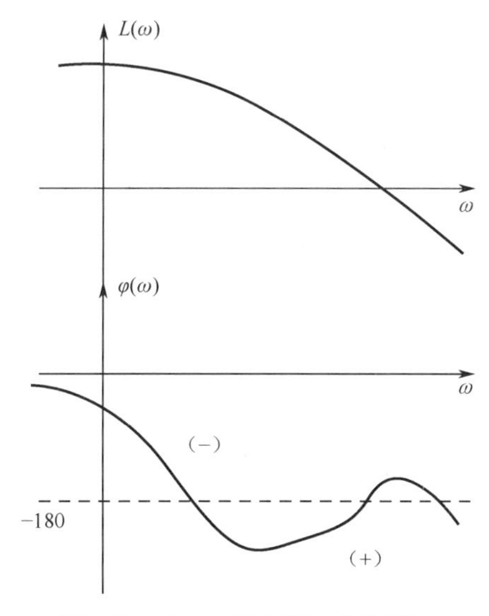

图 3-70　Bode 图中的正负穿越

3）对数频率判据应用

奈氏判据中的开环幅相频率特性曲线逆时针绕（-1, j0）点旋转的次数 N 就转化为正负穿越次数之差，而在绘制 Bode 图时常常只绘制 0→ +∞ 的情况，故 Bode 图上求的正负穿越次数之差再乘以 2 即为奈氏判据中的开环幅相频率特性曲线逆时针绕（-1, j0）点旋转的次数，这样就可以应用奈氏判据。即：

$$Z=P-2N，Z=0\ 系统稳定$$

式中，$N=N_+-N_-$，N_+为正穿越次数，N_-为负穿越次数。P和Z的含义同前。

对数频率判据：当ω由 $0\to\infty$变化时，其在开环对数幅频特性曲线 $L(\omega)\geqslant 0$ 的频段内，相频特性曲线$\varphi(\omega)$穿越-180°线的次数（正负穿越次数之差）为 $P/2$，则系统稳定，否则系统不稳定。

对于开环稳定的系统，此时 $P=0$，若在 $L(\omega)\geqslant 0$ 的频段内，相频特性曲线$\varphi(\omega)$穿越-180°线的次数（正负穿越次数之差）为 0，或者说当$L(\omega)$过 0dB 线时，$\varphi(\omega_c)$在$-\pi$线上方,则闭环系统稳定，否则闭环系统不稳定。

同样如果开环传递函数中含有υ个积分环节，也要进行补画，应将 Bode 图对数相频特性在$\omega\to 0$ 处附加一段自上而下的、变化范围为$-\upsilon 90^\circ$ 的虚线与相频特性曲线在$\omega\to 0^+$相连，再使用上述稳定性判据。

【实例 3-22】　画出下列系统$G_K(s)=\dfrac{K}{s(s+1)(0.1s+1)}$，$K=2$、$K=50$ 时的 Bode 图，判断其稳定性。

解　题中所示系统开环稳定，即 $P=0$。绘出系统的开环伯德图如图 3-71 所示。

因$\upsilon=1$，应在$\omega\to 0^+$处附加一段自上而下、变化范围为-90° 的附加直线。

当$K=2$ 时，系统开环对数幅频特性不为负的所有频段内，对数相频特性与$-\pi$ 线的正负穿越次数之差为 0，而$N=0$，$Z=P-2N=0$，所以闭环系统稳定。

当$K=50$ 时，开环对数相频特性曲线不变，画出的特性曲线如图中所示。系统开环对数幅频特性不为负的所有频段内，对数相频特性与$-\pi$ 线的正穿越次数为 0，负穿越次数为 1，即 $N=-1$。$Z=P-2N=2$，所以闭环系统不稳定。

从图 3-71 中可以看出：随开环放大系数K增大，系统稳定性下降。

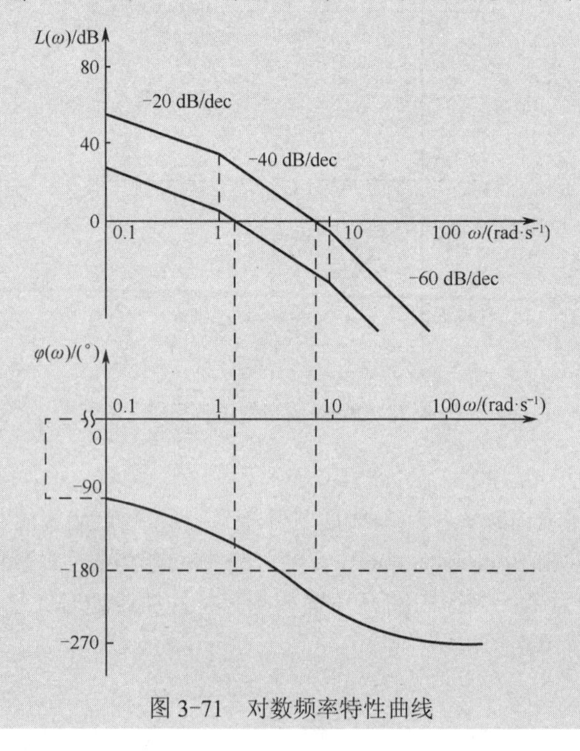

图 3-71　对数频率特性曲线

3. 稳定裕量

在工程应用中，由于环境温度的变化、元件的老化以及元件的更换等，会引起系统参数的改变，从而有可能破坏系统的稳定性。因此在选择元件和确定系统参数时，不仅要考虑系统的稳定性，还要求系统有一定的稳定程度，这就是自动控制系统的相对稳定性问题。

例如，图 3-72（a）和（b）所示的两个最小相位系统的开环频率特性曲线（实线）没有包围 $(-1, \mathrm{j}0)$ 点，由奈氏判据知它们都是稳定的系统，但图 3-72（a）所示系统的频率特性曲线与负实轴的交点 A 距离 $(-1, \mathrm{j}0)$ 点较远，而图 3-72（b）所示系统的频率特性曲线与负实轴的交点 B 距离 $(-1, \mathrm{j}0)$ 点较近。假定系统的开环放大倍数由于系统参数的改变比原来增加了 50%，此时图 3-72（a）中的 A 点移动到 A'点，仍在 $(-1, \mathrm{j}0)$ 点右侧，系统还是稳定的；而图 3-72（b）中的 B 点则移到 $(-1, \mathrm{j}0)$ 点的左侧（B'点），系统便不稳定了。可见，前者较能适应系统参数的变化，即它的相对稳定性比后者好。

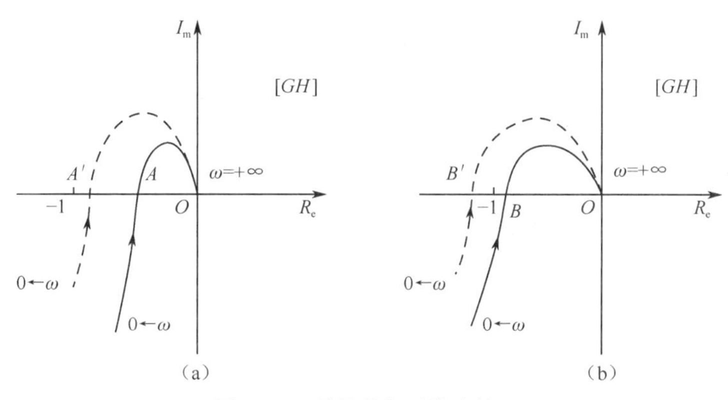

图 3-72　系统的相对稳定性

因而在设计控制系统时，应在绝对稳定的前提下，保证系统具有一定的相对稳定性。

稳定裕量就是用来表征系统相对稳定的程度，也就是系统的相对稳定性。稳定裕量通常用相角裕量和幅值裕量来表示。

1）相角裕量（γ 或 PM）:

如图 3-73 所示，把复平面上的单位圆与系统开环频率特性曲线交点处的频率 ω_c 称为幅值穿越频率或剪切频率，也称截止频率，它满足

$$|G(\mathrm{j}\omega_c)H(\mathrm{j}\omega_c)|=1 \tag{3-67}$$

相角裕量（度）是指幅值剪切频率处所对应的相位角 $\varphi(\omega_c)$ 与 -180° 角的差值，或者说幅相频率特性曲线上幅值为 1 的向量与负实轴的夹角，即

$$\gamma=\varphi(\omega_c)-(-180^\circ)=180^\circ+\varphi(\omega_c) \tag{3-68}$$

对于最小相位系统，如果相角裕度 $\gamma>0^\circ$，系统是稳定的（图 3-73a），且 γ 值越大，系统的相对稳定性越好。如果相角裕度 $\gamma<0^\circ$，则系统不稳定（图 3-73b）。当 $\gamma=0^\circ$ 时，系统的开环频率特性曲线穿过 $(-1, \mathrm{j}0)$ 点，系统处于临界稳定状态。

相角裕量的含义就是使系统达到临界稳定状态时的开环频率特性的相角 $\varphi(\omega_c)$ 减小（对应稳定系统）或增加（对应不稳定系统）的数值。

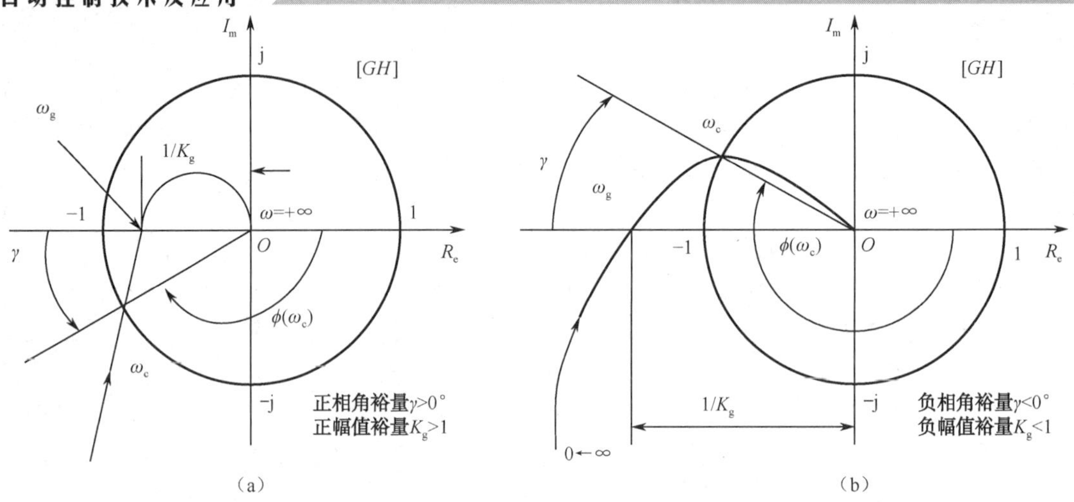

图 3-73　最小相位系统的稳定裕度

2）幅值裕量

如图 3-73 所示，把系统的开环频率特性曲线与复平面负实轴的交点频率称为相位剪切频率 ω_g，显然它应满足

$$\angle G(j\omega_g)H(j\omega_g)=-180^\circ\ (0\leqslant\omega_g\leqslant+\infty) \tag{3-69}$$

所谓幅值裕量 K_g 是指相位剪切频率所对应的开环幅频特性的倒数值，即

$$K_g=\frac{1}{|G(j\omega_g)H(j\omega_g)|} \tag{3-70}$$

对于最小相位系统，当幅值裕量 $K_g>1$（即 $|G(j\omega_g)H(j\omega_g)|<1$），系统是稳定的（图 3-73（a）），且 K_g 值越大，系统的相对稳定性越好。如果幅值裕量 $K_g<1$（即 $|G(j\omega_g)H(j\omega_g)|>1$），则系统不稳定（图 3-73（b））。当 $K_g=1$ 时，系统的开环频率特性曲线穿过 $(-1, j0)$ 点，系统处于临界稳定状态。可见，求出系统的幅值裕量 K_g 后，便可根据 K_g 值的大小来分析最小相位系统的稳定性和稳定程度。

幅值裕量的含义就是使系统达到临界稳定状态时的开环频率特性的幅值 $|G(j\omega_g)H(j\omega_g)|$ 增大（对应稳定系统）或缩小（对应不稳定系统）的倍数。

幅值裕量也可以用分贝数来表示，$20\lg K_g=-20\lg|G(j\omega)H(j\omega)|$dB。

因此，可根据系统的幅值裕量大于、等于或小于零分贝来判断最小相位系统是稳定、临界稳定或不稳定。

注意： 系统相对稳定性的好坏不能仅从相角裕量或幅值裕量的大小来判断，必须同时考虑相角裕量和幅值裕量。这从图 3-74（a）和（b）所示的两个系统可以得到直观的说明，图 3-74（a）所示系统的幅值裕量大，但相角裕量小；相反，图 3-74（b）所示系统的相角裕量大，但幅值裕量小，这两个系统的相对稳定性都不好。对于一般系统，通常要求相角裕量=30°～60°，幅值裕量 $K_g\geqslant2$（6 dB）。

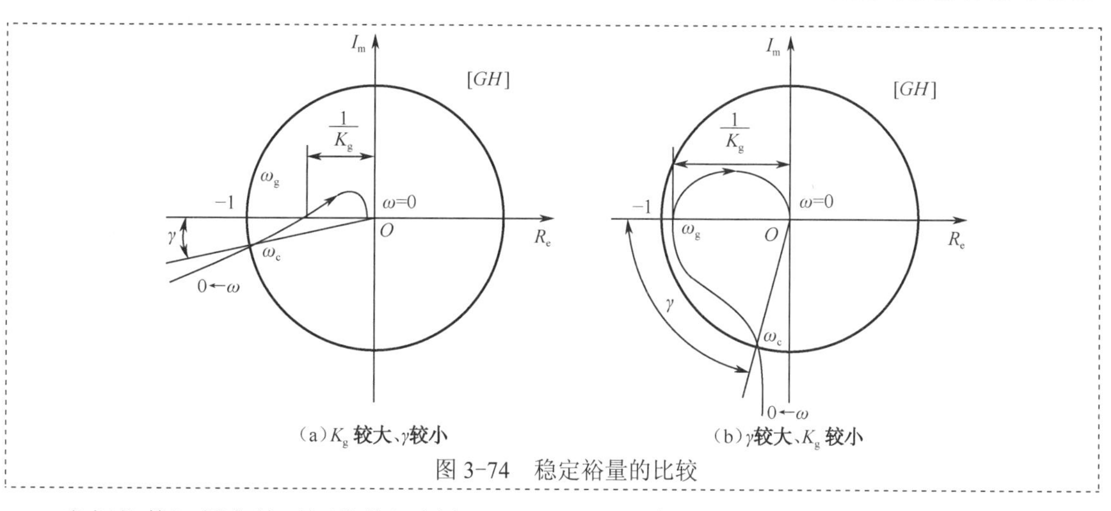

图 3-74　稳定裕量的比较

当相位剪切频率等于幅值剪切频率，即 $\omega_g=\omega_c$，系统处于临界稳定状态。

【实例 3-23】 写出图 3-75 所示最小相位系统的开环传递函数，并求出系统的相角裕量。

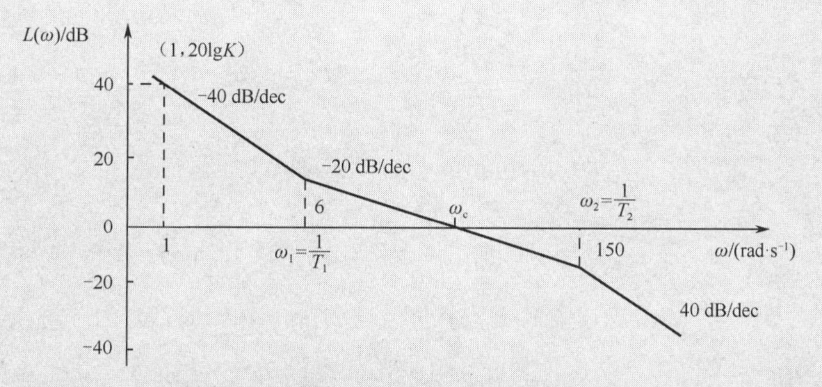

图 3-75　某自动控制系统的对数幅频特性

解　由其对数幅频特性可直接写出系统的开环传递函数为：

$$G_k(s)=\frac{100\left(\frac{1}{6}s+1\right)}{s^2\left(\frac{1}{150}s+1\right)}$$

开环频率特性为：

$$G_k(j\omega)=\frac{100\left(\frac{1}{6}j\omega+1\right)}{(j\omega)^2\left(\frac{1}{150}j\omega+1\right)}$$

相频特性是：

$$\angle G_k(j\omega)=\arctan\frac{1}{6}\omega-180^\circ-\arctan\frac{1}{150}\omega$$

求系统剪切频率如下：

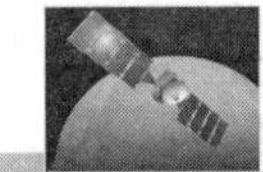

由图中的对数幅频特性曲线看出低频段过点（1,20lg$K$）和点(ω_1, L_1)，其斜率为-40 dB/dec，则有：

$$\frac{20\lg K - L_1}{\lg 1 - \lg \omega_1} = -40$$

其中频段过点$(\omega_1,\ L_1)$和点$(\omega_c,0)$,其斜率为-20 dB/dec，则有：

$$\frac{L_1 - 0}{\lg \omega_1 - \lg \omega_c} = -20$$

联立两式可得：

$$\omega_c = K / \omega_1 = \frac{100}{6}$$

$$\gamma = 180^\circ + \angle G_k(j\omega_c) = 180^\circ + \arctan\frac{1}{6}\omega_c - 180^\circ - \arctan\frac{1}{150}\omega_c = 63.86^\circ$$

【实例 3-24】 已知最小相位系统的开环传递函数为$G(s)H(s) = \dfrac{40}{s(s^2 + 2s + 25)}$，试求出该系统的幅值裕量和相角裕量。

解 系统的开环频率特性为：

$$G(j\omega)H(j\omega) = \frac{40}{j\omega(25 - \omega^2 + j2\omega)}$$

其幅频特性和相频特性分别是：

$$|G(j\omega)H(j\omega)| = \frac{1}{\omega}\frac{40}{\sqrt{(25 - \omega^2)^2 + 4\omega^2}}$$

$$\angle G(j\omega)H(j\omega) = -90^\circ - \arctan\frac{2\omega}{25 - \omega^2}$$

（1）求相角裕量：由相角裕量的定义有$|G(j\omega_c)H(j\omega_c)| = 1$，得$\omega_c = 1.82$。

又由$\gamma = 180^\circ + \angle G(j\omega_c)H(j\omega_c) = 90^\circ - \arctan\dfrac{2\times 1.82}{25 - 1.82^2} = 80.5^\circ$

（2）求幅值裕量：由幅值裕量的定义先求出相位剪切频率ω_g。

由$\angle G(j\omega_g)H(j\omega_g) = -180^\circ$，得$\omega_g = 5$。

又由 $K_g = \dfrac{1}{|G(j\omega_g)H(j\omega_g)|} = 1.25$

其分贝值为$K_g(\text{dB}) = 20\lg 1.25 = 1.94(\text{dB})$。

3.3.5 频率特性与系统性能的关系

1. 时域指标与频域指标间的关系

前面分析用时域法和频域法介绍了系统的性能指标，下面来推导时域动态指标与频域动态指标之间存在着怎样的对应关系。

1）开环频域指标与时域指标间的关系

（1）二阶系统

由二阶系统的开环频率特性为：

$$G_k(j\omega)=\frac{\omega_n^2}{j\omega(j\omega+2\xi\omega_n)}$$

而系统的幅值剪切频率 ω_c 满足 $|G_k(j\omega_c)|=1$，因此有：

$$\frac{\omega_n^2}{\omega_c\sqrt{\omega_c^2+4\xi^2\omega_n^2}}=1$$

即
$$\omega_c^4+4\xi^2\omega_n^2\omega_c^2-\omega_n^4=0$$

由此得到：
$$\left(\frac{\omega_c}{\omega_n}\right)^2=\sqrt{4\xi^4+1}-2\xi^2 \tag{3-71}$$

式（3-71）表明二阶系统的无阻尼自然振荡频率与二阶系统频率特性中的剪切频率之间存在着相对应的关系。

又由二阶系统的相角裕量：

$$\gamma=180^\circ-90^\circ-\arctan\left(\frac{\omega_c}{2\xi\omega_n}\right)=\arctan\left(\frac{2\xi\omega_n}{\omega_c}\right)$$

即有：
$$\gamma=\arctan\frac{2\xi}{\sqrt{\sqrt{4\xi^4+1}-2\xi^2}} \tag{3-72}$$

二阶欠阻尼系统的相角裕量 γ 仅与阻尼比 ξ 有关，它们之间的关系曲线如图 3-76 所示，其中横坐标为阻尼比 ξ，纵坐标为相角裕量 γ，单位为弧度。

由图 3-76 可以看出，在阻尼比 $\xi\leqslant 0.7$ 的范围内，它们之间的关系可近似地用一条直线表示，选择 30°～60° 的相角裕量时，对应的系统阻尼比约为 0.3～0.6。

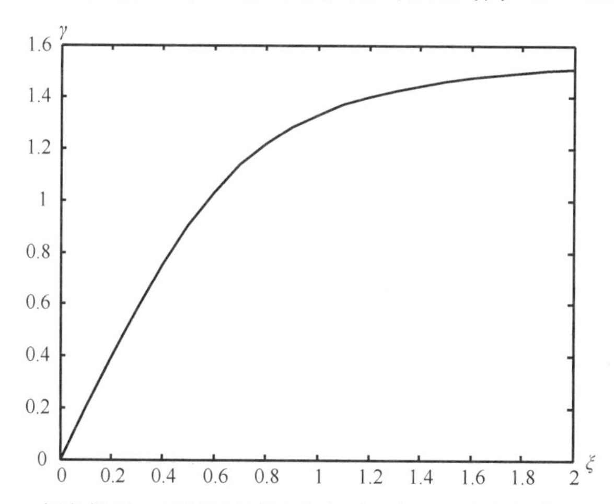

图 3-76　相角裕量 γ（纵坐标以弧度表示）与阻尼比之间的关系曲线

由式（3-72）可见，二阶系统的相角裕量 γ 仅与阻尼比 ξ 有关；而 $\sigma\%$ 也仅与阻尼比 ξ 有关，并且阻尼比 ξ 越大，$\sigma\%$ 越小，因而有 γ 与 $\sigma\%$ 之间也存在着对应的关系。绘制出超调量 $\sigma\%$ 与相角裕量 γ 的图形如图 3-77 所示，其中，横坐标为相角裕量 γ，纵坐标为超调量 $\sigma\%$，两者都反映系统的稳定性，由图中可看出两者间的关系为：$\gamma\uparrow\rightarrow\sigma\%\downarrow$，即系统开环频率特性的相角稳定裕量 γ 越大，则超调量 $\sigma\%$ 越小，系统稳定性越好。

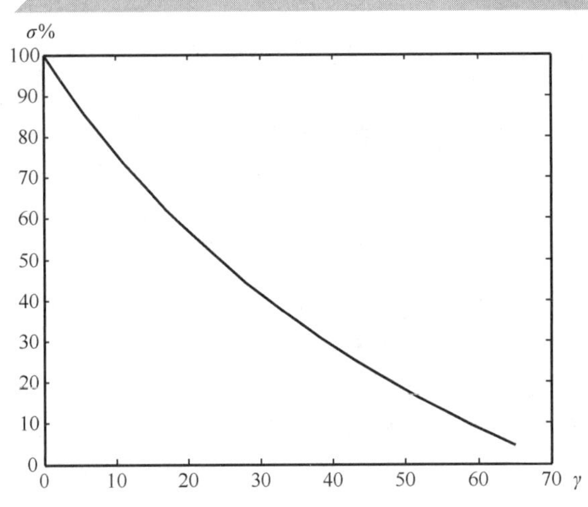

图 3-77　超调量σ%与相角裕量γ间的关系

由欠阻尼二阶系统的调节时间公式（3-22），当σ%=5%（或 2%）时，有：

$$t_s = \frac{3或(4)}{\xi\omega_n}$$

将式（3-71）代入上式，得：

$$t_s = \frac{3或(4)}{\xi\omega_n} = \frac{3或(4)\sqrt{\sqrt{4\xi^2+1}-2\xi^2}}{\xi\omega_c} \tag{3-73}$$

ω_c为频域上的剪切频率，它与时域上的调节时间相联系，并且$\omega_c \uparrow \rightarrow t_s \downarrow$。

（2）高阶系统

对于高阶系统，两种性能指标间有近似对应的关系，有下列经验估算公式。

$$\begin{cases} M_p = \dfrac{1}{\sin\gamma} & \\ \sigma\% = 0.16 + 0.4(M_p - 1) & 1 \leqslant M_p \leqslant 1.8 \\ t_s = \dfrac{k\pi}{\omega_c} \quad k = 2 + 1.5(M_p - 1) + 2.5(M_p - 1)^2 & 1 \leqslant M_p \leqslant 1.8 \end{cases} \tag{3-74}$$

2）闭环频域指标与时域指标间的关系

（1）闭环频域指标

典型控制系统结构图如图 3-78 所示。

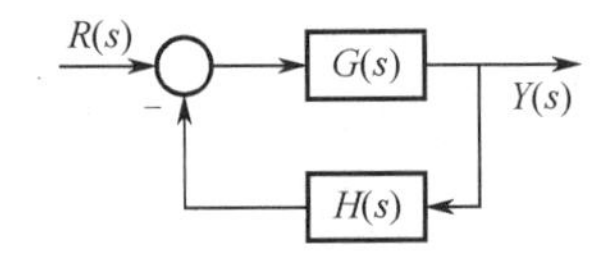

图 3-78　典型控制系统结构图

由其闭环传递函数得到其闭环频率特性：

$$\Phi(j\omega) = \frac{Y(j\omega)}{R(j\omega)} = \frac{G(j\omega)}{1+G_k(j\omega)} = M(\omega)e^{j\theta(\omega)}$$

画出其闭环频率特性曲线图如 3-79 所示。

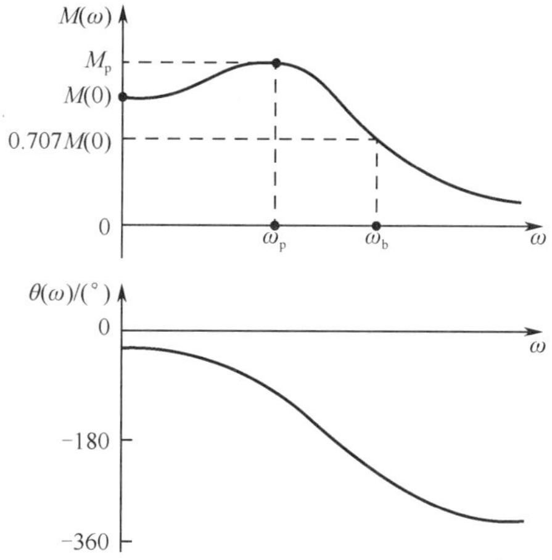

图 3-79　典型的闭环频率特性

利用闭环频率特性也可以反映出系统的性能，典型的闭环幅频特性可用以下几个特征量来描述：

① 零频幅值 $M(0)$：是指 $\omega=0$ 时的闭环幅频特性的数值。频率 $\omega=0$，意味着输入信号为常值信号。$M(0)=1$ 的物理意义是：当阶跃函数输入系统时，其阶跃响应的稳态值等于输入信号值，即系统的稳态误差为 0。所以 $M(0)$ 值的大小，直接反映了系统在阶跃作用下的稳态精度。$M(0)$ 值越接近 1，系统的稳态精度越高。

② 谐振峰值 M_p：是指频率 ω 变化过程中闭环幅频特性的最大值。M_p 值大，表明系统对某个频率 ω_p 的正弦输入信号反映强烈，这意味着系统的相对稳定性较差，系统的阶跃响应将有较大的超调量。

③ 谐振频率 ω_p：是指出现谐振峰值时的角频率。

④ 带宽频率 ω_b：闭环频率特性的幅值 $M(\omega)$ 从 $M(0)$ 开始，直至衰减到 $0.707M(0)$ 时所对应的频率，称为带宽频率，用 ω_b 表示。由 0 至带宽频率的一段频率范围称为频带宽度（简称带宽）或通频带。带宽较宽，表明系统能通过频率较高的输入信号；带宽较窄，说明系统只能通过频率较低的输入信号。因此，通频带较宽的系统，一方面重现输入信号的能力较强，另一方面抑制输入端高频干扰的能力较弱。从下面的讨论还可以看到，带宽与系统的调节时间有着密切的关系：ω_b 越宽，则 t_s 越短。

（2）闭环频域指标与时域指标间的关系

下面以典型的二阶系统来说明闭环频域指标与时域指标间的关系。

已知典型二阶系统的闭环传递函数为 $\phi(s)=\dfrac{\omega_n^2}{s^2+2\xi\omega_n s+\omega_n^2}$，由前面二阶振荡环节幅相特性曲线的绘制过程已经知道谐振频率 ω_p 和谐振峰值 M_p 分别为：

$$\omega_p=\omega_n\sqrt{1-2\xi^2}\qquad(0\leqslant\xi\leqslant0.707)\tag{3-75}$$

$$M_p=\frac{1}{2\xi\sqrt{1-2\xi^2}}\qquad(0\leqslant\xi\leqslant0.707)\tag{3-76}$$

式（3-76）表明，ξ 越大，M_p 越小，系统的阻尼性能越好，其两者的关系曲线如图 3-80

所示。若 M_p 值较高，则系统的动态过程超调量大、收敛慢,平稳性和快速性都较差。时域分析法中的超调量也反映了系统的平稳性，两者的关系曲线图如图 3-81 所示，纵轴表示超调量，横轴为谐振峰值，从图 3-81 还可看出，M_p=1.2～1.5 时，对应的超调量 $\sigma\%$ =30%～37%，M_p 越大，对应的超调量也越大。

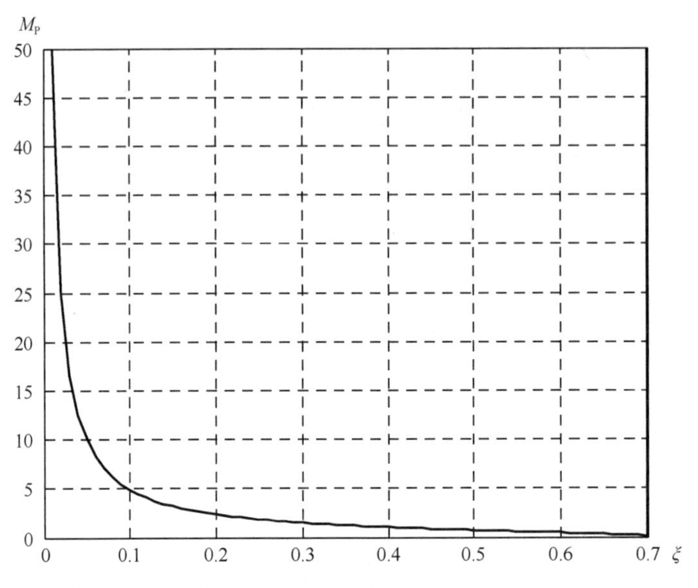

图 3-80　阻尼比（横坐标）与谐振峰值间的关系图

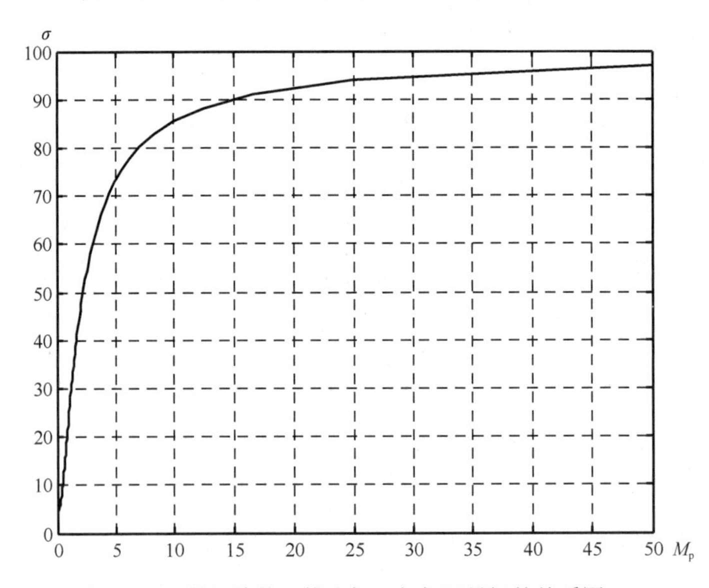

图 3-81　谐振峰值（横坐标）与超调量间的关系图

根据通频带的定义，在带宽频率 ω_b 处典型二阶系统闭环频率特性的幅值为：

$$M(\omega_b)=\frac{\omega_n^2}{\sqrt{(\omega_n^2-\omega_b^2)+(2\xi\omega_n\omega_b)^2}}=0.707$$

由此得到 ω_b 与 ω_n、ξ 之间的关系为：

$$\omega_b = \omega_n\sqrt{1-2\xi^2+\sqrt{2-4\xi^2+4\xi^4}} \tag{3-77}$$

由时域分析法中调节时间 t_s 与 ω_n 的关系得到：

$$\omega_b t_s = \frac{3}{\xi}\sqrt{1-2\xi^2+\sqrt{2-4\xi^2+4\xi^4}} \tag{3-78}$$

由式（3-78）可看出，对于给定的谐振峰值 M_p，调节时间 t_s 与带宽 ω_b 成反比，频带宽度越宽，则调节时间越短。

2. 频率特性分析系统性能

1）用开环频率特性分析系统性能

用开环频率特性分析闭环系统性能时一般将开环频率特性分成低频、中频和高频三个频段来讨论。

（1）低频段

在对数频率特性图中，低频段通常是指对数幅频特性曲线在第一个交接频率以前的区段，如图 3-82 所示。

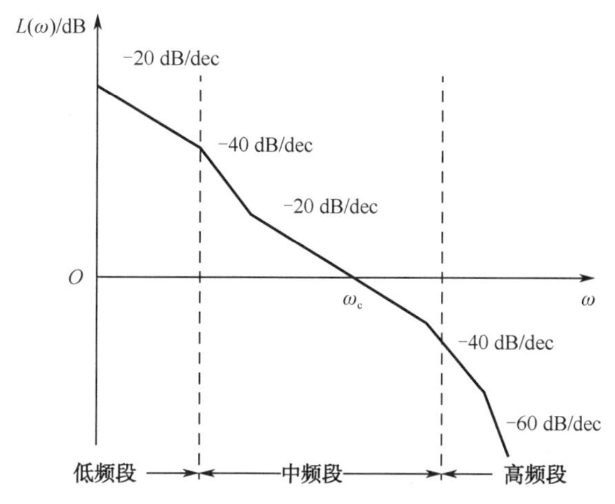

图 3-82　对数频率特性曲线中的三个频段划分

系统开环频率特性低频段主要由积分环节和比例环节决定，即此段特性由开环传递函数中的积分环节的个数 ν 和开环放大系数 K 决定。而系统的稳态误差由积分环节的个数 ν 和开环放大系数 K 决定，并且开环对数幅频特性的低频渐近线越陡，位置越高，对应的开环系统积分个数 ν 越多、放大系数 K 越大，其系统的稳态误差越小，稳态精度越高。因此低频段反映系统的稳态性能。

（2）中频段

在对数频率特性图中，中频段通常是指对数幅频特性曲线在剪切频率附近的区段。系统开环频率特性中频段主要由相角裕量 γ 和剪切频率 ω_c 决定。相角裕量 γ 反映了系统的稳定性，γ 越大，超调量 $\sigma\%$ 越小，系统的稳定程度越高。剪切频率 ω_c 反映了系统的快速性，ω_c 越大，调节时间 t_s 越小，系统的快速性越高。因此系统的开环对数幅频特性的中频段，表征着系统的动态性能。

① 剪切频率 ω_c 与系统动态性能的关系。由时域指标与频域指标间的关系式（3-73）和

式（3-74）有：无阻尼振荡频率 ω_n 越大，调整时间 t_s 越短，而频域分析法中的剪切频率 ω_c 与无阻尼振荡频率 ω_n 存在着关系式（3-71），因此剪切频率 ω_c 越大，则调整时间 t_s 越短。

② 中频段斜率与动态特性的关系。中频段幅频特性在 ω_c 处的斜率，对系统的相位裕量 γ 有很大的影响，为保证相位裕量 $\gamma>0$，中频段斜率应取 $-20\ \text{dB/dec}$，而且应占有一定的频域宽度。

对于图 3-83（a）所示系统，$L(\omega)$ 曲线的中频段斜率为 $-20\ \text{dB/dec}$，而且有较宽的频率区域，近似认为开环的整个特性为 $-20\ \text{dB/dec}$，其对应的系统开环传递函数为：

$$G_k(s)\approx\frac{K}{s}=\frac{\omega_c}{s}$$

对于单位反馈系统，闭环传递函数为：

$$\Phi(s)=\frac{G_k(s)}{1+G_k(s)}\approx\frac{\omega_c/s}{1+\omega_c/s}=\frac{1}{s/\omega_c+1}$$

这相当于一阶系统。其阶跃响应按指数规律变化，没有振荡，超调量 $\sigma\%=0$；调节时间 $t_s\approx 3T=3/\omega_c$。可见剪切频率 ω_c 越高，t_s 越小，系统快速性越好。

类似地，若近似认为整个开环频率特性为 $-40\ \text{dB/dec}$，见图 3-83（b）所示。对应的系统开环传递函数为：

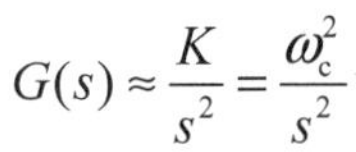

$$G(s)\approx\frac{K}{s^2}=\frac{\omega_c^2}{s^2}$$

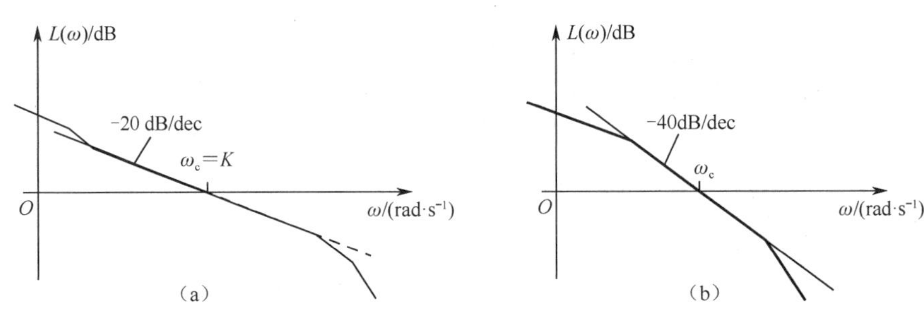

图 3-83 中频段对数幅频特性曲线

对于单位反馈系统，闭环传递函数为：

$$\Phi(s)=\frac{G(s)}{1+G(s)}\approx\frac{\omega_c^2/s^2}{1+\omega_c^2/s^2}=\frac{\omega_c^2}{s^2+\omega_c^2}$$

这相当于无阻尼（$\xi=0$）的二阶系统。系统为稳定的临界状态，动态过程持续振荡，可以看出，系统相角裕量 $\gamma=180^\circ+\varphi(\omega_c)=0^\circ$。

由上可见，中频段斜率小于 $-40\ \text{dB/dec}$，闭环系统将难以稳定，故通常取中频段斜率为 $-20\ \text{dB/dec}$，以期得到满意的平稳性；而以提高 ω_c 来保证系统的快速性。

一般情况下，系统开环对数幅频特性的斜率在整个频率范围内是变化的，故剪切频率 ω_c 处的相角裕角 γ 应由整个对数幅频特性中各段的斜率共同确定。而在 ω_c 处，$L(\omega)$ 曲线的斜率对相角裕角 γ 的影响最大；远离剪切频率 ω_c 的对数幅频特性，其斜率对 γ 的影响就很小。为了保证系统有满意的动态性能，希望 $L(\omega)$ 曲线以-20 dB/dec 的斜率穿过 0 dB 线，并保持较宽的频段（开环对数幅频特性以斜率为-20 dB/dec 过横轴的线段宽度 h，称为中频宽度，中频宽度的长短反映了系统的平稳程度，h 越大，系统的平稳性越好）。

（3）高频段

在对数频率特性图中，高频段通常是指对数幅频特性曲线 $\omega>10\omega_c$ 以后的区段,此频段特性是由小时间常数的环节决定的，其转折频率均远离剪切频率，所以对系统的动态响应影响不大。高频段主要从抗干扰的角度分析研究，它反映系统的高频抗干扰能力。对于单位反馈系统，在高频段，一般 $L(\omega)\ll 0$，即 $M(\omega)\ll 1$，所以有：

$$\left|\phi(\mathrm{j}\omega)\right|=\frac{|G_k(\mathrm{j}\omega)|}{|1+G_k(\mathrm{j}\omega)|}\approx|G_k(\mathrm{j}\omega)| \tag{3-79}$$

其高频段的闭环幅频特性近似等于开环幅频特性。

开环幅频特性 $L(\omega)$高频段的幅值直接反映了系统对输入端高频信号的抑制能力。高频段分贝值越低，说明系统对高频信号的衰减作用越大，系统抗干扰能力越强。为提高系统抗高频干扰能力，高频段应有较小的斜率，其分贝值应尽量小。高频段斜率越小，对高频谱的衰减越快，系统抗干扰性能越好。

综上所述，我们所希望的开环对数幅频特性 $L(\omega)$应具有如下的性质：

① 如果系统要求具有一阶或二阶无差度（即系统在阶跃或斜坡作用下无稳态误差），则 $L(\omega)$特性的低频段应具有-20 dB/dec 或-40 dB/dec 的斜率。为保证系统的稳态精度，低频段应有较高的分贝数。

② $L(\omega)$特性应以-20 dB/dec 的斜率穿过零分贝线，并且具有一定的中频段宽度。这样才能使系统就有足够的稳定裕度，保证闭环系统具有较好的平稳性。

③ $L(\omega)$特性应具有较高的剪切频率 ω_c，以提高闭环系统的快速性。

④ $L(\omega)$特性的高频段应有较小的斜率，以增强系统的高频抗干扰能力。

2）闭环频率特性分析系统性能

（1）闭环幅频特性的低频区

闭环幅频特性 $M(\omega)$ 中靠近零频的低频区特性即 $M(0)$ 附近，反映了控制系统的稳态性能，即控制精度。由前面闭环频率特性的频域指标可知：当 $M(0)=1$，说明系统是Ⅰ型或Ⅱ型系统，单位阶跃信号作用下无稳态误差；若 $M(0)<1$，说明系统是 0 型系统，单位阶跃信号作用下有稳态误差。

（2）闭环幅频特性的中频区

闭环幅频特性的中频区的特性参数由闭环幅频特性的谐振峰值 M_p 和谐振频率 ω_p 来反映。谐振峰值 M_p 反映控制系统的平稳性，谐振频率 ω_p 反映控制系统的快速性。对于二阶系统而言，M_p 的值越小，则超调量超小，系统的动态过程的平稳性越好。ω_p（或 ω_b）越大，频带就越宽，系统的快速性能越好。因此系统的闭环对数幅频特性的中频段，表征着系统的动态性能。

（3）闭环幅频特性的高频区

对于单位反馈系统，其高频段的闭环幅频特性近似等于开环幅频特性。闭环幅频特性 $M(\omega)$高频段的幅值直接反映了系统对输入端高频信号的抑制能力。高频段分贝值越低，说明系统对高频信号的衰减作用越大，系统抗干扰能力越强。

3.3.6 基于 MATLAB 的控制系统频域分析

频域分析法作为一种图形分析方法，采用图形化的工具来对系统性能进行分析。在 MATLAB 中同样也提供了绘制系统奈奎斯特图的函数 nyquist 和绘制伯德图的函数 bode。

1. nyquist：求连续系统频率特性的奈氏曲线

调用格式：[re,im,w]=nyquist(num,den) 或 nyquist(num,den)

说明： nyquist 函数可绘制连续时间系统的奈奎斯特频率曲线，当不带输出变量引用函数时，nyquist 函数会在当前图形窗口中直接绘制出奈奎斯特曲线。当带输出变量引用函数时，可得到系统奈奎斯特曲线的数据，而不直接绘制出系统的奈奎斯特曲线。

2. bode：求连续系统的 bode 频率响应

[mag,phase,w]=bode(num,den) 或 bode(num,den)

说明： 当不带输出变量时，bode 函数会在当前图形窗口中直接绘制出伯德图。当带输出变量引用函数时，可得到系统伯德图相应的幅值、相位及频率点矢量，而不直接绘制出系统的伯德图。

【实例 3-25】 已知一个典型一阶环节的传递函数 $G(s)=\dfrac{3}{5s+1}$，试绘出其奈氏曲线和伯德图。

解 编写其简单的程序如下：

```
num=3
den=[5,1]
nyquist(num,den)
figure
bode（num,den）
```

执行程序后绘制的奈氏曲线和伯德图分别如图 3-84 和 3-85 所示。

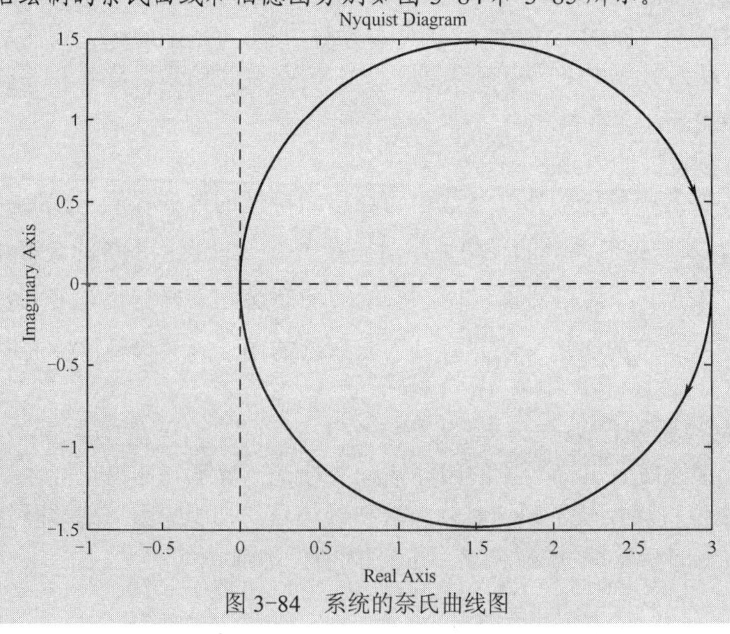

图 3-84 系统的奈氏曲线图

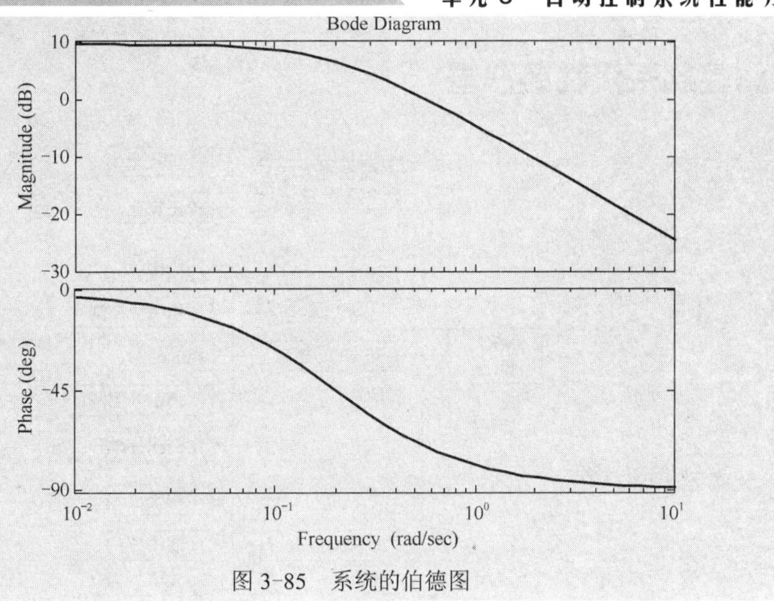

图 3-85　系统的伯德图

3. 计算系统稳定裕量的函数 margin

MATLAB 提供了用于计算系统稳定裕量的函数 margin。该函数可以从频率响应数据中计算出相角裕量、幅值裕量以及对应的频率。

[gm,pm,wcg,wcp]=margin(mag,phase,w)可得到幅值裕量 gm 和相角裕量 pm 及相应的频率 wcg、wcp，而不直接绘制出 Bode 图。

margin(num,den)可计算出连续系统传递函数表示的幅值裕量和相角裕量，并绘出相应的 Bode 图，在图的上方给出幅值裕量 gm 和相角裕量 pm 及相应的频率 wcg、wcp。

上例中的系统用 margin 绘制的伯德图如图 3-86 所示。

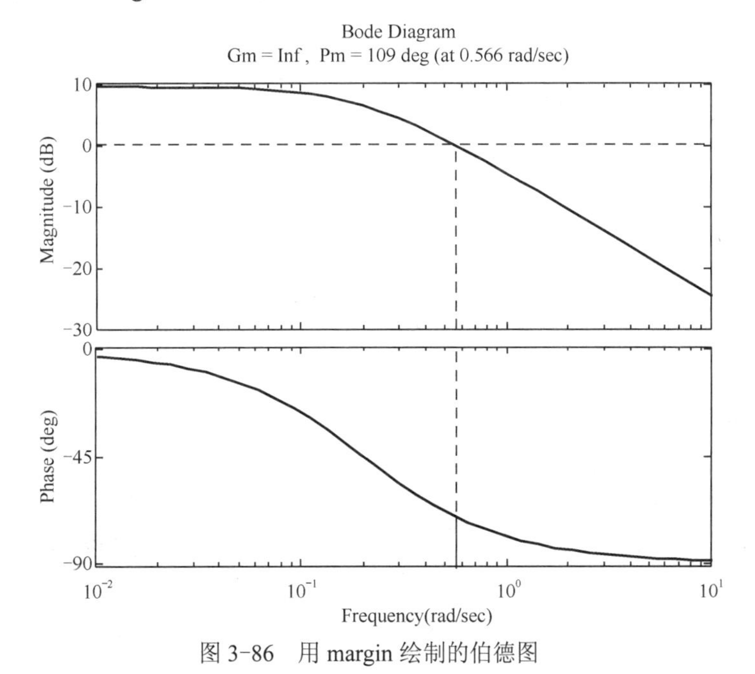

图 3-86　用 margin 绘制的伯德图

3.4 自动控制系统性能改善

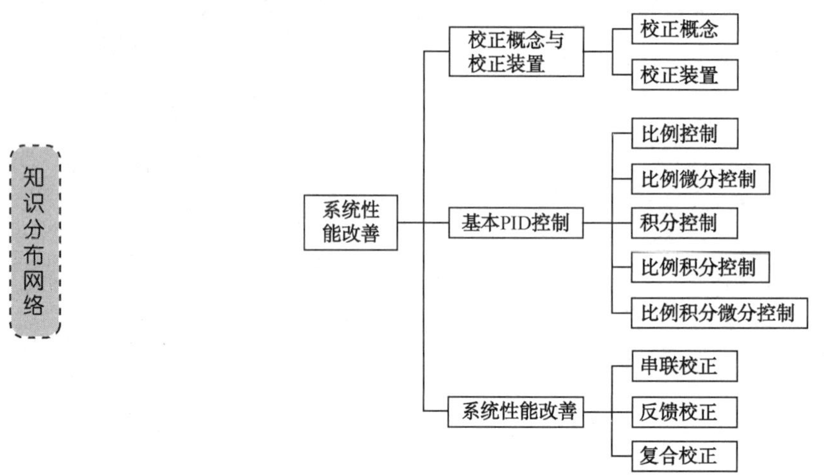

前面讨论了控制系统的两种基本分析方法：时域分析法和频域分析法，掌握了这些基本方法，就可以对控制系统进行定量计算。在工程实际中，当被控对象确定后，常常要求针对给定的控制对象和所要求的性能指标，来设计和选择控制器的结构和参数，这类问题是系统的综合或校正。下面先介绍校正概念与校正装置。

3.4.1 校正概念与校正装置

1. 校正概念

1）校正概念

一般情况下，控制系统的固有部分由已知的元件组成，如系统的执行元件、比较元件、放大元件和测量元件等，除放大元件的放大系数可适当调整以外，其他元件的参数基本上是不变的，称为系统的固有部分，因而其特性也是已知的。如果要提高系统的性能指标，仅仅靠提高增益是不能完成的。所以，需要在原有系统中有目的地添加一些装置和元件，人为地改变系统结构以提高系统的性能，使系统满足所要求的各项性能指标。把这种方法称为“系统校正”，新引入的装置和元件称为校正装置和校正元件。

2）校正方式

工程实践中根据校正装置在系统中所处的位置不同，分为串联校正、反馈校正和顺馈补偿。

串联校正是将校正装置 $G_c(s)$串联在系统的前向通道中，来改变系统结构，达到改善系统性能的方法，如图 3-87 所示。根据校正装置对系统开环频率特性相位的影响，可分为相位超前校正、相位滞后校正和相位-滞后-超前校正。根据运算规律，又可分为比例（P）校正、比例微分（PD）校正、比例积分（PI）校正和比例-积分-微分（PID）校正。

反馈校正是将校正装置 $G_c(s)$接在系统的局部反馈通道之中，来改变系统结构，达到改善系统性能的方法，如图 3-88 所示。根据校正是否经过微分环节，可分为软反馈校正和硬反馈校正。

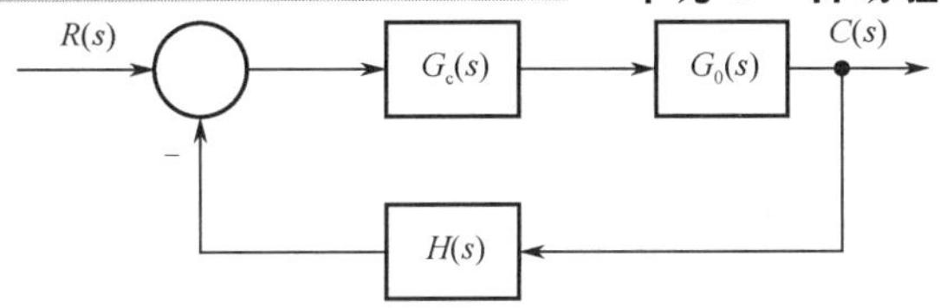

图 3-87　串联校正系统方框图

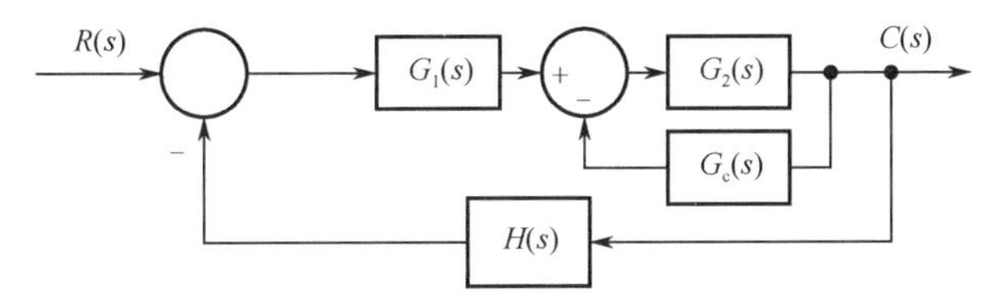

图 3-88　反馈校正系统方框图

顺馈补偿又称前馈补偿，是指在系统信号的输入处直接或间接引入给定输入信号 $R(s)$和扰动输入信号 $D(s)$来作某种补偿以降低甚至消除系统误差的方法，如图 3-89 所示。根据补偿采样源的不同，可分为给定顺馈补偿和扰动顺馈补偿。

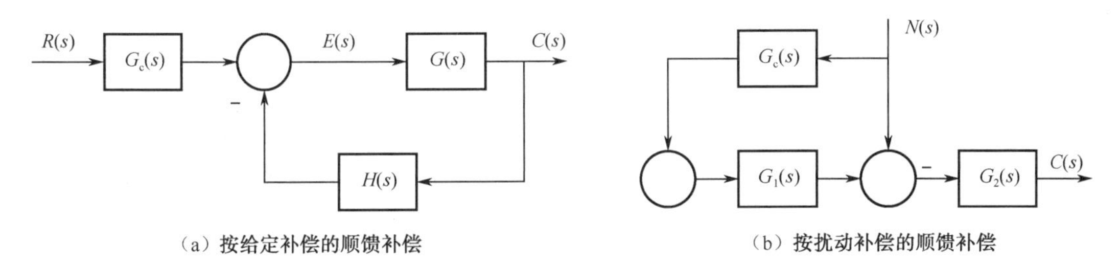

（a）按给定补偿的顺馈补偿　　（b）按扰动补偿的顺馈补偿

图 3-89　顺馈补偿系统方框图

把顺馈补偿和反馈控制结合起来的控制方式称为复合控制，如图 3-90 所示。

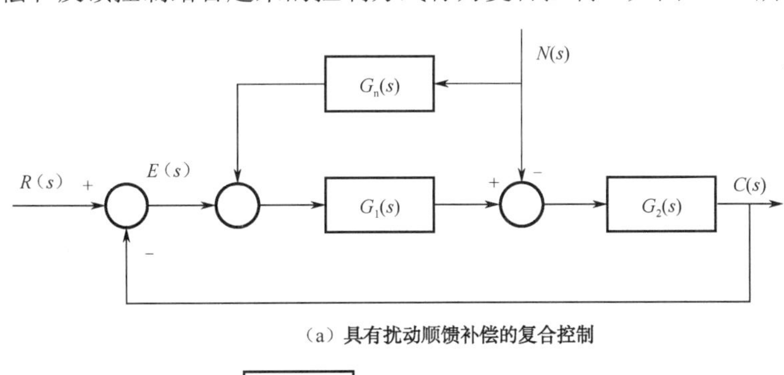

（a）具有扰动顺馈补偿的复合控制

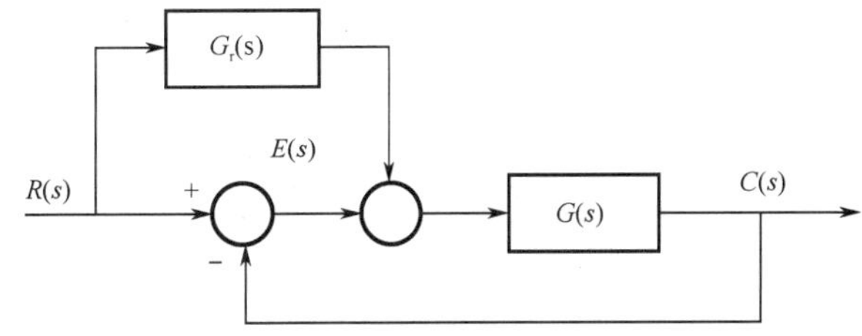

（b）具有给定输入顺馈补偿的复合控制

图 3-90　复合控制系统方框图

3）性能指标

在系统校正中，系统的性能指标可以时域指标的形式如单位阶跃响应的峰值时间t_p、调节时间t_s、超调量$\sigma\%$、阻尼比ξ和误差指标（K_p、K_v、K_a）等特征量给出，也可以频域指标的形式如相角裕量γ、幅值裕量K_g、谐振峰值M_p、闭环带宽ω_b等频域特征量给出。

在控制工程实践中，综合或校正的方法根据特定的性能指标来确定。常用的校正方法有频率特性法和根轨迹法等。一般情况下，若性能指标以时域性能指标给出时，应用根轨迹法进行综合或校正比较方便，如果性能指标是以频域性能指标给出时，应用频率特性法进行综合或校正更合适。

2. 常用校正装置及特性

根据校正装置是否另接电源，分为无源校正装置和有源校正装置。

1）无源校正装置

通常是由 RC 元件组成的二端口网络。表 3-5 中为三种典型的相位滞后、相位超前和相位滞后-超前无源校正装置及其特性。无源校正装置电路简单，无须外加电源；但它本身没有增益，其负载效应将会减弱校正作用。实际使用中，常常需要附加隔离放大器。

表 3-5　常用无源校正装置

	相位滞后校正装置	相位超前校正装置	相位滞后-超前校正装置
RC网络图	R_1、R_2、C_1	C_1、R_1、R_2	C_1、R_1、R_2、C_2
传递函数	$G(s)=\dfrac{\tau_1 s+1}{\tau_2 s+1}$ $\tau_1=R_2C_1$ $\tau_2=(R_1+R_2)C_1$ $\tau_1\leqslant\tau_2$	$G(s)=\dfrac{K(\tau_1 s+1)}{\tau_2 s+1}$ $K=\dfrac{R_2}{R_1+R_2}$ $\tau_1=R_1C_1$ $\tau_2=\dfrac{R_1R_2}{R_1+R_2}C_1$ $\tau_1\geqslant\tau_2$	$G(s)=\dfrac{(\tau_1 s+1)(\tau_2 s+1)}{(\tau_1 s+1)(\tau_2 s+1)+R_1C_2 s}$ $=\dfrac{(\tau s_1+1)(\tau_2 s+1)}{(\tau_1' s+1)(\tau_2' s+1)}$ $\tau_1=R_1C_1$ $\tau_2=R_2C_2$ $\tau_1<\tau_2$
伯德图	$L(\omega)$、$\frac{1}{\tau_2}$、$\frac{1}{\tau_1}$、0、ω、[−20] $\varphi(\omega)/(^\circ)$、0、−90、ω	$L(\omega)$、$\frac{1}{\tau_1}$、$\frac{1}{\tau_2}$、0、ω、[+20] $\varphi(\omega)/(^\circ)$、90、0	$L(\omega)$、$\frac{1}{\tau_2'}$、$\frac{1}{\tau_2}$、$\frac{1}{\tau_1}$、$\frac{1}{\tau_1'}$、0、ω、[−20]、[+20] $\varphi(\omega)/(^\circ)$、90、0、−90、ω

（1）无源超前装置

图 3-91 为常用的无源超前网络。假设该网络信号源的阻抗很小，可以忽略不计，而输

出负载的阻抗为无穷大，则其传递函数为：

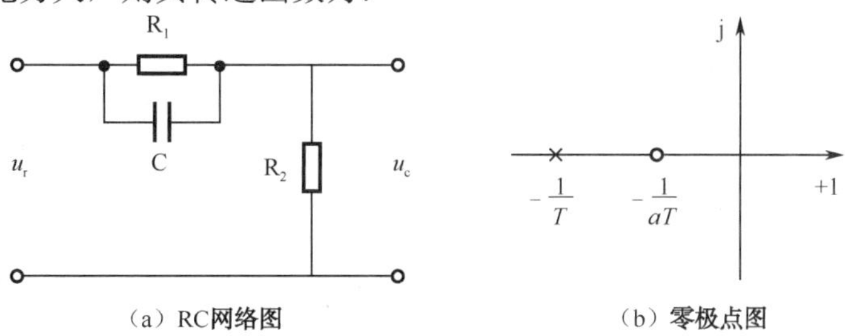

图 3-91　无源超前网络

$$\frac{U_c(s)}{U_r(s)}=G_c(s)=\frac{R_2}{R_2+\dfrac{1}{\dfrac{1}{R_1}+sC}}=\frac{R_2}{R_2+\dfrac{R_1}{1+sR_1C}}=\frac{R_2(1+R_1Cs)}{R_2+R_1+R_1R_2Cs}$$

$$=\frac{R_2(1+R_1Cs)/(R_1+R_2)}{(R_1+R_2+R_1R_2Cs)/(R_1+R_2)}$$

令 $T=\dfrac{R_1R_2C}{R_1+R_2}$ 为时间常数，$a=\dfrac{R_1+R_2}{R_2}>1$ 为分度系数，则有 $aT=R_1C$。

$$G_c(s)=\frac{1}{a}\cdot\frac{1+aTs}{1+Ts} \tag{3-80}$$

由式（3-80）可看出：

① 采用无源超前网络进行串联校正时，整个系统的开环增益要下降 a 倍，因此需要提高放大器增益加以补偿，见图 3-92 所示。此时的传递函数：

$$aG_c(s)=\frac{1+aTs}{1+Ts} \tag{3-81}$$

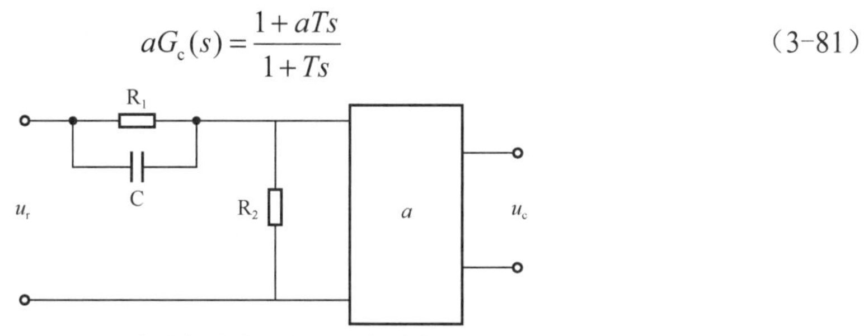

图 3-92　带有附加放大器的无源超前校正网络

② 超前网络的零极点分布见图 3-91（b）所示。由于 $a>1$，故超前网络的负实零点总是位于负实极点之右，两者之间的距离由常数 a 决定。可知改变 a 和 T（即电路的参数 R_1,R_2,C）的数值，超前网络的零极点可在 S 平面的负实轴任意移动。

由式（3-81）得到其对数频率特性为：

$$20\lg|aG_c(s)|=20\lg\sqrt{1+(aT\omega)^2}-20\lg\sqrt{1+(T\omega)^2} \tag{3-82}$$

$$\varphi_c(\omega)=\arctan aT\omega-\arctan T\omega$$

画出对数频率特性如图 3-93 所示，图中 $a=10$，$T=1$。显然，超前网络对频率在 $\dfrac{1}{aT}\sim\dfrac{1}{T}$ 之间的输入信号有明显的微分作用，在该频率范围内输出信号相角比输入信号相角超前，超前网络的名称由此而得。

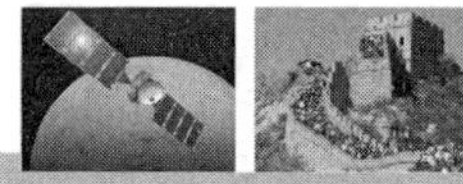

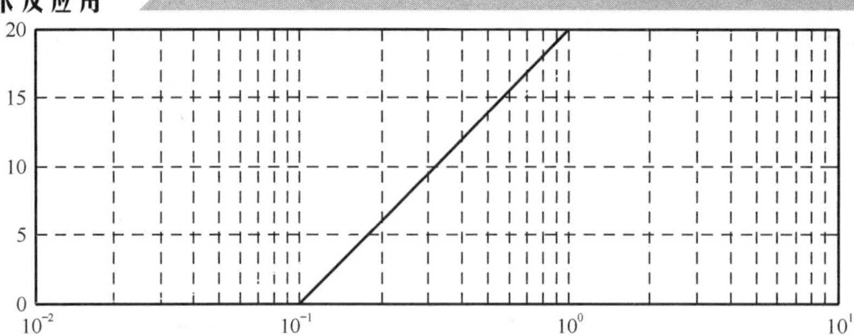

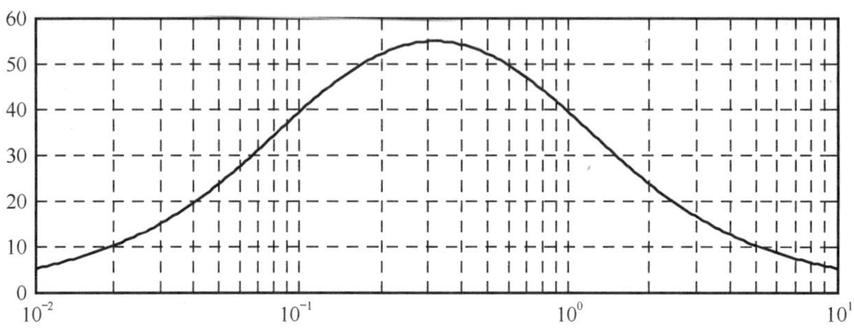

图 3-93　超前校正装置的对数频率特性图

由式（3-81）知

$$\varphi_c(\omega)=\arctan aT\omega-\arctan T\omega=\arctan\frac{(a-1)T\omega}{1+a(T\omega)^2} \tag{3-83}$$

将上式对ω求导并令其为零，得最大超前角频率：

$$\omega_m=\frac{1}{T\sqrt{a}} \tag{3-84}$$

将（3-84）代入（3-83），得最大超前角：

$$\varphi_m=\arctan\frac{a-1}{2\sqrt{a}}=\arcsin\frac{a-1}{a+1} \tag{3-85}$$

由式（3-85）有$a=\dfrac{1+\sin\varphi_m}{1-\sin\varphi_m}$，故在最大超前角频率$\omega_m$处，具有最大超前角$\varphi_m$，$\varphi_m$正好处于频率$\dfrac{1}{aT}$与$\dfrac{1}{T}$的几何中心。

因为$\dfrac{1}{aT}$与$\dfrac{1}{T}$的几何中心为：

$$\frac{1}{2}\left(\lg\frac{1}{aT}+\lg\frac{1}{T}\right)=\frac{1}{2}\lg\frac{1}{aT^2}=\frac{1}{2}\lg\omega_m^2=\lg\omega_m \tag{3-86}$$

即其几何中心为ω_m。

$$L_c(\omega_m)=20\lg\sqrt{1+(aT\omega_m)^2}-20\lg\sqrt{1+(T\omega_m)^2}=20\lg\sqrt{\frac{1+(aT\omega_m)^2}{1+(T\omega_m)^2}}\quad T^2\omega_m^2=\frac{1}{a} \tag{3-87}$$

$$=20\lg\sqrt{a}=10\lg a$$

由式（3-85）和式（3-87）可画出最大超前相角φ_m与分度系数 a 及$10\lg a$与 a 的关系曲线，如图 3-94 所示，$a\uparrow\rightarrow\varphi_m\uparrow$，但 a 不能取得太大（为了保证较高的信噪比），a 一般

不超过 20。由图 3-94 可知，这种超前校正网络的最大相位超前角一般不大于 65°。如果需要大于 65° 的相位超前角，则要将两个超前网络相串联来实现，并在所串联的两个网络之间加一隔离放大器，以消除它们之间的负载效应。

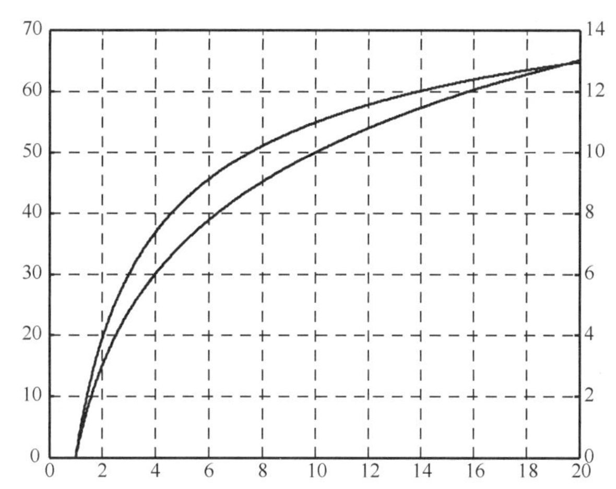

图 3-94　分度系数 a（横坐标）与最大超前角 φ_m 及 $L_c(\omega_m)$ 的关系曲线

总结以上内容得到超前校正装置的特点：

① 具有正的相位和幅值随 ω 的增加而增加的特点，可以达到改善系统中频段性能的目的。

② 它可以抵消惯性环节和积分环节使相位滞后的不良后果，使剪切频率提高，即增加系统的稳定裕度和通频带宽度，提高系统动态响应的平稳性和快速性。

③ 超前校正对系统的稳态性能不产生直接影响，但会使抗扰性能下降。

④ 串联超前校正一般用于系统稳态性能已满足要求，但动态性能较差的系统。

（2）无源滞后装置

图 3-95 为一无源滞后装置。

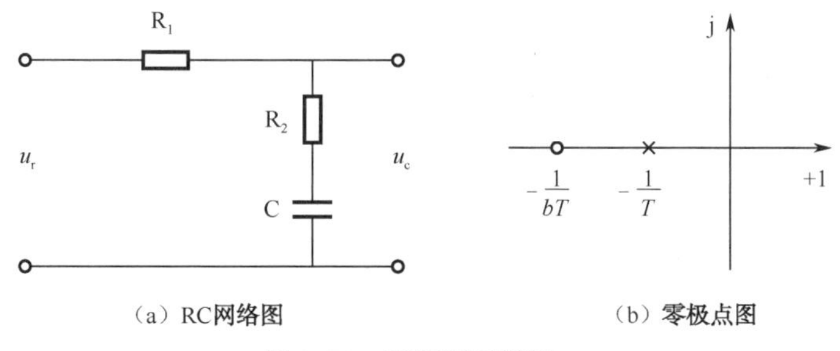

图 3-95　无源滞后装置

如果信号源的内部阻抗为零，负载阻抗为无穷大，则滞后网络的传递函数为：

$$\frac{U_c(s)}{U_r(s)}=G_c(s)=\frac{R_2+\frac{1}{sC}}{R_2+R_1+\frac{1}{sC}}=\frac{R_2Cs+1}{(R_1+R_2)Cs+1}=\frac{\frac{R_1+R_2}{R_1+R_2}R_2Cs+1}{(R_1+R_2)Cs+1}$$

令 $T=(R_1+R_2)C$ 为时间常数，$b=\frac{R_2}{R_1+R_2}<1$ 为分度系数，则有 $bT=R_2C$。

$$G_c(s)=\frac{1+bTs}{1+Ts} \tag{3-88}$$

绘制的无源滞后网络特性曲线如图 3-96 所示（图中 T=1，b=0.1），由图可知：

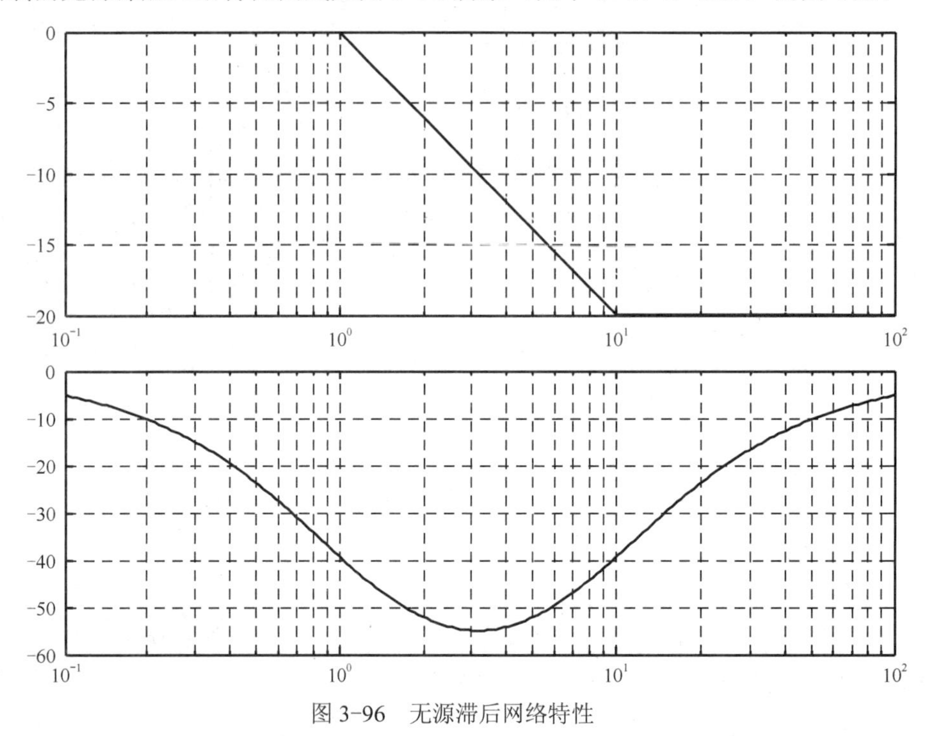

图 3-96　无源滞后网络特性

① 与超前网络相比，滞后网络在 $\omega<\frac{1}{T}$ 时，对信号没有衰减作用，$\frac{1}{T}<\omega<\frac{1}{bT}$ 时，对信号有积分作用，呈滞后特性，$\omega>\frac{1}{T}$ 时，对信号衰减作用为 $20\lg b$，b 越小，这种衰减作用越强。

② 同超前网络一样，滞后网络的最大滞后角也发生在 $\frac{1}{T}$ 与 $\frac{1}{bT}$ 几何中心，称为最大滞后角频率，计算公式为：

$$\omega_m=\frac{1}{T\sqrt{b}} \tag{3-89}$$

$$\varphi_m=\arcsin\frac{1-b}{1+b} \tag{3-90}$$

③ 采用无源滞后网络进行串联校正时，主要利用其高频幅值衰减的特性，以降低系统的开环剪切频率，提高系统的相角裕量。

在设计中力求避免最大滞后角发生在已校系统开环剪切频率 ω_c'' 附近。选择滞后网络参数时，通常使网络的交接频率 $\frac{1}{bT}$ 远小于 ω_c''。一般取：

$$\frac{1}{bT}=\frac{\omega_c''}{10}$$

此时，滞后网络在 ω_c'' 处产生的相位滞后按下式确定：

$$\varphi_c(\omega_c'') = \arctan bT\omega_c'' - \arctan T\omega_c'' = \arctan\frac{(b-1)T\omega_c''}{1+b(T\omega_c'')^2} \tag{3-91}$$

将 $T\omega_c'' = \dfrac{10}{b}$ 代入式（3-91），有：

$$\varphi_c(\omega_c'') = \arctan\frac{(b-1)\dfrac{10}{b}}{1+b\left(\dfrac{10}{b}\right)^2} = \arctan\frac{10(b-1)}{100+b} \approx \arctan[0.1(b-1)] \tag{3-92}$$

b 与 $\varphi_c(\omega_c'')$ 和 20lg$b$ 的关系如图 3-97 所示。

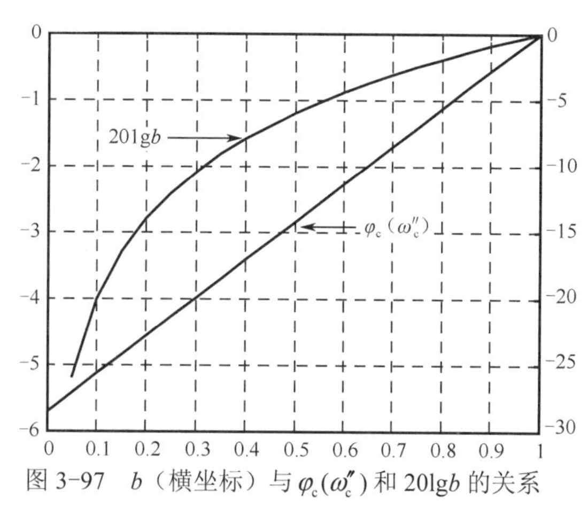

图 3-97　b（横坐标）与 $\varphi_c(\omega_c'')$ 和 20lg$b$ 的关系

总结以上内容得到滞后校正装置的特点如下：

① 滞后校正装置具有负的相位和幅值随 ω 的增加而减小的特点，利用其幅值随 ω 的增加而减小的特点，在保持系统动态性能不变的前提下，通过提高系统开环放大系数来提高稳态精度。

② 滞后校正可以在不改变系统稳态性能的前提下，通过降低 ω_c，即降低系统快速性来提高系统的相角裕量，它对系统的高频段影响不大。但滞后校正装置使用不当时（由于滞后校正具有负的相位），也可使系统的相角裕量减小，系统超调量增大，降低系统的稳定性。

③ 滞后校正一般用于对动态性能和稳态性能要求较高的系统。

（3）无源滞后-超前装置

图 3-98 为一无源滞后-超前装置。

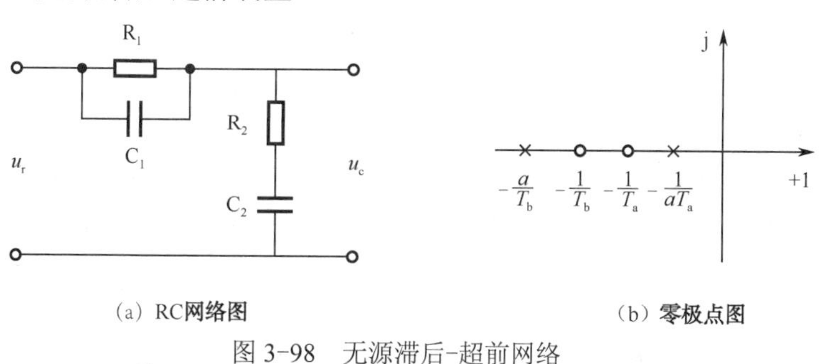

（a）RC网络图　　（b）零极点图

图 3-98　无源滞后-超前网络

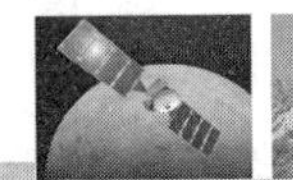

该 RC 电路的传递函数为：

$$G_c(s)=\frac{U_c(s)}{U_r(s)}=\frac{R_2+\dfrac{1}{sC_2}}{\dfrac{1}{\dfrac{1}{R_1}+sC_1}+R_2+\dfrac{1}{sC_2}} \tag{3-93}$$

$$=\frac{(R_1C_1s+1)(R_2C_2s+1)}{R_1C_1R_2C_2s^2+(R_1C_1+R_2C_2+R_1C_2)s+1}=\frac{(T_as+1)(T_bs+1)}{(T_1s+1)(T_2s+1)}$$

令 $T_a=R_1C_1$， $T_b=R_2C_2$，设 $T_1>T_a$

$\dfrac{T_a}{T_1}=\dfrac{T_2}{T_b}=\dfrac{1}{a}$， $a>1$，则有 $T_1=aT_a$， $T_2=\dfrac{T_b}{a}$

令 $aT_a+\dfrac{T_b}{a}=T_a+T_b+R_1C_2$，则 a 是该方程的解。

因此式（3-93）可表示为：

$$G_c(s)=\frac{(T_as+1)(T_bs+1)}{(aT_as+1)\left(\dfrac{T_b}{a}s+1\right)} \tag{3-94}$$

将式（3-94）写成频率特性：

$$G_c(j\omega)=\frac{(T_aj\omega+1)(T_bj\omega+1)}{(aT_aj\omega+1)\left(\dfrac{T_b}{a}j\omega+1\right)}$$

绘制的滞后-超前的伯特图如图 3-99 所示。

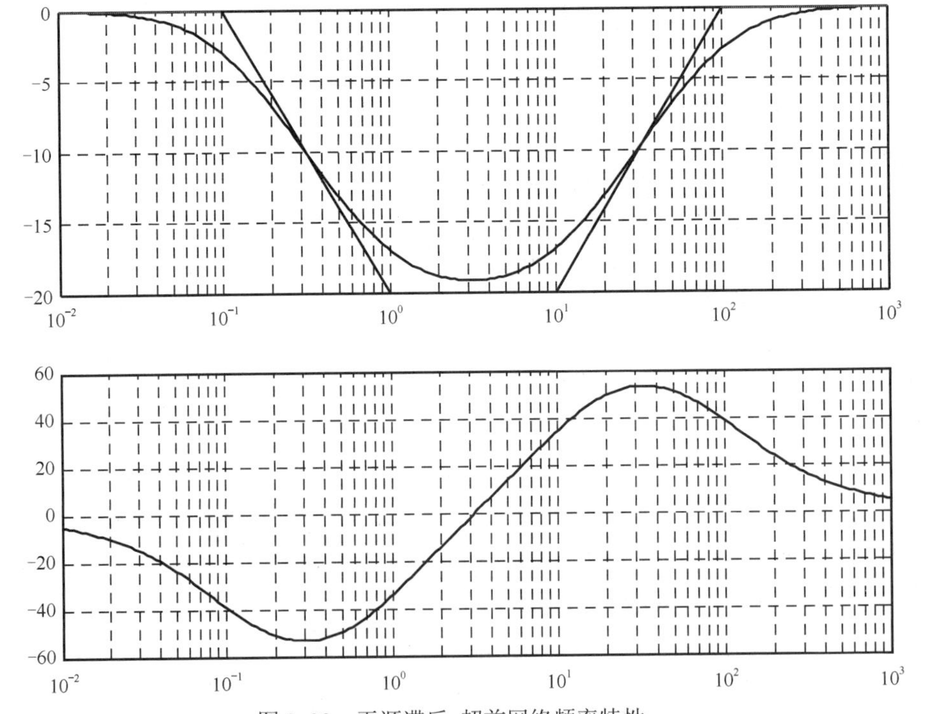

图 3-99　无源滞后-超前网络频率特性

下面来求相角为零时的角频率 ω_1：

由 $\varphi(\omega_1)=\arctan T_{\mathrm{a}}\omega_1+\arctan T_{\mathrm{b}}\omega_1-\arctan aT_{\mathrm{a}}\omega_1-\arctan\dfrac{T_{\mathrm{b}}}{a}\omega_1$

$$=\arctan\frac{(T_{\mathrm{a}}+T_{\mathrm{b}})\omega_1}{1-T_{\mathrm{a}}T_{\mathrm{b}}\omega_1^2}-\arctan\frac{\left(aT_{\mathrm{a}}+\dfrac{T_{\mathrm{b}}}{a}\right)\omega_1}{1-aT_{\mathrm{a}}\dfrac{T_{\mathrm{b}}}{a}\omega_1^2}=0$$

得到：
$$T_{\mathrm{a}}T_{\mathrm{b}}\omega_1^2=1$$

则有：
$$\omega_1=\frac{1}{\sqrt{T_{\mathrm{a}}T_{\mathrm{b}}}} \tag{3-95}$$

$\omega<\omega_1$ 的频段，校正网络具有相位滞后特性；

$\omega>\omega_1$ 的频段，校正网络具有相位超前特性。

由此得到滞后-超前校正的特点：可以充分发挥超前校正和滞后校正各自的优点，全面提高系统的动、静态性能；校正的滞后特性应设置在较低的频段，用来提高系统的放大系数；超前特性应设置在中频段，用来增大相角裕量及幅值剪切频率。

2）有源校正装置

实际控制系统中广泛采用无源网络进行串联校正，但在放大器级间接入无源校正网络后，由于负载效应问题，有时难以实现希望的规律。此外，复杂网络的设计和调整也不方便。因此，需要采用有源校正装置。有源校正装置是由运算放大器组成的调节器，其本身有增益，可以克服无源校正装置的缺陷，且输入阻抗高，输出阻抗低。另外有源校正装置参数调节方便，只要改变反馈阻抗，就可以很容易地改变校正装置的结构，因而得到广泛的应用。但它的缺点是线路较复杂，需另外供给电源（通常需正、负电压源）。表 3-6 为几种典型的有源校正装置，并列出了相应的电路图、传递函数和对应的伯德图。

表 3-6　几种典型的有源校正装置

	比例-积分（PI）调节器	比例-微分（PD）调节器
校正装置	RR_1, C_1, R_0, U_{i}, U_{o}, R_0 相位滞后校正 （a）	C_0, R_1, R_0, U_{i}, U_{o}, R_0 相位超前校正 （b）
传递函数	$\dfrac{U_{\mathrm{o}}(s)}{U_{\mathrm{i}}(s)}=-\dfrac{T_1s+1}{T_2s}=-\left(K+\dfrac{1}{T_2s}\right)=-K\dfrac{T_1s+1}{T_1s}$ $K=\dfrac{R_1}{R_0}$　$T_1=R_1C_1$ $T_2=R_0C_1$	$\dfrac{U_{\mathrm{o}}(s)}{U_{\mathrm{i}}(s)}=-K(T_1s+1)=-(T_2s+K)$ $T_1=R_0C_0$　$K=\dfrac{R_1}{R_0}$ $T_2=R_1C_0$

续表

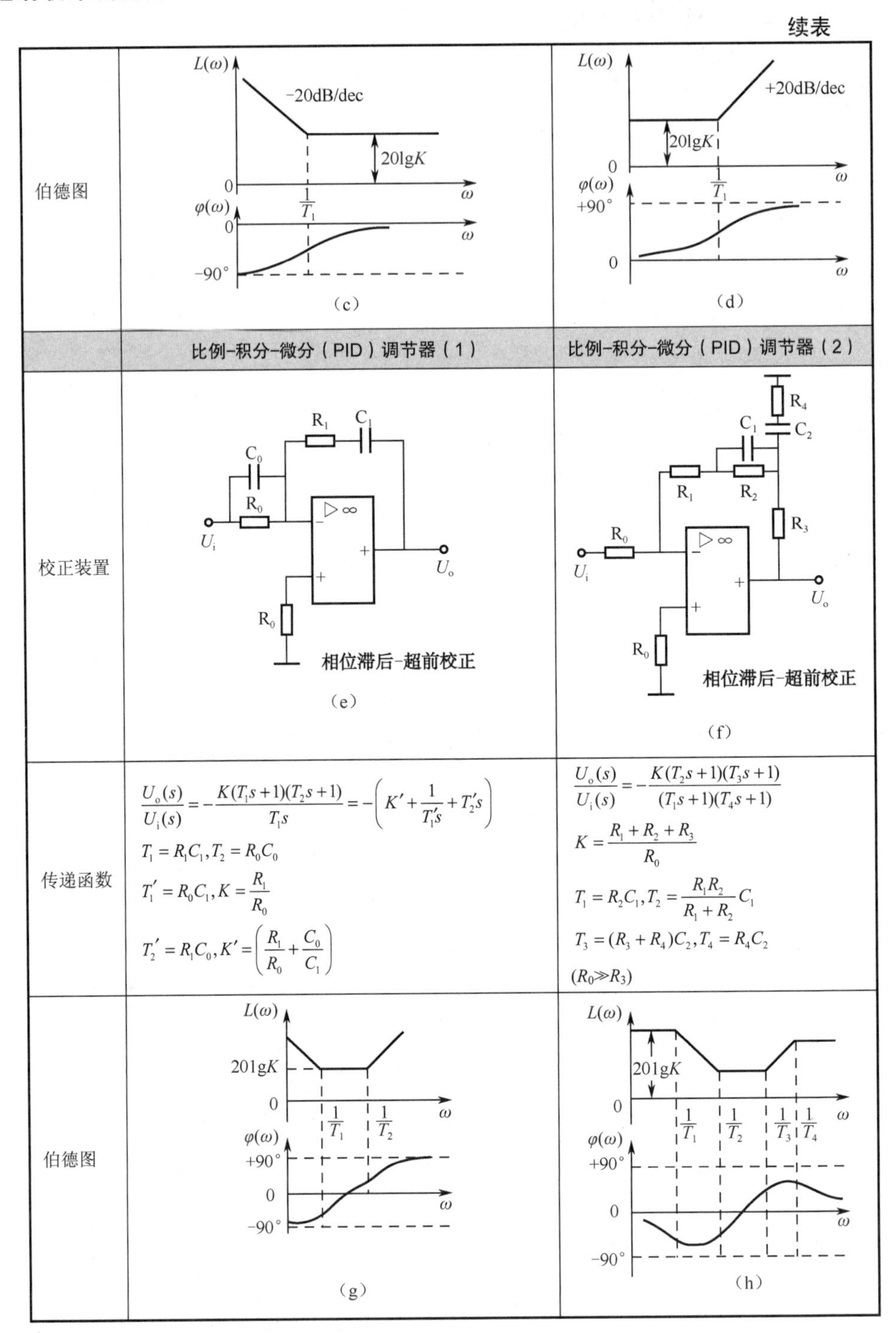

伯德图	（c）	（d）
	比例-积分-微分（PID）调节器（1）	比例-积分-微分（PID）调节器（2）
校正装置	相位滞后-超前校正 （e）	相位滞后-超前校正 （f）
传递函数	$\frac{U_o(s)}{U_i(s)}=-\frac{K(T_1s+1)(T_2s+1)}{T_1s}=-\left(K'+\frac{1}{T_1's}+T_2's\right)$ $T_1=R_1C_1, T_2=R_0C_0$ $T_1'=R_0C_1, K=\frac{R_1}{R_0}$ $T_2'=R_1C_0, K'=\left(\frac{R_1}{R_0}+\frac{C_0}{C_1}\right)$	$\frac{U_o(s)}{U_i(s)}=-\frac{K(T_2s+1)(T_3s+1)}{(T_1s+1)(T_4s+1)}$ $K=\frac{R_1+R_2+R_3}{R_0}$ $T_1=R_2C_1, T_2=\frac{R_1R_2}{R_1+R_2}C_1$ $T_3=(R_3+R_4)C_2, T_4=R_4C_2$ $(R_0\gg R_3)$
伯德图	（g）	（h）

3.4.2　基本 PID 控制

控制系统的控制器通常采用比例、微分、积分等基本控制规律，以及这些基本控制规律的组合，如比例-微分、比例-积分和比例-积分-微分来实现对被控对象的控制。

1. 比例（P）控制

1）比例控制规律

比例控制的输出与输入信号之间成比例关系，其表达式如下：

$$m(t) = K_{\mathrm{p}} e(t) \tag{3-96}$$

式中 K_{p} 为比例增益。P 控制器如图 3-100 所示。

2）比例控制对系统性能的影响

具有比例控制规律的控制器实际上是一个增益可调的放大器，下面讨论比例系数对系统性能的影响。

图 3-101 为一控制系统结构图，图中 $G_1(s)=\dfrac{K_1}{s(T_1 s+1)(T_2 s+1)}$ 为系统的固有部分，其中，$K_1=35$，$T_1=0.2\,\mathrm{s}$，$T_2=0.01\,\mathrm{s}$，将控制（校正）装置 $G_{\mathrm{c}}(s)$ 串入系统前向通道的前部，则构成的校正后的系统框图如图 3-101 所示。

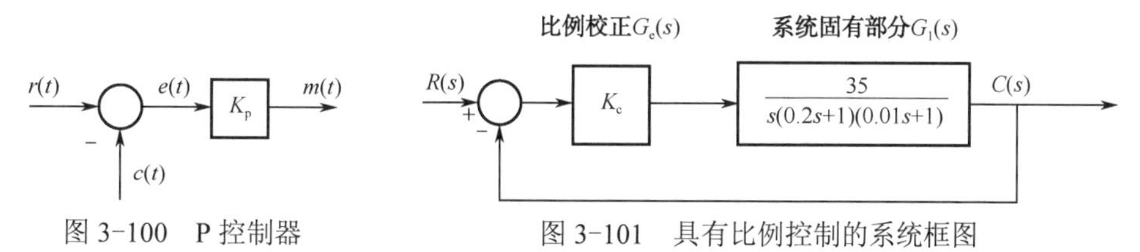

图 3-100　P 控制器　　　　图 3-101　具有比例控制的系统框图

由系统固有部分的开环传递函数绘制的对数频率特性曲线如图 3-102 中曲线 I 所示，图中系统的剪切频率 $\omega_{\mathrm{c}}=12.7\ \mathrm{rad/s}$，相角裕量为 $\gamma=14.2^{\circ}$，此时系统的相角裕量不大，稳定性比较差。系统的单位阶跃响应如图 3-103 所示，从图中可看出其振荡次数达到 5 次，超调量达到 66.9%，系统稳定性不理想。

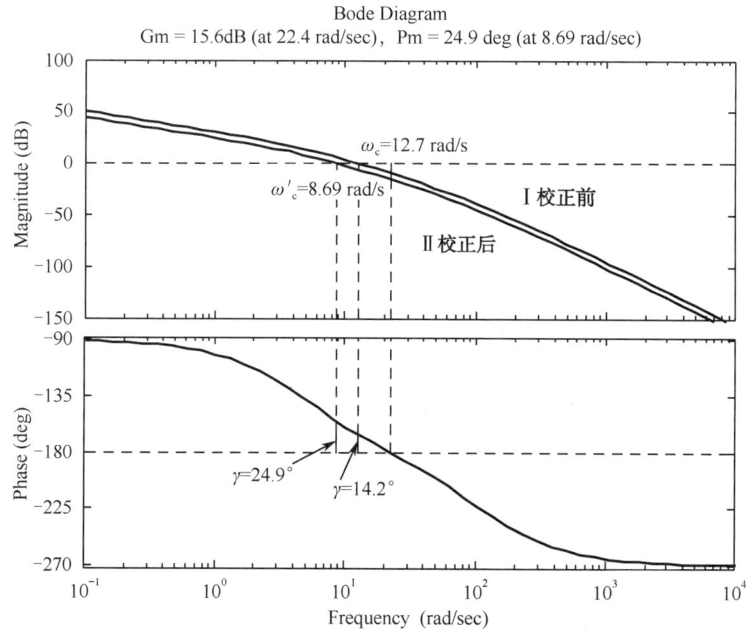

图 3-102　比例控制（$K_{\mathrm{c}}<1$）对系统性能的影响

在系统中串联比例控制器，适当降低系统的增益，取 $K_c = 0.5$，则系统的开环增益 $K = K_c K_1 = 35 \times 0.5 = 17.5$，校正后的伯德图如图 3-102 中曲线Ⅱ所示。改变增益 K_c 后，系统的相频特性曲线不变，只是幅频特性曲线向下平移。加入 P 控制器后系统的剪切频率 $\omega_c = 8.69\ \text{rad/s}$，对应的相角裕量为 $\gamma = 24.9^\circ$，绘制校正后的单位阶跃响应曲线如图 3-104 所示，系统的相对稳定性改善，超调量下降，降为 50%，振荡次数减为 3 次。

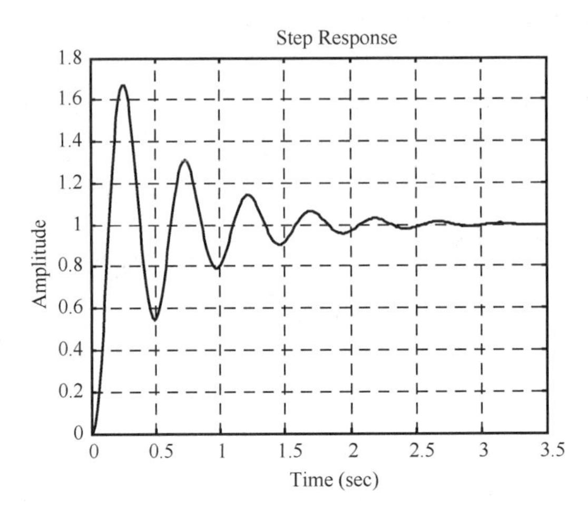

图 3-103　系统的阶跃响应曲线

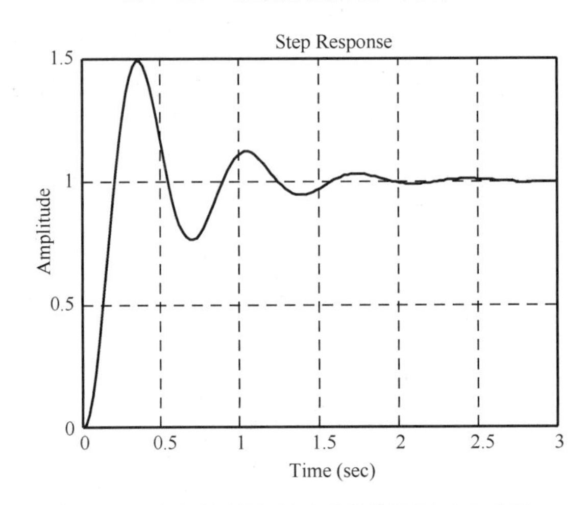

图 3-104　串入比例控制后系统的阶跃响应曲线

下面分析比例增益降低对系统稳定性的影响。

由该系统的系统框图，可知该闭环系统的跟随误差函数为：

$$\varPhi_r(s) = \frac{1}{1 + \dfrac{K_c \times 35}{s(0.2s+1)(0.01s+1)}} = \frac{s(0.2s+1)(0.01s+1)}{s(0.2s+1)(0.01s+1) + 35K_c}$$

由于系统的跟随稳态误差函数为：$E_r(s) = \varPhi_r(s) \times R(s)$

故当取输入信号为单位速度信号时，有 $R(s) = 1/s^2$

这样，系统的稳态误差为：

$$e_{\text{ssr}} = \lim_{s \to 0} s \times \frac{s(0.2s+1)(0.01s+1)}{s(0.2s+1)(0.01s+1)+35K_{\text{c}}} \times \frac{1}{s^2} = \frac{1}{35K_{\text{c}}}$$

将增益降低为原来的 1/2(K_{c} =0.5)，则此随动系统的速度跟随误差将增加一倍，系统的稳态精度变差。

综上所述：降低开环增益，将使系统的稳定性改善，但使系统的稳态精度变差。若增加增益，系统性能变化与上述相反。调节系统的开环增益，在系统的相对稳定性和稳态精度之间作某种折中的选择，以满足(或兼顾)实际系统的要求，是最常用的调整方法之一。

由图 3-104 可见，虽然增益降为原来的一半，但最大超调量仍达 50%，这是由于系统含有一个积分环节和两个较大的惯性环节造成的。因此要进一步改善系统的性能，应采用含有微分环节的控制装置(如 PD 或 PID 调节器)。一般在控制系统的设计中，很少单独使用比例控制规律，常与微分及积分控制一起使用。

2. 比例-微分（PD）控制

1）比例-微分（PD）控制规律

比例-微分控制的输出与输入之间表达式如下：

$$m(t) = K_{\text{p}}e(t) + K_{\text{p}}\tau\frac{\text{d}e(t)}{\text{d}t} \tag{3-97}$$

式中 τ 为微分时间常数。PD 控制器如图 3-105 所示。

PD 控制规律中的微分控制规律能反映输入信号的变化趋势，产生有效的早期修正信号。在串联校正时，可使系统增加一个 $-\frac{1}{\tau}$ 的开环零点，但微分作用对噪声信号敏感，很少单独使用微分，常与比例控制连用。

2）比例-微分（PD）控制对系统性能的影响

自动控制系统一般都包含有惯性环节和积分环节，使系统的快速性和稳定性变差，甚至造成系统的不稳定。可以通过改变增益来调节，但调节增益常会降低系统的稳态性；而且有时即使大幅度降低增益也不能使系统稳定（如含有两个积分环节的系统）。这时若在系统的前向通道上串联比例-微分（PD）校正装置，将可使相位超前，以抵消惯性环节和积分环节使相位滞后而产生的不良后果。为便于分析比较，对同一个固有系统进行研究，具有 PD 控制环节的系统结构图如图 3-106 所示。

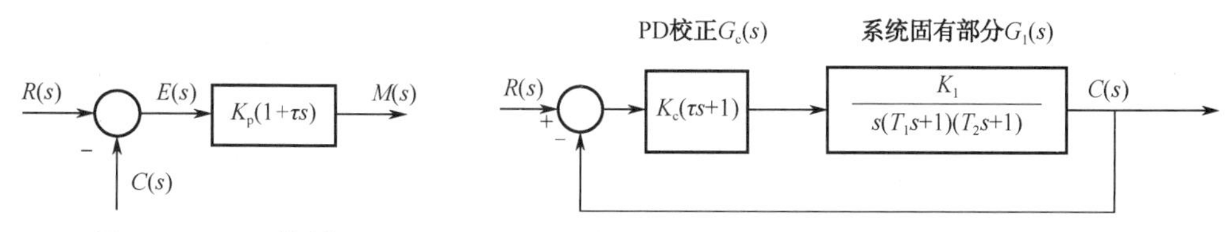

图 3-105　PD 控制器　　图 3-106　具有比例-微分校正的系统结构图

原有系统的开环对数频率特性曲线中剪切频率 $\omega_{\text{c}} = 12.7\ \text{rad/s}$ ，相角裕量为 $\gamma = 14.2^\circ$ ，此时系统的相角裕量不大，系统稳定性比较差，系统的阶跃响应曲线中振荡次数达到 5 次，超调量达到 66.9%，系统稳定性不理想。

为避开增益改变对系统性能的影响，设 K_{c} =1，同样为简化起见，这里的微分时间常数

取$\tau = T_1 = 0.2$ s，则系统的开环传递函数变为：

$$G(s) = G_c(s)G_1(s) = K_c(\tau s+1)\frac{K_1}{s(T_1 s+1)(T_2 s+1)} = \frac{K_1}{s(T_2 s+1)} = \frac{35}{s(0.01s+1)}$$

在系统中串联比例-微分控制，校正后的伯德图如图 3-107 中曲线Ⅱ所示。此时系统的剪切频率$\omega_c = 33.2\ \text{rad/s}$，相角裕量为$\gamma = 71.6°$，加入比例微分校正后，系统的相角裕量由$14.2°$增加到$71.6°$，系统的稳定性有很大的改善。绘制校正后的单位阶跃响应曲线如图 3-108 所示，可看出系统的相对稳定性大大改善，超调量显著下降（由 66.9%降为 0.7%），其阶跃响应曲线变为近似单调上升曲线。同时剪切频率ω_c由原来的 12.7 rad/s 提高到 33.2 rad/s，改善了系统的快速性。

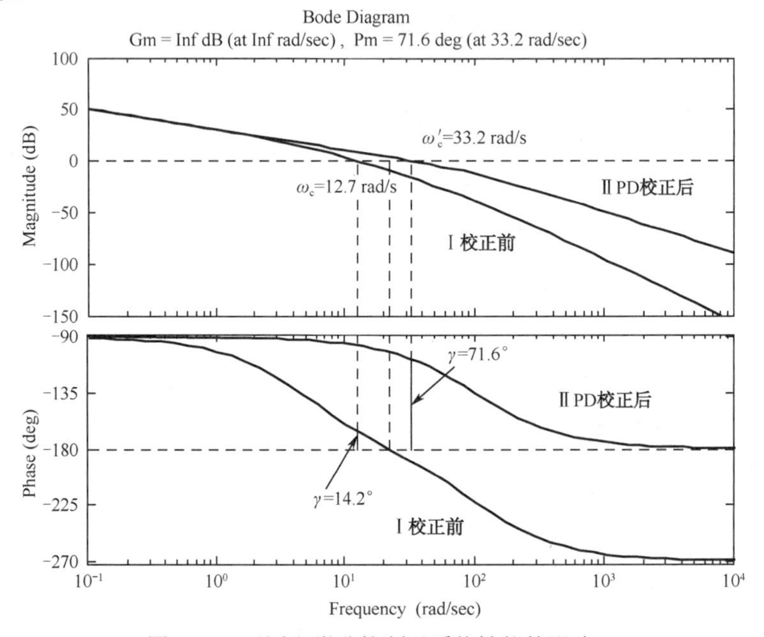

图 3-107 比例-微分控制对系统性能的影响

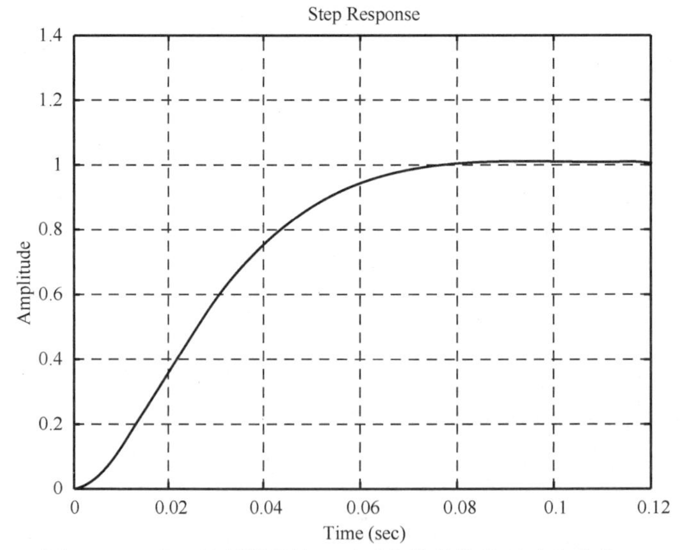

图 3-108 串入比例微分校正后系统的单位阶跃响应曲线

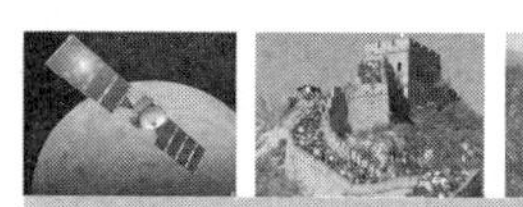

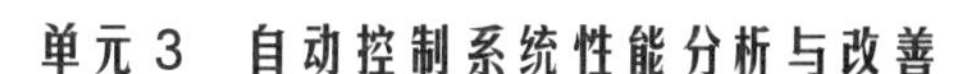

增设 PD 校正装置后：

（1）比例-微分环节具有的相位超前作用，可以抵消惯性环节使相位滞后所带来的不良后果，使系统的稳定性显著改善。

（2）比例-微分校正对系统的稳态误差不产生直接的影响（产生影响的是比例-微分环节中的比例系数）。

（3）比例-微分调节器使系统的高频增益增大，而很多干扰信号都是高频信号，因此比例-微分校正容易引入高频干扰。

综上所述，比例-微分校正将使系统的稳定性和快速性改善，但抗高频干扰能力明显下降。由于 PD 校正使系统的相位前移，所以又称它为相位超前校正。

3. 积分（I）控制规律

具有积分（I）控制规律的控制器，称为 I 控制器。其输出信号 $m(t)$ 与其输入信号的积分成比例。

$$m(t) = K_{\mathrm{i}} \int_0^t e(t)\mathrm{d}t \tag{3-98}$$

式中，K_{i} 为可调比例系数。积分控制器如图 3-109 所示。

当 $e(t)$ 消失后，输出信号 $m(t)$ 有可能是一个不为零的常量。在串联校正中，采用 I 控制器可以提高系统的型别（无差度），有利于提高系统稳态性能，但积分控制增加了一个位于原点的开环极点，使信号产生 90° 的相角滞后，对系统的稳定不利，不宜采用单一的 I 控制器。

4. 比例-积分（PI）控制

1）比例-积分（PI）控制规律

具有比例-积分控制规律的控制器，称为 PI 控制器。输出信号 $m(t)$ 同时与其输入信号及输入信号的积分成比例。

$$m(t) = K_{\mathrm{p}} e(t) + \frac{K_{\mathrm{p}}}{T_{\mathrm{i}}} \int_0^t e(t)\mathrm{d}t \tag{3-99}$$

式中，K_{p} 为可调比例系数，T_{i} 为可调积分时间常数。PI 控制器如图 3-110 所示。

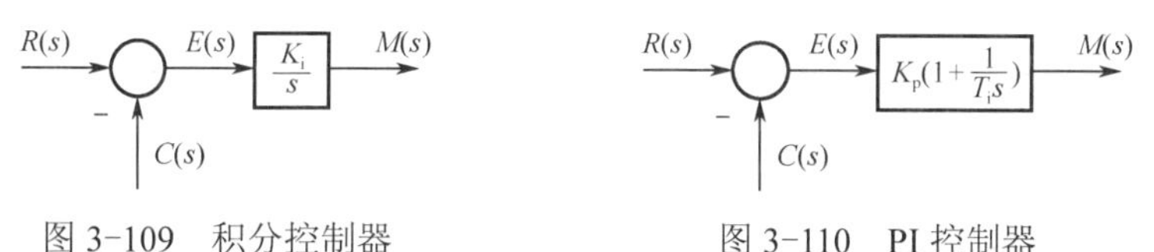

图 3-109　积分控制器　　　　图 3-110　PI 控制器

2）比例-积分（PI）控制对系统性能的影响

在自动控制系统中，要实现无静差，系统就必须在前向通道中含有积分环节。对本例来说，要想实现随动系统对单位速度信号的无静差，则必须再在其前向通道中加入一个积分环节。采用 PI 调节装置，则其加入校正装置后的系统结构图如图 3-111 所示。

为比较不同控制规律对系统性能的影响，此处系统固有部分传递函数仍同前。

加入比例积分作用后系统的开环传递函数为：

$$G(s) = G_{\mathrm{c}}(s)G_1(s) = \frac{K_{\mathrm{c}}(T_{\mathrm{c}}s+1)}{T_{\mathrm{c}}s} \times \frac{K_1}{s(T_1 s+1)(T_2 s+1)}$$

取 $K_c = T_c = T_1$，则有 $G(s) = \dfrac{K_1}{s^2(T_2 s+1)} = \dfrac{35}{s^2(0.01s+1)}$

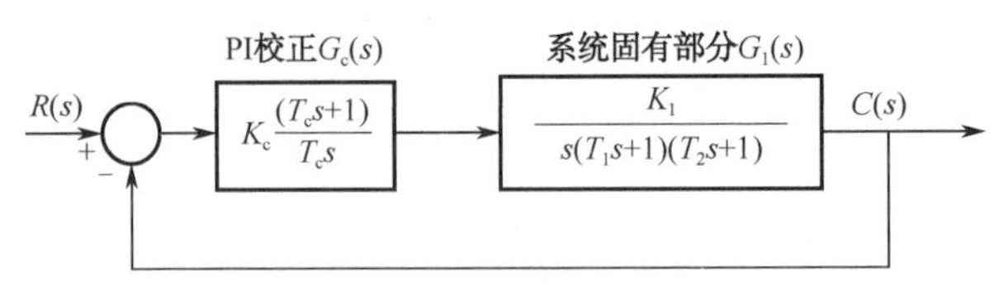

图 3-111　具有比例积分控制的系统结构图

在系统中串联比例-积分校正，校正后的伯德图如图 3-112 中曲线Ⅱ所示。此时系统的剪切频率 $\omega_c = 5.91\ \text{rad/s}$，对应的相角裕量为 $\gamma = -3.38^\circ$。加入比例-积分校正后，系统的相角裕量由 14.2° 减小到 -3.38°，此时的系统相角裕量小于 0，系统已经不稳定。绘制校正后的单位阶跃响应曲线如图 3-113 所示，可看出系统的单位阶跃响应曲线是一个发散振荡曲线，说明系统不稳定，这说明加入积分环节会降低系统的稳定性。由校正前后的对数频率特性曲线可看出：校正前低频段的斜率为-20 dB/dec，校正后低频段的斜率为-40 dB/dec，加入 PI 后可将系统的型别由Ⅰ型提高到Ⅱ型，对于稳定的系统可以改善系统的稳态精度。

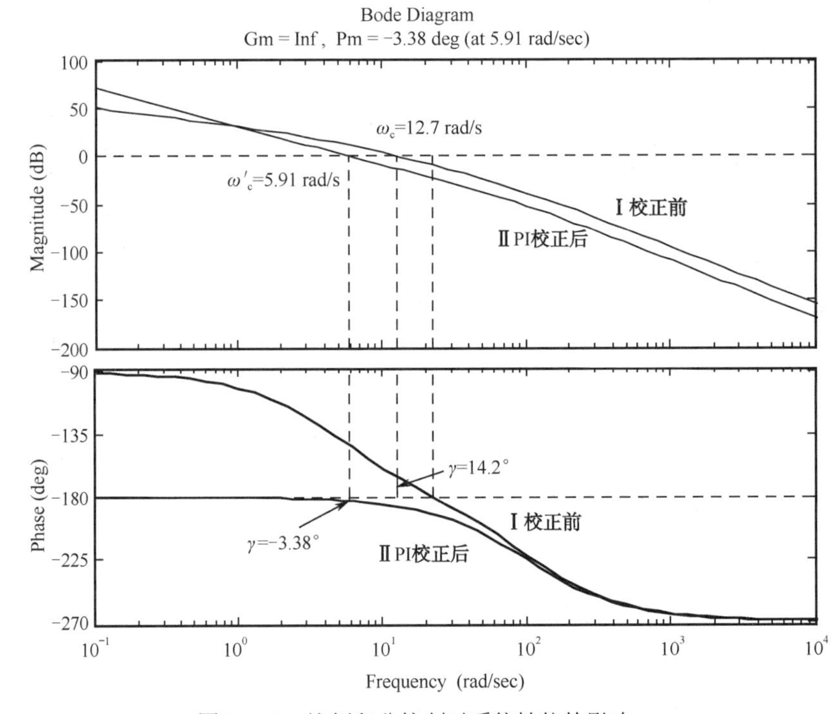

图 3-112　比例积分控制对系统性能的影响

增设 PI 校正装置后：

（1）在低频段，由于加入了积分控制，系统开环传递函数增加了一个 $\dfrac{1}{s}$，系统的型别提高，从而有效改善了系统的稳态性能。

（2）在中频段，相位稳定裕量减小，系统的超调量将增加，降低了系统的稳定性。在本系统中，系统则表现为不稳定。

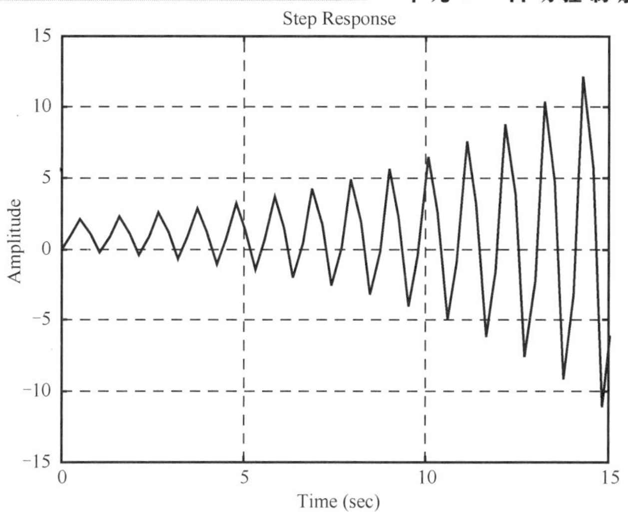

图 3-113　加入 PI 校正后系统的单位阶跃响应曲线

（3）在高频段，校正前后的影响不大。

综上所述，由于比例-积分调节器只是在低频段产生较大的相位滞后，因而它串入系统后，应将其交接频率设置在系统剪切频率的左边，并远离系统剪切频率，以减小对系统稳定裕度的影响，比例-积分校正可以提高系统的无差度，使系统的稳态性能得到明显的改善，由于 PI 校正使系统的相位后移，所以又称它为相位滞后校正，PI 控制器主要用来改善控制系统的稳态性能。

5. 比例-积分-微分（PID）控制

1）比例-积分-微分（PID）控制规律

具有比例-积分-微分控制规律的控制器，称为 PID 控制器。

$$m(t) = K_p e(t) + \frac{K_p}{T_i}\int_0^t e(t)\mathrm{d}t + K_p \tau \frac{\mathrm{d}e(t)}{\mathrm{d}t} \tag{3-100}$$

$$G_c(s) = K_p\left(1 + \frac{1}{T_i s} + \tau s\right) = \frac{K_p}{T_i}\left(\frac{T_i \tau s^2 + T_i s + 1}{s}\right) = \frac{K_p(\tau_1 s + 1)(\tau_2 s + 1)}{T_i s}$$

式中，$\tau_1 = \frac{1}{2}T_i\left(1 + \sqrt{1 - \frac{4\tau}{T_i}}\right)$，$\tau_2 = \frac{1}{2}T_i\left(1 - \sqrt{1 - \frac{4\tau}{T_i}}\right)$

PID 控制器如图 3-114 所示。

2）比例-积分-微分（PID）控制对系统性能的影响

通过前面几种校正系统的分析，不难发现：比例-微分（PD）校正能改善系统的动态性能，但会使系统的高频抗干扰能力下降；比例-积分（PI）校正能改善系统的稳态性能，但会使动态性能变差，甚至导致系统的不稳定；为了能兼得两者的优点，又尽可能减少两者的副作用，通常采用比例-积分-微分（PID）校正。

下面仍以前面的控制系统的例子来说明 PID 校正对系统性能的影响。具有 PID 校正环节的系统结构图如图 3-115 所示。

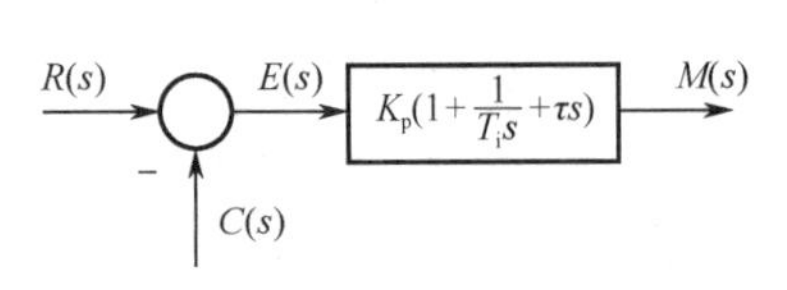

图 3-114 PID 控制器

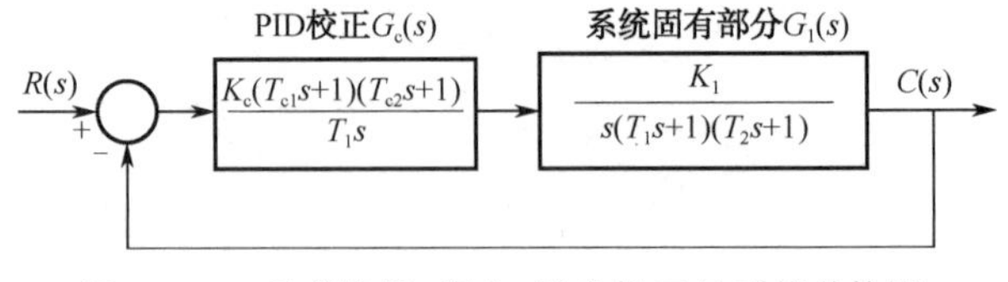

图 3-115 具有比例-积分-微分校正的系统结构图

设 K_c=0.2（为避开增益改变对系统性能的影响），为简化起见，这里的微分时间常数取 $T_{c1}=T_1=0.2\,\text{s}$，$T_{c2}=T_2=0.5\,\text{s}$，这样，系统的开环传递函数变为：

$$G(S)=G_c(s)G_1(s)=\frac{K_c(T_{c1}s+1)(T_{c2}s+1)}{T_{c1}s}\times\frac{K_1}{s(T_1s+1)(T_2s+1)}=\frac{35\ (0.5s+1\ )}{s^2(0.01s+1)}$$

在系统中串联比例-积分-微分校正，校正后的伯德图如图 3-116 中曲线Ⅱ所示。此时系统的剪切频率 $\omega_c=17.4\ \text{rad/s}$，对应的相角裕量为 $\gamma=73.6^\circ$，加入比例-积分-微分校正后，系统的相角裕量由14.2° 增加到73.6°，此时系统相位裕量增大，提高了系统的稳定性。绘制校正后的单位阶跃响应曲线如图 3-117 所示，系统的超调量仅为 8%，有效地改善了系统的稳定性；校正后系统的调节时间变为 0.9 s，比校正前系统的调节时间大大减小，改善了系统的快速性。由校正前后的对数频率特性曲线可看出：校正前低频段的斜率为-20 dB/dec，校正后低频段的斜率为-40 dB/dec，加入 PID 后将系统的型别由Ⅰ型提高到Ⅱ型，从而改善了系统的稳态精度。

增设 PID 校正装置后：

（1）在低频段，改善了系统的稳态性能（使对输入等速信号由有静差变为无静差）。

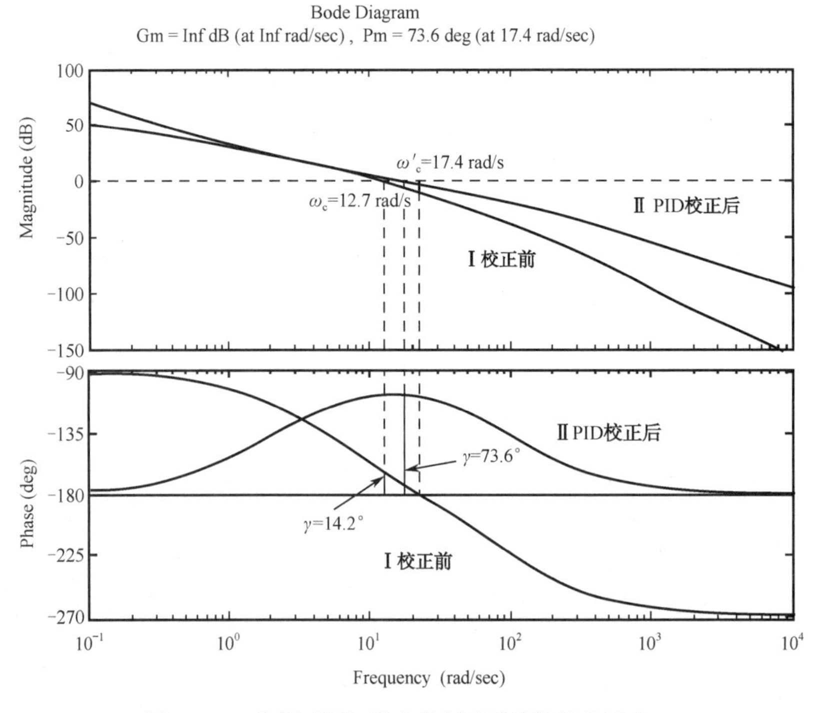

图 3-116 比例-积分-微分控制对系统性能的影响

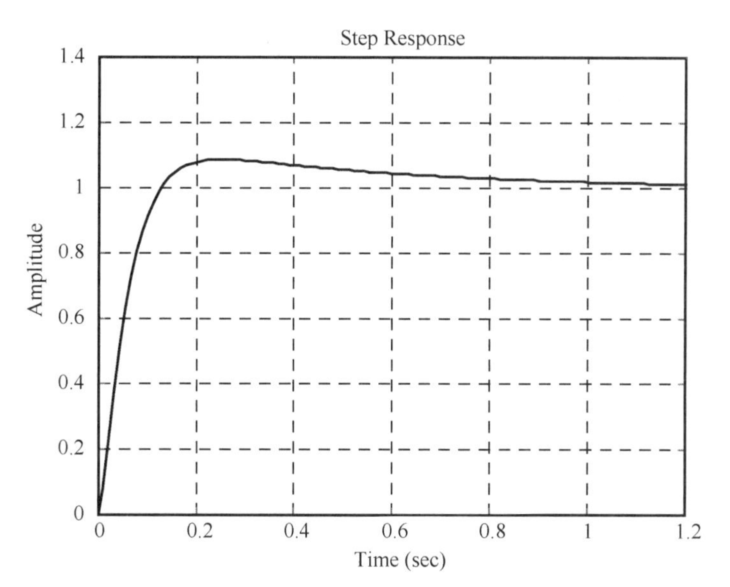

图 3-117　加入 PID 控制后系统的单位阶跃响应曲线

（2）在中频段，由于 PID 调节器微分部分的作用（进行相位超前校正），使系统的相位裕量增加，这意味着超调量减小，振荡次数减少，从而改善了系统的动态性能（相对稳定性和快速性均有改善）。

（3）在高频段，会降低系统的抗高频干扰的能力。

综上所述，比例-积分-微分控制器在低频段进行滞后校正，以提高系统的无差度，改善系统的稳态性能；在中频段进行超前校正，提高系统的相角裕量，改善系统的动态性能。比例-积分-微分（PID）校正可兼顾 PI 和 PD 两种控制作用的优势，可以取得较好的控制效果。由于 PID 校正使系统在低频段相位后移，而在中、高频段相位前移，因此又称它为相位滞后-超前校正。

3.4.3　系统校正

当被控对象确定后，根据给定的控制对象和所要求的性能指标来设计和选择控制器的结构和参数，实际上重点是对控制器的设计。常用的改善系统性能的方法有串联校正、反馈校正、顺馈校正及其复合校正形式。

1. 串联校正

经典控制理论中系统校正的方法主要有根轨迹法和频率特性法。此处主要介绍频率特性法。频率特性设计法根据系统性能指标的要求，以系统的开环对数频率特性（Bode 图）为设计对象，使系统的开环对数幅频特性图满足系统性能指标的要求。总的具体要求为：（1）系统的低频段具有足够大的放大系数，有时候也要求具有足够大的斜率以满足系统对稳态误差的要求。（2）系统的中频段以-20 dB/dec 的斜率通过 0 dB 线，并且保证足够的中频段宽度以满足性能指标对相角裕量的要求。（3）系统的高频段一般不作特殊设计，而是根据被控对象自身特性进行高频衰减以较少噪声的影响。

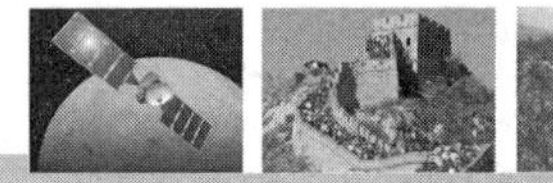

1）串联超前校正

用频率法对系统进行超前校正的基本原理，主要是利用超前校正网络的相位超前特性来增大系统的相角裕量，以达到改善系统稳定性的目的。因此，要求校正网络最大的相位超前角出现在系统的剪切频率处。

用频率法对系统进行串联超前校正的一般步骤可归纳为：

（1）首先根据系统稳态误差的要求，确定开环增益 K。

（2）根据所确定的开环增益 K，画出未校正系统的伯德图，计算未校正系统的相角裕量 γ。

（3）由给定的相角裕量值 γ''，计算超前校正装置提供的相位超前量 φ，即

$$\varphi=\varphi_{\mathrm{m}}=\gamma''-\gamma+\varepsilon \tag{3-101}$$

ε 是用于补偿因超前校正装置的引入，使系统剪切频率增大而增加的相角滞后量。ε 值通常是估计的：如果未校正系统的开环对数幅频特性在剪切频率处的斜率为-40 dB/dec，一般取 $\varepsilon=5^\circ\sim10^\circ$；如果为-60 dB/dec，则取 $\varepsilon=15^\circ\sim20^\circ$。

（4）根据所确定的最大相位超前角 φ_{m}，按 $a=\dfrac{1+\sin\varphi_{\mathrm{m}}}{1-\sin\varphi_{\mathrm{m}}}$ 计算出 a 的值。

（5）计算校正装置在 ω_{m} 处的幅值 $10\lg a$。由未校正系统的对数幅频特性曲线，求得其幅值为 $-10\lg a$ 处的频率，该校正装置的最大超前角频率 ω_{m} 就是校正后系统的开环剪切频率 ω_{c}''，即 $\omega_{\mathrm{c}}''=\omega_{\mathrm{m}}$，以保证系统的响应速度，并充分利用网络的相角超前特性。

（6）确定校正网络的转折频率 ω_1 和 ω_2。

$$\omega_1=\frac{\omega_{\mathrm{m}}}{\sqrt{a}},\quad \omega_2=\omega_{\mathrm{m}}\sqrt{a} \tag{3-102}$$

（7）画出校正后系统的伯德图，并验算相角裕量是否满足要求，如果不满足，则需增大 ε 值，从第（3）步开始重新进行计算。

【实例 3-26】 某一单位反馈系统的开环传递函数为 $G(s)=\dfrac{K}{s(0.2s+1)}$，设计一个超前校正装置，使校正后系统的静态速度误差系数 $K_{\mathrm{v}}\geqslant100\,\mathrm{s}^{-1}$,相角裕量 $\gamma\geqslant30^\circ$，开环剪切频率 $\omega_c>30\,\mathrm{rad/s}$，幅值裕量 $20\lg K_{\mathrm{g}}$ 不小于 10dB。

解：（1）根据对静态速度误差系数的要求，确定系统的开环增益 K，先取 $K_{\mathrm{v}}=100$。

$K_{\mathrm{v}}=\lim\limits_{s\to0}s\dfrac{K}{s(0.2s+1)}=K=100$，所以有 $K=100$

当 $K=100$ 时，未校正系统的开环频率特性为：

$$G(\mathrm{j}\omega)=\frac{100}{\mathrm{j}\omega(\mathrm{j}0.2\omega+1)}=\frac{100}{\omega\sqrt{1+(0.2\omega)^2}}\mathrm{e}^{-\mathrm{j}\left(\frac{\pi}{2}+\arctan0.2\omega\right)}$$

（2）绘制未校正系统的伯德图，如图 3-118 所示。由该图可知未校正系统的相角裕量为 $\gamma_1=12.8^\circ$，不满足系统要求。

（3）根据相角裕量的要求确定超前校正网络的相位超前角：

$$\varphi_{\mathrm{m}}=\gamma-\gamma_1+\varepsilon=30^\circ-12.8^\circ+7.8^\circ=25^\circ$$

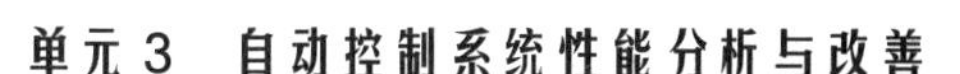

（4）$a=\dfrac{1+\sin\varphi_{\mathrm{m}}}{1-\sin\varphi_{\mathrm{m}}}=\dfrac{1+\sin 25^{\circ}}{1-\sin 25^{\circ}}=2.5$。

（5）超前校正装置在ω_{m}处的幅值为：

$10\lg a=10\lg 2.5=4\ \mathrm{dB}$，在未校正系统的开环对数频率特性曲线上查幅值为$-4\ \mathrm{dB}$对应的频率$\omega=\omega_{\mathrm{m}}=17.4\ \mathrm{s}^{-1}$，此频率即为校正后系统的剪切频率$\omega_{\mathrm{c}}$。

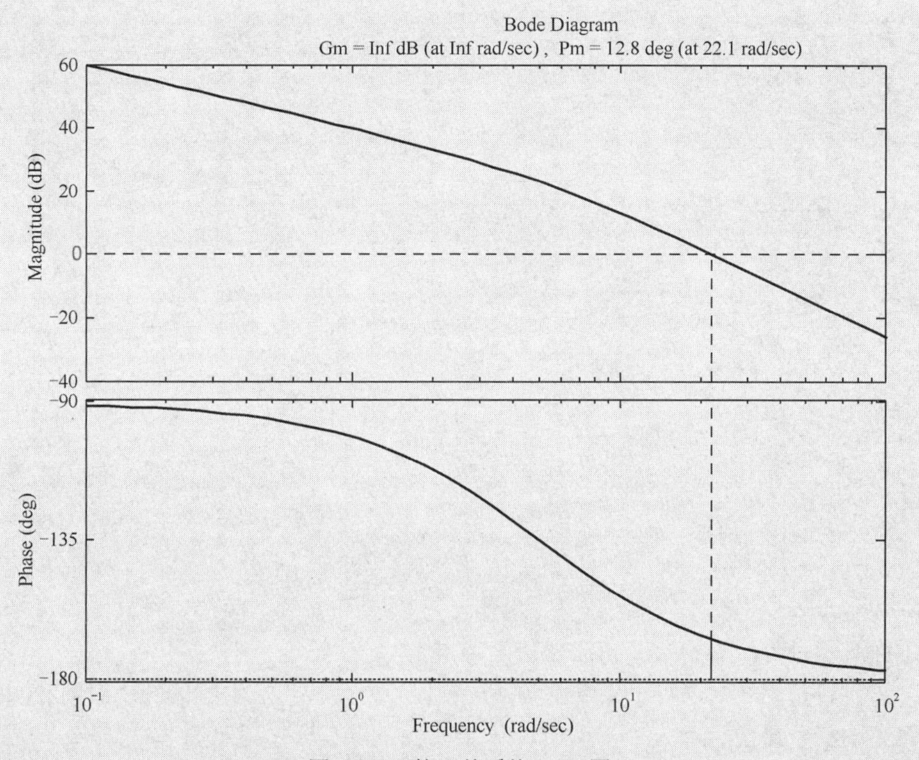

图3-118　校正前系统bode图

（6）计算超前校正网络的转折频率：

由式（3-102）得到ω_1和ω_2：

$$\omega_1=\frac{\omega_{\mathrm{m}}}{\sqrt{a}}=\frac{17.4}{\sqrt{2.5}}=11，\quad \omega_2=\omega_{\mathrm{m}}\sqrt{a}=17.4\sqrt{2.5}=27.5$$

$$G_{\mathrm{c}}(s)=\frac{s+11}{s+27.5}=0.4\frac{1+0.09s}{1+0.036s}$$

为了补偿因超前校正网络的引入而造成系统开环增益的衰减，必须使附加放大器的放大倍数为a=2.5。

（7）校正后系统的开环传递函数为：

$$G_{\mathrm{c}}(s)G_{\mathrm{o}}(s)=\frac{2.5\times 100(s+11)}{s(0.2s+1)(s+27.5)}=\frac{100(1+0.09s)}{s(1+0.2s)(1+0.036s)}$$

校正后系统的伯德图如图3-119所示，从图中可看出校正后系统的开环剪切频率、幅值裕量和相角裕量均满足系统的要求。

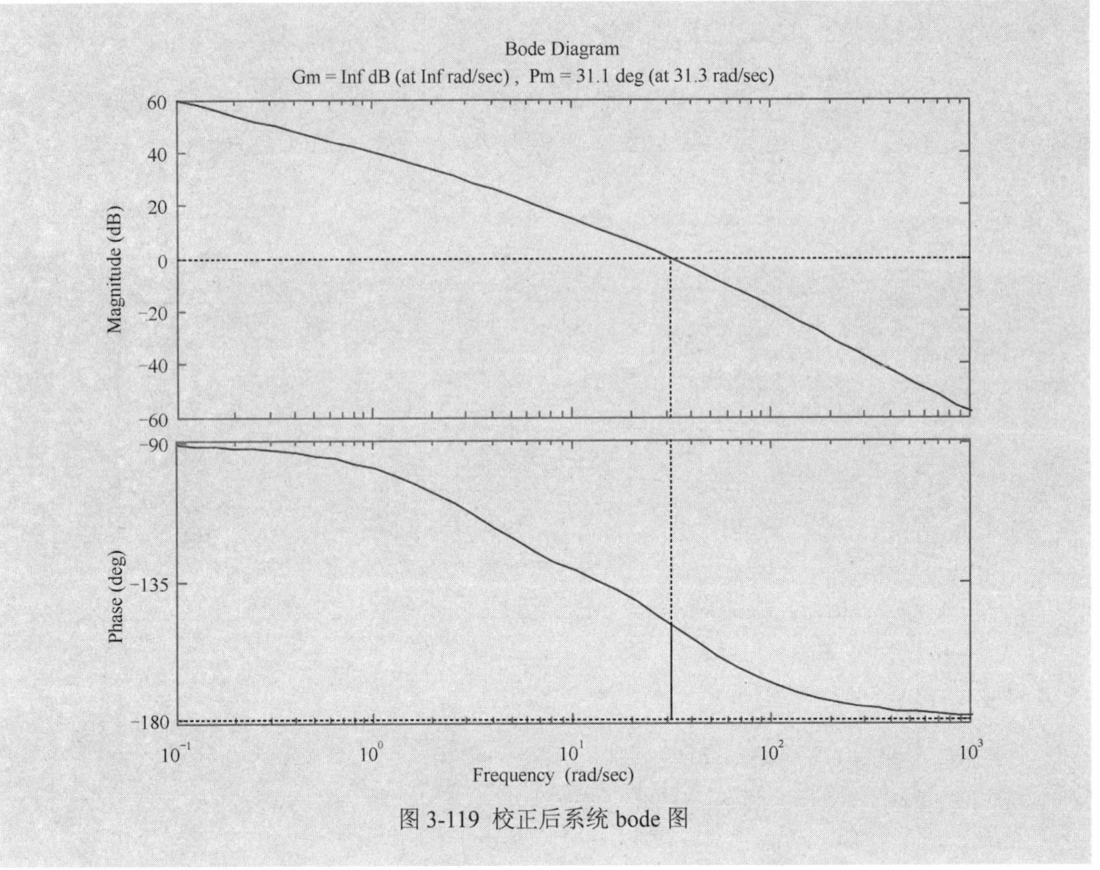

图 3-119 校正后系统 bode 图

由上面分析过程，得到串联超前校正的特点有：

（1）这种校正主要对未校正系统中频段进行校正，使校正后中频段的斜率为-20dB/dec，且有足够大的相角裕量。

（2）超前校正会使系统瞬态响应的速度变快。由上例知，校正后系统的剪切频率由未校正前的 22.1 增大到 31.3。这说明校正后，系统的频带变宽，瞬态响应速度变快；但系统抗高频噪声的能力变差。因此，在校正装置设计时要考虑高频噪声的影响。

（3）超前校正一般虽能较有效地改善动态性能，但未校正系统的相频特性在剪切频率附近急剧下降时，若用单级超前校正装置去校正，效果不明显。因为校正后系统的剪切频率向高频段移动。在新的截止频率处，由于未校正系统的相角滞后量过大，因而用单级的超前校正装置不能获得较大的相角裕量。

2）串联滞后校正

由于滞后校正网络具有低通滤波器的特性，当它与系统的固有部分相串联时，会使系统开环频率特性的中频和高频段增益降低和剪切频率 ω_c 减小，从而有可能使系统获得足够大的相角裕量，它不影响频率特性的低频段。由此可见，滞后校正在一定的条件下，也能使系统同时满足动态和静态的要求。

串联滞后校正后系统的剪切频率会减小，瞬态响应的速度要变慢；在剪切频率 ω_c 处，滞后校正网络会产生一定的相角滞后量。为了使这个滞后角尽可能地小，理论上希望 $G_c(s)$

的两个转折频率 ω_1， ω_2比ω_c越小越好，但考虑实际物理实现上的可行性，一般取 $\omega_2 = \dfrac{1}{T} = (0.25\sim0.1)\omega_c$ 为宜。

如果所研究的系统为单位反馈最小相位系统，则应用频率法设计串联滞后校正网络的步骤如下：

（1）首先根据稳态性能要求，确定系统开环增益 K；

（2）利用已确定的开环增益，画出未校正系统对数频率特性曲线，确定未校正系统的剪切频率 ω_c、相角裕量 γ 和幅值裕量 $K_g(\mathrm{dB})$；

（3）选择不同的 ω_c''，计算或查出不同的 γ 值；并绘制出 $\gamma(\omega_c'')$ 曲线；

（4）根据相角裕量 γ'' 要求，选择已校正系统的剪切频率 ω_c''；考虑到滞后网络在新的剪切频率 ω_c'' 处，会产生一定的相角滞后 $\varphi_c(\omega_c'')$，因此，有等式成立：$\gamma'' = \gamma(\omega_c'') + \varphi_c(\omega_c'')$，然后在 $\gamma(\omega_c'')$ 曲线上可查出相应的 ω_c'' 值。

（5）根据下述关系确定滞后网络参数 b 和 T 如下：

$$20\lg b + L'(\omega_c'') = 0 \tag{3-103}$$

$$\frac{1}{bT} = (0.1\sim0.25)\omega_c'' \tag{3-104}$$

要保证已校正系统的剪切频率为上面所选的 ω_c'' 值，就必须使滞后网络的衰减量 $20\lg b$ 在数值上等于未校正系统在新剪切频率 ω_c'' 上的对数幅频值 $L'(\omega_c'')$，该值在未校正系统的对数幅频曲线上可以查出，于是，通过式（3-103）可以算出 b 值。

根据式（3-104）由已确定的 b 值，可以算出滞后网络的 T 值。如果求得的 T 值过大难以实现，则可将式（3-104）中的系数 0.1 适当增大，而 $\varphi_c(\omega_c'')$ 的估计值应在$-6°\sim-14°$ 范围内确定。

（6）验算已校正系统的相角裕量和幅值裕量。

【实例 3-27】 控制系统结构图如图 3-120 所示。若要求校正后的静态速度误差系数等于 30 s^{-1}，相角裕量不低于 40°，幅值裕量不小于 10 dB，剪切频率不小于 2.3 rad/s，设计串联校正装置。

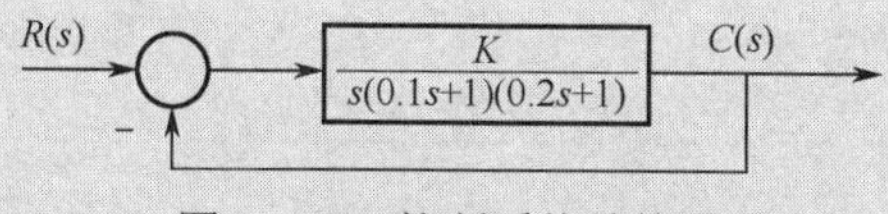

图 3-120　控制系统结构图

解　（1）首先确定开环增益 K:

$$K_v = \lim_{s\to0} sG(s) = K = 30$$

（2）未校正系统开环传递函数应取:

$$G(s) = \frac{30}{s(0.1s+1)(0.2s+1)}$$

画出未校正系统的对数幅频特性曲线，如图 3-121（a）所示。

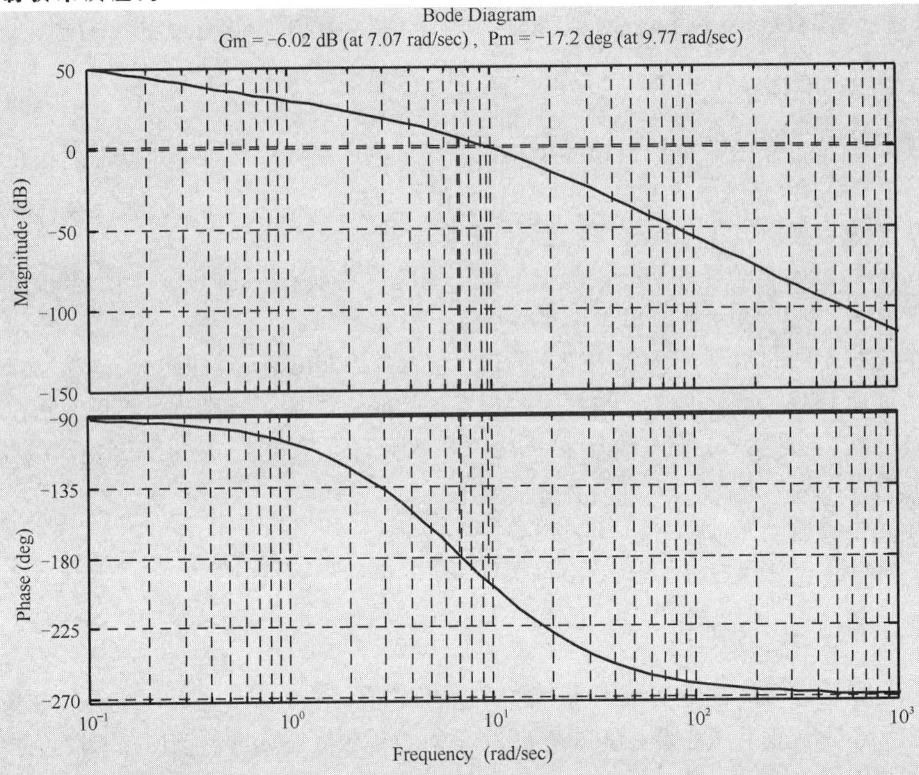

（a）校正前系统的对数幅频特性曲线

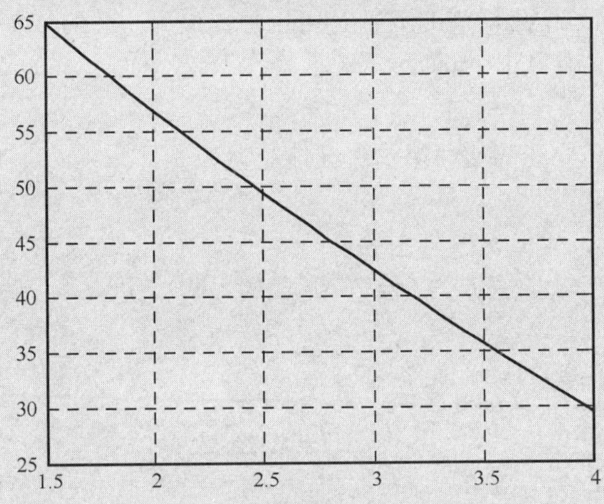

（b）剪切频率与相角裕量关系图

图 3-121 系统伯德图

由图可得 $\omega_c' = 9.77$ rad/s， $\gamma = -17.2^\circ$ 。

很显然未校正系统不稳定，且剪切频率远大于要求值。在这种情况下，采用串联超前校正是无效的。

考虑到本例题对系统剪切频率值要求不大，故选用串联滞后校正，可以满足需要的性能指标。

（3）计算 $\gamma(\omega_c'') = 90^\circ - \arctan(0.1\omega_c'') - \arctan(0.2\omega_c'')$

$$\gamma''=\gamma(\omega_c'')+\varphi(\omega_c''),\quad \gamma(\omega_c'')=\gamma''-\varphi(\omega_c'')=40^\circ-(-6^\circ)=46^\circ$$

在图 3-121（b）中可查得当 $\omega_c''=2.7$ rad/s 时，$\gamma(2.7)=46.5^\circ$ 可满足要求。由于指标要求 $\omega_c''\geqslant 2.3$ rad/s，故 ω_c'' 值可在 2.3～2.7 rad/s 范围内任取。考虑到 ω_c'' 取值较大时，已校正系统响应速度较快，滞后网络时间常数 T 值较小，便于实现，故选取 $\omega_c''=2.7$ rad/s。然后，在图 3-121（a）上查出 $L'(\omega_c'')=19.4$ dB，也可通过计算得出。

（4）计算滞后网络参数。

由式（3-103）$20\lg b+L'(\omega_c'')=0$，b=0.107

再利用式（3-104），$\dfrac{1}{bT}=0.1\omega_c''$，$T=\dfrac{1}{0.1\omega_c''b}=34.6$ s，bT=3.7 s

则滞后网络的传递函数：

$$G_c(s)=\frac{1+bTs}{1+Ts}=\frac{1+3.7s}{1+34.6s}$$

（5）验算指标（相角裕量和幅值裕量）：

$$\varphi_c(\omega_c'')\approx\arctan[0.1(b-1)]=-5.2^\circ$$

$$\varphi_c(\omega_c'')=\arctan\frac{(b-1)T\omega_c''}{1+b(T\omega_c'')^2}=-5.21^\circ$$

$\gamma''=\gamma(\omega_c'')+\varphi(\omega_c'')=46.5^\circ-5.2^\circ=41.3^\circ>40^\circ$，满足要求。

未校正前的相位剪切频率 ω_g：$\varphi(\omega_g)=-180^\circ$，$1-0.1\omega_g\times0.2\omega_g=0$，则 $\omega_g=7.07$ rad/s。校正后的相位剪切频率 $\omega_g'=6.8$ rad/s。

求幅值裕量 $K_g(\text{dB})=-20\lg|G_c(j\omega_g')G_o(j\omega_g')|=12.7\text{dB}>10$ dB

另外，由校正后的系统 Bode 图（图 3-122）可看出，校正后的相角裕量为 41.1°，幅值裕量为 12.7 dB，均满足性能指标要求，幅值和相位剪切频率分别为 2.73 rad/s 和 6.81 rad/s，都能满足要求。

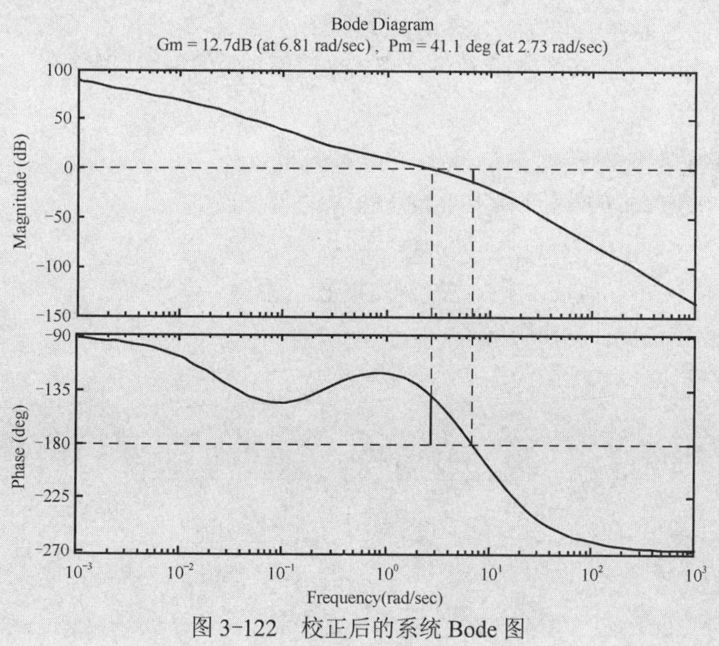

图 3-122　校正后的系统 Bode 图

综上所述，比较串联超前校正和串联滞后校正的特点如下：

（1）超前校正是利用超前网络的相角超前特性对系统进行校正，而滞后校正则是利用滞后网络幅值的高频衰减特性。

（2）用频率法进行超前校正，旨在提高开环对数幅频渐进线在剪切频率处的斜率（由-40 dB/dec 提高到-20 dB/dec）和相角裕量，并增大系统的频带宽度。频带的变宽意味着校正后的系统响应变快，调整时间缩短。

（3）对同一系统，超前校正系统的频带宽度一般总大于滞后校正系统，因此，如果要求校正后的系统具有宽的频带和良好的瞬态响应，则采用超前校正。当噪声电平较高时，显然频带越宽的系统抗噪声干扰的能力也越差。对于这种情况，宜对系统采用滞后校正。

（4）超前校正需要增加一个附加的放大器，以补偿超前校正网络对系统增益的衰减。

（5）在系统响应速度要求不高而抑制噪声电平性能要求较高的情况下，可考虑采用串联滞后校正，在有些应用方面，采用滞后校正可能得出时间常数大到不能实现的结果。

（6）滞后校正虽然能改善系统的静态精度，但它促使系统的频带变窄，瞬态响应速度变慢。如果要求校正后的系统既有快速的瞬态响应，又有高的静态精度，则应采用滞后-超前校正。

3）串联滞后-超前校正

这种校正方法兼有滞后校正和超前校正的优点，即校正系统响应速度快，超调量小，抑制高频噪声的性能也较好。当未校正系统不稳定，且对校正后的系统的动态和静态性能（响应速度、相角裕量和稳态误差）均有较高要求时，显然，仅采用上述超前校正或滞后校正均难以达到预期的校正效果。此时宜采用串联滞后-超前校正。

串联滞后-超前校正，实质上综合应用了滞后和超前校正各自的特点，即利用校正装置的超前部分来增大系统的相角裕量，以改善其动态性能；利用它的滞后部分来改善系统的静态性能，两者分工明确，相辅相成。

串联滞后-超前校正的设计步骤如下：

（1）根据稳态性能要求，确定开环增益 K；

（2）绘制未校正系统的对数幅频特性，求出未校正系统的剪切频率 ω_c、相角裕量 γ 及幅值裕量 $K_g(\text{dB})$ 等；

（3）在未校正系统对数幅频特性上，选择斜率从-20 dB/dec 变为-40 dB/dec 的转折频率作为校正网络超前部分的转折频率 ω_b；这种选法可以降低已校正系统的阶次，且可保证中频区斜率为-20 dB/dec，并占据较宽的频带。滞后-超前网络的零极点分布如图 3-123 所示。

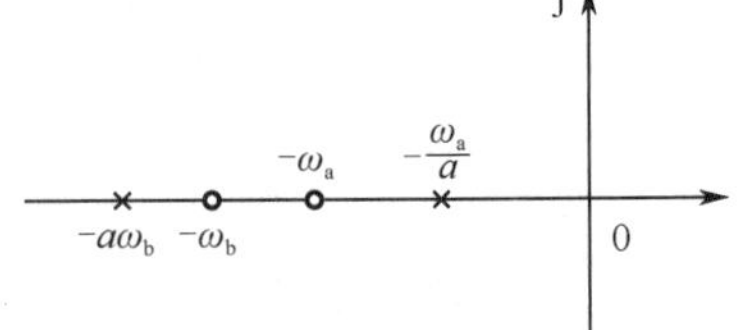

图 3-123　滞后-超前网络零极点图

滞后-超前网络的传递函数为：

$$G_c(s)=\frac{(T_a s+1)(T_b s+1)}{(aT_a s+1)\left(\dfrac{T_b}{a}s+1\right)}=\frac{\left(1+\dfrac{s}{\omega_a}\right)\left(1+\dfrac{s}{\omega_b}\right)}{\left(1+\dfrac{s}{\dfrac{\omega_a}{a}}\right)\left(1+\dfrac{s}{a\omega_b}\right)}$$

（4）根据响应速度要求，选择系统的剪切频率 ω_c'' 和校正网络的衰减因子 $\dfrac{1}{a}$；要保证已校正系统剪切频率为所选的 ω_c''，下列等式应成立：

$$-20\lg a + L'(\omega_c'') + 20\lg T_b\omega_c'' = 0 \qquad (3\text{-}105)$$

式（3-105）中，$-20\lg a$ 为滞后-超前网络贡献的幅值衰减的最大值，$L'(\omega_c'')$ 为未校正系统的幅值量，$20\lg T_b\omega_c''$ 为滞后-超前网络超前部分在 ω_c'' 处贡献的幅值。

$L'(\omega_c'') + 20\lg T_b\omega_c''$，可由未校正系统对数幅频特性的-20 dB/dec 延长线在 ω_c'' 处的数值确定。因此，由（3-105）式求出 a 值。

（5）根据相角裕量要求，估算校正网络滞后部分的转折频率 ω_a。

（6）校验已校正系统开环系统的各项性能指标。

【实例 3-28】 未校正系统开环传递函数为 $G_0(s)=\dfrac{K_v}{s\left(\frac{1}{6}s+1\right)\left(\frac{1}{2}s+1\right)}$。试设计校正装置，使系统满足下列性能指标：（1）在最大指令速度为 $180^\circ s^{-1}$ 时，位置滞后误差不超过 1°；（2）相角裕量为 45° ±3°；（3）幅值裕量不低于 10 dB;（4）过渡过程调节时间不超过 3 s。

解　（1）确定开环增益。$K = K_v = 180\ s^{-1}$。

（2）作未校正系统对数幅频特性渐近曲线，如图 3-124 所示。由图得未校正系统剪切频率 $\omega_c' = 12.4\ \text{rad/s}$，$\gamma = -55.1^\circ$

$$\omega_g = 3.46\ \text{rad/s},\quad K_g(\text{dB}) = -27\ \text{dB}$$

表明未校正系统不稳定。

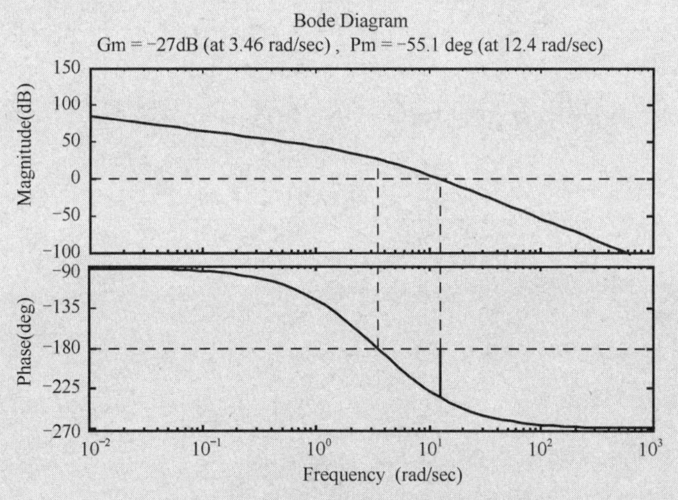

图 3-124　未校正系统对数幅频特性曲线图

（3）采用滞后超前校正。

① 本题如果采用串联超前校正，要将未校正系统的相角裕量从 $-55^\circ \to 45^\circ$，至少选用两级串联超前网络。显然，校正后系统的剪切频率将过大，可能超过 25 rad/s。利用 $M_p = \dfrac{1}{\sin\gamma} = \sqrt{2}$，$K = 2 + 1.5(M_p - 1) + 2.5(M_p - 1)^2 = 3.05$，$t_s = \dfrac{K\pi}{\omega_c} = 0.38\ \text{s}$，比要求的指标

提高了近10倍。

a. 伺服电机出现饱和，这是因为超前校正系统要求伺服机构输出的变化速率超过了伺服电机的最大输出转速之故。25 rad/s = 25×180/π = 1432（°）/s 于是，0.38 s 的调节时间将变得毫无意义；

b. 系统带宽过大，造成输出噪声电平过高；

c. 需要附加前置放大器，从而使系统结构复杂化。

② 如果采用串联滞后校正，可以使系统的相角裕量提高到45° 左右，但是对于该例题要求的高性能系统，会产生严重的缺点。

a. 滞后网络时间常数太大，$\omega_c''=1$ $L'(\omega_c'')=45.1\ \text{dB}$，由 $20\lg b+L'(\omega_c'')=0$ 计算出 $b=\dfrac{1}{200}$，$\dfrac{1}{bT}=\dfrac{\omega_c''}{10}$，得到 T=2000 s，无法实现。

b. 响应速度指标不满足。由于滞后校正极大地减小了系统的剪切频率，使得系统的响应迟缓。

（4）设计滞后超前校正。

上述分析表明，纯超前校正和纯滞后校正都不宜采用。研究图 3-124 可以发现（把-20 dB/dec 变为-40 dB/dec 的转折频率作为校正网络超前部分的转折频率 ω_b）$\omega_b=2$。

$$M_p=\frac{1}{\sin\gamma}=\sqrt{2}\text{，}\ K=2+1.5(M_p-1)+2.5(M_p-1)^2=3.05$$

$$t_s=\frac{K\pi}{\omega_c''}\text{，}\ \omega_c''=\frac{K\pi}{t_s},t_s\leqslant 3\ \text{s}\text{，}\ \omega_c''\geqslant 3.2\ \text{rad/s}$$

考虑到中频区斜率为-20 dB/dec，故 ω_c'' 应在3.2～6范围内选取。由于 ω_c'' 以-20 dB/dec 的中频区应占据一定宽度，故选 $\omega_c''=3.5\ \text{rad/s}$，相应的 $L'(\omega_c'')+20\lg T_b\omega_c''=34\ \text{dB}$（从图上得到，亦可计算得出）。

由 $-20\lg a+L'(\omega_c'')+20\lg T_b\omega_c''=0$ 得到 a=50，此时，滞后-超前校正网络的传递函数可写为：

$$G_c(s)=\frac{\left(1+\dfrac{s}{\omega_a}\right)\left(1+\dfrac{s}{\omega_b}\right)}{\left(1+\dfrac{s}{\dfrac{\omega_a}{a}}\right)\left(1+\dfrac{s}{a\omega_b}\right)}=\frac{\left(1+\dfrac{s}{\omega_a}\right)\left(1+\dfrac{s}{2}\right)}{\left(1+\dfrac{50s}{\omega_a}\right)\left(1+\dfrac{s}{100}\right)}$$

（5）根据相角裕量要求，估算校正网络滞后部分的转折频率 ω_a：

$$G_c(j\omega)G_0(j\omega)=\frac{180\left(1+\dfrac{j\omega}{\omega_a}\right)}{j\omega\left(1+\dfrac{j\omega}{6}\right)\left(1+\dfrac{50j\omega}{\omega_a}\right)\left(1+\dfrac{j\omega}{100}\right)}$$

$$\gamma''=180^\circ+\arctan\frac{\omega_c''}{\omega_a}-90^\circ-\arctan\frac{\omega_c''}{6}-\arctan\frac{50\omega_c''}{\omega_a}-\arctan\frac{\omega_c''}{100}$$

$$=57.7^\circ+\arctan\frac{3.5}{\omega_a}-\arctan\frac{175}{\omega_a}\text{，得到 }\omega_a=0.78\ \text{rad/s}\text{。}$$

$$G_c(s)=\frac{\left(1+\dfrac{s}{0.78}\right)\left(1+\dfrac{s}{2}\right)}{\left(1+\dfrac{50s}{0.78}\right)\left(1+\dfrac{s}{100}\right)}=\frac{(1+1.28s)(1+0.5s)}{(1+64s)(1+0.01s)}$$

$$G_c(s)G_0(s)=\frac{180(1+1.28s)}{s(1+0.167s)(1+64s)(1+0.01s)}$$

（6）验算精度指标。由绘制出校正后的系统对数频率特性曲线图 3-125 可知：$\gamma''=46.4^\circ$，$K_g''=28.1\text{ dB}$，满足要求。

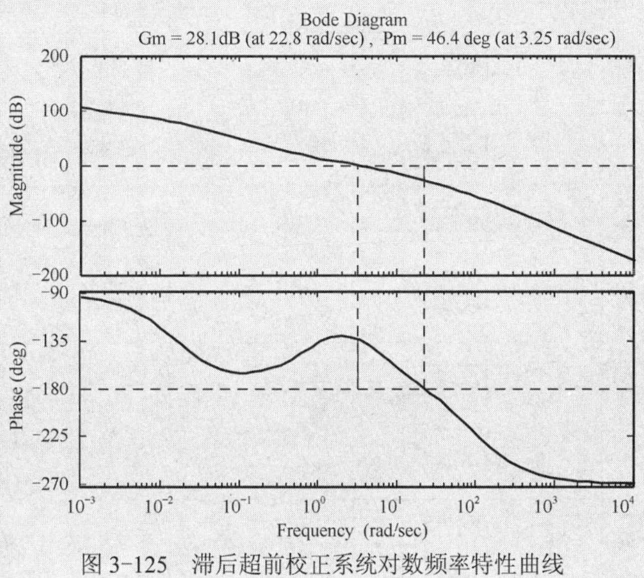

图 3-125　滞后超前校正系统对数频率特性曲线

串联滞后-超前校正结合了滞后校正和超前校正的特点。串联超前校正可以提高系统通频带宽度，但是会降低系统抑制高频噪声的能力；而串联滞后校正则会降低系统通频带宽度，但是会降低系统响应速度。而串联滞后-超前校正既可以有效提高系统的阻尼程度与响应速度，又可大幅度增加其开环增益，既提高系统的动态指标，也提高系统的稳态指标。

2. 反馈校正

1）反馈校正的类型

反馈校正是指在主反馈环内，为改善系统的性能而加入的反馈装置。典型反馈校正框图如图 3-126 所示。图中 $G_c(s)$为反馈校正装置的传递函数。

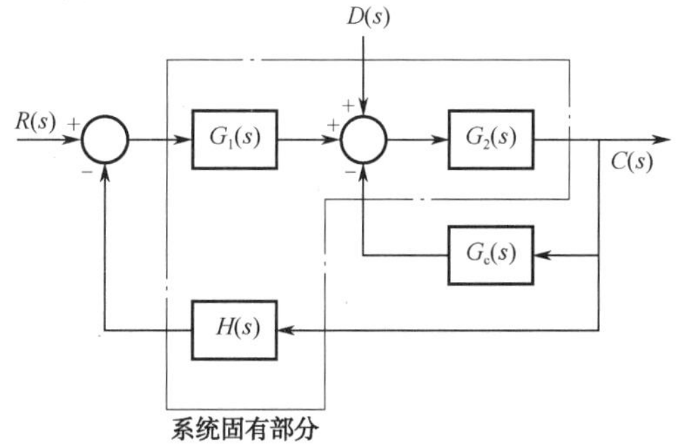

图 3-126　反馈校正在系统中的位置

通常反馈校正又分为硬反馈和软反馈。硬反馈的校正装置的主体是比例环节，而软反馈校正装置的主体是微分环节。表 3-7 中列出了反馈环节对典型环节的影响。

表 3-7　反馈校正对典型环节性能的影响

校正方式		框图	校正后的传递函数	校正效果
比例环节反馈校正	硬反馈	前向：K；反馈：α	$\frac{K}{1+\alpha K}$	仍为比例环节。 放大系数： $\frac{K}{1+\alpha K}$
	软反馈	前向：K；反馈：αs	$\frac{K}{1+\alpha Ks}$	变为惯性环节。 放大系数：K 时间常数：　$\tau=\alpha K$
惯性环节反馈校正	硬反馈	前向：$\frac{K}{\tau s+1}$；反馈：α	$\frac{K'}{1+\tau' s}$	仍为惯性环节，可提高系统的稳定性 放大系数：$K'=K/(1+\alpha K)$ 时间常数：　$\tau'=\tau/(1+\alpha K)$
	软反馈	前向：$\frac{K}{\tau s+1}$；反馈：αs	$\frac{K}{1+\tau' s}$	仍为惯性环节。 时间常数：　$\tau'=\tau+\alpha K$
积分环节反馈校正	硬反馈	前向：$\frac{K}{s}$；反馈：α	$\frac{K'}{1+\tau' s}$	变为惯性环节，有利于系统的稳定性。 放大系数：　$K'=1/\alpha$ 时间常数：　$\tau'=\tau/(\alpha K)$
	软反馈	前向：$\frac{K}{s}$；反馈：αs	$\frac{K'}{s}$	仍为积分环节。 放大系数：　$K'=K/(1+\alpha K)$

由以上内容得到反馈校正的主要作用：

（1）负反馈可以扩展系统的通频带，加快响应速度。

（2）负反馈可以及时抑制被反馈环包围的环节由于参数变化、非线性因素以及各种干扰对控制系统性能的不利影响。

（3）负反馈可以消除系统不可变部分中不希望的特性，使该局部反馈回路的特性完全取决于校正装置。

（4）反馈校正不但可以改变被包围环节的参数，还可以改变被包围环节的结构和性质。

（1）比例反馈

比例反馈校正环节的传递函数为 $H(s)=\alpha$ 或含有小惯性环节的比例反馈校正环节：$H(s)=\dfrac{\alpha}{\tau s+1}$。

在惯性环节加入比例反馈后，校正前 $G(s)=\dfrac{K}{\tau s+1}$，校正后 $G'(s)=\dfrac{K/(1+\alpha K)}{\tau/(1+\alpha K)s+1}$，对比校正前后的传递函数可知校正后比例反馈减小了系统的时间常数，可以起到扩展系统的通频带，加快响应速度的作用。在积分环节加入比例反馈时，它将积分环节变换成惯性环节，增强系统的稳定性，但会降低系统的无差度。由于比例反馈在动态和稳态过程中都要起反馈校正作用，因此又称为硬反馈。

（2）微分（速度）反馈

微分反馈校正环节的传递函数为：$H(s)=\alpha s$，或含有小惯性环节的微分反馈校正环节（实际微分反馈环节）：$H(s)=\dfrac{\alpha s}{\tau s+1}$

在惯性环节加入微分反馈后，校正前 $G(s)=\dfrac{K}{\tau s+1}$，校正后 $G'(s)=\dfrac{K}{(\tau+\alpha K)s+1}$，对比校正前后的传递函数，加入微分反馈可以增大其时间常数。在积分环节加入比例反馈时，校正前后均为积分环节，但校正后比例系数降为原来的 $1/(1+\alpha K)$，它增加了被包围环节的阻尼系数，改善系统的相对稳定性。

由于微分反馈仅在动态过程中起反馈校正作用，因此又称为软反馈。

2）串联校正与反馈校正的比较

上面分别介绍了两种改善系统性能的方法：串联校正和反馈校正，现用一个具体的二阶系统为例，以两种校正方法来比较其特点。

（1）串联校正（比例-微分控制）

图 3-127 是一典型的二阶系统串入比例-微分控制后的结构图。

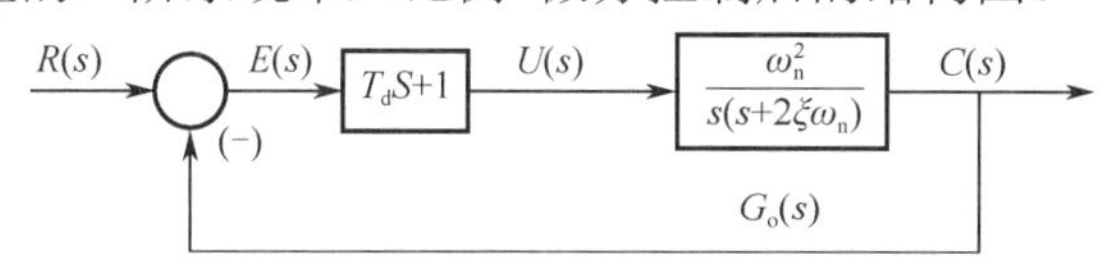

图 3-127　二阶系统串联校正图

特点：① 引入比例-微分控制，使系统阻尼比增加，从而抑制振荡，使超调减弱，改善系统平稳性。

② 引入比例-微分控制，将会加快系统响应速度，使上升时间缩短，峰值时间提前，又削弱了“阻尼”作用。因此适当选择微分时间常数，使系统具有过阻尼，则响应将在不出现超调的条件下，显著提高快速性。

③ 不影响系统误差，自然频率不变。

（2）反馈校正

二阶系统反馈校正图如图 3-128 所示。

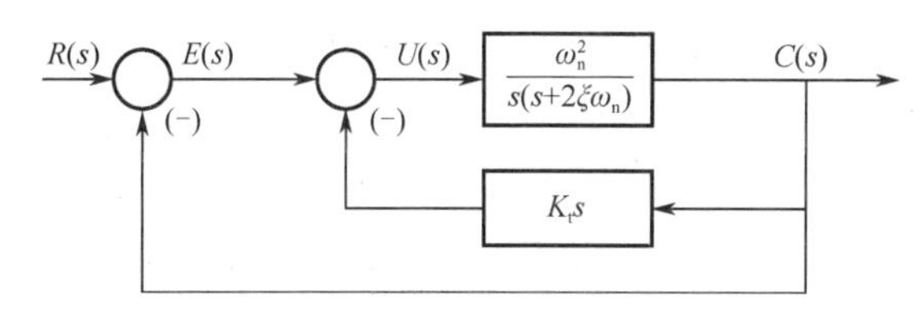

图 3-128　二阶系统反馈校正图

① 速度反馈使ξ增大，振荡和超调减小，改善了系统平稳性。

② 反馈校正控制输出平稳性优于比例-微分控制。

③ 系统跟踪斜坡输入时稳态误差会加大，因此应适当提高系统的开环增益.。

两种控制方案的作用比较如下：

① 微分控制的附加阻尼作用产生与系统输入端误差信号的变化率，微分作用的引入，不适用于输入端信号含有高频信号情况，需要提供前置放大器。

② 速度反馈控制的阻尼作用来源于输出量的变化率，是从高能量的输出端向低能量的输入端传递信号，无须放大器，并对输入端的噪声有滤波作用。

3. 顺馈补偿

串联校正和反馈校正都能有效地改善系统的动态和稳态性能，因此在自动控制系统中获得普遍的应用。此外，在自动控制系统中，还有一种能有效地改善系统性能的方法——顺馈补偿（Feedforward Compensation）。

控制系统工作时存在着两种误差：输入量的跟随误差和取决于扰动量的扰动误差。而系统的动态误差和稳态误差除了与系统的结构、参数有关以外，还与$R(s)$和$D(s)$有关。如能获取输入量信号$R(s)$和扰动量信号$D(s)$，并在系统信号的输入处引入$R(s)$和$D(s)$信号来做某种补偿，以降低甚至消除系统误差，这便是顺馈补偿（又称前馈补偿）。

顺馈补偿又可分为按扰动进行补偿和按给定输入进行补偿。通常将顺馈补偿与反馈控制结合起来构成的复合控制进行应用。下面分别进行说明。

1）按给定输入补偿的复合校正

由图3-129所示的结构图，得到系统的跟随误差传递函数为：

$$\frac{E(s)}{R(s)}=\frac{1-G_{\rm r}(s)G(s)}{1+G(s)} \tag{3-106}$$

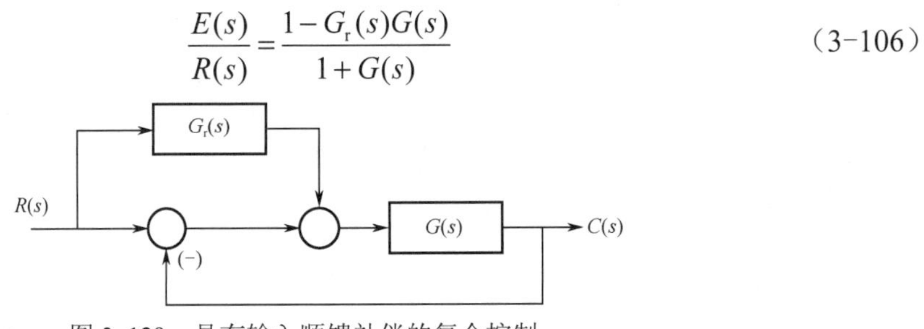

图3-129 具有输入顺馈补偿的复合控制

如果要消除给定输入量引起的跟随误差，则有 $1-G_{\rm r}(s)G(s)=0$

当满足条件

$$G_{\rm r}(s)=1/G(s) \tag{3-107}$$

有 $E(s)\equiv 0$ 成立。

式（3-107）说明，当顺馈补偿的控制器传递函数满足上式条件时，就可使系统的输出响应完全复现给定输入信号，从而系统的暂态和稳态误差均为零。意味着：因给定输入量引起的跟随误差已全部被顺馈环节所补偿，称为全补偿。

2）按扰动输入补偿的复合校正

由图3-130得到系统的扰动误差传递函数为：

$$\frac{E(s)}{D(s)}=\frac{-G_2(s)-G_{\rm f}(s)G_1(s)G_2(s)}{1+G_1(s)G_2(s)} \tag{3-108}$$

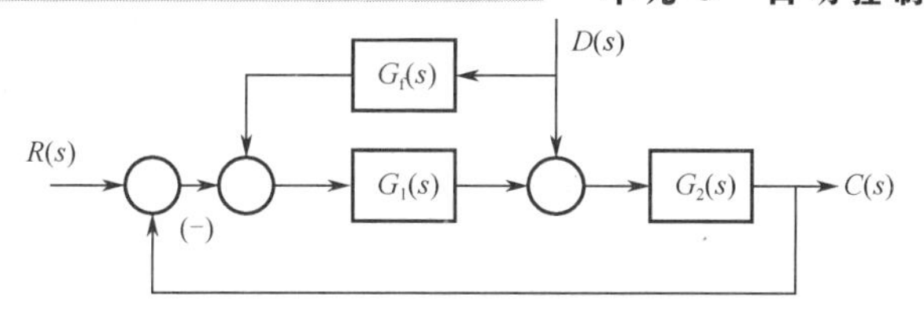

图 3-130　具有扰动顺馈补偿的复合控制

如果要消除扰动量产生的误差，则有：$-G_2(s)-G_f(s)G_1(s)G_2(s)=0$

当满足条件 $$G_f(s)=-1/G_1(s) \tag{3-109}$$

有　$E(s)\equiv 0$　成立。

式（3-109）说明，当顺馈补偿的控制器传递函数满足上式条件时，就可使系统的输出响应完全不受扰动信号 $D(s)$ 的影响，系统受扰动作用后的暂态和稳态误差均为零。意味着：因扰动量引起的扰动误差已被顺馈环节所补偿，也称为全补偿。

采用顺馈控制补偿扰动信号对输出的影响，首先要求扰动信号是可测量的，其次要求顺馈补偿装置在物理上是可实现的，并且力求简单。一般来说，主要扰动引起的误差采用顺馈补偿来进行全部或部分补偿，而对次要扰动引起的误差由系统的反馈控制来抑制。这样可在不提高控制系统开环增益的情况下，使各种扰动引起的误差均可以得到补偿，有利于同时兼顾提高系统稳定性和减小系统稳态误差的要求。

实际上，上述两式只是理论上的公式，要实现全补偿是比较困难的，但可以实现近似的全补偿。由于前面两种顺馈补偿扰动和完全复现输入的条件是在系统传递函数的零极点能完全对消的情况下实现。而控制器和被控对象的传递函数一般都是分母多项式 s 的阶次比分子多项式 s 的阶次高，由上面两个补偿条件可知，其补偿装置的传递函数分子多项式 s 的阶次反而比分母多项式 s 的阶次高，这就要求补偿装置的传递函数是一个理想的微分环节，而这在实际上是不存在的，所以完全实现传递函数的零极点对消在实际上做不到。

对于按给定输入补偿的顺馈控制，顺馈信号加入系统的作用点越向后移，越靠近输出端，作用点后的环节传递函数分母多项式 s 的阶次越低，因而补偿装置越容易实现，但这又会使顺馈补偿的功率等级迅速增加。通常轴功率越大的装置惯性也越大，实现微分也困难。并且大功率信号的叠加在技术上及经济上都存在障碍。

由于顺馈补偿是采用开环控制方式去补偿可测量的扰动信号，因而加入顺馈控制并不改变反馈控制系统的特性，从抑制扰动的角度来分析，顺馈控制可以减轻反馈控制的负担，从而反馈控制增益可取得小一点也有利于控制系统的稳定。另外，按照直接引入扰动量信号来进行的补偿，要比从输出量引入的反馈控制来得更及时。由于含有扰动顺馈补偿的复合控制具有显著减小扰动误差的优点，因此在要求较高的场合，获得广泛的应用（它是以系统的扰动量有可能被直接或间接测得为前提的）。

任务 4　二阶系统性能分析与测试

1. 任务工单

任务名称	二阶系统性能分析与测试
基本知识	（1）稳定性概念； （2）劳斯判据；

续表

基本知识	（3）系统动态性能； （4）系统稳态性能； （5）系统仿真应用
职业技能目标	（1）用时域分析法进行控制系统稳定性分析能力； （2）控制系统动态性能分析能力； （3）控制系统稳态性能分析能力； （4）控制系统仿真分析能力； （5）系统测试查故分析能力； （6）学习资料的查询能力； （7）培养团队协作的能力
电路	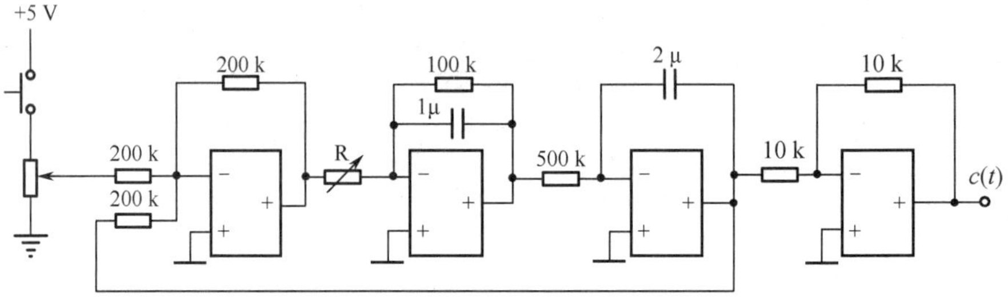 +5 V　200 k　200 k　200 k　R　100 k　1μ　500 k　2 μ　10 k　10 k　$c(t)$ 二阶系统的模拟图
任务内容与步骤	（1）分析各运算放大器的作用，建立二阶系统的数学模型； （2）二阶系统性能仿真分析； （3）焊接或搭接二阶系统的模拟电路图； （4）给系统施加阶跃信号，将模拟电路输入端 $r(t)$与阶跃信号的输出端 Y 相连接；模拟电路的输出端 $c(t)$接至示波器； （5）用示波器观测输出端的实际响应曲线 $c(t)$，并记录系统的动态和稳态性能指标。改变电位器阻值参数，重新观测结果； （6）整理实验结果及实验装置； （7）撰写工作任务报告
任务评分	（1）前期准备情况（10%）； （2）正确分析各环节作用，并建立系统的数学模型（10%）； （3）系统电路图焊接或搭接正确（20%）； （4）系统测试及仿真结果正确（40%）； （5）实训报告（20%）

2. 任务目标

（1）研究二阶系统的特征参数，阻尼比ξ和无阻尼自然振荡角频率ω_n对系统动态性能的影响，定量分析ξ和ω_n与超调量$\sigma\%$和调整时间t_s之间的关系。

（2）掌握利用 MATLAB 软件分析二阶系统性能，并分析不同参数对系统稳定性的影响。

（3）学会根据二阶系统阶跃响应曲线判断控制系统的阻尼状态。

3. 任务内容

（1）建立图 3-131 所示二阶系统模拟电路图的数学模型。

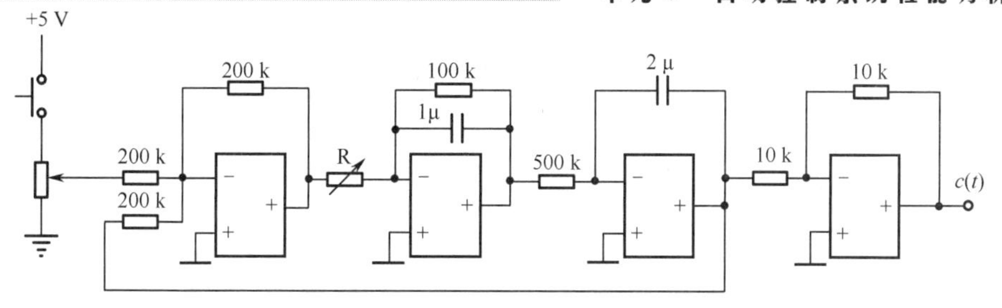

图 3-131　二阶系统的模拟图

（2）焊接（搭接）图示的二阶系统模拟电路图

（3）调节二阶系统的电位器阻值，使系统分别呈现为欠阻尼 $0<\xi<1(R=10\ \mathrm{k\Omega})$，临界阻尼 $\xi=1(R=40\ \mathrm{k\Omega})$和过阻尼 $\xi>1(R=100\ \mathrm{k\Omega})$三种状态，并用示波器记录它们的阶跃响应曲线。

（4）调节二阶系统的电位器阻值，使系统的阻尼比 $\xi=\dfrac{1}{\sqrt{2}}=0.707(R=20\ \mathrm{k\Omega})$，观测此时系统在阶跃信号作用下的动态性能指标：超调量 $\sigma\%$、峰值时间 t_p 和调整时间 t_s。

4．任务实现

（1）分析模拟电路图中各个运算放大器的功能，根据所掌握的数学模型建立方法，建立二阶系统的数学模型。

图 3-131 所示二阶系统模拟电路图的开环传递函数由一个惯性环节和一个积分环节串联而成，其开环传递函数为 $G_k(s)=\dfrac{K_1}{s(0.1s+1)}=\dfrac{100/R}{s(0.1s+1)}$，该电路对应的结构图如图 3-132 所示，图中 $\tau=1$ s，$T_1=0.1$ s。

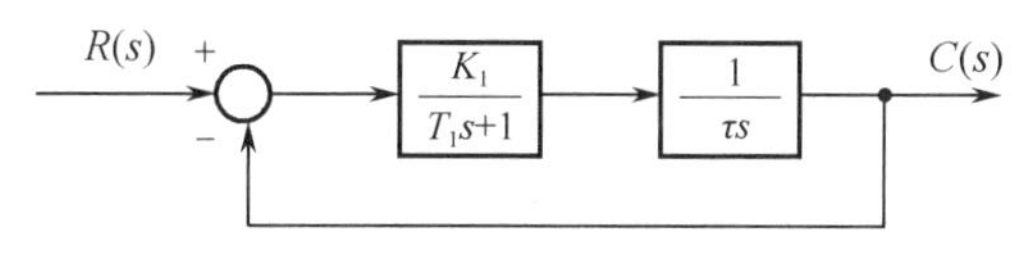

图 3-132　二阶系统结构图

则闭环系统的传递函数为 $\Phi(s)=\dfrac{1000/R}{s^2+10s+1000/R}=\dfrac{\omega_n^2}{s^2+2\xi\omega_n s+\omega_n^2}$。

（2）取 R 值分别等于 100 kΩ、40 kΩ、20 kΩ和 10 kΩ，利用 MATLAB 软件进行二阶系统动、静态性能仿真分析，绘制出阶跃响应曲线，记录超调量 $\sigma\%$、峰值时间 t_p 和调整时间 t_s 等参数，填入表 3-8 中。

（3）焊接（搭接）二阶系统线路板。

（4）利用天煌 TKKL-4 型控制理论/计算机控制技术试验箱提供的模块施加阶跃信号（具体接法参见单元 2 中的任务），作用到线路板输入端。通过改变二阶系统电路图中电位器 R 阻值，使 R 分别等于 100 kΩ、40 kΩ、20 kΩ和 10 kΩ，用示波器分别观测系统的阶跃输出响应波形。

① 当 $R=100\ \mathrm{k\Omega}$时，$\xi=1.58>1$，系统处于过阻尼状态，其阶跃响应为一单调上升曲线，系统无超调。

表 3-8 二阶系统性能测试数据表格

参数 项目	R (kΩ)	ω_n (1/s)	ξ	$\sigma\%$		t_p(s)		t_r(s)		t_s(s)		阶跃响应曲线
				测量	仿真	测量	仿真	测量	仿真	测量	仿真	
$0<\xi<1$ 欠阻尼响应	10											
	20											
$\xi=1$ 临界阻尼响应	40			—		—						
$\xi>1$ 过阻尼响应	100			—		—						

② 当 R=40 kΩ时，ξ=1，系统处于临界阻尼状态，其阶跃响应为一单调上升曲线，系统无超调。

③ 当 R=20 kΩ时，ξ=0.707<1，系统处于达到最佳状态，其快速性和平稳性能较好。

④ 当 R=10 kΩ时，ξ=0.5，系统处于欠阻尼状态，其阶跃响应为一衰减振荡曲线。

（5）然后用示波器观测系统的阶跃响应曲线，并由曲线测出超调量$\sigma\%$、峰值时间 t_p 和调整时间 t_s，将测量值与仿真值进行比较，并将数据填入到数据表格中。

5. 拓展思考

通过上述二阶系统的任务实现，思考二阶系统的 K 变化时，对系统哪些性能产生什么样的影响？思考二阶系统的阻尼比小于零时控制系统处于什么样的状态？

任务 5 三阶系统性能分析与测试

1. 任务工单

任务名称	三阶系统性能分析与测试
基本知识	（1）稳定性概念； （2）劳斯判据； （3）系统动态性能； （4）系统稳态性能； （5）系统仿真应用
职业技能目标	（1）用时域分析法进行控制系统稳定性分析能力； （2）控制系统动态性能分析能力； （3）控制系统稳态性能分析能力； （4）控制系统仿真分析能力； （5）系统测试查故分析能力； （6）学习资料的查询能力； （7）培养团队协作的能力

续表

电路	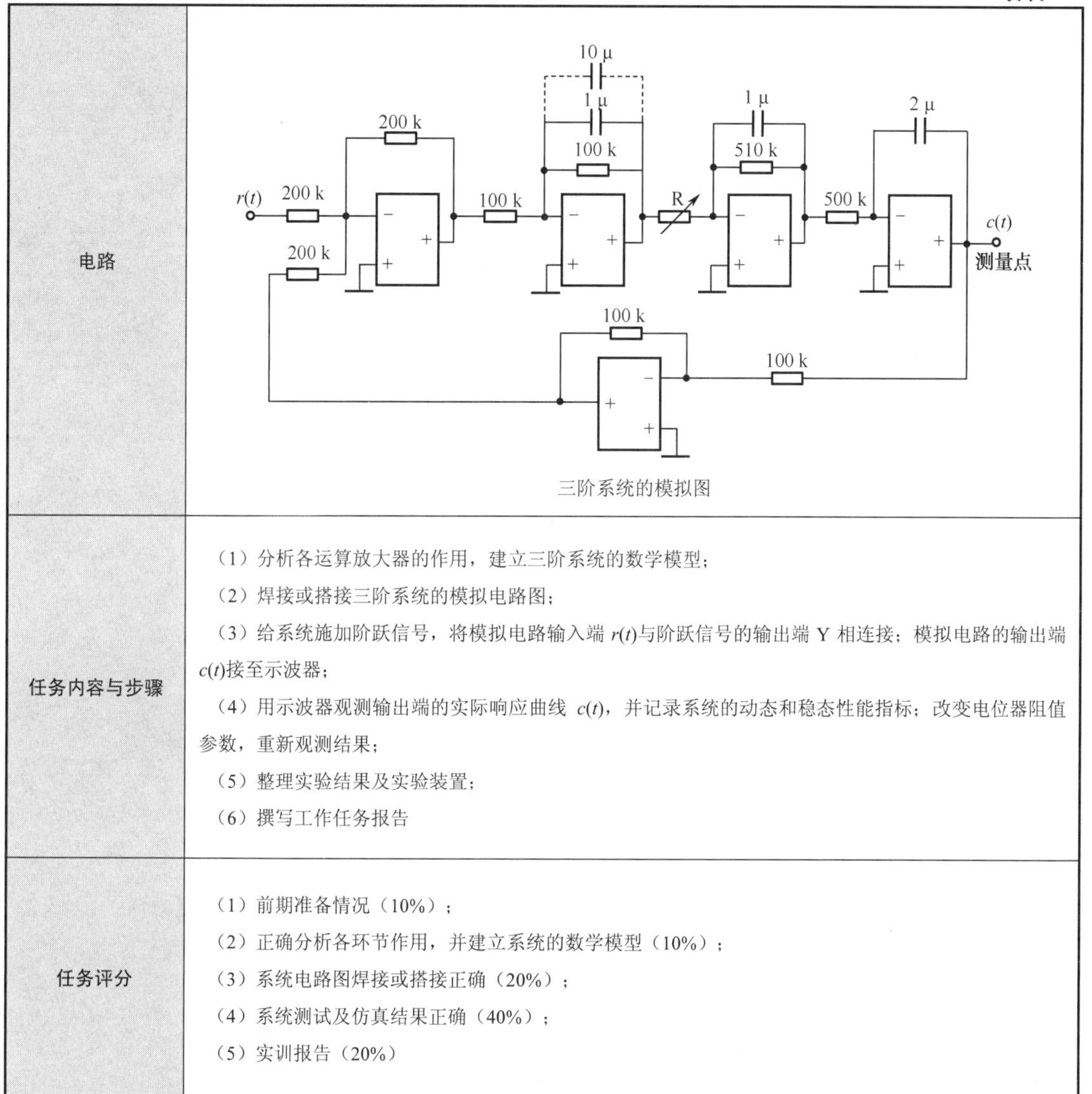 三阶系统的模拟图
任务内容与步骤	（1）分析各运算放大器的作用，建立三阶系统的数学模型； （2）焊接或搭接三阶系统的模拟电路图； （3）给系统施加阶跃信号，将模拟电路输入端 $r(t)$与阶跃信号的输出端 Y 相连接；模拟电路的输出端 $c(t)$接至示波器； （4）用示波器观测输出端的实际响应曲线 $c(t)$，并记录系统的动态和稳态性能指标；改变电位器阻值参数，重新观测结果； （5）整理实验结果及实验装置； （6）撰写工作任务报告
任务评分	（1）前期准备情况（10%）； （2）正确分析各环节作用，并建立系统的数学模型（10%）； （3）系统电路图焊接或搭接正确（20%）； （4）系统测试及仿真结果正确（40%）； （5）实训报告（20%）

2．任务目标

（1）掌握三阶系统的动态性能，并分析不同参数对系统稳定性的影响。

（2）利用仿真软件绘制系统阶跃响应曲线，分析系统性能。

3．任务内容

（1）建立图 3-133 所示的三阶系统模拟电路图的数学模型，分析系统的动态和稳态性能。

（2）焊接（搭接）图示的三阶系统模拟电路图。

（3）研究三阶系统的电位器阻值或一个惯性环节时间常数 T 的变化对系统动态性能的影响。

（4）由实验确定三阶系统临界稳定的 K 值，并与理论计算结果进行比较。

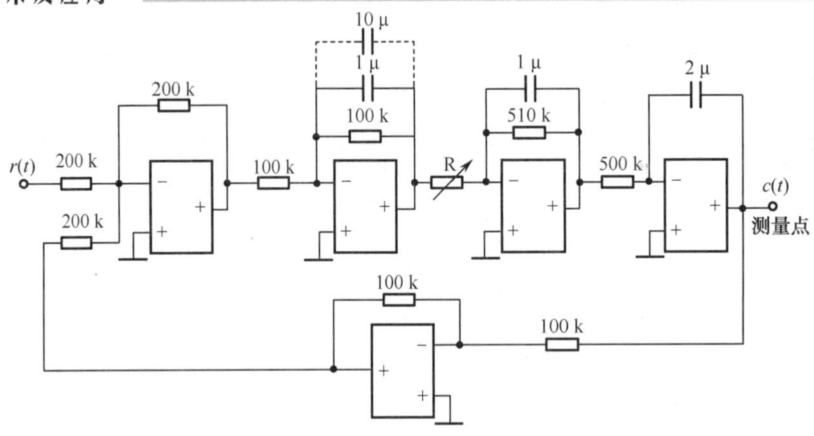

图 3-133　三阶系统的模拟图

4．任务实现

（1）根据所掌握的数学模型建立方法，建立三阶系统的数学模型。

图 3-133 所示三阶系统模拟电路图的开环传递函数由两个惯性环节和一个积分环节串联而成，其开环传递函数为 $G_k(s)=\dfrac{K}{s(T_1s+1)(T_2s+1)}=\dfrac{510/R}{s(0.1s+1)(0.51s+1)}$，该电路对应的结构图如图 3-134 所示。

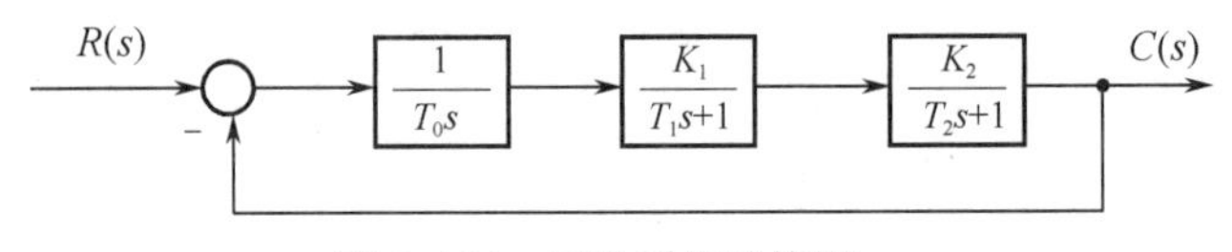

图 3-134　三阶系统结构图

图中 T_0=500 kΩ×2 μF=1 s，K_1=1，T_1=100 kΩ×1 μF=0.1 s，$K_2=\dfrac{510}{R}$，T_2=510 kΩ×1 μF=0.51 s。

首先分析系统的稳定性，求出系统的闭环特征方程为：

$$s(T_1s+1)(T_2s+1)+K=0$$

即

$$0.051s^3+0.61s^2+s+K=0$$

由劳斯稳定判据可知 $K\approx12$（系统稳定的临界值）系统产生等幅振荡；$K>12$，系统不稳定；$K<12$，系统稳定。

（2）取 R 值分别等于 100 kΩ、42.6 kΩ和 30 kΩ，利用 MATLAB 软件进行三阶系统动、稳态性能仿真分析，绘制出阶跃响应曲线，分析其动、稳态性能。

（3）焊接（搭接）三阶系统线路板，改变三阶系统电路图中电位器 R 阻值实现系统开环增益的调节，用示波器观测系统的稳定状态、临界稳定状态和不稳定状态。

（4）利用天煌 TKKL-4 型控制理论/计算机控制技术试验箱提供的模块施加阶跃信号（具体接法见单元 2 中任务），作用到线路板输入端。通过改变三阶系统电路图中电位器 R 阻值，使 R=30 kΩ用示波器观测系统在阶跃信号作用下的输出波形。

（5）减小开环增益（令 R=42.6 kΩ，100 kΩ），观测这两种情况下系统的阶跃响应曲线。

（6）在 R=100 kΩ情况下，将第一个惯性环节的时间常数由 0.1 s 变为 1 s，然后再用示波器观测系统的阶跃响应曲线。将测量值与理论计算值进行比较并记录相应系统的输出波

形填入到数据表格 3-9 中。

表 3-9 三阶系统性能测试曲线表格

R(kΩ)	仿真输出曲线	测试输出波形	稳定性
30			
42.6			
100			

5. 拓展思考

通过上述三阶系统的任务实现，分析系统中的小惯性和大惯性环节分别对系统稳定性能产生什么样的影响？改变三阶系统的开环增益和惯性环节的时间常数，对系统的动态性能和稳定性产生什么影响？

任务 6 频率分析法分析系统性能

1. 任务工单

任务名称	频率分析法分析系统性能
基本知识	（1）系统频域性能指标； （2）奈奎斯特稳定判据； （3）对数频率判据； （4）MATLAB 软件进行系统频域分析
职业技能目标	（1）控制系统模型的建立； （2）控制系统分析能力； （3）控制系统的仿真能力； （4）学习资料的查询能力； （5）培养团队协作的能力
电路	$r(t)$ 200 k 200 k 200 k $-e(t)$ 250 k 1 μ 10 k 10 k 1 μ 10 k 10 k $C(t)$ 测量点 $-b(t)$ 系统模拟图
任务内容与步骤	（1）建立上述系统的数学模型； （2）MATLAB 软件进行控制系统频域分析，正确绘制伯德图和奈氏曲线； （3）焊接或搭接系统模拟电路图； （3）应用示波器测量系统的频率特性； （4）撰写工作任务报告

续表

任务名称	频率分析法分析系统性能
任务评分	（1）前期准备情况（10%）； （2）正确建立系统数学模型（10%）； （3）绘制系统频域特性曲线，正确分析系统的绝对稳定性和相对稳定性（30%）； （4）正确使用仪器系统的频率特性（30%）； （5）实训报告（20%）

2．任务目标

（1）熟练掌握系统数学模型建立的方法。

（2）掌握 MATLAB 软件进行控制系统频域分析，会正确绘制伯德图和奈氏曲线，并能根据绘制的伯德图和奈氏曲线判断控制系统的性能。

（3）正确使用示波器测试系统频率特性，正确读取数据。

3．任务内容

（1）建立图 3-135 系统模拟电路图的数学模型。

（2）MATLAB 软件进行系统的频域分析，改变系统增益，绘制伯德图和奈氏曲线。

（3）焊接或搭接模拟电路图，在模拟电路输入端施加正弦信号，测试系统或环节的频率特性。

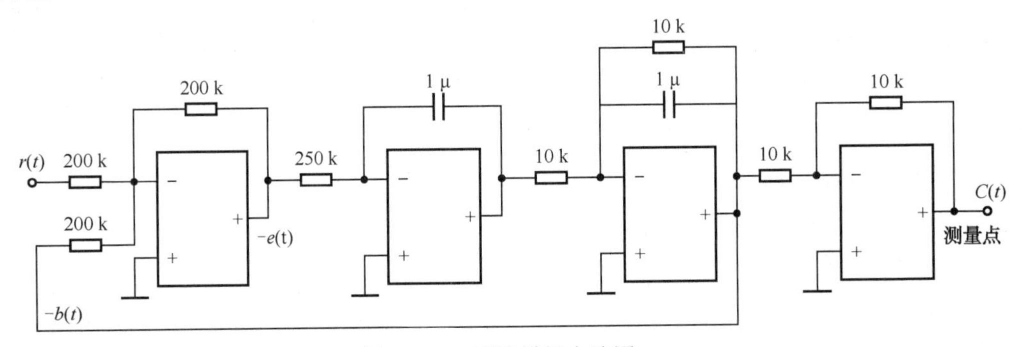

图 3-135　系统模拟电路图

4．任务实现

（1）建立图示系统的数学模型。

根据系统模拟图得到系统开环传函为 $G_k(s)=\dfrac{4}{s(0.01s+1)}$，则开环系统的频率特性为：

$$G_k(j\omega)=\frac{4}{\omega\sqrt{(0.01\omega)^2+1}}\angle-\frac{\pi}{2}-\arctan 0.01\omega$$

（2）编制 MATLAB 程序进行系统频域分析，绘制伯德图和奈氏曲线。由所绘制的曲线判断系统的稳定性，并标出稳定系统的稳定裕量和对应的剪切频率。

（3）焊接或搭接系统模拟电路图，在系统输入端施加正弦信号，测量系统误差信号与反馈信号幅值和相位差，改变输入信号的频率，重做上述实验。注意所测点$-e(t)$、$-b(t)$由于

反相器的作用，输出均为负值，若要测其正的输出点，可分别在 $-e(t)$、$-b(t)$ 之后串接一组 1/1 的比例环节，比例环节的输出即为 $e(t)$、$b(t)$ 的正输出。将实验数据记入表 3-10 中。

表 3-10　频率特性测试实验数据（$\omega=2\pi f$）

输入 $U_i(t)$ 的角频率 ω(rad/s)	误差信号 $e(t)$			反馈信号 $b(t)$			开环特性	
	幅值 (V)	对数幅值 20lg	相位 (°)	幅值 (V)	对数幅值 20lg	相位 (°)	对数幅值 L	相位 ϕ(°)
0.1								
1								
10								
100								
300								

5．拓展思考

改变系统模拟电路图中的电阻或电容值，对系统开环频率特性有什么样的影响？利用 Simulink 模型如何进行系统的频率特性实验？

任务 7　转速负反馈有静差直流调速系统性能分析

1．任务工单

任务名称	转速负反馈有静差直流调速系统性能分析
基本知识	（1）转速负反馈有静差直流调速系统组成； （2）系统数学模型建立； （3）系统三大性能分析
职业技能目标	（1）控制系统的组成分析能力； （2）系统数学模型建立能力； （3）控制系统性能分析能力； （4）学习资料的查询能力； （5）培养团队协作的能力
电路	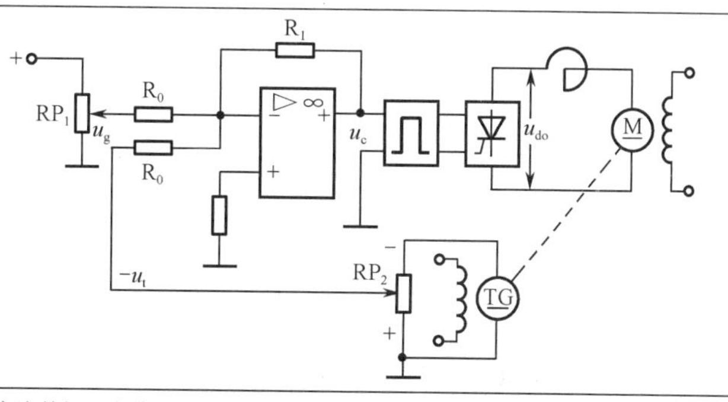
任务内容与步骤	（1）定性分析直流单闭环有静差直流调速系统，了解各个环节或元件的功能和基本特性； （2）建立其数学模型，得到有静差直流调速系统的数学模型，绘制系统组成框图； （3）分析转速负反馈有静差直流调速系统的稳定性和动态性能； （4）撰写工作任务报告

续表

任务评分	（1）前期准备情况（10%）； （2）正确分析系统的构成，并建立转速负反馈有静差直流调速系统框图（20%）； （3）系统稳定性分析和动态稳态性能分析（50%）； （4）实训报告（20%）

2．任务目标

（1）分析晶闸管直流调速系统中的各个组成环节。

（2）建立各个环节的数学模型从而得到直流调速系统数学模型。

（3）用自动控制系统基本理论分析转速负反馈有静差直流调速系统性能（稳定性、快速性和准确性）。

3．任务内容

（1）分析转速负反馈有静差直流调速系统的各个组成环节，建立如图 3-136 所示有静差直流调速系统数学模型。

（2）掌握转速负反馈调速系统的自动调节过程。

（3）分析转速负反馈有静差直流调速系统的稳定性、动态性能和稳态性能。

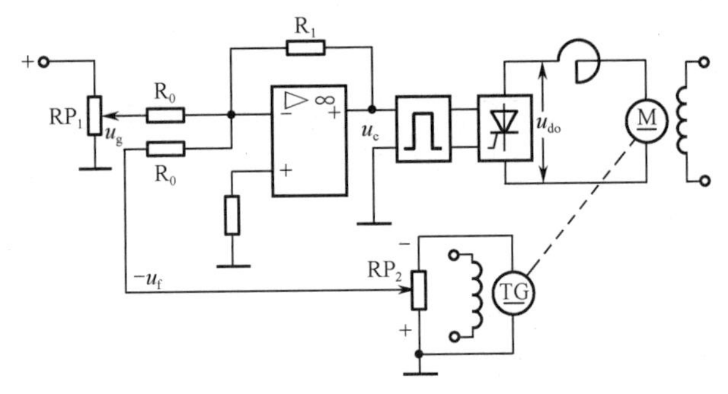

图 3-136　转速负反馈有静差直流调速系统

4．任务实现

1）转速负反馈有静差直流调速系统稳定性分析

以单元 2 中任务 3 建立的系统数学模型框图如图 3-137 所示，完成系统稳定性分析（系统各参数见单元 2 中的任务）。

由单元 2 中建立的直流电动机有静差直流调速系统数学模型为：

$$\phi(s)=\frac{303.03K_{\rm c}}{0.00001s^3+0.00633s^2+0.20167s+21.21K_{\rm c}+1}$$

这是一个三阶系统，由劳斯稳定判据可得系统稳定的条件为：

$$0.00633\times0.20167>0.00001\times(21.21K_{\rm c}+1)$$

即 $K_{\rm c}$ <5.97 时系统稳定。

2）转速负反馈有静差直流调速系统动态性能分析

由于晶闸管整流时间常数 1.67 ms 很小，因而系统可近似简化成：

$$\phi(s)=\frac{303.03K_c}{0.006s^2+0.2s+21.21K_c+1}=\frac{50505K_c}{s^2+33.33s+3535K_c+166.67}$$

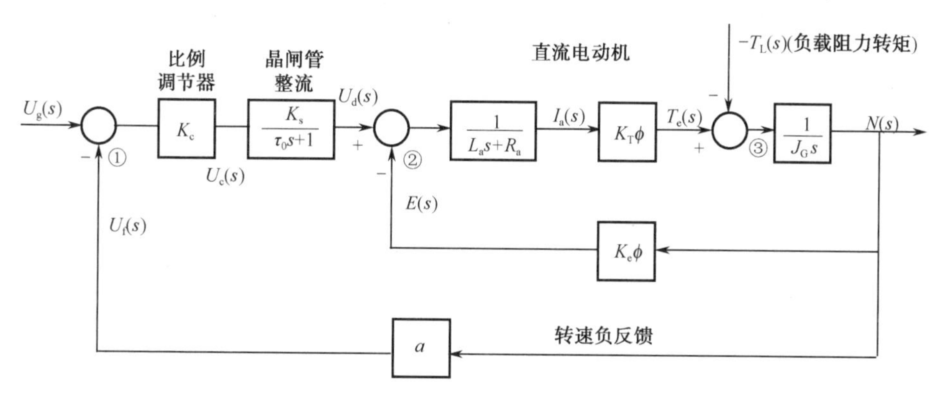

图 3-137　有静差直流调速系统框图

对比二阶系统闭环传递函数标准形式有 $\begin{cases}\omega_n^2=3535K_c+166.67\\2\xi\omega_n=33.33\end{cases}$

如果将系统设计成最佳二阶系统，则有 $\xi=0.707$。

由以上两式可求出 $\omega_n=23.57$，$K_c=0.11$。

由二阶系统的调节时间 $t_s=\dfrac{3}{\xi\omega_n}=0.18\ \text{s}$。

3）转速负反馈有静差直流调速系统稳态性能分析

（1）跟随稳态误差

设扰动信号为 0，由于该系统为 0 型系统，当给定信号为单位阶跃信号时，系统的跟随稳态误差：

$$e_{ssr}=\frac{1}{1+K}=\frac{1}{1+K_cK_s\alpha/K_e\phi}=\frac{1}{1+40\times0.07K_c/0.132}=0.3(K_c=0.11)$$

（2）扰动稳态误差

设给定信号为 0，在单位扰动信号作用下系统的稳态误差：

$$e_{ssd}=\lim_{s\to0}sE_d(s)=\frac{R_a\alpha}{K_e\phi+K_cK_s\alpha}=\frac{0.5\times0.07}{0.132+0.11\times40\times0.07}=0.08$$

因而系统的总误差 $e_{ss}=e_{ssr}+e_{ssd}=0.38$。

5. 拓展思考

上述的转速负反馈有静差直流调速系统为什么会存在稳态误差即有静差存在，如何减少静差或者消除静差？有静差直流调速系统稳定性如何实现？如何改善系统的动态性能？

知识梳理与总结

本单元围绕控制系统性能从系统分析和系统综合两个方面进行了阐述，其中系统分析又从时域法和频域法两种系统分析方法进行了介绍，分别论述了控制系统的稳定性、准确性和

快速性三大性能，简称为稳、准、快三大性能。时域分析法侧重从阶跃响应来分析控制系统的各项性能指标，频域法主要从频率特性的角度来分析控制系统的绝对稳定性和相对稳定性，并把时域性能指标和频域性能指标进行了联系。另外本单元还利用 MATLAB 仿真软件进行控制系统的时域分析和频域分析。系统综合中主要围绕系统指标对系统进行设计，侧重介绍了几种校正装置及其特性、PID 控制规律及性能改善的几种途径。主要内容如下:

（1）根据控制系统在典型信号作用下的时间响应分析了暂态响应和稳态响应的特点，介绍了系统的性能指标，表征平稳性的指标有最大超调量和振荡次数，表征快速性的指标有调节时间、上升时间和峰值时间，表征准确性的指标有稳态误差。

（2）介绍了系统稳定性的概念及控制系统稳定的充分必要条件，重点介绍了线性定常系统稳定性代数判据——劳斯判据及其应用

（3）分析了一阶系统和二阶系统在一些典型输入信号作用下的时间响应，研究了一阶系统的动态性能指标和二阶欠阻尼系统的单位阶跃响应及其动态性能指标的计算方法。

（4）定义了控制系统的稳态误差概念及相关误差系数的概念，介绍了稳态误差的几种计算方法和影响稳态误差的因素。

（5）频率特性的定义及几种表示方法，典型环节伯德图的绘制和开环系统伯德图的绘制方法。

（6）介绍了奈氏判据和对数频率判据判断控制系统稳定性以及系统的相对稳定性——稳定裕量的概念和计算。

（7）时域指标与频域指标的对应关系，利用 MATLAB 对控制系统进行时域和频域分析。

（8）控制系统校正的概念及方法，几种校正装置的特性。

（9）控制系统基本 PID 控制的特点及其对系统性能的影响。

（10）自动控制系统性能改善的方法：串联校正、反馈校正、顺馈校正及复合控制，重点介绍了利用串联校正改善系统性能。

思考与练习题 3

3-1　系统的稳定性与系统特征方程的根有怎样的关系，为什么？

3-2　系统稳定的充分必要条件是什么？系统的稳态性能与哪些因素有关？

3-3　提高系统稳态性能的途径有哪些，采取这些改善系统稳态性能的措施可能产生的副作用又有哪些？

3-4　分析增大系统开环增益 K 对三个惯性环节的系统的静、动态性能的影响。

3-5　系统的稳定裕量有哪些，分别是如何定义的？

3-6　分析 P、I 和 D 对系统的静、动态性能有什么影响？

3-7　比例-积分串联校正调整系统的什么参数，使系统在结构方面发生怎样的变化?它对系统的性能产生什么影响?

3-8　如果用一个 PI 调节器控制的调速系统持续振荡，试分析可采取哪些措施使系统稳定下来。

3-9　如果 0 型系统经校正后希望成为 I 型系统，应采用哪种校正规律才能满足要求，并保证系统稳定？

3-10　串联超前校正和串联滞后校正如何改善系统的性能？

3-11　设系统特征方程为 $2s^3+8s^2+3s+2=0$，试用劳斯稳定判据判断系统的稳定性。

3-12　已知系统特征方程为：$s^4+8s^3+10s^2+16s+5=0$，试判断该系统稳定性。

3-13　已知系统特征方程为：$s^5+3s^4+12s^3+24s^2+32s+40=0$，试求系统在 s 右半平面的根的个数。

3-14　设单位负反馈控制系统的开环传递函数为 $G(s)=\dfrac{K}{s(s+2)(s^2+s+1)}$，试确定使系统稳定的 K 的取值范围。

3-15　单位负反馈系统得开环传递函数为 $G(s)=\dfrac{K(s+1)}{s(Ts+1)(2s+1)}$，要求闭环系统稳定，试确定 K 和 T 的范围。

3-16　对典型二阶系统，当阻尼比分别为：$\xi<0$；$\xi=0$，$0<\xi<1$，$\xi=1$，$\xi>1$ 时，它的单位阶跃响应曲线的特点是什么？

3-17　某单位反馈随动系统的开环传递函数为 $G(s)=\dfrac{1}{(s+1)(s+3)}$，试计算闭环系统的动态性能指标 $\sigma\%$ 和 t_s 值。

3-18　典型二阶控制系统的单位阶跃响应为 $c(t)=1-1.25e^{-1.2t}\sin(1.6t+53.1^\circ)$，试求系统的超调量、峰值时间和调节时间。

3-19　已知控制系统的单位阶跃响应为 $c(t)=1+0.2e^{-60t}-1.2e^{-10t}$，试确定系统的阻尼比和自然振荡频率。

3-20　有一位置随动系统，结构图如图 3-138 所示，$K=40$，$\tau=0.1$。当输入量 $r(t)$ 为单位阶跃函数时，求系统的自然振荡角频率 ω_n，阻尼比 ξ 和系统的动态性能指标 t_r，t_s，$\sigma\%$。

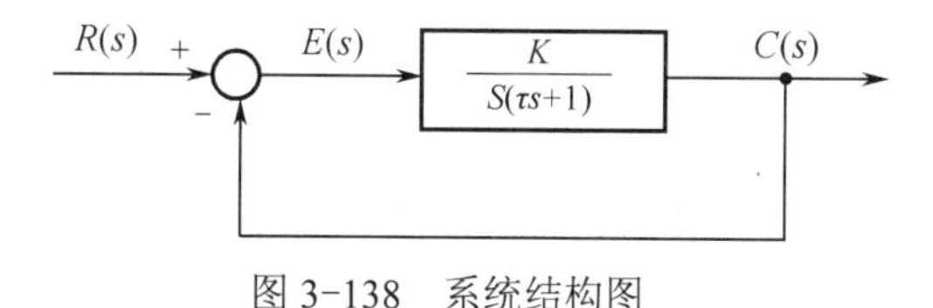

图 3-138　系统结构图

3-21　已知单位负反馈系统开环传递函数为 $G(s)=\dfrac{5}{s(0.2s+1)}$，求系统单位阶跃响应指标。

3-22　已知单位负反馈系统的开环传递函数为 $G(s)=\dfrac{5}{s(0.1s+1)(0.5s+1)}$，试求其静态位置误差系数、静态速度误差系数和静态加速度误差系数，并求当输入信号为 $r(t)=4t$ 时系统的稳态误差。

3-23　已知单位负反馈系统的开环传递函数为 $G(s)=\dfrac{50}{(0.1s+1)(s+5)}$，试求系统在输入 $r(t)=2+4t+t^2$ 时系统的稳态误差。

3-24　图 3-139 为一调速系统框图。

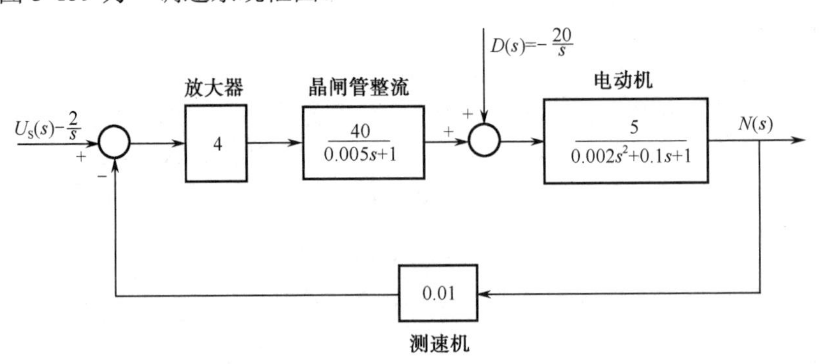

图 3-139　题 3-24 某调速系统框图

（1）求该图因扰动而引起的稳态误差。

（2）求该系统的静差率（设如图所示的转速为系统额定最低转速）。

（2）怎样才能减小静差率？怎样才能实现无静差？

3-25　已知系统的传递函数为 $G(s)=\dfrac{5}{0.25s+1}$，当输入信号为 $4\sin(3t-60°)$，试求系统的稳态输出。

3-26　已知 PI 调节器的传递函数为 $G(s)=\dfrac{10(0.1s+1)}{s}$，试画出它的对数幅频特性曲线。

3-27　试绘制开环传递函数为 $G(s)=\dfrac{5}{(s+1)(2s+1)}$ 的开环幅相特性曲线。

3-28　已知某随动系统的系统框图如图 3-140 所示。图中的 $G_c(s)$为检测环节和串联校正环节的总传递函数。现设 $G_c(s)=\dfrac{2(0.5s+1)}{0.5s}$，试写出该随动系统的开环传递函数，画出该系统的开环对数幅频特性曲线。

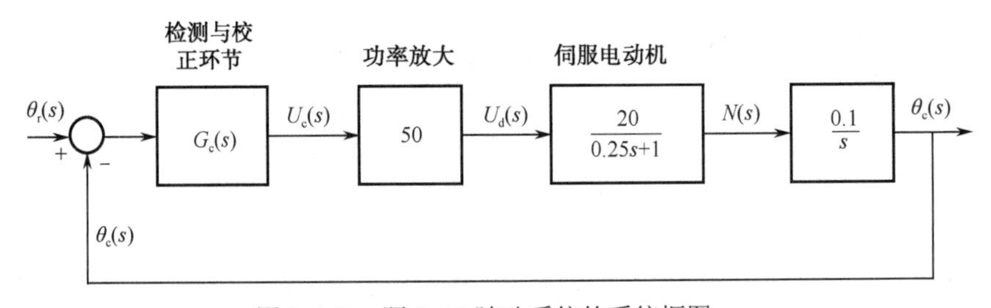

图 3-140　题 3-28 随动系统的系统框图

3-29　已知某单位负反馈系统的开环传函 $G(s)=\dfrac{114.6}{s(0.01s+1)(0.2s+1)}$，试求相位稳定裕量$\gamma$。

3-30　应用 Simulink 软件，建立题 3-29 所示系统的仿真模型，并求此系统校正前后的单位阶跃响应曲线。

3-31　如图 3-141 所示为最小相位系统开环对数幅频特性渐近线。试写出系统开环传

递函数并求出相角裕度。

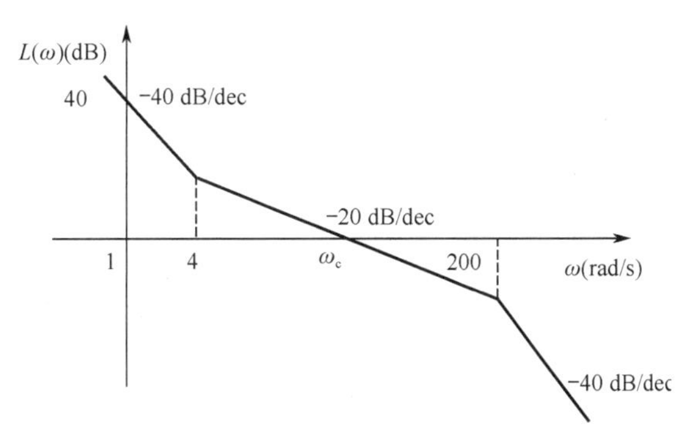

图 3-141　题 3-31 最小相位系统开环对数幅频特性渐近线

3-32　图 3-142 为一随动系统框图，设图中 $K_1 = 2\,\mathrm{V}/(^\circ)$，$K_2 = 10^\circ/(\mathrm{V \cdot s})$，$T_x = 0.01\,\mathrm{s}$，$T_m = 0.1\,\mathrm{s}$，输入量 θ_i 为位移突变 10°，扰动量为电压突变+2 V。求此系统的稳态误差(e_{ss})。该系统为几型系统，此时系统的输出量 θ_o 的稳态值为多少?

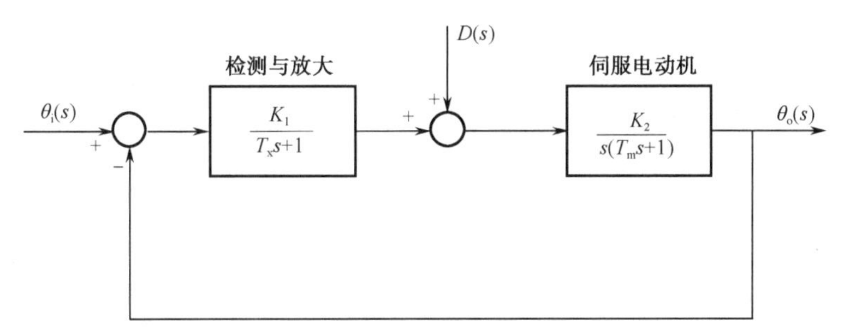

图 3-142　题 3-32 某随动系统框图

3-33　图 3-143 为一随动系统框图，框图中标出各种可能增添的环节（从①～⑪），试说明它们的名称。

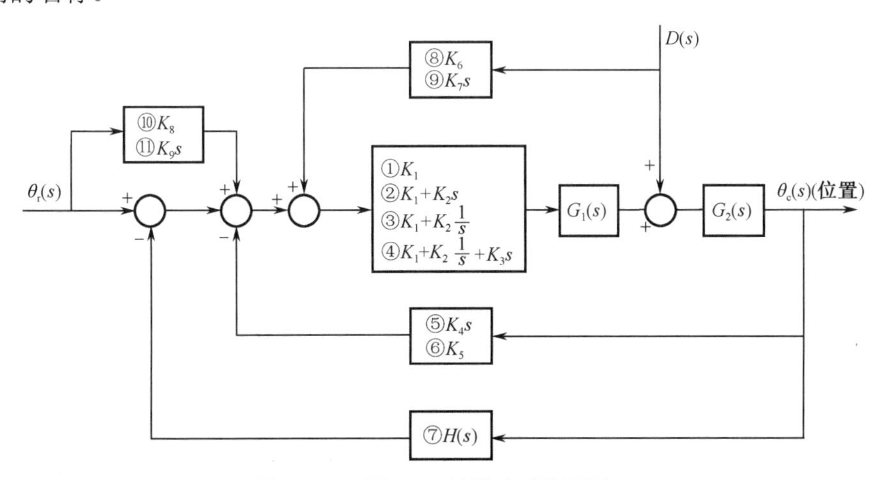

图 3-143　题 3-33 某随动系统框图

3-34　图 3-144 为某单位负反馈系统校正前后的开环对数幅频特性（渐近线，此为最小相位系统）。

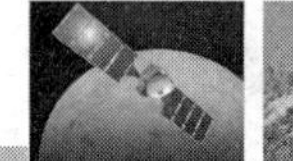

（1）写出系统校正前后的开环传递函数 $G_1(s)$和 $G_2(s)$。

（2）求出串联校正装置的传递函数 $G_c(s)$，并设计此调节器的线路及其参数。

（3）求出校正前后系统的相位裕量。

（4）分析校正对系统动、稳态性能的影响。

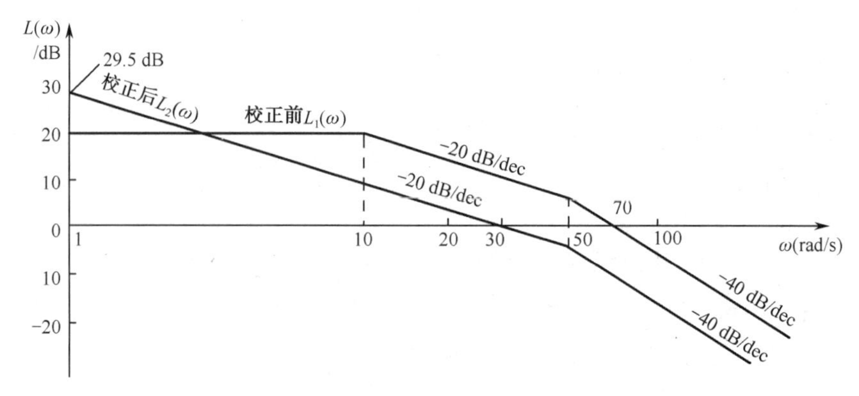

图 3-144　题 3-34 某单位负反馈系统校正前后的开环对数幅频特性

直流调速系统分析、调试与故障排除

教学导航

知识目标	1. 掌握调速的基本概念; 2. 熟练掌握单闭环直流调速系统的特点及性能分析方法; 3. 熟练掌握双闭环直流调速系统的性能分析及工程设计方法; 4. 掌握可逆直流调速系统的设计方法; 5. 培养基本的系统分析、调试与故障排除的能力; 6. 培养直流调速系统 MATLAB 仿真分析能力
能力目标	1. 对直流调速系统进行正确分析的能力; 2. 对基本的调速系统进行设计的能力; 3. 对直流调速系统基本故障进行排除的能力; 4. 资料查询与自主学习能力
素质目标	1. 团队协作能力; 2. 组织沟通能力; 3. 严谨认真的学习工作作风
重点	1. 单闭环直流调速系统的分析; 2. 双闭环直流调速系统的特性分析
难点	双闭环直流调速系统的参数整定
任务	1. 单闭环直流调速系统分析、调试与维护; 2. 双闭环直流调速系统工程设计与仿真
推荐教学方法	动画教学、任务驱动教学

4.1 调速的基本概念和技术指标

知识分布网络

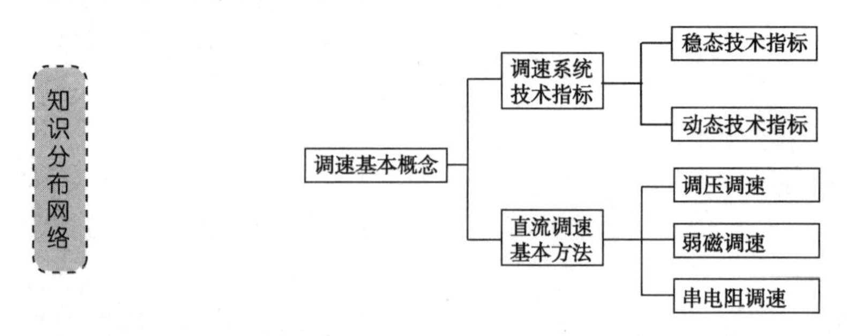

1. 调速的基本概念

在现代化生产过程中，系统的运行速度不会始终恒定，我们需要根据具体的工艺要求和实际情况对系统运行速度进行适当地调节。在负载转矩一定的前提下，通过采取人为措施而实现生产机械转速的改变，称之为速度调节，简称调速。

调速的方法一般包括机械方法、电气方法等。其中，机械方法调速是通过改变传动比来实现，机械变速机构相对比较复杂，并且传动效率较低，平滑性不是十分理想；电气方法调速是通过改变电机的电气参数来实现调速，传动机构比较简单，甚至电动机与工作机构同轴而省去传动机构。在很多情况下，采用后一种调速方法在技术、经济等各项指标上都优越得多。伴随着计算机技术、电力电子技术和控制技术的不断发展，电气方法调速将会得到越来越广泛的应用。

2. 调速系统的稳态技术指标

调速系统的技术指标主要包括稳态技术指标和动态技术指标。

所谓稳态技术指标是指系统在稳态运行时的技术指标，例如调速系统稳定运行时的调速范围和静差率等。

1）调速范围

调速范围是指在额定负载下，电动机运行的最高转速与最低转速之比，用 D 表示，即：

$$D=\frac{n_{\max}}{n_{\min}} \tag{4-1}$$

对于一般的电气调速系统，电动机的最高转速 $n_{\max}$ 即为其额定转速。一般情况下，总希望调速范围大一些好。

2）静差率

当系统在某一转速下运行时，负载由理想空载增大到额定值所对应的转速降落Δn_{N} 与理想空载转速 n_0 之比，称之为静差率 s。即：

$$s=\frac{\Delta n_{\mathrm{N}}}{n_0} \tag{4-2}$$

也可用百分数表示，即：

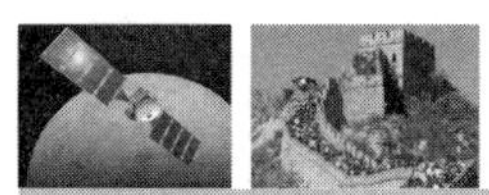

$$s = \frac{\Delta n_N}{n_0} \times 100\% \tag{4-3}$$

静差率是用来衡量调速系统在外加负载变化下转速稳定度的指标。它与机械特性的硬度有关系，机械特性越硬，静差率越小，对应的转速稳定性越高。静差率和机械特性是有区别的。对于同样硬度的特性，理想空载转速越低时，相应的静差率越大，转速的相对稳定性也就越差。一般调压调速系统在不同转速下的机械特性是相互平行的，在同一负载作用下，转速降Δn_N是相同的，即$\Delta n_N = \Delta n_{Na} = \Delta n_{Nb}$，如图 4-1 所示。电枢电压不同时，对应的理想空载转速不一样，静差率也就不同，$n_{0a} > n_{0b}$，故 $s_a < s_b$，即转速越低，静差率越大。若系统低速运行时的静差率能满足生产要求，则其高速运行时的静差率也必满足要求。因此，以系统低速运行时的静差率作为调速系统静差率，即：

$$s = \frac{\Delta n_N}{n_{0\min}} \times 100\%$$

在实际应用中，由于理想空载转速无法测得，故工程上常采用的定义公式为

$$s = \frac{\Delta n_N}{n_{N\min}} \times 100\%$$

式中 $n_{N\min}$ 为最低额定转速。

调速范围和静差率这两项指标必须同时提出才有意义，它们并不是彼此独立的。调速系统的调速范围是指运行在最低转速时还能满足静差率所要求的转速可调范围。如果脱离了对于静差率的要求，任意一个调速系统都能够获得极高的调速范围；反之，脱离了调速范围，满足系统的静差率要求也就容易很多。

3）调速范围、静差率和额定速降间的关系

生产机械有时会从不同角度提出对调速系统的要求，因此有必要归纳推导出调速范围、静差率和额定速降间的关系。在直流电动机调压调速系统中，通常以电动机的额定转速 n_N 作为最高转速，系统静差率应该是最低转速时的静差率。即：

$$s = \frac{\Delta n_N}{n_{0\min}} = \frac{\Delta n_N}{n_{\min} + \Delta n_N}$$

可以推出最低转速为：

$$n_{\min} = \frac{\Delta n_N}{s} - \Delta n_N = \frac{(1-s)\Delta n_N}{s}$$

调速范围为：

$$D = \frac{n_{\max}}{n_{\min}} = \frac{n_N}{n_{\min}}$$

综合以上各式可得：

$$D = \frac{n_N s}{\Delta n_N (1-s)} \tag{4-4}$$

式（4-4）表示调速范围、静差率以及额定速降之间的关系。如果对静差率的要求越高，即要求 s 越小时，系统可允许的调速范围就越小。例如，已知某调速系统的额定转速为 n_N=1430 r/min，额定速降Δn_N=100 r/min，当要求静差率 $s \leqslant 30\%$时，允许的调速范围是：

$$D = \frac{1430 \times 30\%}{100(1-30\%)} \approx 6.1$$

而如果要求静差率 $s \leqslant 20\%$时，调速范围则下降到：

$$D=\frac{1430\times 20\%}{100(1-20\%)}\approx 3.6$$

3．调速系统的动态技术指标

在进行调节器设计时，需要依据动态技术指标。调速系统的动态技术指标可分为跟随性能指标和抗扰性能指标两类。

1）跟随性能指标

调速系统的跟随性能指标一般是用零初始条件下，系统对阶跃输入信号的输出响应过程来表示。系统主要跟随性能指标有上升时间 t_r、超调量σ%和调节时间 t_s 等。在前面的单元中已有介绍，这里不再重复。

2）抗扰性能指标

系统在稳态运行中，如果受到外部扰动（例如负载的变化、电网电压的波动等），就会引起输出量的变化。输出量的变化是多少？经过多长时间系统能够重新恢复稳态运行？这些问题将直接反映系统抗扰动的能力。一般以系统稳定运行中突加阶跃扰动以后的过渡过程作为典型的抗扰过程，如图 4-2 所示。

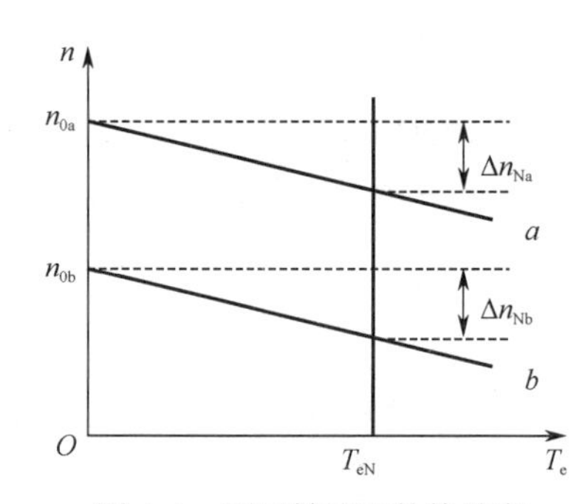

图 4-1　不同转速下的静差率

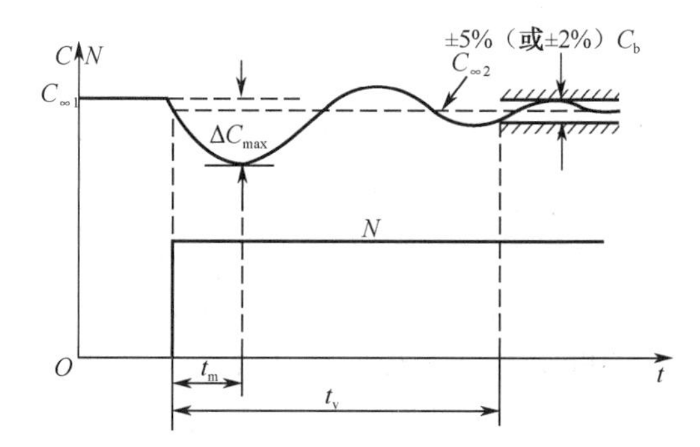

图 4-2　突加扰动的过渡过程和抗扰性能指标

抗扰性能指标有以下几项。

（1）动态降落ΔC_{max}%

系统稳定运行时突加一个扰动量，在过渡过程中引起的输出量的最大降落值ΔC_{max}与输出量原稳态值 $C_{\infty 1}$ 的比值称为动态降落，一般用百分数表示，即：

$$\Delta C_{max}\%=\frac{\Delta C_{max}}{C_{\infty 1}}\times 100\% \tag{4-5}$$

动态降落一般都大于稳态降落。调速系统的动态降落称为动态速降Δn_{max}。

（2）恢复时间 t_v

从阶跃扰动作用开始，到输出量基本上恢复稳态，与新稳态值 $C_{\infty 2}$ 之差进入某基准值 C_b 的±5%或±2%范围之内所需的时间，定义为恢复时间 t_v，其中 C_b 称为抗扰指标中输出量的基准值，视具体情况选定。

在实际工作过程中，控制系统对于各种性能指标的要求是不同的，具体由生产机械工艺要求确定。例如，可逆轧机和龙门刨床，需要连续正反向运行，对于转速的跟随性能和抗扰性能的要求都比较高，而一般的不可逆调速系统则主要侧重于对转速抗扰性能的要

求。例如数控机床的位置随动系统要求具有较好的跟随性能，而多机架连轧机的调速系统则要求较好抗扰性能。总之，调速系统的动态技术指标一般以抗扰性能为主，随动系统的动态技术指标则是以跟随性能为主。

4.2　直流电动机的调速方法

直流电动机具有良好运行和控制特性，在理论和实践上都比较成熟。从控制技术的角度上来看，它又是交流调速系统的基础。本部分以他励直流电动机为例，介绍直流电动机的调速方法及特点。

依据电机拖动理论可知，他励直流电动机的机械特性方程式为：

$$n=\frac{U-I_aR}{K_e\Phi} \tag{4-6}$$

式中　U——电枢电压；

I_a——电枢电流；

R——电枢回路总电阻；

K_e——由电动机结构所决定的电动势系数；

Φ——励磁磁通。

1．直流他励电动机的调速方法

由式（4-6）可知，直流他励电动机大致有三种调节转速的方法。

1）调节电枢电压 U

由式（4-6）可知，当励磁磁通 Φ 和电枢回路总电阻 R 一定时，调节电枢电压 U，可以平滑地调节电动机的转速 n，机械特性将上下平移，如图 4-3 所示。由于电动机绝缘性能的影响，电枢电压只能向低于额定电压的方向变化，因此这种调速方式只能在额定转速以下调速。调压调速是调速系统的主要调速方式。

2）改变电动机励磁磁通 Φ

由式（4-6）可知，当电枢电压 U 和电枢回路总电阻 R 一定时，调节电动机励磁磁通 Φ，也可以调节电动机的转速 n。考虑到直流电动机在额定工作状态运行时，磁路已经接近磁饱和，因此一般改变励磁磁通的调速方法主要是通过减少磁通来升速，简称为弱磁升速，如图 4-4 所示。

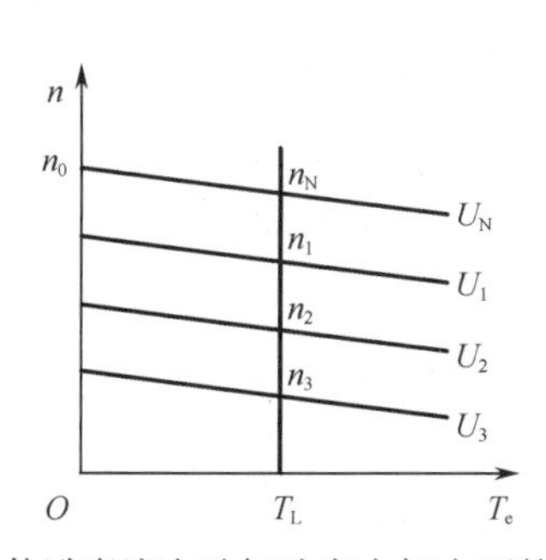

图 4-3　他励直流电动机改变电枢电压的机械特性

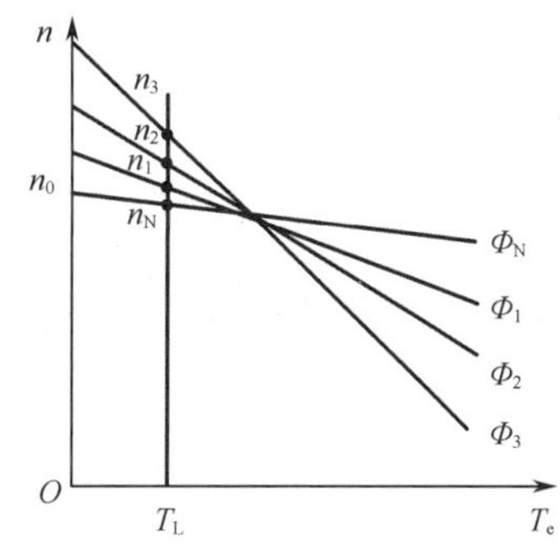

图 4-4　他励直流电动机弱磁升速的机械特性

由于直流电动机的最高转速受到换向器和机械强度的限制，而弱磁调速一般是在额定转速以上进行调速，所以采用该种调速方法时，调速范围不可能太大。在实际的生产过程中，弱磁调速往往只是配合调压调速方案，这样，将调压和调磁相结合，可以有效扩大调速范围。

3）改变电枢回路电阻 R

该种调速方法是在直流电动机电枢回路中串入附加电阻进行调速，设备简单，操作方便。但是只能进行有级调速，调速的平滑性差，机械特性较软，如图 4-5 所示。此外，调速过程中还会在调速电阻上消耗较多的能量。

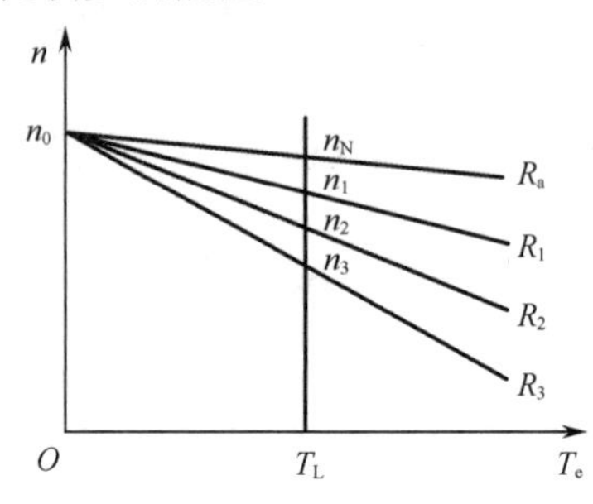

图 4-5　他励直流电动机串电阻调速时的机械特性

改变电枢回路电阻 R 的调速方法，目前很少采用，仅在某些对于调速性能要求不高或低速运转时间不长的系统中采用。

2．常用的可控直流电源

改变电枢电压调速是直流调速系统主要采用的方法，调节电枢供电电压或者改变励磁磁通，都需要有专门的可控直流电源，常用的可控直流电源有以下三种：

（1）旋转变流机组。用交流电动机和直流发电机组成机组，以获得可调的直流电压。

（2）静止可控整流器。用静止的可控整流器，如汞弧整流器和晶闸管整流装置，产生可调的直流电压。

（3）直流斩波器或脉宽调制变换器。用恒定直流电源或不可控整流电源供电，利用直流斩波或脉宽调制的方法产生可调的直流平均电压。

下面分别对各种可控直流电源以及由它供电的直流调速系统作概括性介绍。

1）旋转变流机组

以旋转式变流机组作为可调电源的直流电动机调速系统如图 4-6 所示。由交流电动机作为原动机（通常采用三相交流异步电动机），拖动直流发电机 G 实现变流，由 G 给需要调速的直流电动机 M 电枢供电，而通过调节发电机励磁电流的大小，能够方便地改变其输出电压 U，从而调节电机的转速 n。这种调速系统称为发电机-电动机系统，即 G-M 系统。为了给直流发电机 G 和电动机 M 提供励磁电流，专门设置一台直流励磁发电机 GE，安装在变流机组轴上由原动机拖动，也可另外单用一台交流电动机拖动。

G-M 系统具有较好的调速性能，在 20 世纪 50 年代曾被广泛使用。但是这种由机组供电的直流调速系统需要旋转变流机组，至少包含两台与调速直流电动机容量相当的旋转电机（原动机和直流发电机）和一台容量小一点的励磁发电机，因而设备多、体积大、效率低、运行有噪声、维护不方便，安装需要打地基。为了克服这些缺点，人们开

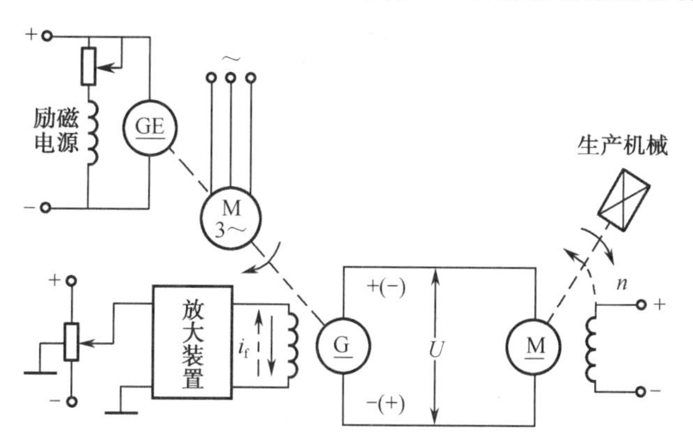

图 4-6　旋转变流机组供电的直流调速系统（G-M 系统）

始采用静止变流装置来代替旋转变流机组，直流调速系统也因此进入了由静止变流装置供电的时代。

2）静止可控整流器

20 世纪 50 年代起，出现了采用汞弧整流器和闸流管等静止变流装置来代替旋转变流机组，形成所谓的离子拖动系统。离子拖动系统克服了旋转变流机组的许多缺点，而且有效缩短了响应时间。但是汞弧整流器造价较高，体积也很大，维护起来十分麻烦，尤其是水银一旦发生泄漏，将会对环境造成污染，严重危害身体健康。因此，到了 20 世纪 60 年代此种装置就被更为经济可靠的晶闸管整流器所取代。

1957 年，晶闸管问世，随即在 20 世纪 60 年代开始有成套的晶闸管整流装置出现。晶闸管问世以后，变流技术出现了根本性的变革。目前，采用晶闸管整流装置供电的直流电动机调速系统（即晶闸管－电动机调速系统，简称 V-M 系统）已经成为直流调速系统的主要形式。V-M 系统的原理框图如图 4-7 所示，图中 V 是晶闸管可控整流器，它可以是单相、三相或者更多相数，可采用半波、全波、半控、全控等类型，通过调节触发装置 GT 的控制电压来移动触发脉冲的相位，从而改变整流输出电压平均值，最终实现电动机的平滑调速。与旋转变流机组及离子拖动变流相比，晶闸管整流不仅在经济性和可靠性方面有很大提高，而且在技术性能上显示出很大的优越性。晶闸管可控整流器的功率放大倍数较高，控制功率小，有利于将微电子技术引入到强电领域，在控制的快速性上也有很大提高，有利于改善系统的动态性能。

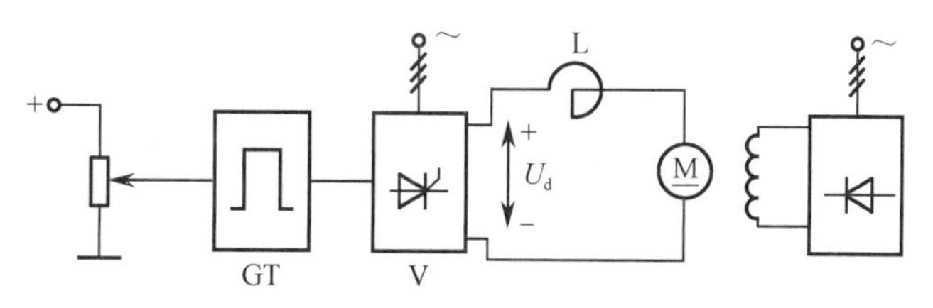

图 4-7　晶闸管-电动机调速系统原理框图（V-M 系统）

但是，晶闸管整流器也有它的缺点，主要表现在以下方面：

（1）晶闸管具有单向导电性，晶闸管整流器的电流是不允许反向的，这给电动机实现可逆运行造成困难。必须实现四象限可逆运行时，只好采用开关切换或正、反两组全控型

整流电路，构成 V-M 可逆调速系统，后者所用变流设备要增多一倍。

（2）晶闸管元件对于过电压、过电流十分敏感，其中任一指标超过允许值都可能在很短时间内损坏元件，因此必须有可靠的保护装置和符合要求的散热条件，而且在选择元件时还应保留足够的余量，以保证晶闸管装置的可靠运行。

（3）晶闸管的控制原理决定了只能滞后触发，因此，晶闸管可控整流器对交流电源来说相当于一个感性负载，功率因数较低，特别是在深调速状态，即系统在较低速运行时，晶闸管的导通角很小，使得系统的功率因数很低，且产生较大的高次谐波电流，引起电网电压波形畸变，殃及附近的用电设备。如果采用晶闸管整流装置的调速系统在电网中所占容量比重较大，将造成所谓的“电力公害”。为此，应采取相应的无功补偿、滤波和高次谐波的抑制措施。

（4）晶闸管整流装置的输出电压是脉动的，而且脉波数总是有限的。如果主电路电感不是非常大，则输出电流总存在连续和断续两种情况，因而机械特性也有连续和断续两段，连续段特性比较硬，基本上是直线；断续段特性则很软，而且呈现出显著的非线性。

3）直流斩波器或脉宽调制变换器

直流斩波器又称直流调压器，是利用开关器件来实现通断控制，将直流电源电压断续加到负载上，通过控制通断时间来改变负载上的直流电压平均值，将电压恒定的直流电源变成平均值可调的直流电源，所以也可以称其为直流-直流变换器。它具有效率高、体积小、质量轻、成本低等优点，广泛应用于地铁、电力机车、城市无轨电车等电力牵引设备的变速拖动中。

图 4-8 为直流斩波器的原理电路和输出电压波形，图中 VT 代表开关器件。当开关 VT 接通时，电源电压 U_s 加到电动机上；当 VT 断开时，直流电源与电动机断开，电动机电枢端电压为零。如此反复，得到电枢端电压波形如图 4-8（b）所示。

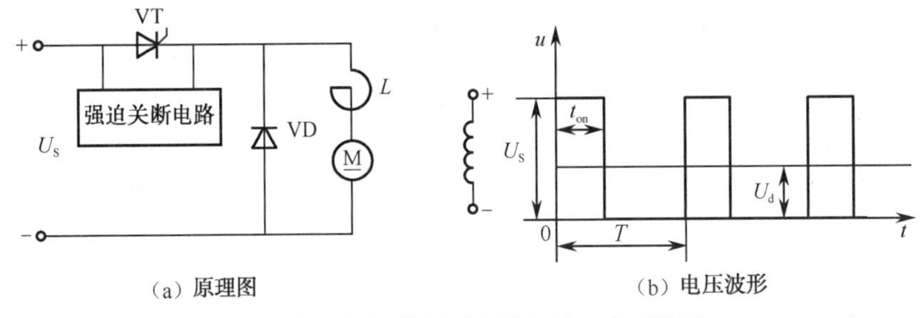

图 4-8　直流斩波器原理电路及输出电压波形

直流斩波器的输出电压平均值可以通过改变占空比，即通过改变开关器件导通或关断时间来调节，常用的改变输出平均电压的调制方法有以下三种：

（1）脉冲宽度调制（Pulse Width Modulation，简称 PWM）。开关器件的通断周期 T 保持不变，只改变器件每次导通的时间，也就是脉冲周期不变，只改变脉冲的宽度，即定频调宽。

（2）脉冲频率调制（Pulse Frequency Modulation，简称 PFW）。开关器件每次导通的时间不变，只改变通断周期 T 或开关频率，也就是只改变开关的关断时间，即定宽调频。

（3）混合控制。开关器件的通断周期 T 和导通时间均可变，即调宽调频。当负载电流

或电压低于某一最小值时，使开关器件导通；当电流或电压高于某一最大值时，使开关器件关断。导通和关断的时间以及通断周期都是不确定的。

构成直流斩波器的开关器件过去用得较多的是普通晶闸管和逆导晶闸管，它们本身没有自关断的能力，必须有附加的关断电路，增加了装置的体积和复杂性，增加了损耗，而且此种斩波器开关频率低，输出电流脉动较大，调速范围有限。自 20 世纪 70 年代以来，电力电子器件迅速发展，研制并生产了多种既能控制其导通又能控制其关断的全控型器件，如门极可关断晶闸管（GTO）、电力电子晶体管（GTR）、电力场效应管（P-MOSFET）、绝缘栅双极型晶体管（IGBT）等，这些全控型器件性能优良，由它们构成的脉宽调制直流调速系统（简称 PWM 调速系统）近年来在中小功率直流传动中得到了迅猛的发展，与 V-M 调速相比，PWM 调速系统有以下优点：

（1）采用全控型器件的 PWM 调速系统，其脉宽调制电路的开关频率高，一般在几 kHz，因此系统的频带宽，响应速度快，动态抗扰能力强。

（2）由于开关频率高，仅靠电动机电枢电感的滤波作用就可以获得脉动很小的直流电流，电枢电流容易连续，系统的低速性能好，稳速精度高，调速范围宽，同时电动机的损耗和发热都较小。

（3）PWM 系统中，主回路的电力电子器件工作在开关状态，损耗小，装置效率高，而且对交流电网的影响小，没有晶闸管整流器对电网的“污染”，功率因数高，效率高。

（4）主电路所需的功率元件少，线路简单，控制方便。

目前，受到器件容量的限制，PWM 直流调速系统一般只应用于中、小功率的系统。

4.3　单闭环直流调速系统

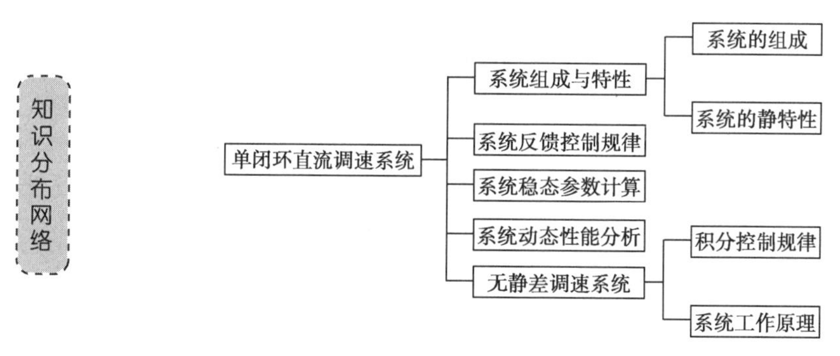

4.3.1　开环直流调速系统存在的问题

如果直流调速系统采用开环控制方式，控制电压与输出转速之间只有顺向作用而无反向联系，即控制是单方向进行的，输出转速不影响控制电压，控制电压直接由给定电压产生。如果生产机械对静差率要求不高，开环调速系统可以实现一定范围内的无级调速。但是，在实际生产过程中许多生产机械常常对调速系统的性能提出较严格的要求。例如，由于龙门刨床加工各种材料的工件，刀具切入工件和退出工件时为避免刀具和工件碰撞，有调节速度的要求；而有些毛坯表面不平，加工时负载常有波动，为了保证加工精度和表面平整度，不允许电动机有较大的速度变化。因此，龙门刨床工作台电气传动系统一般要求

调速范围 D=20～40，静差率 s≤5%，动态速降≤10%，要求可以快速启动、制动。在这种情况下，开环调速系统是不能满足要求的，下面通过实例说明。

【实例 4-1】 某龙门刨床工作台拖动采用 V-M 直流调速系统，直流电动机参数：60 kW，220 V，305 A，1000 r/min，$K_e\Phi_N$=0.2 V · min/r；主回路总电阻 R=0.18 Ω，要求 D=20，s≤5%。试问开环调速系统能否满足要求？

解 当系统电流连续时，在额定负载下的转速降落为：

$$\Delta n_N = \frac{I_{dN}R}{K_e\Phi_N} = \left(\frac{305\times 0.18}{0.2}\right) = 275\ \text{r/min}$$

开环系统机械特性连续段在额定转速时的静差率为：

$$s_N = \frac{\Delta n_N}{n_N + \Delta n_N} = \frac{275}{1000+275} = 0.216 = 21.6\% > 5\%$$

由此可见，此时开环调速系统的静差率离 5%的要求相差很远。

若想满足 D=20，s≤5%的要求，可以根据式（4-4）求得：

$$\Delta n_N = \frac{n_N s}{D(1-s)} = \frac{1000\times 0.05}{20(1-0.05)} = 2.63\ \text{r/min}$$

显然，开环系统无法将额定负载下的转速降落从 275 r/min 降低到满足要求的 2.63 r/min，因为开环系统的机械特性为一组平行曲线，特性较软，静差率较大。无论怎么调节，也无法改变特性的斜率。应考虑采用负反馈控制，构成闭环调速系统。

4.3.2 闭环控制系统的组成及静特性

1．系统的组成

对于调速系统来说，输出量是转速，通常引入转速负反馈构成闭环调速系统。在电动机轴上安装一台测速发电机 TG，引出与输出量转速成正比的负反馈电压 U_n，与转速给定电压 U^*_n 进行比较，得到偏差电压 $\Delta U_n = U_n^* - U_n$，经过放大器 A 的放大，产生触发装置 GT 的控制电压 U_{ct}，去控制电动机的转速，这就组成了反馈控制的闭环调速系统。图 4-9 所示为采用晶闸管触发整流器供电的闭环调速系统，因为只有一个转速反馈环，所以称为单闭环调速系统。由图可见，该系统由给定环节、比较与放大环节、触发和整流装置环节、速度检测环节等部分组成，具体介绍如下。

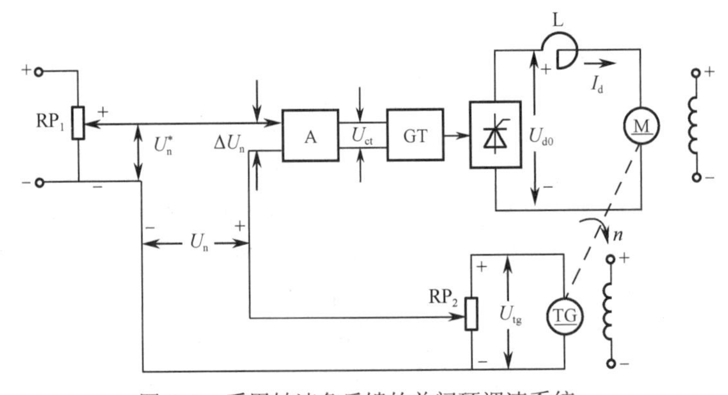

图 4-9 采用转速负反馈的单闭环调速系统

（1）给定环节。其作用是产生控制信号，一般由高精度的直流稳压电源和用于改变给定信号大小的精密电位器组成。

（2）比较与放大环节。其作用是将给定信号和反馈信号进行比较与放大。

（3）触发器和整流装置环节。其作用是进行功率放大，将移相控制信号 U_{ct} 放大成直流平均电压 U_{d0}。

一般触发器的移相角 α 与移相控制信号 U_{ct} 呈非线性，整流装置的输出平均电压 U_{d0} 与输入 α 呈非线性。而当将触发器和整流装置看成一个整体来分析时，其输出量 U_{d0} 与输入 U_{ct} 却基本呈线性关系，即 U_{d0} 正比于 U_{ct}。一般来说，触发器的类型包括单结晶体管触发器、锯齿波触发器、正弦波触发器和集成触发器；整流装置从相数上可以分为单相、三相；从线路元件使用情况可以分为半控、全控整流电路；从整流波形上可以分为半波、全波。

（4）速度检测环节。其作用是通过测速发电机检测调速电机的转速，并且转换成大小与转动速度成正比的反馈电压。

测速发电机有交流和直流两种。交流测速发电机具有结构简单、价格低廉、容易维护和无电刷接触等优点，但若在直流调速系统中使用，需要进行整流变换，从而使反馈信号的精度受到影响。因此，通常直流调速系统采用直流测速发电机来检测转速。在工作过程中必须要保证测速发电机磁场恒定，以确保测速发电机输出电压与转速之间有着严格的比例关系。

直流测速发电机包括永磁式和他励式两种形式。永磁式测速发电机在使用时，应该要注意工作环境温度不能够太高或者有强烈震动，否则永久磁铁的磁性将会很快减弱，使得检测数据出现偏差。他励式电机在使用时，为了保持励磁电流不变，最好采用恒流电源。此外，使用测速发电机时，负载电流不能过大，否则会影响磁场的恒定，从而影响测量精度。

2. 调速系统的自动调节过程

1）对给定信号的调节（调速过程）

例如调节前：$U_n^* = U_{n1}^*$，则 $U_{ct}=U_{ct1}$，$U_d=U_{d1}$，$n=n_1$；当 U_n^* 上升到 U_{n2}^* 时，则 $U_{ct}=U_{ct2}$，$U_d=U_{d2}$，$n=n_2$，即 n 随着 U_n^* 的变化而变化。

2）对扰动信号的调节（稳速过程）

如负载转矩 $T_L\uparrow \rightarrow n\downarrow \rightarrow U_n\downarrow \rightarrow \Delta U_n = (U_n^* - U_n)\uparrow \rightarrow U_{ct}\uparrow \rightarrow U_{d0}\uparrow \rightarrow I_d\uparrow \rightarrow n\uparrow$

即负载波动时，n 基本上不受到扰动输入的影响。

3. 系统的静特性分析

1）闭环系统静特性的定性分析

闭环系统的静特性如图 4-10 所示。设原始工作点为 A。

可以看出：在没有设置转速负反馈环节时，当负载电流由 I_{d1} 增大 I_{d2} 时，开环系统的转速降到 A'点对应的数值，此时输出的整流电压平均值为 U_{d1}。当设置了转速负反馈环节之后，负载电流由 I_{d1} 增大到 I_{d2}，此时输出的整流电压平均值增大到 U_{d2}，使工作点变成 B，稳态速降比开环系统小得多。这样，在闭环系统中，每当负载发生一点变化，就会相应地提高（或降低）一点整流电压，因而就改变一条机械特性。闭环系统的静特性就是这样在

许多开环机械特性上各取一个相应的工作点（A、B、C、D），再连接起来所得到的。显然，它比开环机械特性要硬。

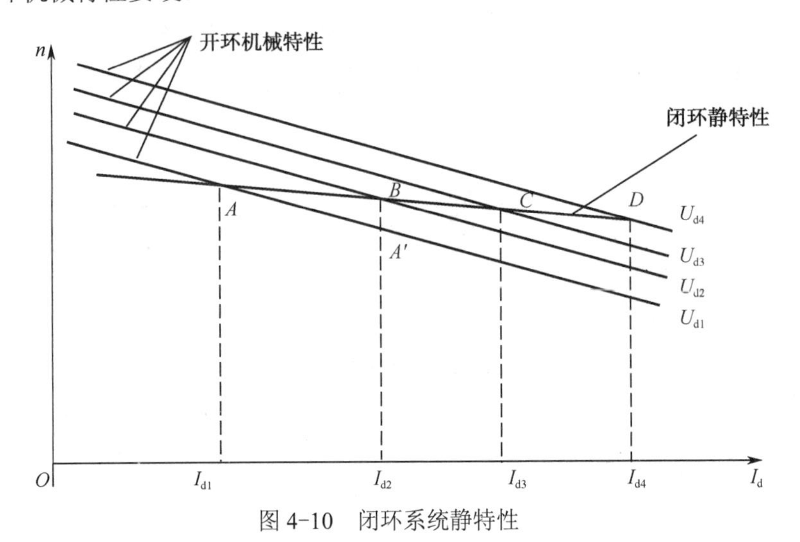

图 4-10　闭环系统静特性

2）闭环系统静特性的定量分析

闭环系统结构图如图 4-11 所示。

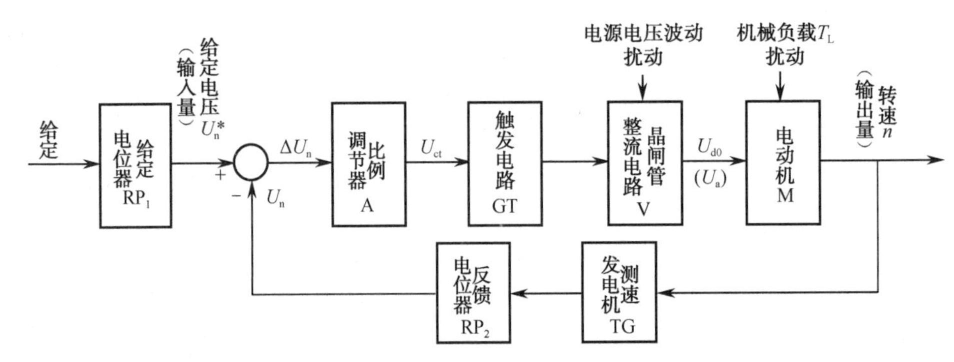

图 4-11　闭环系统结构图

为了突出主要矛盾，先作出如下的假定：

（1）忽略各种非线性因素，假定各个环节的输入输出关系都是线性的。

（2）假定只是工作在 V-M 系统开环机械特性的连续段；

（3）忽略直流电源和电位器的内阻。

这样，转速负反馈闭环系统中各个环节的稳态输入输出方程可表示如下。

电压比较环节：　$\Delta U_n = U_n^* - U_n$

放大器环节：　$U_{ct} = K_p \Delta U_n$

晶闸管整流器及触发装置：　$U_{d0} = K_s U_{ct}$

V-M 系统开环机械特性：　$n = \dfrac{U_{d0} - I_d R}{K_e \phi} = \dfrac{U_{d0} - I_d R}{C_e}$

速度检测环节：　$U_n = \alpha n$

上列式中，K_{p} 为放大器的电压放大倍数；K_{s} 为晶闸管整流器及触发装置的电压放大系数；α 为测速发电机的转速反馈系数；C_{e} 为直流电机在额定磁通下的电动势转速比，$C_{\mathrm{e}}=K_{\mathrm{e}}\phi$。

从上述几个关系式中消去中间变量，整理后，即得转速负反馈闭环直流调速系统的静特性方程式：

$$n=\frac{K_{\mathrm{p}}K_{\mathrm{s}}U_{\mathrm{n}}^{*}-I_{\mathrm{d}}R}{C_{\mathrm{e}}(1+K_{\mathrm{p}}K_{\mathrm{s}}\alpha/C_{\mathrm{e}})}=\frac{K_{\mathrm{p}}K_{\mathrm{s}}U_{\mathrm{n}}^{*}}{C_{\mathrm{e}}(1+K)}-\frac{RI_{\mathrm{d}}}{C_{\mathrm{e}}(1+K)}=n_{0\mathrm{cl}}-\Delta n_{\mathrm{cl}} \tag{4-7}$$

式（4-7）中，$K=K_{\mathrm{p}}K_{\mathrm{s}}\alpha/C_{\mathrm{e}}$ 为闭环系统的开环放大系数，是系统中各个环节单独放大系数的乘积；$n_{0\mathrm{cl}}$ 为闭环系统的理想空载转速；Δn_{cl} 为闭环系统的稳态速降。

闭环调速系统的静特性表示的是系统电动机转速与负载电流（或转矩）的稳态关系，它在形式上与开环机械特性相似，但在本质上二者有着很大的不同，故定名为“静特性”，以示区别。

3）闭环系统静特性与开环系统机械特性的比较

对比闭环系统的静特性方程与开环系统的机械特性，就可以看出闭环控制的优越性。若断开转速反馈回路（$\alpha=0$，则 $K=0$），则上述系统的开环机械特性为：

$$n=\frac{K_{\mathrm{p}}K_{\mathrm{s}}U_{\mathrm{n}}^{*}-I_{\mathrm{d}}R}{C_{\mathrm{e}}}=\frac{K_{\mathrm{p}}K_{\mathrm{s}}U_{\mathrm{n}}^{*}}{C_{\mathrm{e}}}-\frac{RI_{\mathrm{d}}}{C_{\mathrm{e}}}=n_{0\mathrm{op}}-\Delta n_{\mathrm{op}} \tag{4-8}$$

式（4-8）中，$n_{0\mathrm{op}}$ 为开环系统的理想空载转速；Δn_{op} 为开环系统的稳态速降。

比较公式（4-7）和公式（4-8），不难得出以下结论：

（1）闭环系统静特性比开环系统机械特性硬得多。在同样的负载下，二者的稳态速降分别为：

$$\Delta n_{\mathrm{cl}}=\frac{RI_{\mathrm{d}}}{C_{\mathrm{e}}(1+K)}$$

$$\Delta n_{\mathrm{op}}=\frac{RI_{\mathrm{d}}}{C_{\mathrm{e}}}$$

两者的关系式为：

$$\Delta n_{\mathrm{cl}}=\frac{\Delta n_{\mathrm{op}}}{1+K} \tag{4-9}$$

由式（4-9）不难看出，K 值较大时，Δn_{cl} 比 Δn_{op} 要小很多，即闭环系统的静特性比开环系统的机械特性硬很多。

（2）闭环系统的静差率比开环系统的静差率小得多。闭环系统和开环系统的静差率为：

$$s_{\mathrm{cl}}=\frac{\Delta n_{\mathrm{cl}}}{n_{0\mathrm{cl}}}$$

$$s_{\mathrm{op}}=\frac{\Delta n_{\mathrm{op}}}{n_{0\mathrm{op}}}$$

当 $n_{0\mathrm{cl}}=n_{0\mathrm{op}}$ 时，则有：

$$s_{\mathrm{cl}}=\frac{s_{\mathrm{op}}}{1+K} \tag{4-10}$$

（3）当要求的静差率一定时，闭环系统的调速范围可大大提高。若电动机最高转速都是 n_{N}，并且对最低转速的静差率要求相同，由式（4-4）可得以下公式。

闭环时：
$$D_{cl}=\frac{n_N s}{\Delta n_{cl}(1-s)}$$

开环时：
$$D_{op}=\frac{n_N s}{\Delta n_{op}(1-s)}$$

所以：
$$D_{cl}=(1+K)D_{op} \tag{4-11}$$

如果想得到以上三条优越性，系统中必须设置放大环节。上述的优越性都是建立在 K 值足够大的基础上的，因此必须设置放大器。在闭环系统中，引入转速反馈电压 U_n 后，若要使转速偏差小，ΔU_n 必须降低，所以需要通过设置放大器，才能获得足够的控制电压 U_{ct}。

综合以上分析，可以得出这样的结论：闭环系统可以获得比开环系统硬得多的静特性，闭环系统的开环放大系数越大，静特性就越硬。在保证一定静差率的前提下，为了提高调速范围，必须增设检测与反馈装置和放大器。

4.3.3 闭环系统反馈控制规律

转速闭环调速系统是一种基本的反馈控制系统，它具有以下几个基本特征，也就是反馈控制的基本规律。

1. 被调量有静差

具有比例放大器的反馈闭环控制系统是有静差的。从前面对于静特性的分析中可以看出，闭环系统的开环放大系数 K 的值对系统的稳态性能影响很大。K 越大，稳态性能就越好。然而，若设置的放大器仅仅是一个比例放大器（K_p 为常数），稳态误差只能减小，但不可能完全消除，这是由于闭环系统的稳态速降为：

$$\Delta n_{cl}=\frac{RI_d}{C_e(1+K)}$$

只有 $K=\infty$ 时，才能使得$\Delta n_{cl}=0$，从而实现无静差，而这样显然是不可能的。

实际上，系统放大器输出的控制电压 U_{ct} 与转速偏差电压ΔU_n 成正比关系，如果实现了无静差，则$\Delta n_{cl}=0$，转速偏差电压$\Delta U_n=0$，$U_{ct}=0$，控制系统就无法产生控制作用了。所以，这种系统是以偏差存在为前提的，设置反馈环节只是检测偏差，通过控制减小偏差，而不能完全消除偏差，因此，这样的调速系统是有静差调速系统。

2. 抵抗扰动与跟随给定

反馈闭环控制系统对于被负反馈环包围的前向通道上的一切扰动作用都能有效地加以抑制，具有良好的抗扰性能。但对于给定作用的变化则是紧紧跟随。

当给定电压不变时，作用在控制系统中一切会引起被调量变化的因素都称为“扰动”。前面只讨论了一种由于负载变化导致速度降落的扰动。除此之外，电源电压的波动、电动机励磁电流的变化、放大器输出电压的漂移等，都会引起转速的变化，因此，都属于调速系统的扰动作用。图 4-12 画出了各种扰动作用，其中代表电流 I_d 的箭头表示负载扰动，其他指向各方框的箭头则分别表示会引起该环节放大系数变化的扰动作用。可以清楚地看出：凡是被反馈环包围的加在控制系统前向通道上的扰动作用对被调量的影响都会受到反馈控制的抑制。

抗扰动性能是反馈闭环控制系统最突出的特征。根据这一特征，在设计闭环系统时，

一般情况下只考虑其中那个最主要的扰动，例如在调速系统中只考虑负载扰动。依据克服负载扰动的要求进行设计，其他扰动的影响必然会受到闭环负反馈的抑制。

在图 4-12 上可以看到，给定信号 U_n^* 如果有细微的变化，被调量都会立即随之变化，丝毫不会受到反馈作用的抑制，被调量总是紧紧跟随着给定信号变化的。

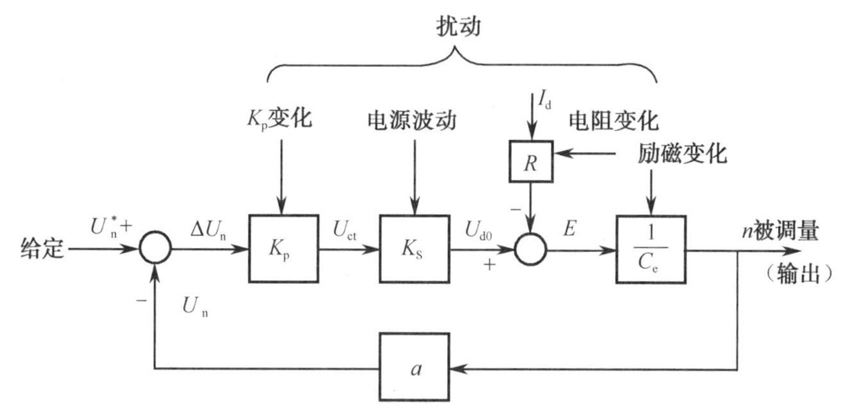

图 4-12　闭环系统的给定与扰动

3. 系统精度依赖于给定与反馈检测精度

反馈闭环控制系统对于给定电源和检测装置中的扰动无能为力，因此，系统精度主要依赖于给定与反馈检测精度。如果给定电源发生了不应有的波动，则被调量会随之变化、反馈控制系统无法判断是正常的调节还是给定电源的波动。因此，高精度的调速系统需要有更高精度的给定稳压电源。

此外，反馈检测元件本身的误差是反馈控制系统无法克服的。对于调速系统来说，就是测速发电机的误差。例如直流测速发电机的励磁发生了变化，反馈电压 U_n 必然改变，通过系统的反馈调节，反而使转速偏离了原来应该保持的数值。此外，测速发电机输出电压中的纹波，由于制造和安装问题导致的转子和定子间的偏心等，都会给系统带来周期性的干扰。基于此，高精度的控制系统还必须有高精度的反馈检测元件作保障。

4.3.4　系统的稳态参数计算

稳态参数计算是自动控制系统设计的第一步。下面通过一个具体的直流调速系统来说明系统的稳态参数计算。

【实例 4-2】 已知某直流调速系统如图 4-13 所示，根据下面的数据，进行系统的稳态参数的计算。

（1）电动机：额定参数为 10 kW，220 V，55 A，1000 r/min，电枢电阻 R_a=0.5 Ω。

（2）晶闸管装置：三相桥式可控整流，整流变压器 Y/Y 联结，二次线电压为 230 V，触发整流环节的放大系数 K_s=44。

（3）V-M 系统：主电路总电阻 R=1.0 Ω。

（4）测速发电机：额定参数为 23.1 W，110 V，0.21 A，1900 r/min。

（5）生产机械：调速范围 D=10，静差率 $s \leqslant 5\%$。

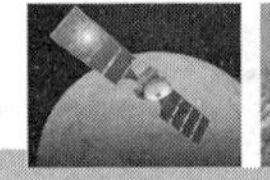

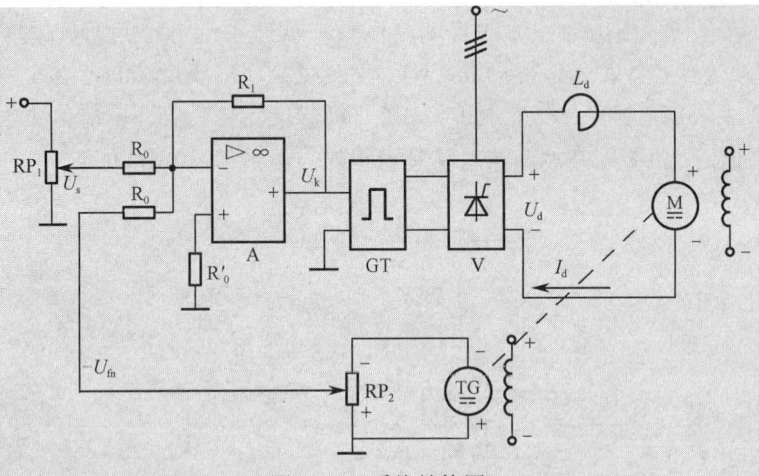

图 4-13　系统结构图

解　（1）为了满足 D=10，s≤5%，额定负载时调速系统的稳态速降应为：

$$\Delta n_{\mathrm{cl}} \leqslant \frac{n_{\mathrm{N}} s}{D(1-s)}=\frac{1000\times 0.05}{10\times(1-0.05)}=5.26\ \mathrm{r/min}$$

（2）根据Δn_{cl}，可求出系统开环放大系数 K 为：

$$K \geqslant \frac{I_{\mathrm{N}} R}{C_{\mathrm{e}}\Delta n_{\mathrm{cl}}}-1=\frac{55\times 1.0}{0.1925\times 5.26}-1=53.3$$

式中，$C_{\mathrm{e}}=\dfrac{U_{\mathrm{N}}-I_{\mathrm{N}} R_{\mathrm{a}}}{n_{\mathrm{N}}}=\dfrac{220-55\times 0.5}{1000}=0.1925\ \mathrm{V\cdot min/r}$。

（3）计算测速反馈环节的参数。

测速反馈系数 α 包含测速发电机的电动势转速比 C_{etg} 和电位器 RP_2 的分压系数 α_2，即：$\alpha=C_{\mathrm{etg}}\alpha_2$。

根据测速发电机的数据，$C_{\mathrm{etg}}=\dfrac{110}{1900}\approx 0.0579\ \mathrm{V\cdot min/r}$ 试取 α_2=0.2，如测速发电机与主电动机直接联结，则在电动机最高转速 1000 r/min 下，反馈电压为：

$$U_{\mathrm{n}}=1000\ \mathrm{r/min}\times 0.0579\ \mathrm{V\cdot min/r}\times 0.2=11.58\ \mathrm{V}$$

可知，相应的最大给定电压大约需要 12 V。若直流稳压电源为±15 V，可以满足需要，所取的 α_2 值是合适的。因此，测速反馈系数为

$$\alpha=C_{\mathrm{etg}}\alpha_2=0.2\times 0.0579\ \mathrm{V\cdot min/r}=0.01158\ \mathrm{V\cdot min/r}$$

电位器 RP_2 的选择方法：当测速发电机输出最高电压时，其电流约为额定值的 20%，这样，测速发电机的电枢压降对检测信号的线性度影响较小，则：

$$R_{\mathrm{RP_2}} \approx \frac{C_{\mathrm{etg}} n_{\mathrm{N}}}{0.2 I_{\mathrm{n}}}=\frac{0.0579\times 1000}{0.2\times 0.21}=1379\ \Omega$$

此时 RP_2 所消耗的功率为：

$$P_{\mathrm{RP_2}}=C_{\mathrm{etg}} n_{\mathrm{N}}\times 0.2 I_{\mathrm{n}} \approx 0.0579\times 1000\times 0.2\times 0.21 \approx 2.43\ \mathrm{W}$$

为了确保电位器不过热，实际选择功率应该为消耗功率的一倍以上，所以选择 RP_2 为 10 W、1.5 kΩ的可调电位器。

（4）计算运算放大器的放大系数和参数。

$$K_p = \frac{KC_e}{\alpha K_s} = \frac{53.3 \times 0.1925}{0.012 \times 44} \approx 19.43$$

实际取 K_p=20，如果取放大器输入电阻 R_0=20 kΩ，则：

$$R_1 = K_p R_0 = 20 \times 20 = 400\ \text{k}\Omega$$

4.3.5　单闭环调速系统的动态分析

通过对单闭环调速系统稳态性能的讨论得知，通过引入转速负反馈并且拥有足够大的放大倍数 K 后，就可以减少稳态速降，满足系统的稳态要求。但是，如果放大系数过大，可能会导致闭环系统动态性能变差，甚至造成系统的不稳定，必须采取适当的校正措施才能使系统正常工作并满足动态性能要求。为此，必须分析系统的动态性能。

1．额定励磁下直流电动机的传递函数

图 4-14 画出了额定励磁下他励直流电动机的等效电路，其中电枢回路电阻 R 和电感 L 包含整流装置内阻和平波电抗器的电阻与电感在内，规定的正方向如图所示。

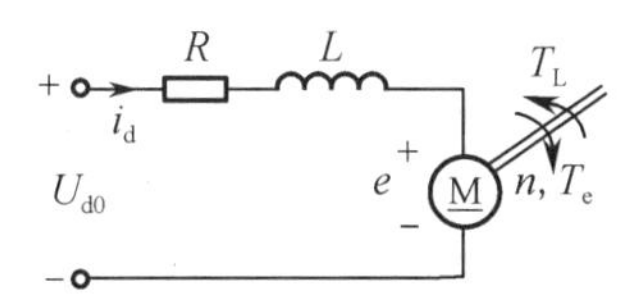

图 4-14　直流电动机等效电路

由图 4-14 可列出以下方程

（1）在电流连续的条件下，直流电动机电枢回路的电压平衡方程式为：

$$U_{do} = Ri_d + L\frac{di_d}{dt} + e$$

（2）电动机轴上的转矩和转速应服从电力拖动系统的运动方程式，在忽略黏性摩擦的情况下，可得转矩平衡方程式为：

$$T_e - T_L = \frac{GD^2}{375}\frac{dn}{dt}$$

式中　T_L——包括电动机空载转矩在内的负载转矩，单位为 N · m；

GD^2——电力拖动系统运动部分折算到电机轴上的飞轮惯量，单位为 N · m²。

（3）$e = C_e n = K_e \phi n$；

$T_e = C_m i_d = K_T \phi i_d$。

（4）定义电枢回路电磁时间常数 T_a 和电力拖动系统机电时间常数 T_m：

$$T_a = \frac{L}{R}$$

$$T_m = \frac{GD^2 R}{375 C_e C_m} = \frac{GD^2 R}{375 K_e K_T \phi^2}$$

代入微分方程，经过整理后可得：

$$u_{do} - e = R\left(i_d + T_a \frac{di_d}{dt}\right)$$

$$i_d - i_{dl} = \frac{T_m}{R}\frac{de}{dt}$$

式中，$i_{dL} = T_L/C_m$ 为负载电流。

在零初始条件下，等式两侧取拉氏变换得电压与电流、电流与电动势之间的传递函数分别为：

$$\frac{I_d(s)}{U_{do}(s) - E(s)} = \frac{1/R}{T_a s + 1}$$

$$\frac{E(s)}{I_d(s) - I_{dL}(s)} = \frac{R}{T_m s}$$

综合以上各式，并考虑到 $n = e/C_e$ 可得直流电动机的动态结构图如图 4-15（a）所示。由图可知，直流电动机有两个输入量，即理想空载整流电压 U_{do} 和负载电流 I_{dL}，前者为控制输入量，后者是扰动输入量。如果不需要在结构图中把电流 I_d 表现出来，通过结构图变换，可变成图 4-15（b）；如果负载电流 I_{dL} 为零，则可进一步简化为图 4-15（c）。

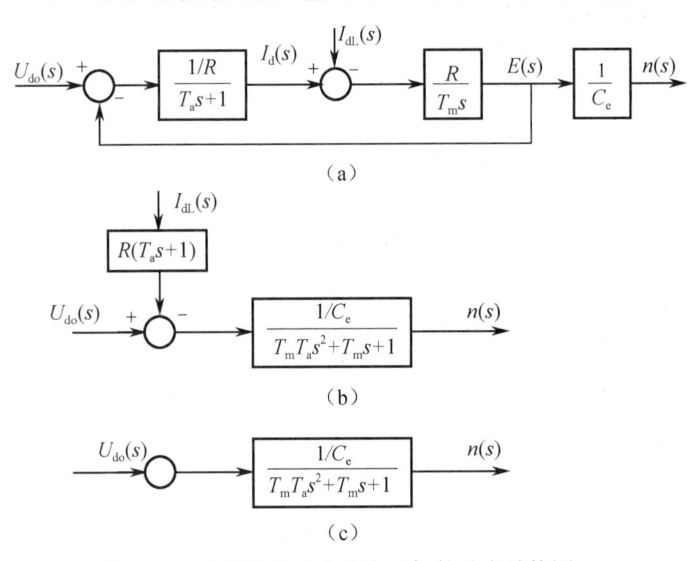

图 4-15　电流连续时直流电动机的动态结构图

2. 晶闸管触发和整流装置的传递函数

晶闸管整流装置总需要触发电路提供触发脉冲，因此在分析系统时往往把它们看成一个整体，当成一个环节处理。该环节的输入量是触发电路的控制电压 U_{ct}，输出量是理想空载整流电压 U_{do}。如果在一定范围内将非线性特性线性化，可以把它们之间的放大系统 K_s 视作常数，则晶闸管触发和整流装置可以看成是一个具有纯滞后的放大环节，其传递函数为：

$$\frac{U_{do}(s)}{U_{ct}(s)} = K_s e^{-T_s s}$$

式中，T_s——晶闸管触发和整流装置的失控时间。

晶闸管触发和整流装置之所以存在滞后作用是由于整流装置的失控时间造成的。晶闸管是一个半控型器件，在阳极承受正向电压的情况下供给门极触发脉冲就能使其导通，一旦导通，门极便失去了控制作用。改变控制电压 U_{ct}，虽然触发脉冲相位可以移动，但是必须在正处于导通的元件完成其导通周期关断后，整流电压 U_{do} 才能与新的脉冲相位相适应，因此造成整流电压 U_{do} 滞后于控制电压 U_{ct} 的情况。如图 4-16 所示，以三相半波纯电阻负载整流电路为例。假设在 t_1 时刻 A 相晶闸管触发导通，控制角为 α_1。如果控制电压 U_{ct} 在 t_2 时刻发生变化，如图所示由 U_{ct1} 下降为 U_{ct2}，但是由于 A 相晶闸管已经导通，U_{ct2} 引起的控制角的变化对它已不起作用，平均整流电压 U_{do1} 并不会立即生产反应，必须等到 t_3 时刻后 A 相晶闸管关断，触发脉冲才有可能控制 B 相晶闸管。设 U_{ct2} 对应的控制角为 α_2，则 B 相晶闸管在 t_4 时刻才导通，平均整流电压变成 U_{do2}。假设平均整流电压是在自然换相点变化的，则从 U_{ct} 发生变化到 U_{do} 发生变化之间的时间 T_s 便是失控时间。

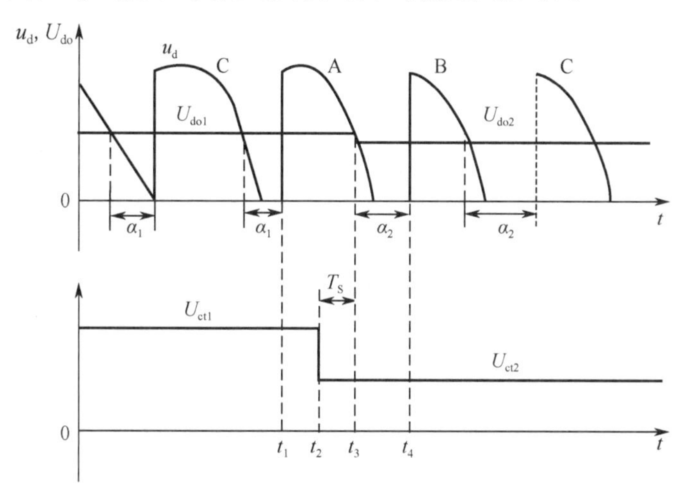

图 4-16　晶闸管触发和整流装置的失控时间

显然，失控时间 T_s 是随机的，它的大小随着控制电压发生变化的时间而变化，最大值是整流电路两个自然换相点之间的时间，取决于整流电路的形式和交流电源的频率，由下式确定：

$$T_{smax} = \frac{1}{mf}$$

式中，m——一周内的整流电压的波头数；

f——交流电源的频率。

相对于整个系统的响应时间，失控时间 T_s 是不大的，在实际分析计算时可取其统计平均值：

$$T_s = \frac{1}{2}T_{smax}$$

并且可认为它是常数。

由于 T_s 很小，为了分析和设计的方便，当系统的截止频率满足：

$$\omega_c \leqslant \frac{1}{3T_s}$$

可以将晶闸管触发和整流装置的传递函数近似成一阶惯性环节，即：

$$\frac{U_{do}(s)}{U_{ct}(s)} = K_s e^{-T_s s} \approx \frac{K_s}{T_s s + 1}$$

3．比例放大器和测速发电机的传递函数

比例放大器和测速发电机都可以认为是瞬时响应的，因此它们的传递函数就是它们的放大系数和反馈系数，即：

$$\frac{U_{\mathrm{ct}}(s)}{\Delta U_{\mathrm{n}}(s)}=K_{\mathrm{p}}$$

$$\frac{U_{\mathrm{n}}(s)}{n(s)}=\alpha$$

4．单闭环调速系统的动态结构和传递函数

求出了各环节的传递函数后，根据它们在系统中的相互关系可以画出转速负反馈单闭环调速系统的动态结构图，如图 4-17 所示。

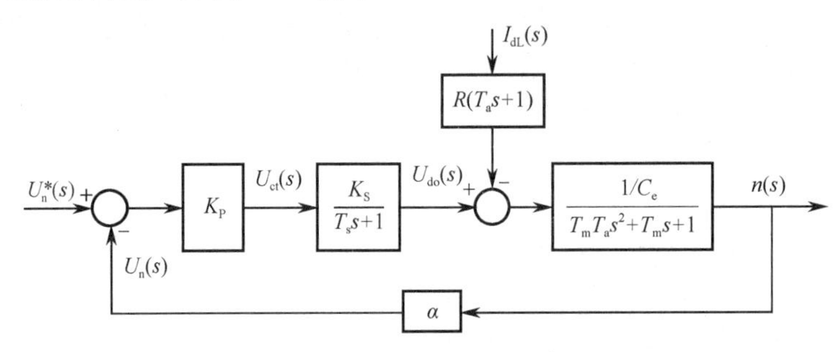

图 4-17　转速负反馈单闭环调速系统动态结构图

利用结构图的计算方法，可以求出转速负反馈单闭环调速系统的传递函数为

$$W_{\mathrm{cl}}(s)=\frac{K_{\mathrm{p}}K_{\mathrm{s}}/C_{\mathrm{e}}}{(T_{\mathrm{s}}s+1)(T_{\mathrm{m}}T_{\mathrm{a}}s^2+T_{\mathrm{m}}s+1)+K}$$

$$=\frac{\dfrac{K_{\mathrm{p}}K_{\mathrm{s}}}{C_{\mathrm{e}}(1+K)}}{\dfrac{T_{\mathrm{m}}T_{\mathrm{a}}T_{\mathrm{s}}}{1+K}s^3+\dfrac{T_{\mathrm{m}}(T_{\mathrm{a}}+T_{\mathrm{s}})}{1+K}s^2+\dfrac{T_{\mathrm{m}}+T_{\mathrm{s}}}{1+K}s+1}$$

式中，$K=K_{\mathrm{p}}K_{\mathrm{s}}\alpha/C_{\mathrm{e}}$ 为闭环控制系统的开环放大倍数。

有了动态结构图和和系统的传递函数，利用前面学过的知识，便可以对单闭环调速系统进行动态分析。

4.3.6　单闭环无静差直流调速系统

前面介绍的采用比例调节器的单闭环调速系统，其控制作用需要用偏差来维持，属于有静差调速系统，只能设法减少静差，而无法从根本上消除静差。对于有静差调速系统，根据稳态性能指标要求进行设计时，在动态过程中可能不稳定，根本达不到稳态。因此也就没有必要再去讨论系统是否满足稳态要求。采用比例积分调节器代替比例放大器后，可以使系统稳定且有足够的稳定裕量。通过下面的讨论我们将看到，将系统中的比例调节器换成比例积分调节器之后，不仅改善了动态性能，而且还能从根本上消除静差，实现无静差调速。

1. 积分调节器和积分控制规律

图 4-18 所示为用线性集成电路运算放大器构成的积分调节器（简称 I 调节器）的原理图。根据运算放大器的工作原理，我们可以很容易地得到：

$$|U_{ex}| = \frac{1}{C}\int i\mathrm{d}t = \frac{1}{R_0 C}\int |U_{in}|\mathrm{d}t$$

$$= \frac{1}{\tau}\int |U_{in}|\mathrm{d}t$$

式中，$\tau = R_0 C$ 为积分调节器的积分时间常数。

积分调节器的输出电压是输入电压对时间的积分。当积分调节器在输入和输出都为零时，突加一个阶跃输入，其输出将随时间线性增大（见图 4-19），即：

$$|U_{ex}| = \frac{1}{\tau}\int_0^t |U_{in}|\mathrm{d}t = \frac{1}{\tau}|U_{in}|t$$

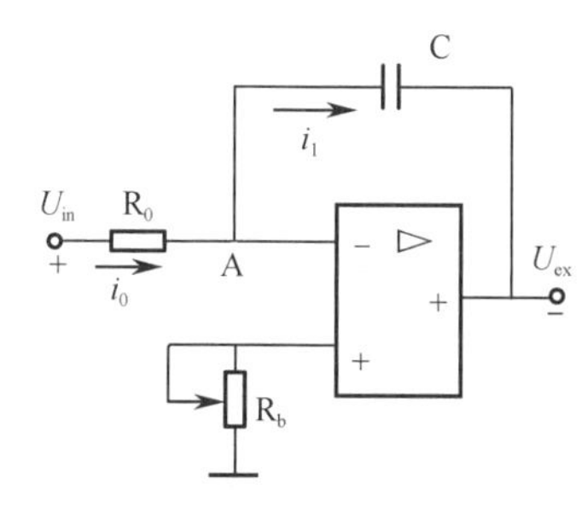

图 4-18　积分调节器

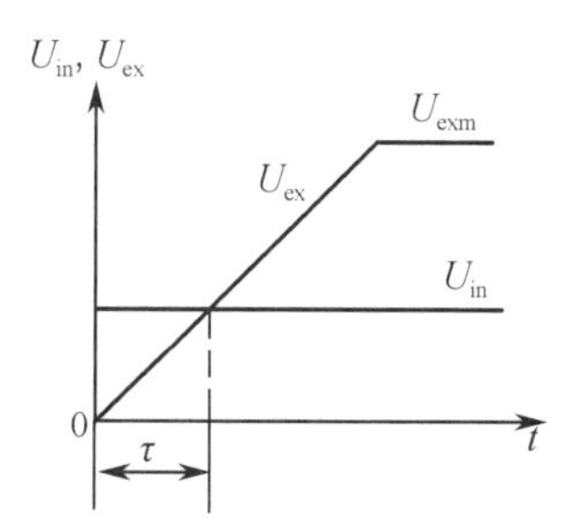

图 4-19　阶跃输入时积分调节器的输出特性

其上升的速度取决于积分时间常数 τ。在积分调节器中，只要在调节器输入端有 U_{in} 作用，电流 i 不为零，电容 C 就不断积分，输出 U_{ex} 也就不断线性变化，直到运算放大器饱和为止。

从以上分析可知，积分调节器具有下述特点：

（1）积累作用。只要输入端有信号，哪怕是微小信号，积分就会进行，直至输出达到饱和值（或限幅值）。只有当输入信号为零，这种积累才会停止。

（2）记忆作用。在积分过程中，如果突然使输入信号为零，其输出将始终保持在输入信号为零瞬间前的输出值。

（3）延缓作用。即使输入信号突变，例如输入阶跃信号，其输出却不能跃变，而是逐渐积分线性渐增的。这种滞后特性就是积分调节器的延缓作用。

在采用比例调节器的调速系统中，调节器的输出是晶闸管触发电路的控制电压 U_{ct}，且 $U_{ct}=K_p\Delta U_n$。只要电动机在运行，就必须有 U_{ct}，也就必须有调节器的输入偏差电压ΔU_n，这是采用比例调节器的调速系统有静差的根本原因。如果采用积分调节器，输出电压 U_{ct} 是对输入偏差电压的积分，即：

$$U_{ct} = \frac{1}{\tau}\int \Delta U_n \mathrm{d}t$$

只要$\Delta U_n \neq 0$，积分就不会停止，U_{ct} 将持续变化，系统就不会进入稳态运行。只有当 $\Delta U_n=0$ 时，积分停止，U_{ct} 才停止变化，保持在一个恒定值上，使系统在偏差为零时保持恒速运行。

上述分析表明，比例调节器的输出只取决于输入偏差量的现状，而积分调节器的输出

则不仅取决于输入偏差量的现状，且包含了输入偏差量的全部历史。只要曾经有过ΔU_n，即使现在$\Delta U_n=0$，其积分仍有一定数值，仍能产生足够的控制电压 U_{ct}，保证系统能在稳态下运行。这也是积分控制规律与比例控制规律的根本区别。

采用积分调节器虽然能使调速系统在稳态时没有静差，但是由于积分调节器的延缓作用，使其输出相对于输入有明显的滞后，输出电压的变化缓慢，因而导致调速系统的动态响应很慢。采用比例调节器时虽然有静差，但动态响应却较快。因此，如果既要稳态精度高，又要动态响应快，可将两种控制规律结合起来，这就是比例-积分控制。比例-积分调节器电路图如图 4-20 所示。

2．比例-积分调节器和比例-积分控制规律

结合图 4-20，根据运算放大器的基本原理可以得出它的输入与输出间的关系：

$$
\begin{aligned}
|U_{ex}| &= \frac{R_1}{R_0}|U_{in}| + \frac{1}{R_0 C}\int |U_{in}|\,dt \\
&= \frac{R_1}{R_0}|U_{in}| + \frac{R_1}{R_0}\frac{1}{R_1 C}\int |U_{in}|\,dt \\
&= K_{PI}|U_{in}| + \frac{K_{PI}}{\tau}\int |U_{in}|\,dt
\end{aligned}
$$

式中，$K_{PI}=\dfrac{R_1}{R_0}$——比例-积分调节器比例部分放大系数；

$\tau=R_1C$——比例-积分调节器积分时间常数。

由此可见，PI 调节器的输出电压 U_{ex} 由比例和积分两个部分组成，在零初始状态和阶跃输入信号作用下，PI 调节器的输出特性如图 4-21 所示。由图可以看出比例积分作用的物理意义。当突加输入电压$|U_{in}|$时，由于开始瞬间电容 C 相当于短路，反馈回路只有电阻 R_1，使输出电压$|U_{ex}|$突跳到 $K_{PI}|U_{in}|$。此后，随着电容 C 被充电，开始体现积分作用，$|U_{ex}|$不断线性增长，直到达到输出限幅值或运算放大器饱和。这样，当单闭环调速系统采用比例-积分调节器后，在突加输入偏差信号ΔU_n 的动态过程中，输出端立即呈现 $U_{ct}=K_{PI}\Delta U_n$，实现快速控制，发挥了比例控制的优势；在稳态时，又和积分调节器一样，又能发挥积分控制的优势，$\Delta U_n=0$，U_{ct} 保持在一个恒定值上，实现稳态无静差。因此，比例-积分控制综合了比例控制和积分控制两种规律的优点，克服了各自的缺点，扬长避短，互相补充。比例部分能够迅速响应控制作用，积分控制则最终消除稳态偏差。作为控制器，比例-积分调节器兼顾了快速响应和消除静差两方面的要求；作为校正装置，它又能提高系统的稳定性。所以，PI 调节器在调速系统和其他自动控制系统中得到了广泛应用。

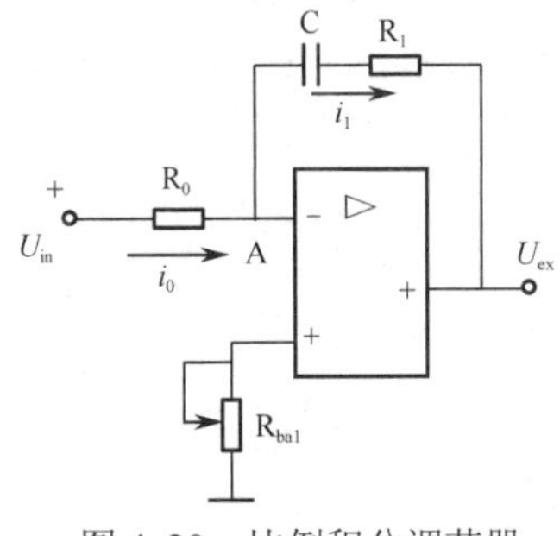

图 4-20　比例积分调节器

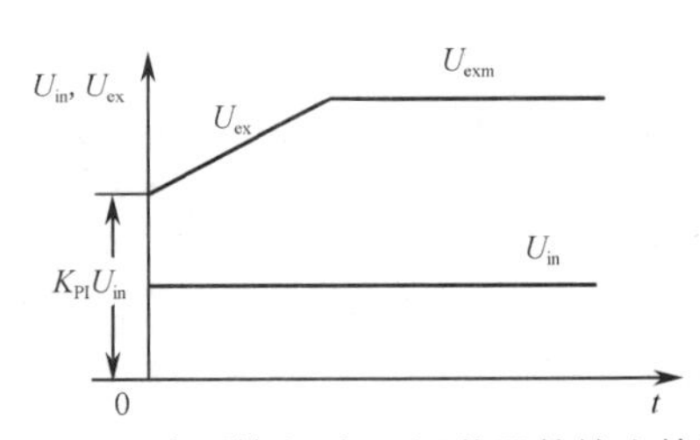

图 4-21　阶跃输入时 PI 调节器的输出特性

3. 采用 PI 调节器的单闭环无静差调速系统

图 4-22 绘出了采用 PI 调节器的单闭环无静差调速系统。下面分析这个系统的工作情况。

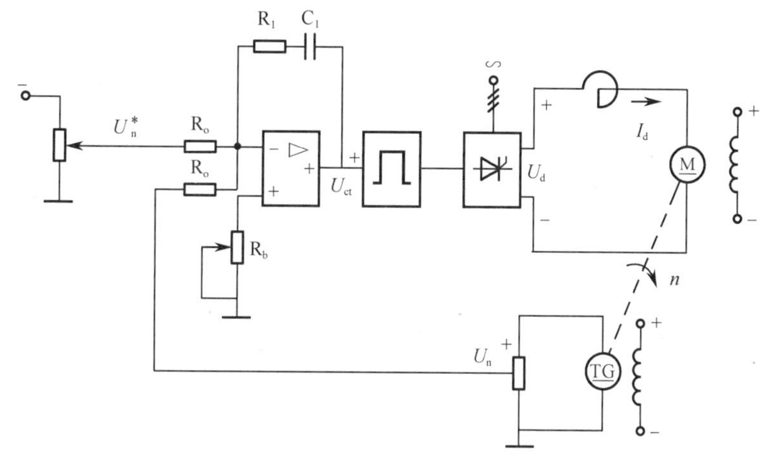

图 4-22　采用 PI 调节器的单闭环无静差调速系统

1）稳态抗扰误差分析

前面从原理上定性地分析了比例控制、积分控制和比例-积分控制规律，现在再用误差分析的方法定量地讨论有静差和无静差问题。

单闭环调速系统的动态结构图如图 4-23（a）所示。图中 A 表示调节器，视调节器不同有不同的传递函数。当 $U_n^*=0$ 时，只有扰动输入量 I_{dL}，这时的输出量就是负载扰动引起的转速偏差（即速降）ΔU_n，可将动态结构图改画成图 4-23（b）的形式。

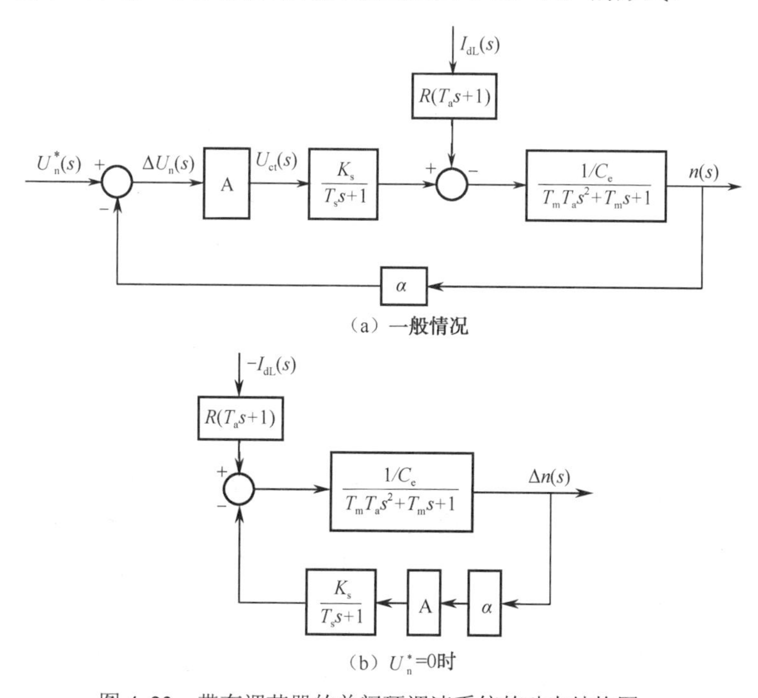

图 4-23　带有调节器的单闭环调速系统的动态结构图

利用结构图的运算法则，可以得到采用不同调节器时，输出量Δn与扰动量I_{dL}之间的关系如下。

（1）当采用比例调节器时，比例放大系数为K_p，这时系统的开环放大系数$K=K_pK_s\alpha/C_e$，有：

$$\Delta n(s)=\frac{-I_{dL}(s)\frac{R}{C_e}(T_s s+1)(T_a s+1)}{(T_s s+1)(T_m T_a s^2+T_m s+1)+K}$$

突加负载时，$I_{dL}(s)=\frac{I_{dL}}{s}$。利用拉氏变换的终值定理可以求出负载扰动引起的稳态速度偏差（即稳态速降）为：

$$\begin{aligned}\Delta n&=\lim_{s\to 0}s\Delta n(s)\\&=\lim_{s\to 0}s\frac{\frac{-I_{dL}}{s}\frac{R}{C_e}(T_s s+1)(T_a s+1)}{(T_s s+1)(T_m T_a s^2+T_m s+1)+K}\\&=-\frac{I_{dL}R}{C_e(1+K)}\end{aligned}$$

（2）当采用积分调节器或比例-积分调节器时，调节器的传递函数分别为$\frac{1}{\tau s}$或$\frac{K_{PI}(\tau s+1)}{\tau s}$，按照上面的方法可以得到这两种情况下转速偏差$\Delta n$的拉氏变换表达式：

当采用积分调节器时，有：

$$\Delta n(s)=\frac{-I_{dL}(s)\frac{R}{C_e}\tau s(T_s s+1)(T_a s+1)}{\tau s(T_s s+1)(T_m T_a s^2+T_m s+1)+\frac{\alpha K_s}{C_e}}$$

当采用比例积分调节器时，有：

$$\Delta n(s)=\frac{-I_{dL}(s)\frac{R}{C_e}\tau s(T_s s+1)(T_a s+1)}{\tau s(T_s s+1)(T_m T_a s^2+T_m s+1)+\frac{\alpha K_s K_{PI}}{C_e}(\tau s+1)}$$

突加负载时，$I_{dL}(s)=\frac{I_{dL}}{s}$，利用拉氏变换的终值定理，可以求出负载扰动引起的稳态误差都是$\Delta n=\lim_{s\to 0}s\Delta n(s)=0$。因此，积分控制和比例-积分控制的调速系统，都是无静差的。

上述分析表明，只要调节器上有积分的成分，系统就是无静差的，或者可以认为，只要在控制系统的前向通道上的扰动作用点以前含有积分环节，当这个扰动为突加阶跃扰动时，它便不会引起稳态误差。如果积分环节出现在扰动作用点以后，它对消除静差是无能为力的。

由于无静差调速系统稳态情况下无速度偏差，在调节器输入端的偏差电压ΔU_n=0。因此，可以得到下面的关系：

$$|U_{\mathrm{n}}^*|=|U_{\mathrm{n}}|=\alpha n$$

在设计系统时，可以计算出转速反馈系数：

$$\alpha=\frac{U_{\mathrm{nmax}}^*}{n_{\max}}$$

式中　$n_{\max}$——电动机调压调速时的最高转速；

U_{nmax}^*——相应的给定电压的最大值。

2）动态速降（升）

采用比例-积分控制的单闭环无静差调速系统，只是在稳态时没有静差，动态时还是有静差的。接下来探讨无静差调速系统的抗扰调节过程。

在已知负载扰动大小的情况下，通过计算，我们可以求得转速降落$\Delta n(t)$，这是定量计算的方法，现在我们只是进行定性分析。

设系统的给定电压为U_{n1}^*，当负载转矩为T_{L1}时系统稳定运行于转速n_1，对应的晶闸管整流输出电压为U_{do1}，速度反馈电压为U_{n1}，PI 调节器输入偏差电压$\Delta U_{\mathrm{n}}=U_{\mathrm{n1}}^*-U_{\mathrm{n1}}=0$，系统处于稳定运行状态。

当电动机负载在t_1时刻，突然由T_{L1}增加到T_{L2}，如图 4-24（a）所示，电动机轴上转矩失去平衡，电动机转速开始下降，偏离n_1而产生转速偏差Δn。通过测速发电机反馈到输入端产生电压偏差$\Delta U_{\mathrm{n}}=U_{\mathrm{n1}}^*-U_{\mathrm{n1}}>0$，这个偏差电压$\Delta U_{\mathrm{n}}$加在 PI 调节器的输入端，于是开始了消除偏差的调节过程。这一调节过程可以分为比例调节过程和积分调节过程。

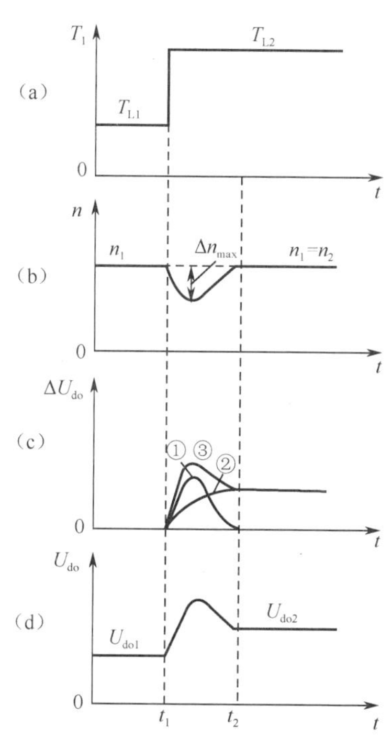

图 4-24　负载变化时 PI 调节器的调节过程

比例调节过程：在ΔU_{n}作用下，PI 调节器立即输出比例调节部分$\Delta U_{\mathrm{ctp}}=K_{\mathrm{PI}}\Delta U_{\mathrm{n}}$，它使晶闸管整流输出电压增加$\Delta U_{\mathrm{dop}}$，如图 4-24（c）曲线①所示。这个电压使电动机转速迅速回升，其大小与偏差电压ΔU_{n}成正比，ΔU_{n}越大，ΔU_{dop}也越大，调节作用也就越强，电动机转速回升也就越快。当转速回升到原来的转速n_1以后，ΔU_{dop}也减到零。这表明与偏差成比例的调节作用和偏差同时存在，一旦偏差不存在了，比例调节作用将结束。

积分调节过程：PI 调节器积分部分的调节作用主要是在调节过程的后一段。积分部分的输出电压正比于偏差电压的积分，即$\Delta U_{\mathrm{ctl}}=\dfrac{K_{\mathrm{PI}}}{\tau}\int\Delta U_{\mathrm{n}}\mathrm{d}t$，它使晶闸管整流输出电压$\Delta U_{\mathrm{doI}}$，因而$\Delta U_{\mathrm{doI}}$正比于$\Delta U_{\mathrm{n}}$的积分。或者说，积分作用使晶闸管整流输出电压增量$\Delta U_{\mathrm{doI}}$增长的速度与偏差电压$\Delta U_{\mathrm{n}}$成正比。开始阶段，$\Delta n$较小，$\Delta U_{\mathrm{n}}$也较小，$\Delta U_{\mathrm{doI}}$增长得十分缓慢；当$\Delta n$最大时，$\Delta U_{\mathrm{doI}}$增长得最快；在调节过程的末段，电动机转速开始回升，Δn减小，ΔU_{doI}的增长也变慢，当Δn完全等于零时，ΔU_{doI}便停止增长，之后就一直保持这个数值不变，如图 4-24（c）曲线②所示。积分调节作用虽不再增长，但它却记住了以往积累的

调节结果。正因为如此，整流输出电压在最后被保持在比原来数值 U_{do1} 高出ΔU_{do} 的新的数值 U_{do2} 上。ΔU_{do} 是比例调节和积分调节的综合效果，如图 4-24（c）曲线③，U_{do} 的变化如图 4-24（d）所示，图 4-24（b）为转速 n 的变化过程。

可以看出，无论负载如何变化，积分调节作用一定要把负载变化的影响完全补偿，使转速回升到原来的转速，这就是无静差调节过程。

从以上分析可以看出，电压 U_{do} 的增长速度与偏差电压是一一对应的关系，只要有偏差，整流输出电压 U_{do} 就要增长，而且 U_{do} 的增长是积累的。因此可以说，偏差存在的时间越久，电压增长量ΔU_{do} 就越大。调节过程结束后的新电压稳态值 U_{do2} 不但取决于偏差的大小，还取决于偏差存在的时间。增长的那一部分电压ΔU_{do}，正好补偿由于负载增加引起的那部分主回路电阻 R 上的压降$\Delta I_{dL}R$。

在整个调节过程中，比例部分在开始和中间阶段起主要作用，由于ΔU_{dop} 的出现，阻止转速 n 的继续下降，帮助转速上升，随着转速不断接近稳态值，比例部分作用变小。积分部分在调节过程的后期起主要作用，而且依靠它最后消除转速偏差。在动态过程中最大的转速降落Δn_{max} 称为动态速降（如果突减负载，则为动态速升），这是一个重要的动态性能指标，它表明了系统抗扰的动态性能。

总之，采用 PI 调节器的单闭环调速系统，在稳定运行时，只要U_n^*不变，转速 n 的数值也保持不变，与负载的大小无关；但是在动态调节过程中，任何扰动都会引起动态速度变化。因此系统是转速无静差系统。需要指出，“无静差”只是理论上的，因为积分或比例积分调节器在稳态时电容器 C 两端电压不变，相当于开路，运算放大器的放大系数理论上为无穷大，才能达到输入偏差电压$\Delta U_n = 0$，输出电压 U_{ct} 为任意所需值。实际上，这时的放大系数是运算放大器的开环放大系数，其数值很大，但仍是有限的，因此仍然存在着很小的Δn，只是在一般精度要求下可以忽略不计而已。

4.3.7 其他反馈在单闭环直流调速系统中的应用

1. 问题的提出

直流电动机全电压启动时，会产生很大的冲击电流，如果没有采取专门的限流措施将会出现危险。这不仅对电动机换向不利，对于过载能力低的晶闸管等电力电子器件来说，更是不能允许的。采用转速负反馈的单闭环调速系统，当突然加给定电压U_n^*时，由于系统本身存在惯性，电动机不会立即转起来，转速反馈电压 U_n 仍为零。因此加在调节器输入端的偏差电压 $\Delta U_n=U_n^*$，差不多是稳态工作值的（1+K）倍。这时由于放大器和触发驱动装置的惯性都很小，使功率变换装置的输出电压迅速达到最大值 U_{dmax}，对电动机来说相当于全电压启动，通常是不允许的。另外，有些生产机械的电动机可能会遇到堵转的情况，如挖土机、轧钢机等，闭环系统特性很硬，若无限流措施，电流会大大超过允许值。如果依靠过电流继电器或快速熔断器进行限流保护，一过载就跳闸或烧断熔断器，将无法保证系统的正常工作。

为了解决反馈控制单闭环调速系统启动和堵转时电流过大的问题，系统中必须设有自动限制电枢电流的环节。根据反馈控制的基本概念，若要维持某个物理量基本不变，需要引入该物理的负反馈。所以，引入电流负反馈能够保持电流不变，使它不超过允许值。但是，电流负反馈的引入会使系统的静特性变得很软，不能满足一般调速系统的要求，电流负反馈的限流作用只应在启动和堵转时存在，在正常运行时必须去掉，使电流能自由地随着负载增减。这种当电流大到一定程度时才起作用的电流负反馈称为电流截止负反馈。

2. 电流截止负反馈环节

为了实现截止负反馈，必须在系统中引入电流截止负反馈环节。电流截止负反馈环节的具体线路有多种形式，但是无论哪种形式，其基本思想都是将电流反馈信号转换成电压信号，然后去和一个比较电压 U_{com} 进行比较（$U_{com}=I_{dcr}R_s$，I_{dcr} 为电流截止负反馈起作用的临界截止电流）。电流负反馈信号的获得可以采用在交流侧的交流电流检测装置，也可以采用直流侧的直流电流检测装置。最简单的方法是在电动机电枢回路串入一个小阻值的电阻 R_s，I_dR_s 是正比于电流的电压信号，用它去和比较电压 U_{com} 进行比较。当 $I_dR_s>U_{com}$，电流负反馈信号 U_i 起作用，当 $I_dR_s\leqslant U_{com}$ 时，电流负反馈信号被截止。比较电压 U_{com} 可以利用独立的电源，在反馈电压 I_dR_s 和比较电压 U_{com} 之间串接一个二极管组成电流截止负反馈环节，如图 4-25（a）所示；也可以利用稳压管的击穿电压 U_{br} 作为比较电压，组成电流截止负反馈环节，如图 4-25（b）所示。后者线路更为简单。电流截止负反馈的输入、输出特性如图 4-25（c）所示。

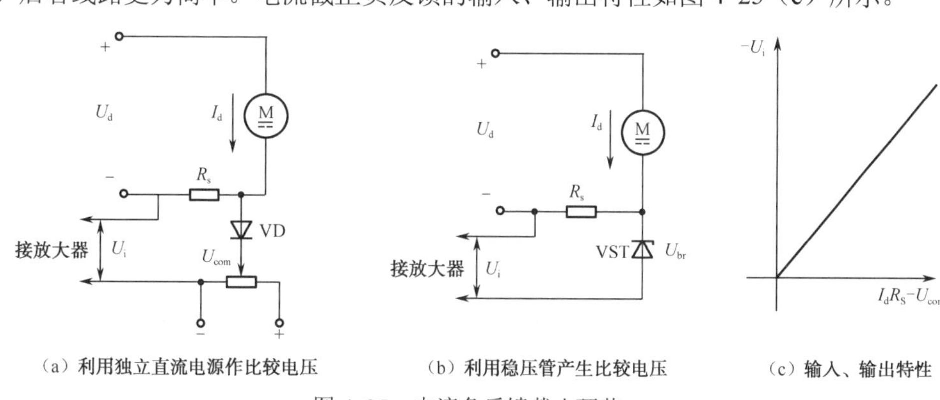

（a）利用独立直流电源作比较电压　（b）利用稳压管产生比较电压　（c）输入、输出特性

图 4-25　电流负反馈截止环节

3. 带电流截止负反馈的单闭环转速负反馈调速系统

图 4-26 给出了带电流截止负反馈的转速负反馈调速系统的原理框图。电流信号取自串入电枢回路的电阻 R_s，通过二极管 VD 的通断，决定电流负反馈是否起作用。当电枢电流在允许值 I_{dcr} 以内时，电流负反馈不起作用，当电流超过临界截止电流 I_{dcr} 时，VD 导通，电流负反馈起作用。

1）稳态结构图

根据图 4-26，可以归纳作出带电流截止负反馈的单闭环调速系统的稳态结构图，如图 4-27 所示。

2）静特性

由图 4-27 可以得出该系统的两段静特性的方程式：

当 $I_d\leqslant I_{dcr}$ 时，电流负反馈不起作用：

$$n=\frac{K_pK_sU_n^*}{C_e(1+K)}-\frac{RI_d}{C_e(1+K)} \tag{4-12}$$

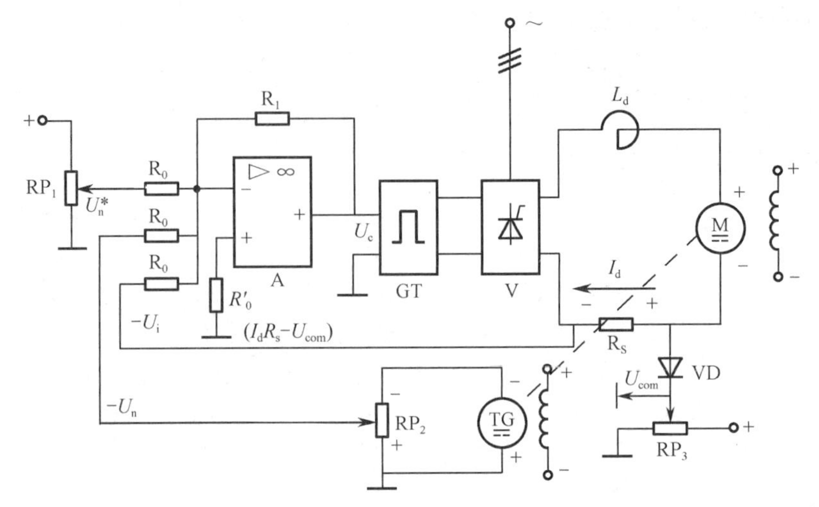

图 4-26 带电流截止负反馈的单闭环调速系统

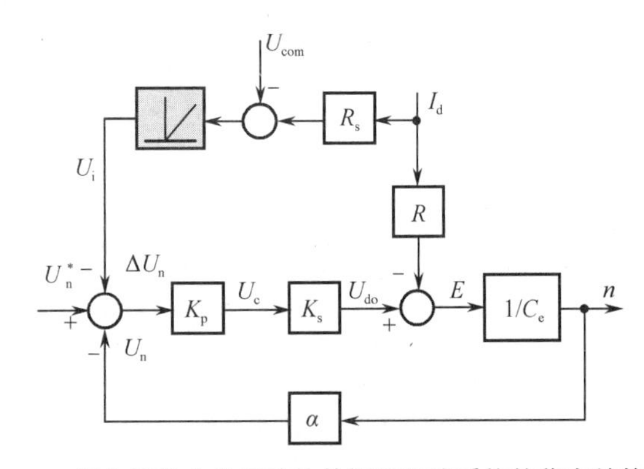

图 4-27 带电流截止负反馈的单闭环调速系统的稳态结构图

当 $I_d > I_{dcr}$ 时，电流负反馈起作用：

$$\begin{aligned} n &= \frac{K_pK_sU_n^*}{C_e(1+K)} - \frac{K_pK_s}{C_e(1+K)}(R_sI_d - U_{com}) - \frac{RI_d}{C_e(1+K)} \\ &= \frac{K_pK_s(U_n^* + U_{com})}{C_e(1+K)} - \frac{(R + K_pK_sR_s)I_d}{C_e(1+K)} \end{aligned} \tag{4-13}$$

根据式（4-12）和式（4-13）分别画出静特性，如图 4-28 所示。电流负反馈被截止的一段为 n_0—A 段，它即为闭环系统本身的静特性，比较硬；电流负反馈起作用时，特性下垂，得 A—B 段。这样的两段式静特性通常被称为下垂特性或挖土机特性。A 点称为转折点，对应的电流是 I_{dcr}，一般选 $I_{dcr}=(1.0\sim1.2)I_N$。B 点称为堵转点，对应的电流是堵转电流 I_{sc}，一般 $I_{sc}=(1.5\sim2.0)I_N$。

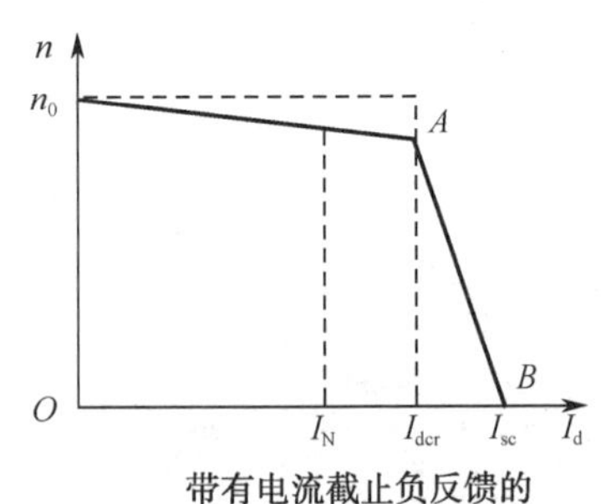

图 4-28 系统静特性

4.4　双闭环直流调速系统

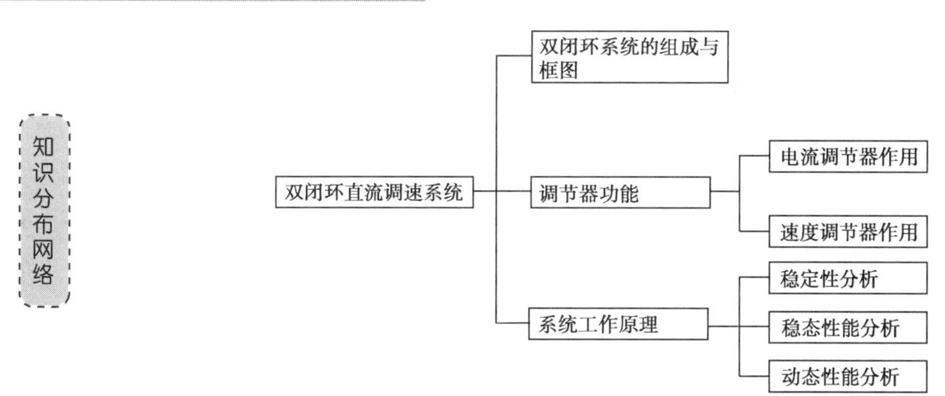

出于生产的需要及加工工艺的要求，电动机经常处于起动、制动或是正转、反转的过渡过程中，过渡过程所花的时间在很大程度上决定了生产机械的生产率，如何缩短这个时间，充分发挥生产机械效能，提高生产率，是控制系统需要解决的关键问题。为此，在电动机最大电流（转矩）受限制的约束条件下，希望充分发挥电动机的过载能力，在过渡过程中始终保持电流（转矩）为允许的最大值，使电力拖动系统尽可能用最大的加速度起动，在电动机起动到稳态转速后，再让电流（转矩）立即降下来，使转矩与负载转矩相平衡，从而转入稳定运行状态。这样的理想起动过程如图 4-29（a）所示，起动电流呈方形波，转速是线性增长的。这种在最大电流（转矩）受限制条件下调速系统能得到最快起动过程的控制策略称为“最短时间控制”或“时间最优控制”。

为了实现在允许条件下的最快起动，关键是要获得一段使电流保持为最大值 I_{dm} 的恒流过程。按照反馈控制规律，采用某个物理量的负反馈可以保持该量基本不变，因此采用电流负反馈应该能得到近似的恒流过程。前面讨论的电流截止负反馈调速系统，在起动过程中具有限流作用，使起动电流不超过电机的最大允许电流值，但并不能保证在整个起动过程中以恒定电流起动。实际起动过程如图 4-29（b）所示。显然，它与理想起动过程有较大区别。原因是这种系统的转速反馈信号和电流反馈信号在一点进行综合，加到一个调节器的输入端，在起动过程中两种反馈都起作用。加正常负载时实现速度调节，电流超过临界值时进行电流调节，达到最大电流后立即又降下来，电动机转矩也随之减小，因此加速过程必然加长。除此之外，一个调节器同时要完成多项调节任务，其动态参数也无法保证两种调节过程同时具有良好的动态品质。

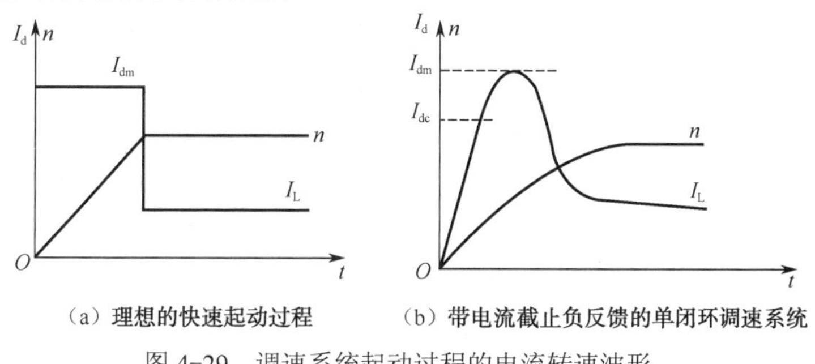

（a）理想的快速起动过程　（b）带电流截止负反馈的单闭环调速系统

图 4-29　调速系统起动过程的电流转速波形

为了保证在起动过程中只有电流负反馈起作用以保证最大允许恒定电流，不应让它和转速负反馈同时加到一个调节器的输入端；到达稳态转速后希望能使转速恒定，静差尽可能小，应只要转速负反馈，不再依靠电流负反馈发挥主要作用。转速、电流双闭环调速系统能够做到拥有转速和电流两种负反馈作用，并且可以使它们分别在不同的阶段起主要作用。

4.4.1 转速、电流双闭环调速系统的组成

转速、电流双闭环调速系统的原理框图如图 4-30 所示。系统的组成框图如图 4-31 所示。为了实现转速和电流两种负反馈分别起作用，在系统中设置了两个调节器，分别调节转速和电流，两者之间实行串联连接。把转速调节器 ASR 的输出作为电流调节器 ACR 的输入，用电流调节器的输出去控制晶闸管整流的触发器。从闭环结构上看，电流环在里面，是内环（又称副环）；转速环在外面，是外环（又称主环）。

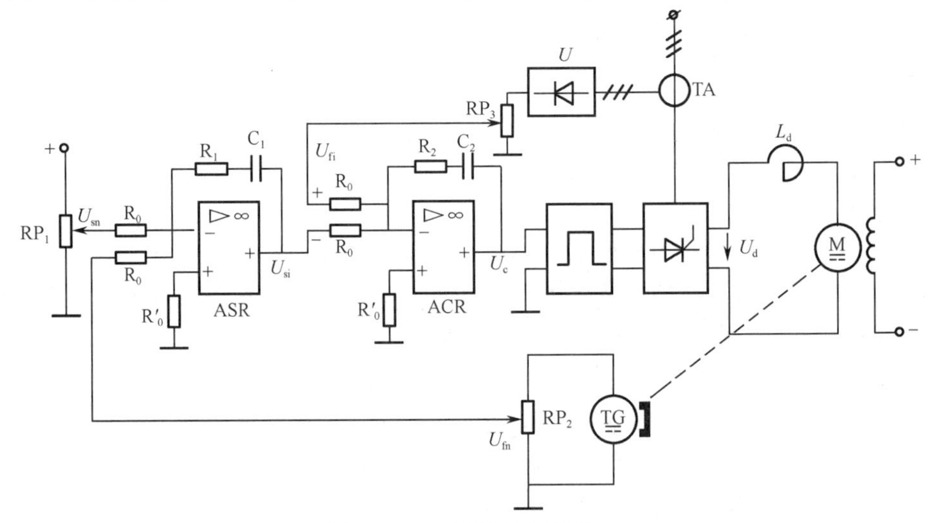

图 4-30 双闭环调速系统

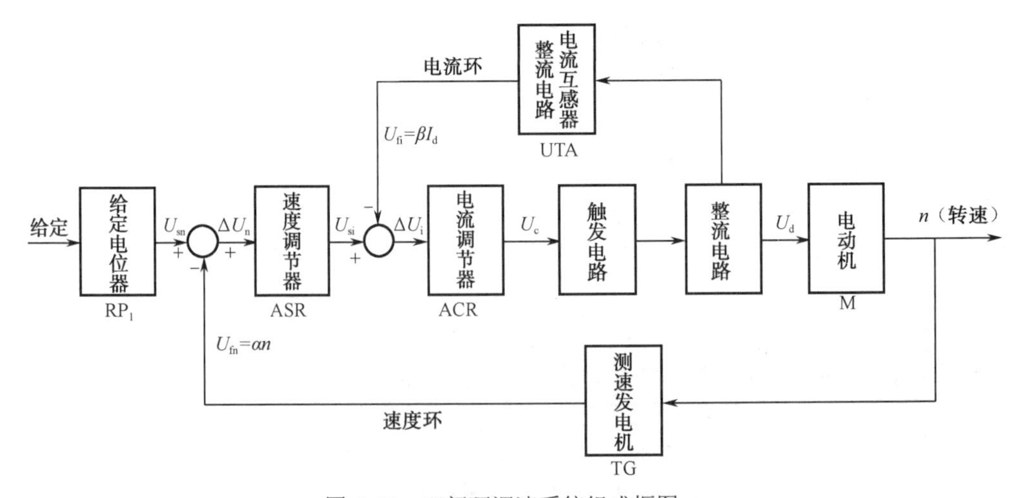

图 4-31 双闭环调速系统组成框图

ASR 的输入电压为偏差电压ΔU_n，$\Delta U_n=U_{sn}-U_{fn}=U_{sn}-\alpha n$（$\alpha$ 为转速反馈系数），其输出电压即为 ACR 的输入电压 U_{si}，其限幅值为 U_{sim}。

ACR 的输入电压为偏差电压ΔU_i，$\Delta U_i=U_{si}-U_{fi}=U_{si}-\beta I_d$（$\beta$ 为电流反馈系数），其输出电压即为晶闸管触发电路的输入电压 U_c，其限幅值为 U_{cm}。

图 4-30 中速度调节器 ASR 和电流调节器 ACR 均为比例-积分（PI）调节器，其输入和输出均设有限幅电路。

4.4.2　转速、电流双闭环调速系统的方框图

转速、电流双闭环直流调速系统方框图如图 4-32 所示。

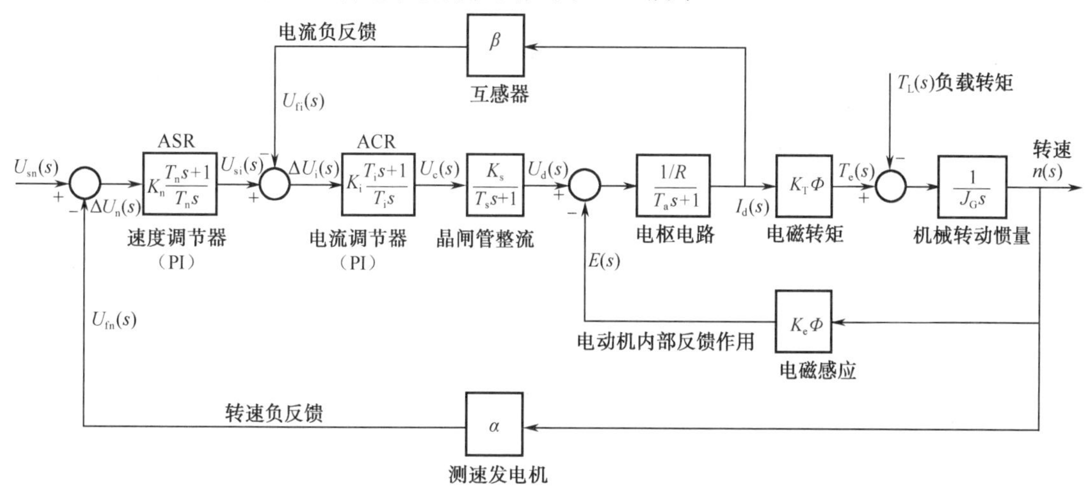

图 4-32　转速、电流双闭环直流调速系统方框图

速度调节器的传递函数为 $K_n\dfrac{T_ns+1}{T_ns}$。

电流调节器的传递函数为 $K_i\dfrac{T_is+1}{T_is}$。

框图中的系统结构参数共有 13 个，分别说明如下。

K_n：速度调节器增益；

T_n：速度调节器时间常数；

K_i：电流调节器增益；

T_i：电流调节器时间常数；

K_s：晶闸管整流装置增益；

R：电动机电枢回路电阻；

T_a：电动机电枢回路电磁时间常数；

K_T：电动机电磁转矩恒量；

K_e：电动机电动势恒量；

Φ：电动机工作磁通量；

J_G：机械转速惯量；

α：转速反馈系数；

β：电流反馈系数。

图中的变量有下面 5 个，说明如下。

U_{sn}：给定量；

n：电动机转速；

T_L：负载转矩；

U_{fn}：转速反馈电压；

U_{fi}：电流反馈电压。

此外，各种参变量有：ΔU_n 和 ΔU_i 为偏差电压，U_c 为控制电压，U_d 为整流输出电压（电动机电枢电压），I_d 为电枢电流，E 为电动机电动势，T_e 为电磁转矩。

框图中共有 9 个环节，系统框图把各环节功能框与它们之间的相互联系，各种变量之间的因果关系、配合关系和各种结构参数在其中的地位和作用，都非常清晰地描绘了出来。该数学模型为我们以后分析各种系统参数对系统性能的影响，并进而研究改善系统性能的途径提供了一个可靠的基础。

4.4.3 转速、电流双闭环调速系统的工作原理

1. 电流调节器 ACR 的调节作用

电流环是由 ACR 和电流负反馈组成的闭环，主要作用是稳定电流。当 U_{si} 一定时，由于电流调节器 ACR 的调节作用，整流装置的电流将保持在 U_{si}/β 的数值上。假设 $I_d>U_{si}/\beta$，其自动调节过程如图 4-33 所示。

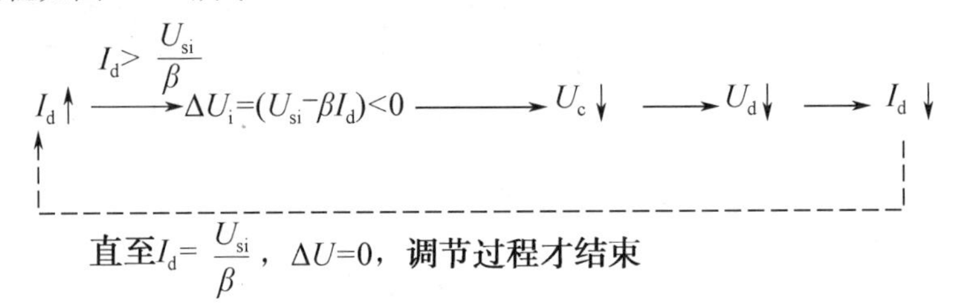

图 4-33　电流环的自动调节过程

这种保持电流不变的特性，将使系统具有以下作用：

（1）自动限制最大电流。速度调节器 ASR 的输出限幅值为 U_{sim}，所以电流的最大值为 $I_m= U_{sim}/\beta$，当 $I_d>I_m$ 时，电流环将使电流降低。

（2）能有效抑制电网电压波动的影响。当电网电压波动引起电流波动时，电流调节器 ACR 将进行调节，使电流很快恢复原值。而在仅有转速环的单闭环调速系统中，电网电压发生波动，要通过转速的变化，并进而由转速环来进行调节，调节过程会慢很多。

2. 速度调节器 ASR 的调节作用

速度环是由速度调节器 ASR 和转速负反馈组成的闭环，它的主要作用是保持转速稳定，并最后消除转速静差。

当 U_{sn} 一定时，由于速度调节器 ASR 的调节作用，转速 n 将稳定在 U_{sn}/α 的数值上。一旦 n 发生变化，自动调节过程随之开始。

假设 $n<U_{sn}/\alpha$，其自动调节过程见图 4-34 所示。

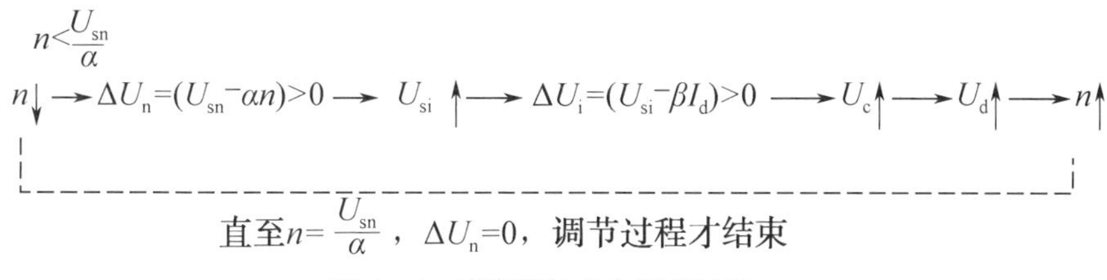

图 4-34　速度环的自动调节过程

4.4.4　转速、电流双闭环调速系统性能分析

1. 稳定性分析

1）电流环分析

系统中直流电动机的等效传递函数是一个二阶系统，现在串接一个电流调节器 ACR，电流环便是一个三阶系统，如果考虑晶闸管延迟或调节器输入处的 R、C 滤波环节（相当一个小惯性环节），那便成了四阶系统。这时，倘若电动机的机电时间常数（T_m）较大，再加上电流调节器参数整定不当，则有可能形成振荡的情况，这时可采取的措施有：

（1）增加电流调节器的微分时间常数 $T_i(R_2C_2)$。由于微分环节对系统的稳定性有改善作用，因此主要是通过适当增大 C_2。

（2）降低电流调节器的增益 $K_i(R_2/R_0)$。通常，减小增益有利于系统稳定性，但与此同时，系统的快速性会变差。

（3）在电流调节器反馈回路(R_2、C_2)两端再并联一个大小适当的电阻(R′)，系统中积分环节将被惯性环节取代，有利系统稳定性改善，但同时将使系统的稳态性能变差（系统由Ⅰ型变为 0 型，变为有静差）。R′采用高值电阻，保证相对较大的比例系数，可以使系统的稳态误差保持在允许范围之内。

2）速度环分析

电流环已是一个三阶系统，若再串联一个速度调节器 ASR，则系统将成为四阶系统，如果还考虑输入处的 R、C 滤波环节，则系统便成了五阶系统，若电流环整定得不好，再加上速度调节器参数整定不当，很容易产生振荡，可以采取与调节 ACR 参数相同的措施加以解决。

2. 稳态性能分析

由图 4-32 可见，虽然在负载扰动量 T_L 作用点前的电流调节器为 PI 调节器，其中含有积分环节，但它被电流负反馈环包围后，在电流环的等效闭环传递函数中便不再含有积分环节了，所以速度调节器还必须采用 PI 调节器，以使系统对阶跃给定信号实现无静差。

由于 ASR 为 PI 调节器，系统为无静差，稳态误差很小，一般情况下，基本能满足生产上的要求。其静特性近似为一水平直线，如图 4-35 中 a 段所示。

当电动机发生严重过载，并当 $I_d>I_m$ 时，电流调节器将使整流装置输出电压 U_d 明显降低，这一方面限制了电流 I_d 继续增长，另一方面将使转速迅速下降，由 $n=(U_d-I_dR)/K_e\Phi$ 可知，当 $I_dR\uparrow$，以及 $U_d\downarrow$，将使转速 n 迅速下降至零，于是出现了很陡的下垂特性，见图 4-35 中 b 段。由图可见，虚线为理想的“挖土机特性”，实线为双闭环直流调速系统的静特性，它其实已经非常接近理想的“挖土机特性”。

此时的调节过程如图 4-36 所示。

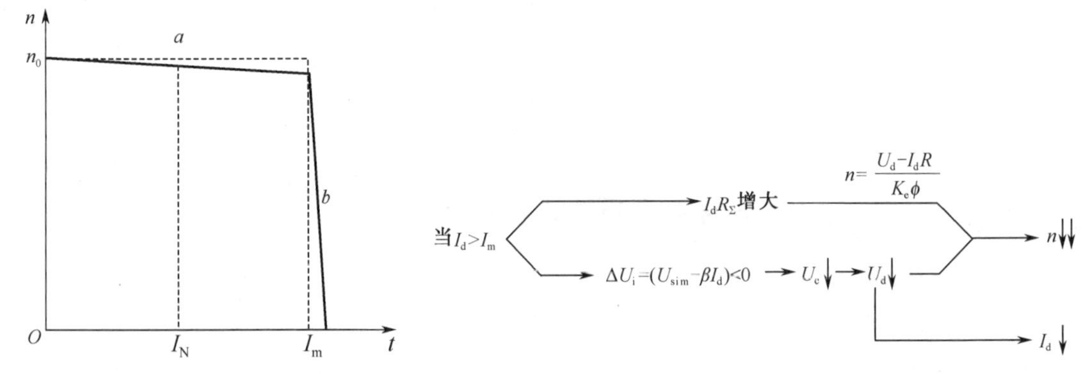

图 4-35　双闭环调速系统的静特性

图 4-36　电流大于最大值时的转速变化

3．动态性能分析

1）动态结构图

在转速负反馈单闭环调速系统的动态结构图（图 4-17）的基础上，结合双闭环控制系统的结构，可以绘出双闭环调速系统的动态结构图，如图 4-37 所示。为了引出电流反馈，图中必须把电枢电流 I_d 标示出来。与图 4-32 相比，$U_n^*=U_{sn}$，$U_n=U_{fn}$，$U_i^*=U_{si}$，$U_i=U_{fi}$。

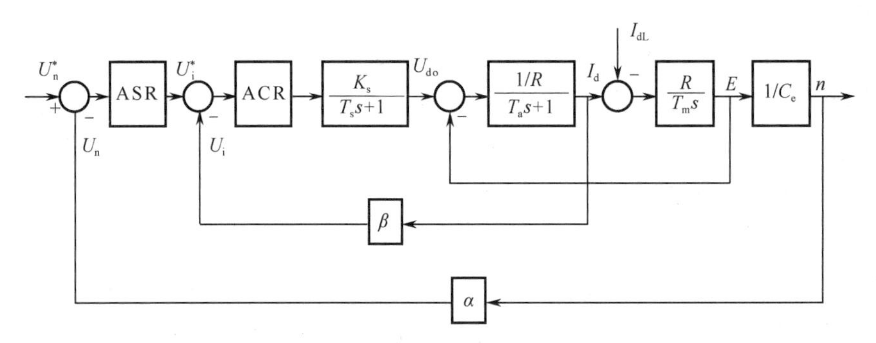

图 4-37　双闭环调速系统的动态结构图

2）起动过程分析

进行双闭环控制的一个重要因素就是要获得接近于理想的起动过程，因此，在对闭环调速系统进行动态性能分析时，有必要首先探讨其起动过程。双闭环调速系统突加给定电压由静止起动时，转速和电流的波形如图 4-38 所示。可以看出，整个起动过程可以划分为三个阶段，分别标为Ⅰ、Ⅱ和Ⅲ。

（1）第Ⅰ阶段：电流上升阶段（0～t_1 段）

突加给定电压后，通过两个调节器的控制作用，电动机开始转动。由于机电惯性的作用，转速的增长不会很快，因而转速调节器 ASR 的输入偏差电压数值较大，其输出很快达到限幅值，强迫电流 I_d 迅速上升。当 $I_d \approx I_{dm}$ 时，$U_i \approx U_{im}$，电流调节器的作用使 I_d 不再迅猛增长，标志着这一阶段的结束。在这一阶段中，ASR 由不饱和很快达到饱和，而 ACR 一般应该不饱和，以保证电流环的调节作用。

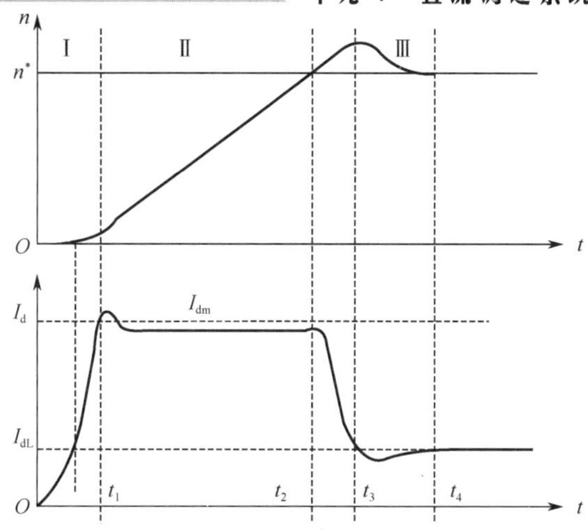

图 4-38 双闭环调速系统起动时的转速和电流波形

（2）第Ⅱ阶段：恒流升速阶段（t_1～t_2 段）。

从电流升到最大值 I_{dm} 开始，到转速升到给定值为止，属于恒流升速阶段，是起动过程中的主要阶段。在这个阶段中，ASR 一直是饱和的，转速环相当于开环状态，系统表现为在恒值给定作用下的电流调节系统，基本上保持电流 I_d 恒定（电流值取决于电流调节器的结构和参数），因而拖动系统的加速度恒定，转速呈线性增长。与此同时，电动机的反电动势也按线性增长。对电流调节系统来说，这个反电动势是一个线性渐增的扰动量，为了克服这个扰动，整流装置输出电压也需要基本按线性增长，才能保持 I_d 恒定。由于电流调节器 ACR 是 PI 调节器，要使它的输出量按线性增长，其输入偏差电压必须维持一定的恒值，也就是说，I_d 应略低于 I_{dm}。此外还应指出，为了保证电流环的这种调节作用，在起动过程中电流调节器是不能饱和的，同时整流装置的最大电压也须留有裕量，即晶闸管装置也不应饱和，这些都是在设计中要注意的。

（3）第Ⅲ阶段：转速调节阶段（t_2 以后段）

本阶段开始时，转速已经达到给定值，转速调节器的给定与反馈电压相平衡，输入偏差为零，但其输出却由于积分作用还维持在限幅值，所以电动机仍在最大电流下加速，必然使转速超调。转速超调以后，ASR 输入端出现负的偏差电压，使它退出饱和状态，其输出电压即 ACR 的给定电压立即从限幅值降下来，主电流 I_d 也因而下降。但是，由于 I_d 仍大于负载电流 I_{dL}，在一段时间内，转速仍继续上升。到 I_d=I_{dL} 时，转速 n 达到峰值。此后，电动机才开始在负载的阻力下减速，与此相应，电流 I_d 也出现一段小于 I_{dL} 的过程，直到稳定（设调节器参数已调整好）。在这最后的转速调节阶段内，ASR 与 ACR 都不饱和，同时起调节作用。由于转速调节在外环，ASR 处于主导地位，而 ACR 的作用则是力图使 I_d 尽快地跟随 ASR 的输出量。

归纳起来，双闭环调速系统的起动过程有以下三个特点：

① 饱和非线性控制。随着 ASR 的饱和与不饱和，整个系统处于完全不同的两种状态。当 ASR 饱和时，转速环开环，系统表现为恒值电流调节的单闭环系统；当 ASR 不饱和时，转速环闭环，整个系统是一个无静差调速系统，而电流内环则表现为电流随动系统。在不同情况下表现为不同结构的线性系统，这就是饱和非线性控制的特征。决不能简单地应用

线性控制理论来分析和设计这样的系统，可以采用分段线性化的方法来处理。分析过渡过程时，还必须注意初始状态，前一阶段的终了状态就是后一阶段的初始状态。如果初始状态不同，即使控制系统的结构和参数都不变，过渡过程还是不一样的。

② 准时间最优控制。起动过程中主要的阶段是第Ⅱ阶段，即恒流升速阶段，它的特征是电流保持恒定，一般选择为允许的最大值，以便充分发挥电机的过载能力，使启动过程尽可能最快。这个阶段属于电流受限制条件下的最短时间控制，或称“时间最优控制”。但整个起动过程与理想快速起动过程相比还有一些差距，主要表现在第Ⅰ、Ⅲ两段电流不是突变。不过这两段的时间只占全部起动时间中很小的成分，所以双闭环调速系统的起动过程可以称为“准时间最优控制”过程。如果一定要追求严格最优控制，控制结构要复杂得多，所取得的效果有限。采用饱和非线性控制方法实现准时间最优控制是一种很有实用价值的控制策略，在各种多环控制系统中普遍得到应用。

③ 转速超调。由于采用了饱和非线性控制，起动过程结束进入第Ⅲ段即转速调节阶段后，必须使转速调节器退出饱和状态。按照 PI 调节器的特性，只有使转速超调，ASR 的输入偏差电压为负值，才能使 ASR 退出饱和。这就是说，采用 PI 调节器的双闭环调速系统的转速动态响应必然有超调。在一般情况下，转速略有超调对实际运行影响不大。如果工艺上不允许超调，就必须采取另外的控制措施。

最后，应该指出，晶闸管整流器的输出电流是单方向的，不可能在制动时产生负的回馈制动转矩。因此，不可逆的双闭环调速系统虽然有很快的起动过程，但在制动时，当电流下降到零以后，只能自由停车。如果必须加快制动，只能采用电阻能耗制动或电磁抱闸。同样，减速时也有这种情况。类似的问题还可能在空载启动时出现。这时，在起动的第Ⅲ阶段内，电流很快下降到零而不可能变负，于是造成断续的动态电流，从而加剧了转速的振荡，使过渡过程拖长，这是又一种非线性因素造成的。

3）动态跟随性能和动态抗扰性能

（1）动态跟随性能

双闭环调速系统在起动和升速过程中，能够在电流受电机过载能力约束的条件下，表现出很快的动态跟随性能。在减速过程中，由于主电路电流的不可逆性，跟随性能变差。对于电流内环来说，在设计调节器时应强调有良好的跟随性能。

（2）动态抗扰性能

负载扰动作用在电流环之后，只能靠转速调节器来产生抗扰作用。因此，在突加（减）负载时，必然会引起动态速降（升）。为了减少动态速降（升），在设计 ASR 时，必须要求系统具有较好的抗扰性能指标。对于 ACR 的设计来说，只要电流环具有良好的跟随性能就可以了。

电网电压扰动和负载扰动在系统动态结构图中作用的位置不同，系统对它的动态抗扰效果也不一样。单闭环调速系统中，电网电压扰动和负载电流扰动都作用在被负反馈环包围的前向通道上，仅就静特性而言，系统对它们的抗扰效果是一样的。但是从动态性能上看，由于扰动作用的位置不同，还存在着及时调节上的差别。负载扰动作用在被调量的前面，它的变化经积分后就可被转速检测出来，从而在调节器 ASR 上得到反映。电网电压扰动的作用点则离被调量更远，它的波动先要受到电磁惯性的阻挠后影响到电枢电流，再经过机电惯性的滞后才能反

映到转速上来，等到转速反馈产生调节作用，已经嫌晚。在双闭环调速系统中，由于增设了电流内环，这个问题便大有好转。由于电网电压扰动被包围在电流环之内，当电压波动时，可以通过电流反馈得到及时的调节，不必等到影响到转速后才在系统中有所反应。因此，在双闭环调速系统中，由电网电压波动引起的动态速降会比单闭环系统中小得多。

4.4.5　双闭环调速系统动态参数的工程设计

1. 调节器工程设计方法的基本思路

先选择调节器的结构，以确保系统稳定，同时满足所需要的稳态精度。再选择调节器的参数，以满足动态性能指标。

设计多环控制系统的一般原则是：从内环开始，一环一环地逐步向外扩展。在这里，先从电流环入手，首先设计好电流调节器，然后把整个电流环看作是转速调节系统中的一个环节，再设计转速调节器。

双闭环调速系统的动态结构图绘于图 4-39，其中的滤波环节 包括电流滤波、转速滤波和两个给定。由于电流检测信号中常含有交流分量，须加低通滤波，其滤波时间常数 T_{oi} 按需要选定。滤波环节可以抑制反馈信号中的交流分量，但同时也给反馈信号带来延迟。为了平衡这一延滞作用，在给定信号通道中加入一个相同时间常数的惯性环节，称为给定滤波环节。其意义是：让给定信号和反馈信号经过同样的延滞，使二者在时间上得到恰当的配合，从而带来设计上的方便。

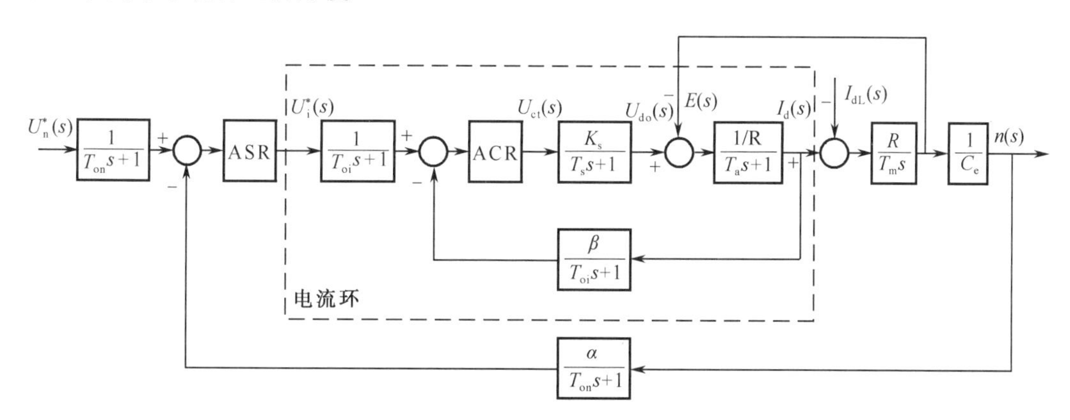

图 4-39　双闭环调速系统动态结构图

由测速发电机得到的转速反馈电压含有电机的换向纹波，因此也需要滤波，滤波时间常数用 T_{on} 表示。根据和电流环一样的道理，在转速给定通道中也配上时间常数为 T_{on} 的给定滤波环节。

2. 电流调节器的设计

1）电流调节器结构的选择

电流环的一项重要作用就是保持电枢电流在动态过程中不超过允许值，因而在突加控制作用时不希望有超调，或者超调量越小越好。从这个观点出发，应该把电流环校正成典型Ⅰ型系统。为了提高电流环对电网电压波动及时调节的作用，又希望把电流环校正成典

型Ⅱ型系统。究竟应该如何选择，要根据实际系统的具体要求来决定取舍。在一般情况下，当控制对象的两个时间常数之比 $T_a/T_{\Sigma i} \leqslant 10(T_{\Sigma i}=T_s+T_{oi})$ 时，典型Ⅰ型系统的抗扰恢复时间还是可以接受的，因此一般多按典型Ⅰ型系统来设计电流环。

电流环的控制对象是双惯性型的。要校正成典型Ⅰ型系统，显然应该采用 PI 调节器，其传递函数可以写成：

$$W_{ACR}(s)=K_i\frac{\tau_i s+1}{\tau_i s}$$

式中，K_i——电流调节器的比例系数；

τ_i——电流调节器的超前时间常数。

为了让调节器零点对消掉控制对象的大时间常数极点，选择 $\tau_i=T_a$，则电流环的动态结构图便成为图 4-40 所示的典型形式，其中：

$$K_I=\frac{K_i K_s \beta}{\tau_i R}$$

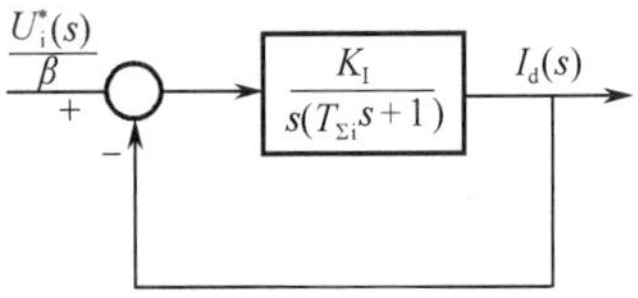

图 4-40　校正成典型Ⅰ型系统电流环的动态结构图

以上的结果是在一系列假定条件下得出的，现将所用过的假定条件归纳如下，具体设计时，必须校验这些条件。ω_{ci} 为电流环截止频率，也称电流环剪切频率。

$$\omega_{ci}\leqslant\frac{1}{3T_s}$$

$$\omega_{ci}\geqslant 3\sqrt{\frac{1}{T_m T_a}}$$

$$\omega_{ci}\leqslant\frac{1}{3}\sqrt{\frac{1}{T_s T_{oi}}}$$

2）电流调节器参数的选择

电流调节器的参数包括 K_i 和 τ_i。

时间常数 τ_i 已选定为 $\tau_i=T_a$，比例系数 K_i 取决于所需的 ω_{ci} 和动态性能指标。在一般情况下，希望超调量 $\sigma\%<5\%$ 时，取阻尼比 $\xi=0.707$，$K_I T_{\Sigma i}=0.5$，因此：

$$K_I=\omega_{ci}=\frac{1}{2T_{\Sigma i}}$$

再利用式 $\tau_i=T_a$ 和 $K_I=\frac{K_i K_s \beta}{\tau_i R}$ 得到：

$$K_i=\frac{T_a R}{2K_s \beta T_{\Sigma i}}=0.5\frac{R}{K_S}\left(\frac{T_a}{T_{\Sigma i}}\right)$$

电流滤波时间常数：　　$T_{oi}=\frac{1}{4}R_0C_{oi}$

$$K_i=\frac{R_i}{R_0}\qquad\qquad \tau_i=R_iC_i$$

3．转速调节器的设计

1）电流环的等效闭环传递函数

前面已指出，在设计转速调节器时，可把已设计好的电流环看作是转速调节系统中的一个环节，为此，须求出它的等效传递函数。电流环的闭环传递函数为

$$W_{oli}(s)=\frac{\dfrac{K_I}{s(T_{\Sigma i}s+1)}}{1+\dfrac{K_I}{s(T_{\Sigma i}s+1)}}=\frac{1}{\dfrac{T_{\Sigma i}}{K_I}s^2+\dfrac{s}{K_I}+1}$$

转速环的截止频率ω_{cn}一般较低，因此$W_{cli}(s)$可降阶近似为：

$$W_{cli}(s)\approx\frac{1}{\dfrac{1}{K_I}s+1}$$

近似条件可由式：

$$\left.\begin{matrix}\omega_c\leqslant\dfrac{1}{3}\min(\sqrt{\dfrac{1}{b}},\sqrt{\dfrac{c}{a}})\\ bc>a\end{matrix}\right\}$$

式中$a=\frac{T_{\Sigma i}}{K_I}$，$b=\frac{1}{K_I}$，$C$=1，故可得：

$$\omega_{cn}\leqslant\frac{1}{3}\sqrt{\frac{K_I}{T_{\Sigma i}}}$$

若按ξ=0．707，$K_IT_{\Sigma i}$=0.5 选择参数，则：

$$W_{cli}(s)=\frac{1}{2T_{\Sigma i}{}^2s^2+2T_{\Sigma i}s+1}\approx\frac{1}{2T_{\Sigma i}s+1}$$

近似条件为：　　$\omega_{cn}\leqslant\frac{1}{3\sqrt{2}T_{\Sigma i}}=\frac{1}{4.24T_{\Sigma i}}$

取整数，则：

$$\omega_{cn}\leqslant\frac{1}{5T_{\Sigma i}}$$

按照电流环闭环传递函数式，电流环原来是一个二阶振荡环节，其阻尼比ξ=0.707，无阻尼自然振荡周期为$\sqrt{2}T_{\Sigma i}$，近似为一阶惯性环节。当转速环截止频率ω_{cn}较低时，对于转速环的频率特性来说，原系统和近似系统只在高频段有一些差别。

最后由于输入信号是U_i^*/β，因而上面求出来的电流闭环传递函数为：

$$W_{cli}(s)=\frac{I_d(s)}{U_i^*(s)/\beta}$$

接在转速环内，其输入信号应该是U_i^*，因此电流环的等效环节应相应地改成：

$$\frac{I_d(s)}{U_i^*(s)}=\frac{W_{cli}(s)}{\beta}\approx\frac{1/\beta}{2T_{\Sigma i}s+1}$$

应该注意的是，如果电流调节器参数选得不是这样，时间常数$2T_{\Sigma i}$的大小也要作相应的改变。

顺便指出，原来电流环的控制对象可以近似看成是个双惯性环节，其时间常数是T_a和$T_{\Sigma i}$，闭环后，整个电流环等效为一个无阻尼自然振荡周期为$\sqrt{2}\ T_{\Sigma i}$的二阶振荡环节，或者近似为只有小时间常数 $2T_{\Sigma i}$的一阶惯性环节。这就表明，电流闭环后改造了控制对象，加快了电流跟随作用。

2）转速调节器结构的选择

用电流环的等效环节代替原来的电流闭环后，整个转速调节系统的动态结构图便如图 4-41（a）所示。和前面一样，把给定滤波和反馈滤波环节等效地移到环内，同时将给定信号改为$U_n^*(s)/\alpha$；再把时间常数为T_{on}和 $2T_{\Sigma i}$的两个小惯性环节合并起来，近似成一个时间常数为$T_{\Sigma n}$的惯性环节且$T_{\Sigma n}=T_{on}+2T_{\Sigma i}$，则转速环结构图可简化成图 4-41（b）。

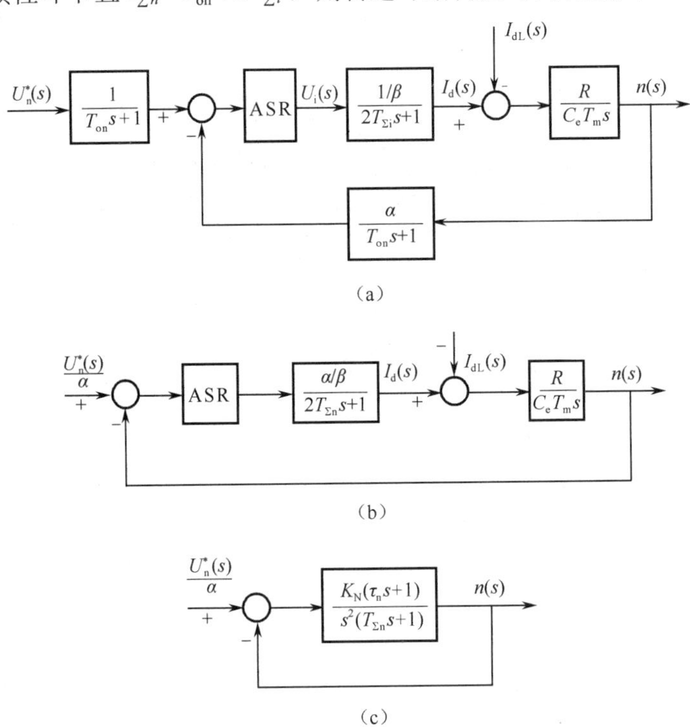

图 4-41　转速环的动态结构图及其近似处理

由图 4-41（b）可以看出，在负载扰动作用点以后已经有了一个积分环节。为了实现转速无静差，还必须在扰动作用点以前设置一个积分环节，因此需要Ⅱ型系统。再从动态性能上看，调速系统首先需要有较好的抗扰性能，典型Ⅱ型系统恰好能满足这个要求。至于典型Ⅱ型系统阶跃响应超调量大的问题，那是线性条件下的计算数据，实际系统的转速调节器在突加给定后很快就会饱和，这个非线性作用会使超调量大大降低。因此，大多数调速系统的转速环都按典型Ⅱ系统进行设计。由图 4-41（b）可以明显地看出，要把转速环校正成典型Ⅱ型系统，ASR 也应该采用 PI 调节器，其传递函数为：

$$W_{\mathrm{ASR}}(s)=K_{\mathrm{n}}\frac{\tau_{\mathrm{n}}s+1}{\tau_{\mathrm{n}}s}$$

式中，K_{n}——转速调节器的比例系数；τ_{n}——转速调节器的超前时间常数。

这样，调节系统的开环传递函数为：

$$W_{\mathrm{n}}(s)=\frac{K_{\mathrm{n}}\alpha R(\tau_{\mathrm{n}}s+1)}{\tau_{\mathrm{n}}\beta C_{\mathrm{e}}T_{\mathrm{m}}s^2(T_{\Sigma n}s+1)}=\frac{K_{\mathrm{N}}(\tau_{\mathrm{n}}s+1)}{s^2(T_{\Sigma n}s+1)}$$

其中，转速开环增益 $K_{\mathrm{N}}=\dfrac{K_{\mathrm{n}}\alpha R}{\tau_{\mathrm{n}}\beta C_{\mathrm{e}}T_{\mathrm{m}}}$。

不考虑负载扰动时,校正后的调速系统动态结构图如图 4-41（c）所示。

上述结果所需服从的假定条件归纳如下，ω_{cn} 为转速环截止频率，也称转速环剪切频率。

$$\omega_{\mathrm{cn}}\leqslant\frac{1}{5T_{\Sigma i}}\qquad\qquad \omega_{\mathrm{cn}}\leqslant\frac{1}{3}\sqrt{\frac{1}{2T_{\Sigma i}T_{\mathrm{on}}}}$$

3）转速调节器参数的选择

转速调节器的参数包括 K_{n} 和 τ_{n}。

根据工程中常用的准则 $M_{\mathrm{r}}=M_{\mathrm{rmin}}$ 准则（即使得系统闭环幅频特性的谐振峰值 M_{r} 为最小的准则）可得：

$$\omega_{\mathrm{cn}}=\frac{h+1}{2}\omega_1=\frac{h+1}{2h}\omega_2$$

式中，h 为中频宽 $h=\dfrac{\tau_{\mathrm{n}}}{T_{\Sigma\mathrm{sn}}}$，$\omega_1$ 和 ω_2 为系统开环频率特性中的两个交接（转折）频率，$\omega_1=\dfrac{1}{\tau_{\mathrm{n}}}$，$\omega_2=\dfrac{1}{T_{\Sigma\mathrm{sn}}}$。

这样，转速环截止频率 ω_{cn} 可表示为：

$$\omega_{\mathrm{cn}}=\frac{h+1}{2hT_{\Sigma\mathrm{sn}}}$$

由典型Ⅱ型系统开环频率特性曲线可计算出：

$$K_{\mathrm{N}}=\omega_1\omega_{\mathrm{cn}}=\frac{1}{\tau_{\mathrm{n}}}\cdot\frac{h+1}{2hT_{\Sigma n}}=\frac{1}{hT_{\Sigma n}}\cdot\frac{h+1}{2hT_{\Sigma n}}=\frac{h+1}{2h^2T_{\Sigma n}^2}$$

即得 ASR 的比例系数：

$$K_{\mathrm{n}}=\frac{(h+1)\beta C_{\mathrm{e}}T_{\mathrm{m}}}{2h\alpha RT_{\Sigma n}}$$

至于中频宽 h 应选多大，要看系统对动态性能的要求来决定。如无特殊表示，一般以选择 h=5 为好。

与电流调节器相似，转速调节器参数与电阻和电容的关系为：

$$K_{\mathrm{n}}=\frac{R_{\mathrm{n}}}{R_0}\qquad\qquad \tau_{\mathrm{n}}=R_{\mathrm{n}}C_{\mathrm{n}}\qquad\qquad T_{\mathrm{on}}=\frac{1}{4}R_0C_{\mathrm{on}}$$

【实例 4-3】 某晶闸管供电的双闭环直流调速系统，整流装置采用三相桥式电路，基本数据如下：

直流电动机：220 V、130 A、1500 r/min，$C_e = 0.132\ \text{V}\cdot\text{min/r}$，允许过载倍数$\lambda$=1.5

晶闸管装置放大系数：$K_s = 40$

电枢回路总电阻：$R = 0.5\,\Omega$

时间常数：$T_a = 0.03\ \text{s}, T_m = 0.18\ \text{s}$

电流反馈系数：$\beta = 0.062\ \text{V/A}$

转速反馈系数：$\alpha = 0.008\ \text{V}\cdot\text{min/r}$

设计要求如下：

稳态指标：无静差；

动态指标：电流超调量$\sigma_i \leqslant 5\%$；空载启动到额定转速时的转速超调量$\sigma_n\% < 10\%$。

解：1. 电流环的设计

1）确定时间常数

（1）整流装置滞后时间常数T_s

三相桥式电路的平均失控时间$T_s = 0.0017\ \text{s}$。

（2）电流滤波时间常数T_{oi}

三相桥式电路每个波头的时间是3.33 ms，为了基本滤平波头，应有（1～2）$T_{\sigma i} = 3.33\ \text{ms}$，因此取$T_{\sigma i} = 2\ \text{ms} = 0.002\ \text{s}$。

（3）电流环小时间常数$T_{\Sigma i}$

按小时间常数近似处理，取$T_{\Sigma i} = T_s + T_{oi} = 0.0037\ \text{s}$。

2）选择电流调节器结构

根据设计要求：$\sigma_i \leqslant 5\%$，而且

$$\frac{T_a}{T_{\Sigma i}} = \frac{0.03}{0.0037} = 8.11 < 10$$

因此电流环可按典型Ⅰ型系统设计。电流调节器选用PI型，其传递函数为：

$$W_{ACR}(s) = K_i \frac{\tau_i s + 1}{\tau_i s}$$

3）选择电流调节器参数

ACR超前时间常数：$\tau_i = T_a = 0.03\ \text{s}$。

电流环开环增益：要求$\sigma_i \leqslant 5\%$时，应取$K_I T_{\Sigma i} = 0.5$，因此：

$$K_I = \frac{0.5}{T_{\Sigma i}} = \frac{0.5}{0.0037} = 135.11\ \text{s}^{-1}$$

于是，ACR的比例系数为

$$K_i = K_I \frac{\tau_i R}{\beta K_s} = 135.1 \times \frac{0.03 \times 0.5}{0.062 \times 40} = 0.817$$

4）校验近似条件

电流环截止频率$\omega_{ci} = K_I = 135.11\ \text{s}^{-1}$。

（1）晶闸管装置传递函数近似条件：$\omega_{ci} \leqslant \dfrac{1}{3T_S}$

现在，$\dfrac{1}{3T_S} = \dfrac{1}{3\times 0.0017} = 196.11\ \text{s}^{-1} > \omega_{ci}$

满足近似条件。

（2）忽略反电动势对电流环影响的条件：$\omega_{ci} \geqslant 3\sqrt{\dfrac{1}{T_m T_a}}$

现在，$3\sqrt{\dfrac{1}{T_m T_a}} = 3\times\sqrt{\dfrac{1}{0.18\times 0.03}} = 40.821\ \text{s}^{-1} < \omega_{ci}$

满足近似条件。

（3）小时间常数近似处理条件：$\omega_{ci} \leqslant \dfrac{1}{3}\sqrt{\dfrac{1}{T_s T_{oi}}}$

现在，$\dfrac{1}{3}\sqrt{\dfrac{1}{T_s T_{oi}}} = \dfrac{1}{3}\times\sqrt{\dfrac{1}{0.0017\times 0.002}}\dfrac{1}{s} = 180.81\ \text{s}^{-1} > \omega_{ci}$

满足近似条件。

5）计算调节器电阻和电容

电流调节器所用运算放大器取 $R_0 = 40\ \text{k}\Omega$，各电阻和电容值计算如下：

$$R_i = K_i R_0 = 1.013\times 40\ \text{k}\Omega = 40.25\ \text{k}\Omega\text{，取 }40\ \text{k}\Omega$$

$$C_i = \frac{\tau_i}{R_i} = \frac{0.03}{40\times 10^3}\times 10^6\ \mu\text{F} = 0.75\ \mu\text{F}\text{，取 }0.75\ \mu\text{F}$$

$$C_{oi} = \frac{4T_{oi}}{R_0} = \frac{4\times 0.002}{40\times 10^3}\times 10^6\ \mu\text{F} = 0.2\ \mu\text{F}\text{，取 }0.2\ \mu\text{F}$$

按照上述参数，电流环可以达到的动态指标为：$\sigma_i\% = 4.3\% < 5\%$，满足设计要求。

2. 转速环的设计

1）确定时间常数

（1）电流环等效时间常数为 $2T_{\Sigma i} = 0.0074\ \text{s}$。

（2）转速滤波时间常数 T_{on}：根据所用测速发电机纹波情况，取 $T_{on} = 0.01\ \text{s}$。

（3）转速环小时间常数 $T_{\Sigma n}$：按小时间常数近似处理，取 $T_{\Sigma n} = 2T_{\Sigma i} + T_{on} = 0.0174\ \text{s}$。

2）选择转速调节器结构

由于设计要求无静差，转速调节器必须含有积分环节；又根据动态要求，应按典型Ⅱ型系统设计转速环。故 ASR 选用 PI 调节器，其传递函数为：

$$W_{ASR}(s) = K_n \frac{\tau_n s + 1}{\tau_n s}$$

3）选择转速调节器参数

按跟随和抗扰性能都较好的原则，取 $h = 5$，则 ASR 的超前时间常数为：

$$\tau_n = hT_{\Sigma n} = 5\times 0.0174 = 0.087\ \text{s}$$

转速环开环增益：

$$K_N = \frac{h+1}{2h^2 T_{\Sigma n}{}^2} = \frac{6}{2\times25\times0.0174^2} = 396.4\ \mathrm{s}^{-2}$$

于是，ASR 的比例系数为：

$$K_n = \frac{(h+1)\beta C_e T_m}{2h\alpha R T_{\Sigma n}} = \frac{6\times0.062\times0.132\times0.18}{2\times5\times0.008\times0.5\times0.0174} = 12.7$$

4）校验近似条件

转速环截止频率为：

$$\omega_{cn} = \frac{K_N}{\omega_1} = K_N \tau_n = 396.4\times0.087 = 34.5\ \mathrm{s}^{-1}$$

（1）电流环传递函数简化条件：$\omega_{cn} \leqslant \frac{1}{5T_{\Sigma i}}$

现在，$\frac{1}{5T_{\Sigma i}} = \frac{1}{5\times0.0037} = 54.1\ \mathrm{s}^{-1} > \omega_{cn}$

满足简化条件。

（2）时间常数近似处理条件：$\omega_{cn} \leqslant \frac{1}{3}\sqrt{\frac{1}{2T_{\Sigma i}T_{on}}}$

现在，$\frac{1}{3}\sqrt{\frac{1}{2T_{\Sigma i}T_{on}}} = \frac{1}{3}\times\sqrt{\frac{1}{2\times0.0037\times0.01}} = 38.75 > \omega_{cn}$

满足近似条件。

5）计算调节器电阻和电容

转速调节器所用运算放大器取 $R_0 = 40\ \mathrm{k\Omega}$，则：

$$R_n = K_n R_0 = 12.7\times40\ \mathrm{k\Omega} = 508\ \mathrm{k\Omega} \quad 取500\ \mathrm{k\Omega}$$

$$C_n = \frac{\tau_n}{R_n} = \frac{0.087}{500\times10^3}\times10^6 = 0.174\ \mu\mathrm{F}，取0.2\ \mu\mathrm{F}$$

$$C_{on} = \frac{4T_{on}}{R_0} = \frac{4\times0.01}{40\times10^3}\times10^6 = 1\ \mu\mathrm{F}，取1\ \mu\mathrm{F}$$

6）校核转速超调量

$$\sigma_n\% = \left(\frac{\Delta C_{max}}{C_b}\right)\cdot 2\lambda\frac{\Delta n_{nom}}{n_{nom}}\cdot\frac{T_{\Sigma n}}{T_m}$$

当 $h=5$ 时，$\frac{\Delta C_{max}}{C_b} = 81.2\%$

而 $\Delta n_{nom} = \frac{I_{dnom}R}{C_e} = \frac{130\times0.5}{0.132} = 492.5\ \mathrm{r/min}$

因此 $\sigma_n\% = 81.2\%\times2\times1.5\times\frac{492.5}{1500}\times\frac{0.0174}{0.18} = 7.73\% < 10\%$

能满足设计要求。

若多环系统每个环本身都是稳定的，对系统的组成和调试工作将非常有益。总之，在进行多环调速系统设计时，应当遵循稳定为主，稳中求快。

4.5　可逆直流调速系统

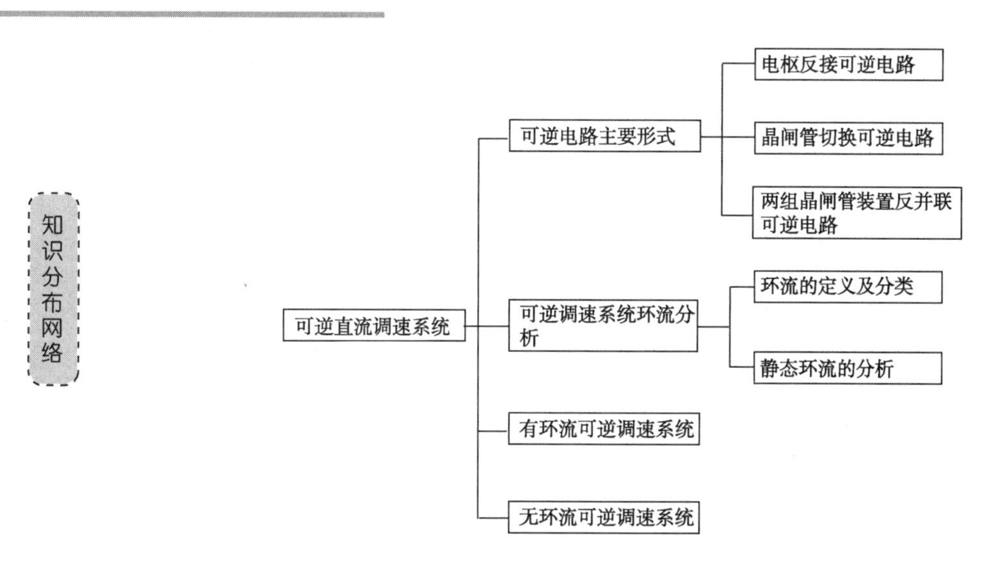

晶闸管具有单向导电性，它只能够为电动机提供单一方向的电流，前面讨论的晶闸管直流调速系统都属于不可逆直流调速系统，仅仅适用于不要求正反转，同时对制动时间无太高要求的系统。但在生产实际中，许多生产机械都要求电动机既能正反转，又能快速制动，这类生产机械的拖动，需要四象限运行的特性，则必须采用可逆调速系统。

此外，采用可逆调速系统，在制动时除了缩短制动时间外，还可以将拖动系统的机械能转换成电能回送电网，尤其是大功率的电力拖动系统，可以节约许多能量。

4.5.1　可逆直流调速电路的形式

在可逆直流调速系统中，如果要求改变电动机的转向，就必须改变电动机电磁转矩的方向。由转矩公式 $T=C_mI_d=K_T\phi I_d$ 可知，改变电动机转矩方向有两种方法：一种是改变电动机电枢电流的方向，即需改变电动机电枢供电电压的极性；另一种是改变电动机的励磁磁通的方向，即改变励磁电流的方向。因此，晶闸管可逆直流调速系统的线路有两种方式：电枢反接可逆电路和励磁反接可逆电路。

1. 电枢反接可逆电路

根据不同生产机械的要求，电枢反接可逆电路的形式多种多样，大致有接触器切换可逆电路、晶闸管开关切换可逆电路以及两组晶闸管装置反并联可逆电路等。

1）接触器切换可逆电路

对于经常处于单方向运行，偶尔需进行反转的生产机械（如地铁列车的倒车），可以用通常的晶闸管-电动机系统，系统中只需一组晶闸管整流装置给电动机电枢供电，利用接触器切换电枢电压的极性，如图 4-42 所示。U_d 极性不变，当正向接触器 KMF 触点吸合时，电动机电枢端电压左+右−，电动机正转；当反向接触器 KMR 触点吸合时，电动机电枢端电压变为左−右+，电动机反转。这种线路比较简单经济，但接触器如果频繁切换，动作

噪声较大，使用寿命较低，而且需要零点几秒的动作时间，因而只适合使用在不要求频繁正反转的生产机械上。

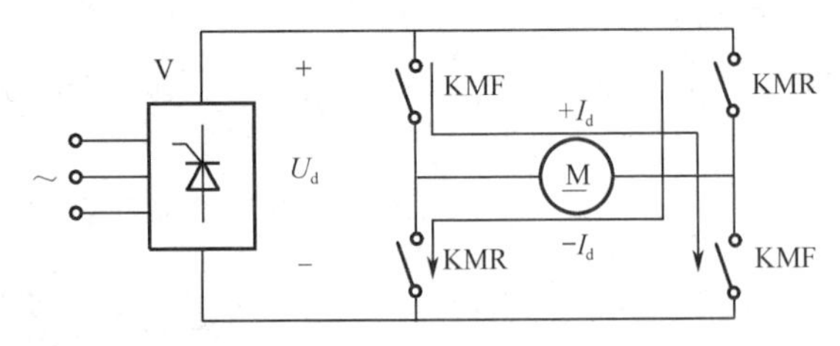

图 4-42　接触器切换可逆直流电路

2）晶闸管切换可逆电路

为了避免接触器等有触点电器的缺点，可以采用无触点的晶闸管开关来代替接触器，如图 4-43 所示。

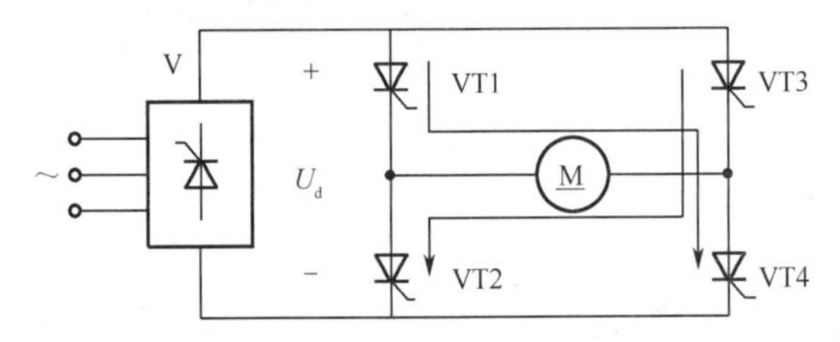

图 4-43　晶闸管切换可逆电路

当晶闸管 VT1、VT4 导通时，电动机正转；当晶闸管 VT2、VT3 导通时，电动机反转。这种电路比较简单，工作可靠性比较高，常使用于中、小容量的可逆拖动系统中。但是此方案除了原有的一套晶闸管整流装置外，还需要添置四个晶闸管作为开关用，对其耐压值以及电流容量的要求比较高，与下面讨论的采用两组晶闸管装置供电的可逆电路比较，经济上没有明显优势。

3）两组晶闸管流装置反并联供电的可逆电路

在要求频繁正反转的生产机械上，经常采用的是两组晶闸管整流装置反并联的可逆电路，如图 4-44 所示。当电动机正转时，由正组晶闸管装置 VF 供电；而在反转时，由反组晶闸管装置 VR 供电。只需要对正、反两组整流装置采用正确的控制（例如让正、反两组交替工作），就可以实现电动机的可逆运行。这种线路具有切换速度快、控制灵活的优点。

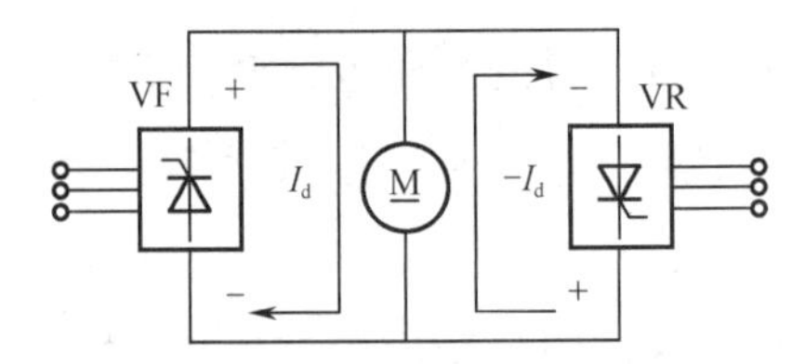

图 4-44　两组晶闸管流装置反并联供电的可逆电路

2. 磁场反接可逆电路

当应用磁场反接可逆电路时，电动机的电枢回路仍采用一组晶闸管整流装置供电，而电动机励磁回路则采用可逆供电电路，通过改变励磁电流的方向，实现电动机的可逆运行。磁场反接可逆电路的形式与电枢可逆电路的几种形式相同，只需将图 4-42、图 4-43 和图 4-44 中的电动机电枢换成励磁绕组即为磁场反接可逆电路。

3. 电枢反接可逆电路与励磁反接可逆电路的比较

电枢反接可逆电路是通过改变电枢回路电流方向来实现可逆，由于电枢回路的电感小，时间常数小，反向过程进行得快，适用于频繁启动、制动，并且要求过渡过程较快的拖动系统。

磁场反接可逆电路是通过改变励磁电流方向来实现可逆。由于电动机的励磁功率要比电动机的额定功率小很多，因而其设备容量比电枢反接可逆电路要小得多，投资较少。但励磁回路电感量大，时间常数大，系统反向过程缓慢；控制线路复杂，必须保证在换向过程中当励磁磁通接近于零时，电枢供点电压为零，以有效防止“飞车”现象。

4.5.2 可逆拖动的四种工作状态

1. 有源逆变

如图 4-45 所示为由两组晶闸管装置给电枢供电的系统（采用全控桥式电路）。

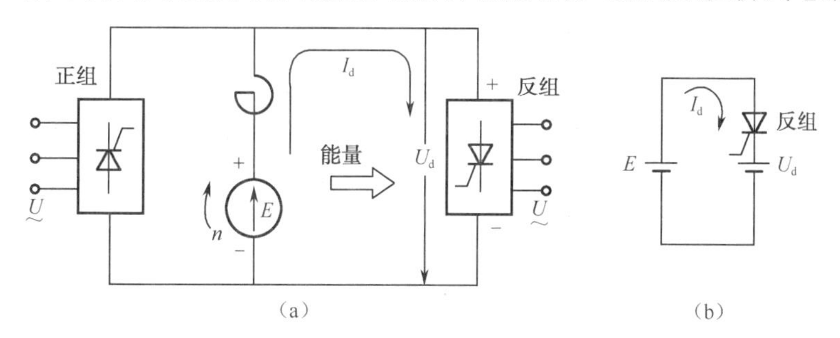

图 4-45　处于逆变状态的晶闸管-电动机调速系统

由于晶闸管电路接在交流电源上，当它处于逆变状态时，通常称之为有源逆变，其特点是当交流电压过零时能够使晶闸管自行关断。具体工作过程分析如下：

（1）当控制角 α<90° 时，晶闸管装置输出电压为正，装置处于整流状态，它向电动机供电，电动机正常运行。

（2）当控制角 α>90° 时，晶闸管装置输出电压为负，装置处于逆变状态，但由于晶闸管具有单向导电性，电流不能够反向，因此，电动机与逆变电路之间不能形成通路而处于阻断状态。

（3）假设电动机此时正在运转，电动势为 E，且反组桥处于逆变状态，若其输出电压 $U_d<E$，此时电动机由于机械惯性的作用仍然以原方向转动，产生电动势。晶闸管装置上将有电流 I_d 流过（示意等效电路见图 4-45（b）所示）。此时电动机转变为发电机，对外输出电能。而晶闸管装置则将直流转变成交流电，并将电能送回电网（有源逆变）。因为电动机变成发电机，对应电磁转矩的方向与原运转相反，电动机将处于制动状态。我们把这种将能量反送回电网的制动方式成为回馈制动。这种制动方式是一种节能的有效措施，特别是适用于较大功率的拖动系统中。

（4）当逆变电压 $U_d>E$ 时，考虑到晶闸管的单向导电性，逆变电路与电动机不能形成通

路而处于阻断状态。

2. 可逆拖动的工作状态

电动机依据转速方向和它与电磁转矩间的关系，可分为四种工作状态，分别是正向运行状态、正向制动状态、反向运行状态、反向制动状态。具体情况如表 4-1 所示。

表 4-1　可逆拖动的四种工作状态

工作状态 / 工作状态图 / 反并联电路	正向运行	正向制动	反向运行	反向制动
正组 M 反组	正组 U_d E 电能 I_d T_e n	反组 I_d E n T_e U_d 电能	反组 I_d E n T_e U_d 电能	正组 U_d E 电能 I_d T_e n
转速（n）的转向	（+）正转	（+）正转	（-）反转	（-）反转
晶闸管工作组别	正组（整流）	反组（逆变）	反组（整流）	正组（逆变）
电枢电压（U_d）极性	（+）	（+）	（-）	（-）
电枢电流（I_d）极性	（+）	（-）	（-）	（+）
电磁转矩（T_e）方向	（+）	（-）	（-）	（+）
电磁转矩（T_e）性质	驱动	制动	驱动	制动
电机工作状态	电动机（$U_d>E$）	发电机（$E>U_d$）	电动机（$\lvert U_d\rvert>\lvert E\rvert$）	发电机（$\lvert E\rvert>\lvert U_d\rvert$）
能量转换状况	吸取电能	回馈电网	吸取电能	回馈电网
晶闸管控制角	$\alpha_1<90°$	$\alpha_2<90°$	$\alpha_2<90°$	$\alpha_1<90°$

4.5.3　可逆直流调速系统中的环流分析

1. 环流的定义及分类

环流是指不流经电动机及其他负载，直接在两组晶闸管之间流通的短路电流。如图 4-46 所示，电流 I_o 即为环流，I_d 为负载电流。U_{dof} 和 U_{dor} 分别为正反组整流电压。

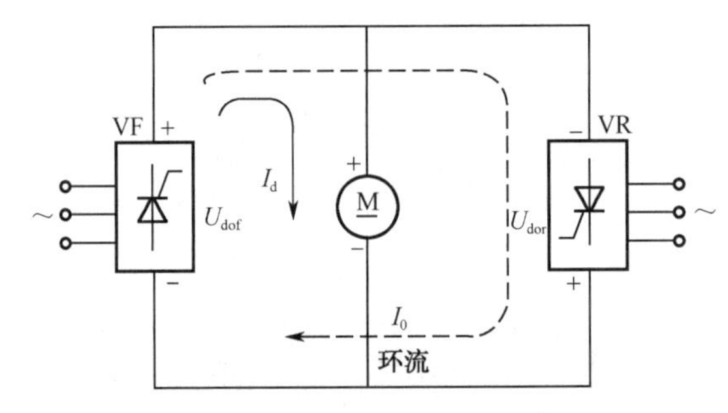

图 4-46　反并联线路中的环流

环流的存在会显著地加重晶闸管和变压器的负担，消耗无用的功率，环流太大时甚至会损坏晶闸管，通常情况下必须予以抑制。但是环流并非一无是处，只要控制得当，在保证装置安全工作的前提下，适度的环流可作为流过晶闸管的基本负载电流，即使电动机在空载或者轻载时也可以让晶闸管装置工作在电流连续区，避免了电流断续对系统静、动态性能的影响；同时，可逆系统中的少许环流可以保证电流的无间断反向，加快反向时的过渡过程。在实际系统中，要充分利用环流的优点，同时避免环流的缺点。

环流可以分为两大类：

（1）静态环流。当晶闸管装置在一定的控制角下稳定工作时，可逆线路中出现的环流叫做静态环流。静态环流又可以分为直流平均环流和瞬时脉动环流。由于两组晶闸管装置之间存在正向电压差而产生的环流称为直流平均环流；由于整流电压和逆变电压瞬时值不相等而产生的环流称为瞬时脉动环流。

（2）动态环流。系统稳定运行时并不存在，只在系统处于过渡过程中出现的环流，才叫做动态环流。

在此仅对系统影响较大的静态环流作定性分析。下面以反并联线路为例来分析静态环流。

2．静态环流的分析

1）直流平均环流

（1）产生的原因。在图 4-44 所示的反并联线路中，如果正组晶闸管 VF 和反组 VR 都处于整流状态，并且正组整流电压和反组整流电压正负相连，将会导致电源短路，此短路电流即为直流平均环流。

（2）消除直流平均环流的措施。为了防止出现直流平均环流，最好的解决办法就是正组晶闸管 VF 处于整流状态时（设整流电压为 U_{dof}），让反组晶闸管 VR 处于逆变状态（设逆变电压为 U_{dor}），并且 $U_{dof}=-U_{dor}$。而 $U_{dof}=U_{domax}\cos\alpha_f$；$U_{dor}=U_{domax}\cos\beta_r$，其中，$\alpha_f$ 和 β_r 分别为正组晶闸管 VF 的控制角和反组晶闸管 VR 的逆变角。U_{domax} 表示整流输出电压最大值。假设控制系统中的这两组变流装置完全相同，但这两组触发脉冲的移相过程中存在下面三种情况：

情况一：若 $\alpha_f<\beta_r$ 时，即 $U_{dof}>U_{dor}$。此时两组之间存在有直流电压差，有直流环流产生。

情况二：若 $\alpha_f=\beta_r$ 时，即 $U_{dof}=U_{dor}$。此时由于主回路无直流电压差，所以无直流环流产生。

情况三：若 $\alpha_f>\beta_r$ 时，即 $U_{dof}<U_{dor}$。因晶闸管具有单向导电性，故回路中不产生直流环流。

综上所述，可以得出：当 $\alpha<\beta$ 时，产生直流平均环流；当 $\alpha\geqslant\beta$ 时，将不产生直流平均环流。

2）瞬时脉动环流分析及其抑制

当正组晶闸管与反组晶闸管保持 $\alpha=\beta$ 时，整流电压与逆变电压始终是相等的，因而不存在直流平均环流，但这只是相对于电压的平均值而言的。然而晶闸管装置输出的电压是脉动的，瞬时值并不相等。在某一时刻整流电压瞬时值不等于逆变电压的瞬时值，就会产生瞬时电位差，从而产生瞬时脉动环流，它是始终存在的，必须设法予以抑制。抑制办法就是在有脉动环流的回路中串入电抗器，这种电抗器叫做环流电抗器。

4.5.4 有环流可逆调速系统

1. $\alpha=\beta$ 工作制有环流可逆直流调速系统

$\alpha=\beta$ 工作制有环流可逆直流调速系统原理图如图 4-47 所示。

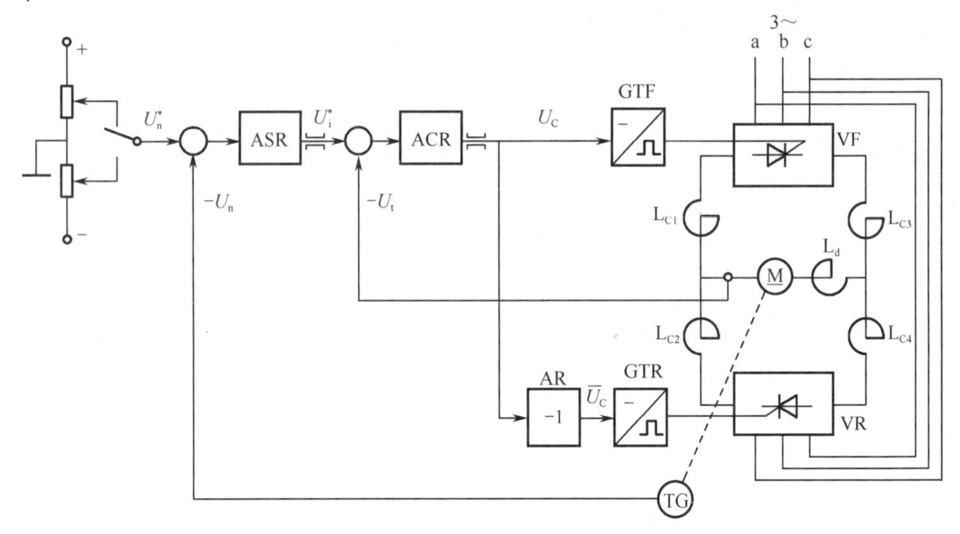

图 4-47 $\alpha=\beta$ 工作制有环流可逆直流调速系统原理图

1）系统的组成与特点

（1）主电路采用两组晶闸管反并联连接（也可采用交叉连接），因为有两条并联的环流通路，所以要用四个环流电抗器。由于环流电抗器流过较大的负载电流时容易饱和，因此在电枢回路中还要另设一个体积较大的平波电抗器 L_d。

（2）控制线路采用典型的转速、电流双闭环系统，ASR、ACR 都设置了双向输出限幅，以限制最大动态电流和最小控制角度 α_{min} 和最小逆变角 β_{min}。

（3）给定电压 U_n^* 应有正负极性，可以通过继电器来切换。

（4）为了保证转速和电流的负反馈，必须使转速和电流的检测也要能反映相应极性。

2）系统的工作原理

电动机正向运行时，正向继电器 KF 接通，转速给定的值为正，经转速调节器 ASR 使电流调节器 ACR 的输出量为正，正组触发器 GTF 输出触发脉冲 $\alpha_f<90^\circ$，因此正组处于整流状态，电动机正转。与此相对应的反组晶闸管整流装置处于待逆变状态。所以，在 $\alpha=\beta$ 工作制下，负载电流可以很方便按照正、反两个方向平滑过渡，在任何时候，实际上只有一组晶闸管装置工作，另一组则处于等待工作状态。

$\alpha=\beta$ 工作制有环流可逆直流调速系统具有许多优点，但是在实际系统中，由于参数的变化，元件的老化或者其他干扰作用，控制角可能偏离 $\alpha=\beta$ 的关系。一旦变成 $\alpha<\beta$，就会引起直流环流，如果不采取有效的控制，将是十分危险的。正基于此，在进行零位整定时，应该留出一定的裕量，使 α 略大于 β。

3）制动过程分析

对于可逆直流调速系统来说，制动过程的分析有着普遍的意义。下面具体讨论 $\alpha=\beta$ 工

作制配合控制的有环流可逆直流调速系统的制动过程，如图 4-48 所示。

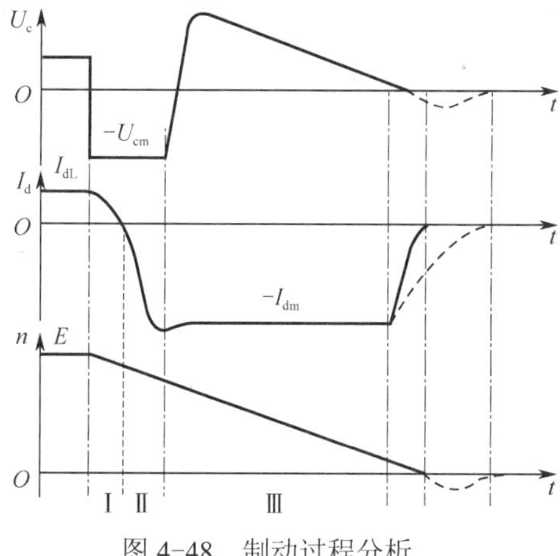

图 4-48　制动过程分析

（1）第Ⅰ阶段：本组逆变阶段

发出停车（或反向）指令后，U_n^* 突变为零（或变负），则 ASR 输出跃变到正限幅值，而 ACR 输出跃变成负限幅值$-U_{cm}$，使 VF 由整流状态很快变成逆变状态。

VR 由待逆变状态转变成待整流状态。在 VF-M 回路中，U_{dof} 的极性变负，而电机反电动势极性未变，迫使 I_d 迅速下降，主电路电感迅速释放储能，企图维持正向电流，这时

$$L\frac{\mathrm{d}I_d}{\mathrm{d}t}-E>|U_{dof}|=|U_{dor}|$$

在第Ⅰ阶段，VF 由整流状态变为逆变状态，能量通过 VF 回馈电网；VR 状态由待逆变状态变成待整流状态。电流 I_d 由正向负载电流$+I_{dL}$ 下降到零，其方向未变，因此只能通过正组 VF 流通。本阶段所占时间很短，转速来不及产生明显的变化。

（2）第Ⅱ阶段：它组反接制动状态

本阶段又分第Ⅱ和第Ⅲ两部分。开始时 I_d 过零并反向，直至到达$-I_{dm}$ 以前，ACR 并未脱离饱和状态，其输出仍为$-U_{cm}$。这时，U_{dof} 和 U_{dor} 的大小都和本组逆变阶段一样，但由于本组逆变停止，电流变化延缓，数值略减，使

$$L\frac{\mathrm{d}I_d}{\mathrm{d}t}-E<|U_{dof}|=|U_{dor}|$$

在第Ⅱ阶段，VF 由“逆变”变为“待逆变”；VR 由“待整流”变为“整流”，提供电流$-I_d$。

由于反组整流电压 U_{dor} 和反电动势 E 的极性相同，反向电流很快增长，电机处于反接制动状态，转速明显降低。

（3）第Ⅲ阶段：它组回馈制动状态

当反向电流达到$-I_{dm}$ 并略有超调时，ACR 输出电压退出饱和，其数值很快减小，又由负变正，然后再增大，使 VR 回到逆变状态，而 VF 变成待整流状态。此后，在 ACR 的调节作用下，努力维持接近最大的反向电流$-I_{dm}$，因而

$$L\frac{\mathrm{d}I_d}{\mathrm{d}t}\approx 0\quad E>|U_{dof}|=|U_{dor}|$$

在第 III 阶段：VF 进入待整流状态；VR 则回到逆变状态，能量通过 VR 回馈电网。称作“它组回馈制动阶段”或“它组逆变阶段”。这个阶段所占的时间最长，是制动过程中的主要阶段。最后，转速下降得很低，无法再维持$-I_{dm}$，于是，电流和转速都减小，电机随即停止。

4）有环流可逆系统的优缺点

（1）优点：制动和启动过程可完全衔接，没有任何间断或死区，适用于快速正反转的系统。

（2）缺点：需要添加环流电抗器；由于变流装置中流过的电流含有环流成分，从而增加了晶闸管等主电路元件的负担，因此一般只适用于中、小容量的拖动控制系统。

2. 可控环流的可逆调速系统

为了充分利用有环流可逆系统制动和反向过程的平滑性和连续性，最好能有电流波形连续的环流。当主回路电流可能断续时，采用 $\alpha<\beta$ 的控制方式，有意提供一个附加的直流平均环流，使电流连续；一旦主回路负载电流连续了，则设法采用 $\alpha>\beta$ 的控制方式，遏制环流。像这样根据实际情况来控制环流的大小和有无，扬环流之长而避其之短的系统称为可控环流的可逆调速系统。图 4-49 所示为可控环流可逆调速系统的原理图。

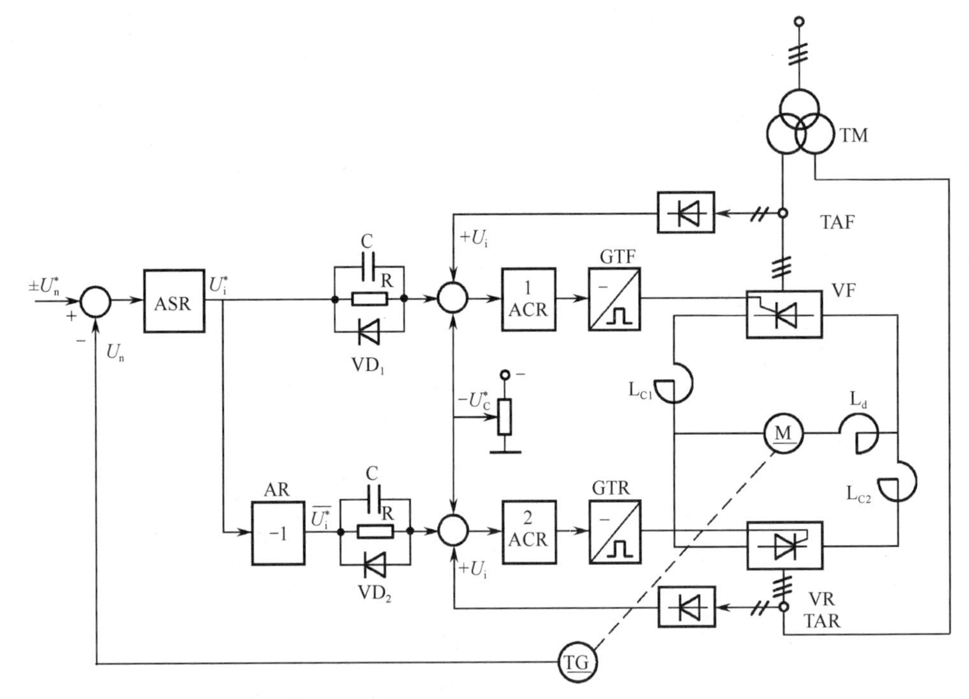

图 4-49　可控环流可逆调速系统的原理图

1）系统的组成

主电路采用两组晶闸管交叉连接线路；控制线路仍为典型的转速、电流双闭环系统，但电流互感器和电流调节器都用了两套，分别组成正反向各自独立的电流闭环，并在正、反组电流调节器 1ACR、2ACR 输入端分别加上了控制环流的环节。

控制环流的环节包括环流给定 $-U_c^*$ 和由二极管 VD、电容 C、电阻 R 组成的环流抑制电路。为了使 1ACR 和 2ACR 的给定信号极性相反，U_i 经过放大系数为 1 的反相器 AR 的输出作为 2ACR 的电流给定。这样，当一组整流时，另一组就可作为控制环流来用。

2）可控环流的控制原理

当转速给定电压 $U_n^* = 0$ 时，ASR 输出电压 $U_i^* = 0$，则 1ACR 和 2ACR 仅依靠环流的给定电压，使得两组晶闸管同时处于微微导通的整流状态，输出相等的电流，在原有的瞬时脉动环流之外，又加上恒定的直流平均环流，其大小可控制在额定电流的 5%～10%，而这时电动机的电枢电流为 0，电动机不运转。

正向运行时，U_i^* 为负，二极管 VD_1 导通，负的 U_i^* 加在正组电流调节器 1ACR 输入端，使正组控制角更小，输出电压升高。正组流过的电流 I_f 也增大，与此同时，反组的电流给定为正电压，二极管 VD_2 截止，有正电压通过与 VD_2 并联的电阻 R 加到反组电流调节器 2ACR 输入端，抵消了环流给定电压的作用，抵消的程度取决于电流给定信号的大小。稳态时，电流给定信号基本上和负载电流成正比，因此，当负载电流小时，正的不足以抵消，所以反组有很小的环流流过；当负载电流增大时，正的增大，抵消的程度增大，当负载电流大到一定程度时，环流就被完全遏制住了。这时正组流过负载电流，反组则无电流流过。与 R、VD_2 并联的电容 C 则是对遏制环流的过渡过程起加快作用的。反向运行时，反组提供负载电流，正组控制环流。

由以上分析可知，可控环流系统充分利用了环流的有利一面，避开了电流断续区，使系统在正反向过渡过程中没有死区，提高了快速性；同时又克服了环流不利的一面，减小了因环流而引起的损耗。所以在各种对快速性要求较高的可逆调速系统中得到了日益广泛的应用。

4.5.5　无环流可逆调速系统

有环流可逆系统虽然具有反向快、过渡平滑等优点，但设置几个环流电抗器比较麻烦。因此，当对系统正反转的平滑过渡特性要求不很高时，特别是对于大容量的系统，常采用既没有直流平均环流又没有瞬时脉动环流的无环流控制可逆系统。按照实现无环流控制原理的不同，无环流可逆系统又有两大类：逻辑控制无环流系统和错位控制无环流系统。

当一组晶闸管工作时，用逻辑电路或逻辑算法去封锁另一组晶闸管的触发脉冲，使它完全处于阻断状态，以确保两组晶闸管不同时工作，从根本上切断了环流的通路，这就是逻辑控制的无环流可逆系统。

1. 逻辑控制无环流可逆调速系统的组成和工作原理

逻辑控制无环流可逆调速系统的组成和工作原理框图如图 4-50 所示。

（1）主电路为两组晶闸管装置反并联线路，因无环流，所以无环流电抗器，但为了保证稳定运行时电流波形的连续，有平波电抗器。

（2）控制线路采用典型的转速、电流双闭环系统，设两个电流调节器，1ACR 用来控制正组触发装置 GTF，2ACR 控制反组触发装置 GTR，1ACR 的给定信号经反号器 AR 作为

2ACR 的给定信号，这样可使电流反馈信号的极性在正反转时都不必改变，从而可采用不反映极性的电流检测器。

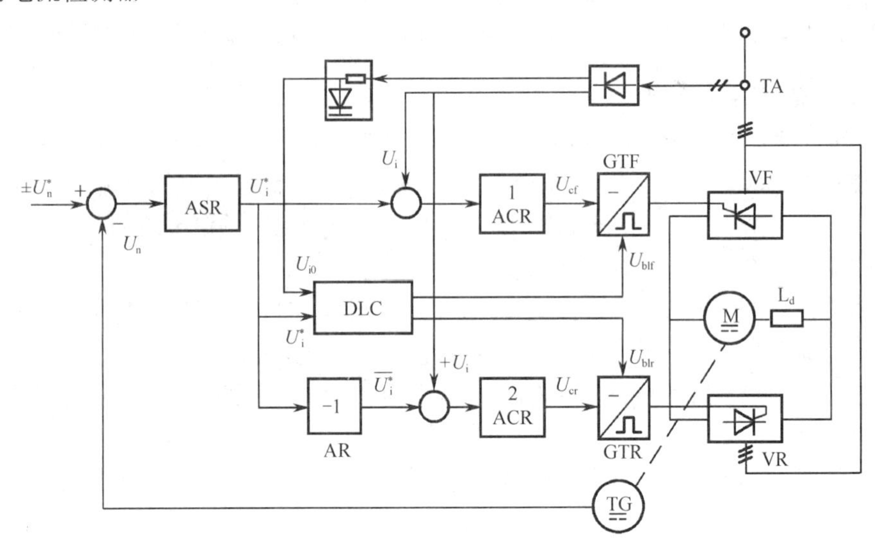

图 4-50　逻辑控制无环流可逆调速系统的组成框图

（3）设置了无环流逻辑控制器 DLC。判断哪一组触发电路工作，这是系统中的关键部件，确保主电路没有产生环流的可能。触发脉冲的零位仍整定在原来位置上，工作时移相方法仍和前述工作制一样，只是用了 DLC 来控制两组触发脉冲的封锁和开放。下面着重分析无环流逻辑控制器，如图 4-51 所示。

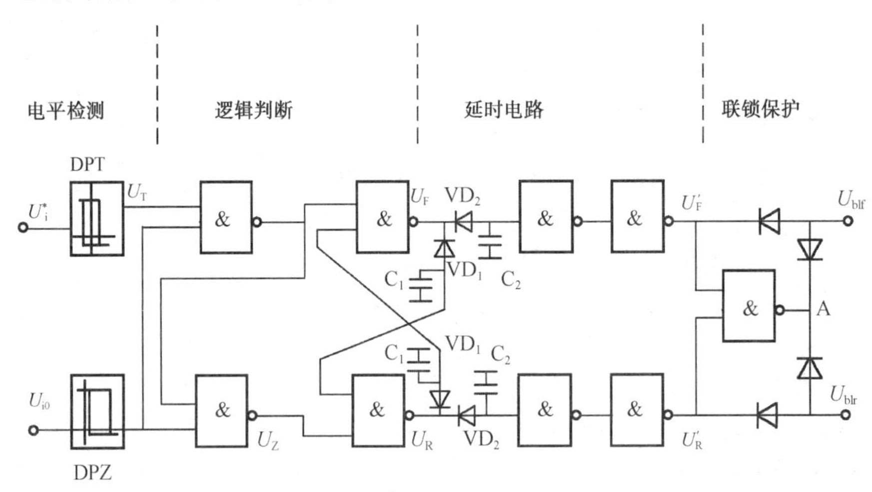

图 4-51　DLC 原理结构图

2. 无环流逻辑控制环节

无环流逻辑控制环节是逻辑无环流系统的关键环节。它的任务是：当需要切换到正组晶闸管 VF 工作时，封锁反组触发脉冲而开放正组脉冲；当需要切换到反组晶闸管 VR 工作时，封锁正组而开放反组。通常都用数字控制，如数字逻辑电路、PLC、微型计算机等，用以实现同样的逻辑控制关系。

可逆系统对无环流逻辑控制器的要求：

（1）由电流给定信号的极性和零电流检测信号共同发出逻辑切换指令。当改变极性，且零电流检测器发出“零电流”信号时，允许封锁原工作组，开放另一组。

（2）发出切换指令后，须经过封锁延时时间才能封锁原导通组脉冲，再经过开放延时时间后，才能开放另一组脉冲。

（3）无论在任何情况下，两组晶闸管绝对不允许同时加触发脉冲，当一组工作时，另一组的触发脉冲必须被封锁住。

3．DLC 内部各环节作用

1）电平检测器

电平检测器的任务是将控制系统中的模拟量转换成“1”或“0”两种状态的数字量，实际上是一个模数转换器。它一般由带正反馈的运算放大器组成，具有一定要求的继电特性即可。

2）逻辑判断电路

逻辑判断的任务是根据两个电平检测器的输出信号经运算后，正确地发出切换信号（即开放另一组脉冲、封锁原来工作组的脉冲控制信号）。均有“1”和“0”两种状态，究竟用“1”态还是“0”态表示封锁触发脉冲，取决于触发电路的结构。现假定该指令信号为“1”态时开放脉冲，“0”态时封锁脉冲。

3）延时电路

在逻辑判断电路发出切换指令之后，必须经过封锁延时和开放延时才能执行切换指令，因此，无环流逻辑控制器中必须设置相应的延时电路，即由“0”变“1”而无延时。

4）联锁保护电路

在正常工作时，逻辑判断与延时电路的两个输出总是一个为“1”态而另一个为“0”态。一旦电路发生故障，两个输出如果同时为“1”态，将造成两组晶闸管同时开放而导致电源短路。在无环流逻辑控制器的最后部分设置了多“1”联锁保护电路，当发生输出都是“1”的故障时，联锁保护环节中的与非门输出“0”，使两组脉冲同时封锁。这样就可避免两组晶闸管同时处于整流状态而造成短路的事故。

4．逻辑无环流可逆调速系统的优缺点

（1）优点：可以省去环流电抗器，节省变压器和晶闸管装置的附加设备容量。与有环流系统相比，因换流失败而造成的事故率大为降低。

（2）缺点：因延时造成电流换向死区，影响过渡过程的优越性。

5．错位无环流可逆直流调速系统

错位无环流可逆直流调速系统与前述逻辑无环流系统的区别在于实现的方法不同。逻辑无环流可逆直流调速系统采用的是 $\alpha=\beta$ 配合控制，正组晶闸管控制角 α_f 和反组晶闸管的控制角 α_r 满足 $\alpha_f+\alpha_r=180°$，两组的初始相位调整在 $\alpha_{f0}=\alpha_{r0}=90°$，要设置逻辑控制器进行切换才能实现无环流。

错位无环流可逆直流调速系统也采用 $\alpha=\beta$ 配合控制，但两组脉冲关系是 $\alpha_f+\alpha_r=300°$ 或 $360°$，两组的初始相位调整在 $\alpha_{f0}=\alpha_{r0}=150°$ 或 $180°$，系统中设置有两组变流装置，当其中一组工作时，并不封锁另一组的触发脉冲，而是借助于触发脉冲相位的错开来实现无环流。

1）静态环流的错位消除原理

为了便于阐述静态环流的错位消除原理，这里以三相桥式反并联电路为例来说明触发脉冲中初始相位与环流之间的关系，但所得结论仍然适用于三相零式反并联可逆电路。

如图 4-52 所示，两组晶闸管装置反并联连接，不设环流电抗器，仅设一个平波电抗器 L_d。桥路中环流存在两条通道，一条环路通道是由 VF 中晶闸管 1、3、5 和 VR 中的晶闸管 4′、6′、2′构成；另一条环路通道是由 VF 中晶闸管 4、6、2 和 VR 中晶闸管 1′、3′、5′构成。两条通路是对称的，下面仅以其中的一条通路为例来对环流做定性的分析。

如图 4-53 所示是三相电压波形，先看 U 相和 V 相之间是否满足环流产生的条件。在 0～120° 之间，U 相电压高于 V 相电压，若在此区域晶闸管 1 和 6 的触发脉冲同时到来，就会产生 UV 相环流；但当控制角大于 120° 后，由于 U 相电压小于 V 相电压，即使晶闸管 1 和 6 的触发脉冲同时到来，它们仍处于阻断状态，不会产生 U-V 相环流。因此判断 U-V 相有无环流的条件是看触发脉冲 1 和 6 在什么地方相遇。显然，当触发脉冲 1 和 6 在 120° 以左相遇，就有环流产生，而在 120° 以右相遇，就没有环流产生。

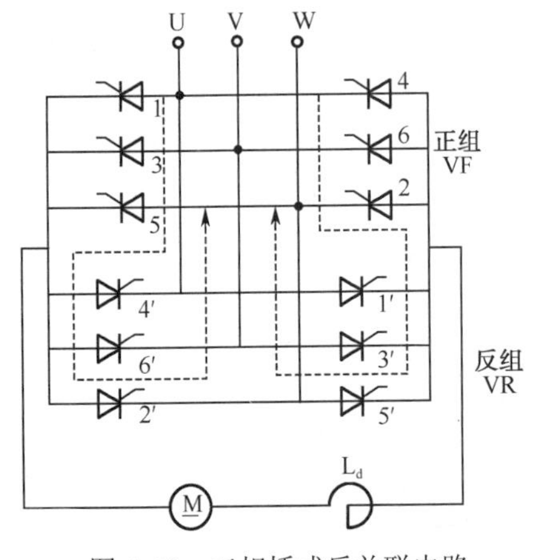

图 4-52　三相桥式反并联电路

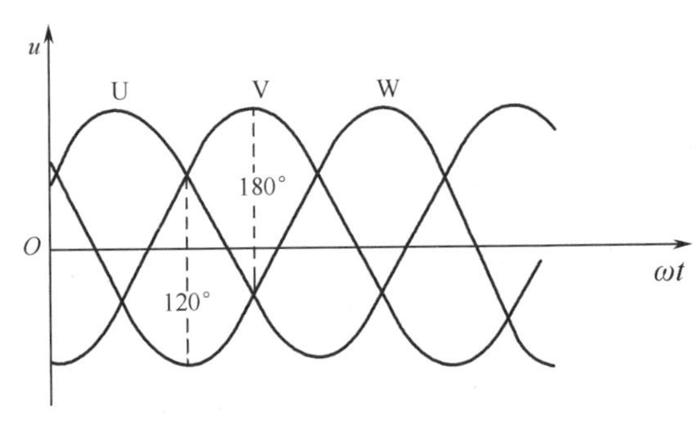

图 4-53　三相电压波形

再来分析在 U 相和 W 相之间有无环流产生的条件。在 0～180° 之间，U 相电压大于 W 相电压，在此区域内，如果晶闸管 1 和 2 同时触发导通，就会产生 U-W 相环流。因此判断 U-W 相是否产生环流。就要看触发脉冲 1 和 2 在何处相遇。显然，在 180° 以左相遇就有环流产生，而在 180° 以右相遇就无环流。

同理，V-W 相和 V-U 相是否出现环流由 V 相自然换相点算起，以 120° 和 180° 为界线。W-U 相和 W-V 相是否产生环流则由 W 相自然换相点算起，以 120° 和 180 为界线。

归纳起来，实现配合控制时，移相过程只要符合 $\alpha_f<120°$、$\alpha_r<180°$ 或者 $\alpha_f<180°$、$\alpha_r<120°$ 都会产生静态环流。除此之外，就可以实现无环流控制。

根据上述关系，可在两组控制角的配合特性平面上画出有无静态环流的分界线，如图 4-54 所示。图中阴影区以内有环流，阴影区以外无环流。对于配合控制的有环流系统，

触发脉冲零位调整在 $\alpha_{f0}=\alpha_{r0}=90°$，即图中的 O_1 点，调速时 α_{f0} 和 α_{r0} 按照线性关系变化，则控制角的配合特性为 $\alpha_{f0}+\alpha_{r0}=180°$，即图中的直线 AO_1B。可见，这种系统在整个调节范围内都有环流。若要消除静态环流，并保持配合控制关系，即 $\alpha_{f0}+\alpha_{r0}$=常数，应将配合特性平行上移到无环流区。可见，环流的临界状态是 CO_2D 线，此时零位在 O_2 点，相当于 $\alpha_{f0}=\alpha_{r0}=150°$，配合特性 CO_2D 线的方程式为 $\alpha_{f0}+\alpha_{r0}=300°$。但这种临界状态是不可靠的，万一参数变化，控制角减小，就会在某些范围内又出现环流。为了安全起见，实际系统常将零位调整在 $\alpha_{f0}=\alpha_{r0}=180°$（即 O_3 点），这时有直线方程 $\alpha_f+\alpha_r=360°$，这种整定方法，安全可靠，且调整方便。

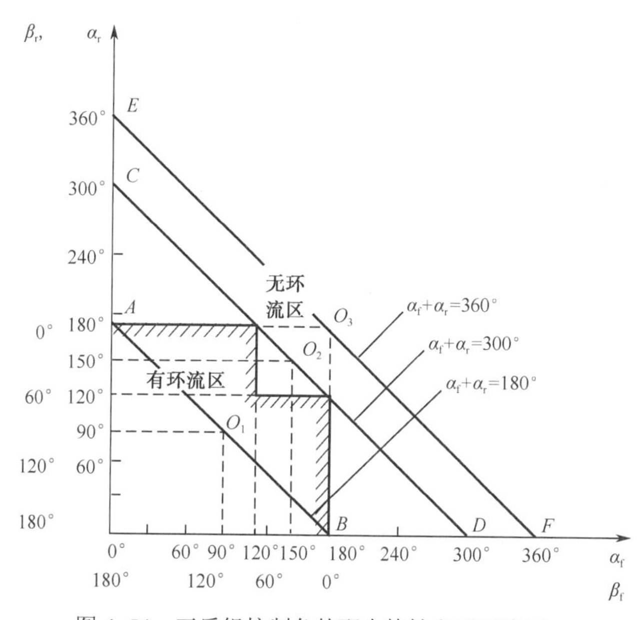

图 4-54 正反组控制角的配合特性和无环流区

当错位控制的零位调整在 180° 时，触发装置的移相控制特性如图 4-55 所示。这时，如果一组脉冲控制角小于 180°，另一组脉冲控制角一定大于 180°，而大于 180° 的脉冲对系统是无用的，因此常将它保持在 180° 处或者当大于 180° 后停发脉冲。图中虚线部分表示控制角超过 180° 的情况。

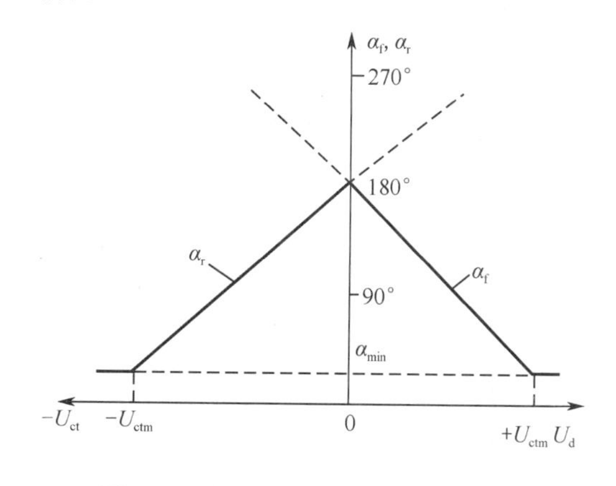

图 4-55 触发装置的移相控制特性

2）带电压内环的错位无环流系统

如图 4-56 所示是带电压内环的错位无环流可逆调速系统结构图。与其他可逆系统不同的是不用逻辑装置，而采用电压变换器 TVD 和电压调节器 AVR 组成的电压环。它主要承担着以下重要作用：

（1）缩小反向时的电压死区，加快系统的切换过程。

（2）抑制电流断续等非线性因素的影响，提高了系统的动、静态性能。

（3）防止动态环流，保证电流安全换相。

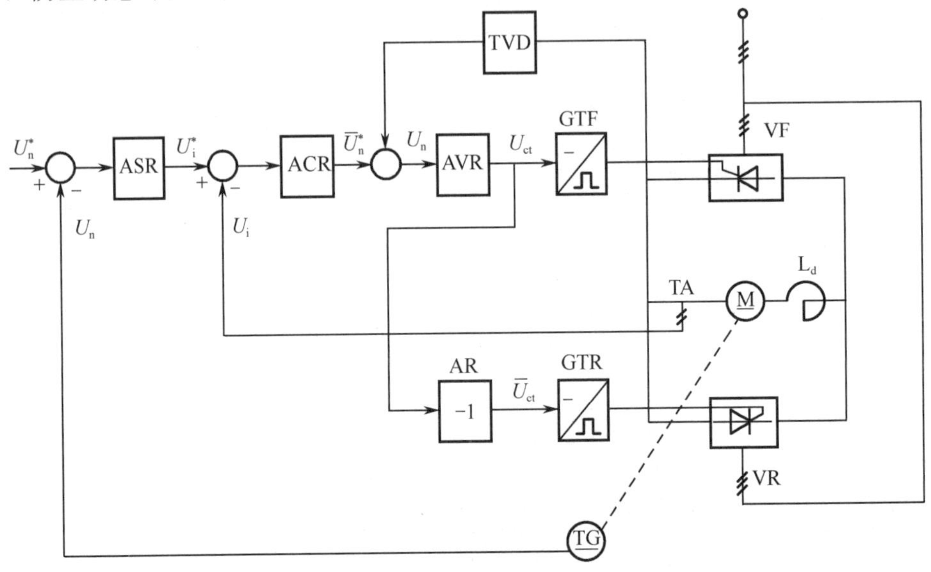

图 4-56　带电压内环的错位无环流可逆调速系统

错位无环流系统的零位调整在 180° 时，两相的移相控制特性刚好分布在纵轴的左右两侧，因而两组晶闸管的工作范围可按照 U_{ct} 的极性来划分。当 U_{ct} 为正极性时，正组工作；当 U_{ct} 为负时，反组工作。利用这个特点，可以省掉一套触发装置。图中对 U_{ct} 的极性进行鉴别后，再通过电子开关选择触发正组或是反组，从而组成错位选触无环流系统。

4.6　直流调速系统的 MATLAB 仿真设计

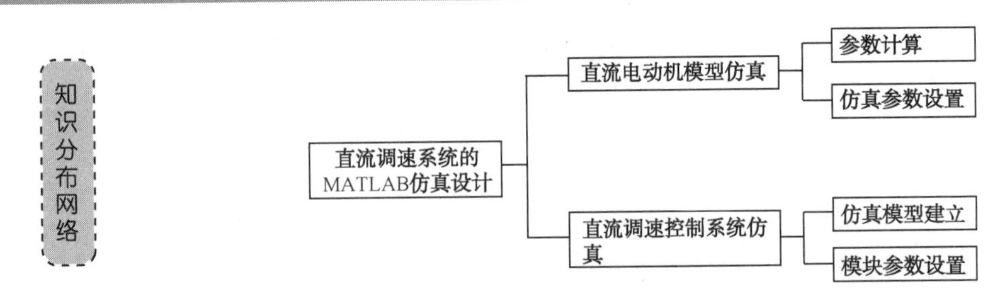

4.6.1　直流电动机模型在 MATLAB 中的实现

直流电动机数学模型形式主要有三种表现形式，包括动态微分方程式或者差分方程式、传递函数或者脉冲传递函数、状态空间表达式。

1．直流电动机参数计算

【实例 4-4】已知某直流电动机调速系统，控制系统主回路与直流电动机的主要参数如下：

电动机：$P_{nom} = 150\,kW$　$I_{nom} = 700\,A$　$R_a = 0.05\,\Omega$　$n_{nom} = 1000\,r/min$

主回路：$L_d = 2\,mH$　$R_d = 0.08\,\Omega$

全控桥式整流：$m = 6$

负载及电动机转动惯量：$GD^2 = 125\,kg \cdot m^2$

计算得到此直流电动机的相关参数如下。

电动势常数：$C_e = \dfrac{U_{nom} - I_{nom}R_a}{n_{nom}} = \dfrac{220 - 700 \times 0.05}{1000} = 0.185\,V/(r \cdot min^{-1})$

转矩常数：$C_m = \dfrac{C_e}{1.03} = \dfrac{0.185}{1.03} = 0.18\,kg \cdot mA$

电磁时间常数：$T_a = \dfrac{L_d}{R_d} = \dfrac{2 \times 10^{-3}}{0.08} = 0.025\,s$

机电时间常数：$T_m = \dfrac{GD^2}{375}\dfrac{R_d}{C_m C_e} = \dfrac{125 \times 0.08}{375 \times 0.18 \times 0.182} = 0.8\,s$

2．直流电动机数学模型的传递函数形式实现

直流电动机数学模型的传递函数表达形式：

$$W(s) = \frac{X_c}{X_r} = \frac{1/C_e}{T_a T_m s^2 + T_m s + 1} = \frac{1/0.185}{0.025 \times 0.8 s^2 + 0.8 s + 1} = \frac{5.41}{0.02 s^2 + 0.8 s + 1}$$

$$= \frac{270.5}{s^2 + 40 s + 50}$$

相关设置如图 4-57 所示。

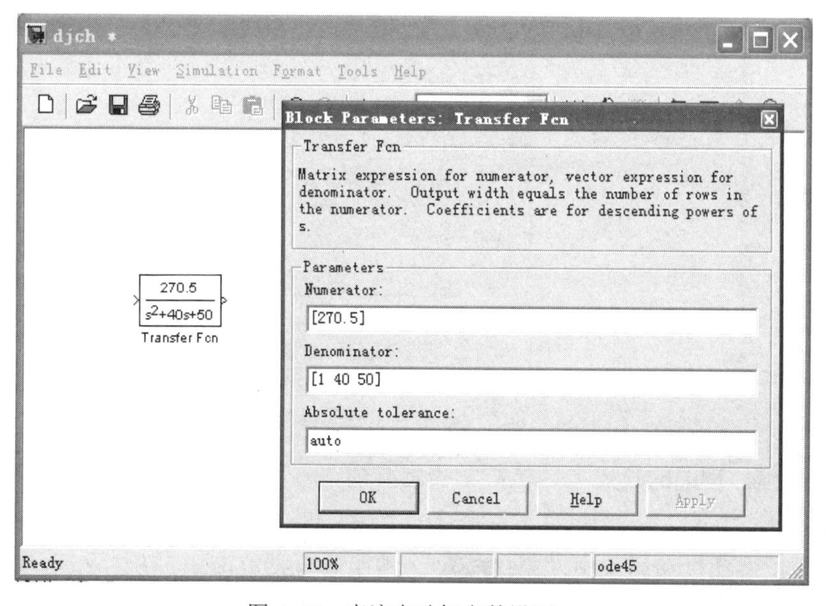

图 4-57　直流电动机参数设置

3．直流电动机数学模型的状态空间表达式实现

$$\begin{bmatrix}\dot{x}_1\\ \dot{x}_2\end{bmatrix}=\begin{bmatrix}-\dfrac{0.08}{2\times10^{-3}} & -\dfrac{0.185}{2\times10^{-3}}\\ \dfrac{0.18}{125} & 0\end{bmatrix}\begin{bmatrix}x_1\\ x_2\end{bmatrix}+\begin{bmatrix}\dfrac{1}{2\times10^{-3}}\\ 0\end{bmatrix}u$$

$$\begin{bmatrix}\dot{x}_1\\ \dot{x}_2\end{bmatrix}=\begin{bmatrix}-40 & -92.5\\ 0.00144 & 0\end{bmatrix}\begin{bmatrix}x_1\\ x_2\end{bmatrix}+\begin{bmatrix}500\\ 0\end{bmatrix}u$$

输出方程：

$$y=\begin{bmatrix}0 & 1\end{bmatrix}\begin{bmatrix}x_1\\ x_2\end{bmatrix}$$

直流电动机的状态空间表达式为：

$$\begin{bmatrix}\dot{x}_1\\ \dot{x}_2\end{bmatrix}=\begin{bmatrix}-40 & -92.5\\ 0.00144 & 0\end{bmatrix}\begin{bmatrix}x_1\\ x_2\end{bmatrix}+\begin{bmatrix}500\\ 0\end{bmatrix}u$$

$$y=\begin{bmatrix}0 & 1\end{bmatrix}\begin{bmatrix}x_1\\ x_2\end{bmatrix}$$

其中，输入量：$u=u_{\rm d}$；

状态变量：$x_1=i_{\rm d},x_2=n$；

输出量为：$y=n$。

相关设置如图 4-58 所示。

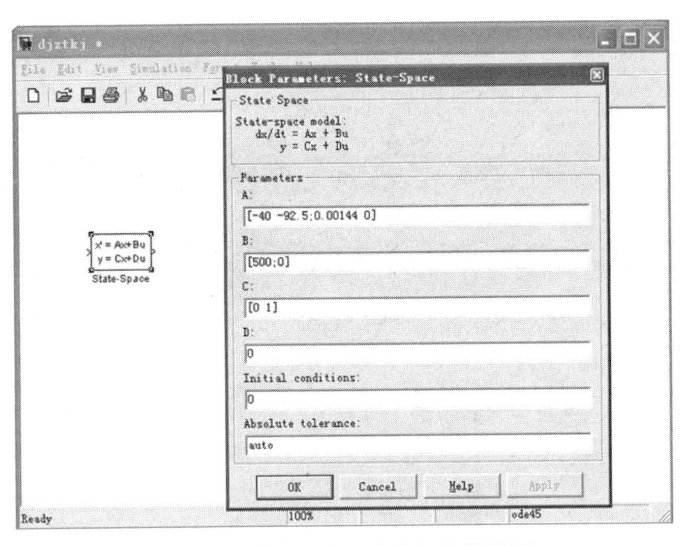

图 4-58　直流电动机状态空间参数设置

4．基于电气原理图的直流电动机数学模型实现

电动机模型位于 SimPowerSystems 工具箱下 machines 库中。该库提供了十多种直流电动机、交流异步电动机和同步电动机的模型。常用的包括直流电动机模型的 DC machines 和离散直流电动机模型 Discrete DC machines，如图 4-59 所示。

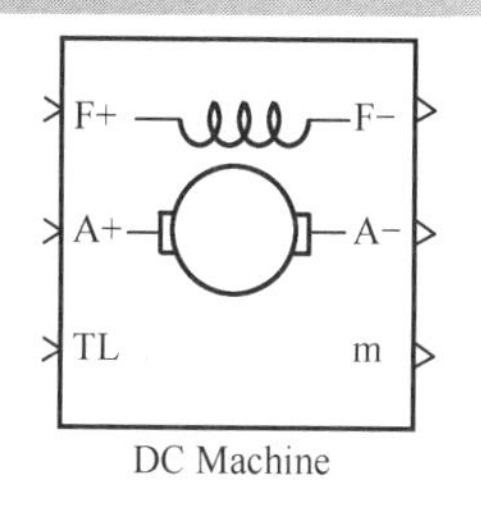

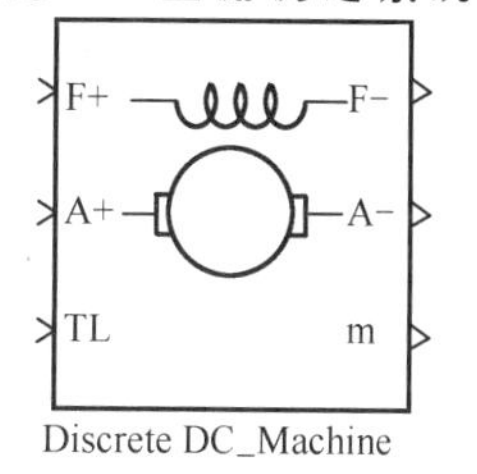

图 4-59　直流电动机和离散直流电动机模型

相关端子定义如下：

F+和 F−：此端子为直流电动机励磁电路控制端子，分别连接励磁电源的正极与负极；

A+和 A−：电动机电枢回路控制端；

TL：电动机的负载转矩信号输入端；

m：电动机信号的测试端，包括转速 w（rad/s）、电枢电流 Ia（A）、励磁电流 If（A）、电磁转矩 Te（N · m）。

DC machines 的参数设置如图 4-60 所示。

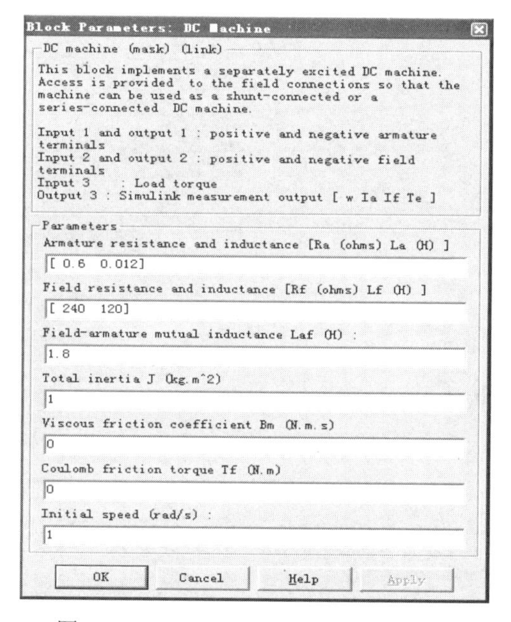

图 4-60　DC machines 相关参数设置

各项参数定义如下：

Armature resistance and inductance [Ra (ohms)和 La(H)]：电枢电阻和电感；

Field resistance and inductance [Rf (ohms)和 Lf(H)]：励磁回路电阻和电感；

Field-armature mutual inductance Laf (H)：电枢与励磁回路互感；

Total inertia J (kg.m^2)：电机转动惯量；

Viscous friction coefficient Bm (N.m.s)：粘滞摩擦系数；

Coulomb friction torque Tf (N.m)：静摩擦转矩；

Initial speed (rad/s)：初始速度。

查看此模型方法是通过选择电机模型，在右键弹出式菜单中，点击 Look under mask，

即可实现。

4.6.2 直流调速控制系统的仿真过程

直流电动机调节转速主要有调节电枢电压调速、改变电动机励磁调速、改变电枢回路电阻调速三种方法。

【实例 4-5】 改变电枢回路电阻调速的 MATLAB 仿真。

系统的 Simulink 建模框图如图 4-61 所示。

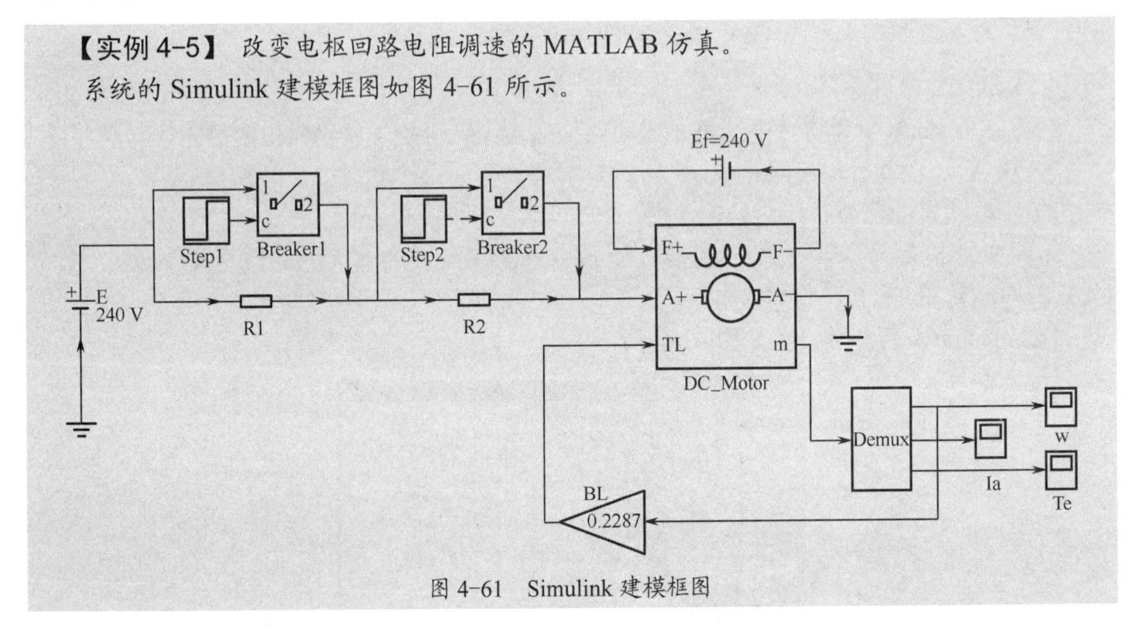

图 4-61 Simulink 建模框图

1. 使用模块

1）直流电动机（DC-Motor）

相关参数设置如图 4-62 所示。

2）直流电压源（E、Ef）

模块取自 SimPowerSystems 工具箱中的 Electrical Sources 库里的 DC Voltage Source 模块。直流电压 E 为直流电机的电枢回路电压，直流电压 E_f 直流电机的励磁电压，两者参数（Amplitude）设置为 240。

3）断路器（Breaker）

断路器取自 SimPowerSystems 工具箱中的 Elements 库里的 Breaker 模块。相关参数设置见图 4-63。

4）调速电阻（R）

调速电阻选自 SimPowerSystems 工具箱中的 Elements 库里的 Series RLC Branch 模块，参数设置见图 4-64。为了说明问题，两只调速电阻都选择 20 Ω。

5）断路器控制信号（Step）

断路器通断控制采用阶跃信号与模块的控制端连接实现，直流电动机的加速点分别设置在 5 s 和 10 s 时刻，因此将阶跃信号的跳变点时间分别为 5 s 和 10 s。

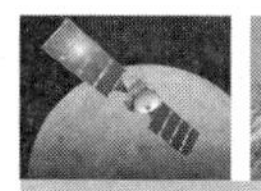

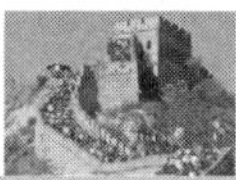

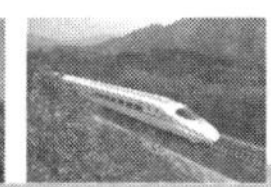

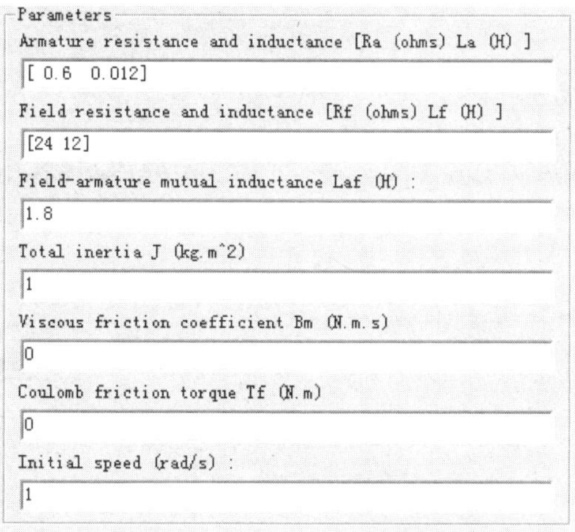

Parameters
Armature resistance and inductance [Ra (ohms) La (H)]
[0.6 0.012]
Field resistance and inductance [Rf (ohms) Lf (H)]
[24 12]
Field-armature mutual inductance Laf (H) :
1.8
Total inertia J (kg.m^2)
1
Viscous friction coefficient Bm (N.m.s)
0
Coulomb friction torque Tf (N.m)
0
Initial speed (rad/s) :
1

图 4-62　DC-Motor 参数的设置

Parameters
Breaker resistance Ron (Ohm):
0.01
Initial state (0 for 'open' , 1 for 'closed'):
0
Snubber resistance Rs (Ohms):
inf
Snubber capacitance Cs (F):
0
External control of switching times
Measurements
None

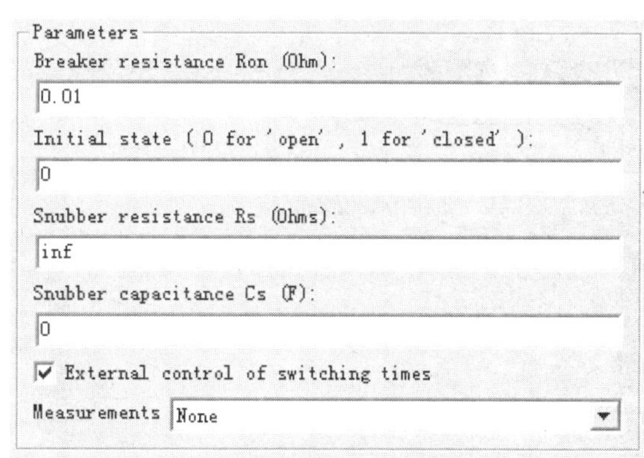

图 4-63　Breaker 模块参数设置

Parameters
Resistance R (Ohms):
20
Inductance L (H):
0
Capacitance C (F):
inf
Measurements
None

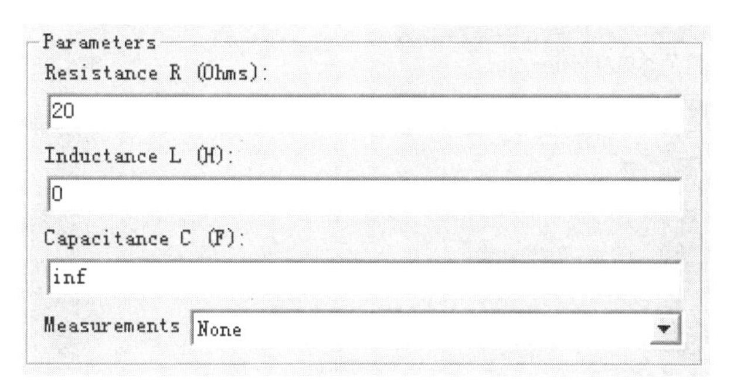

图 4-64　series RLC branch 模块

6）其他模块

其他模块还包括比例模块、输入型接地点、输出型接地点、两只 T 型连接器、信号分离器以及相关的示波器。

2. 仿真参数设置

相关的仿真参数设置见图 4-65。

Solver
Workspace I/O
Diagnostics
Advanced
Real-Time Workshop
Simulation time
Start time:
0.0
Stop time:
15.0
Solver options
Type:
Variable-step
ode15s (stiff/NDF)
Max step size:
auto
Relative tolerance:
1e-3
Min step size:
auto
Absolute tolerance:
auto
Initial step size:
auto
Maximum order:
5
Output options
Refine output
Refine factor:
1

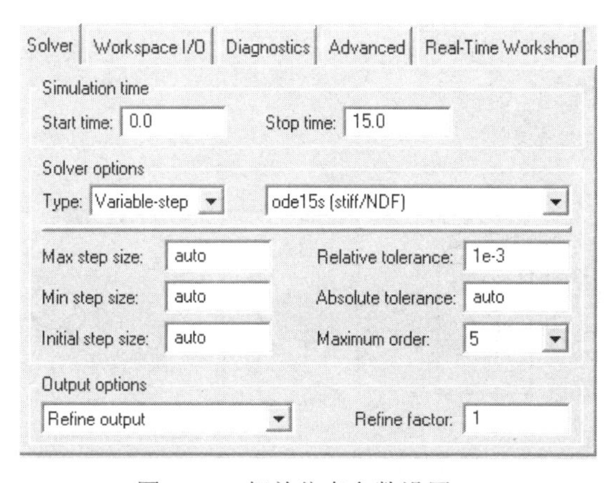

图 4-65　相关仿真参数设置

3．仿真结果

所有参数设置完毕，检查无误后，开始进行仿真，相关波形如图 4-66 所示。

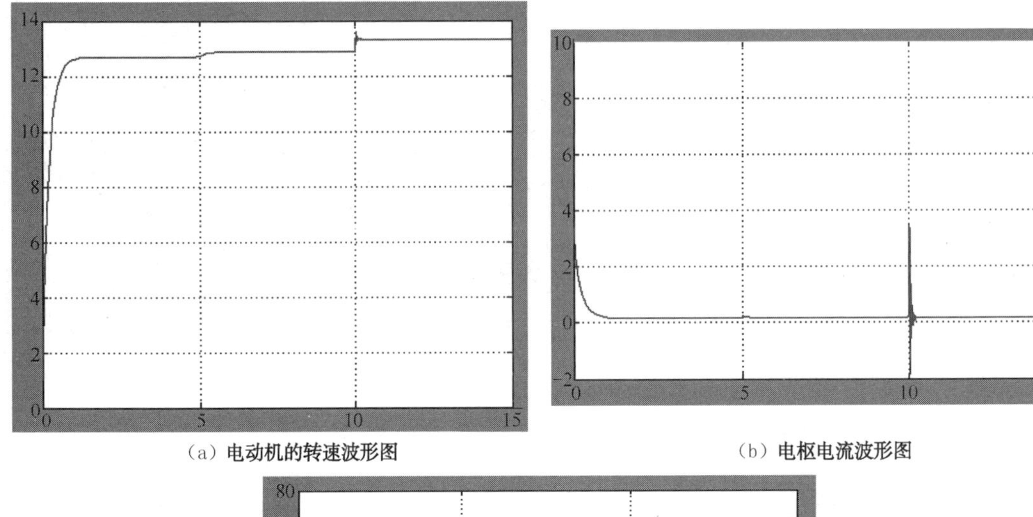

（a）电动机的转速波形图　　（b）电枢电流波形图

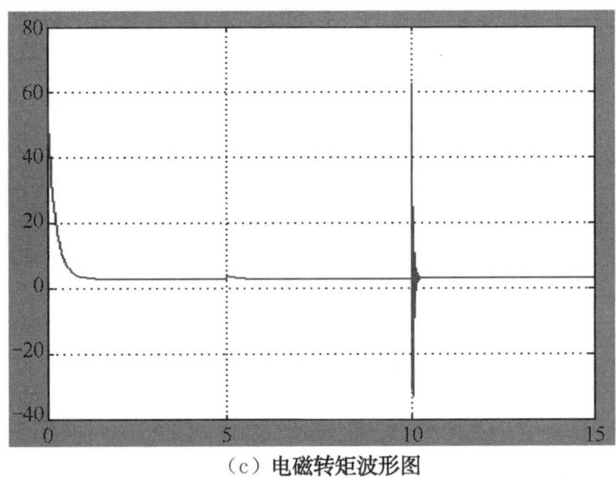

（c）电磁转矩波形图

图 4-66　仿真结果

4.6.3　开环直流调速控制系统与仿真

1．开环直流调速控制系统的组成

开环系统组成框图如图 4-67 所示。

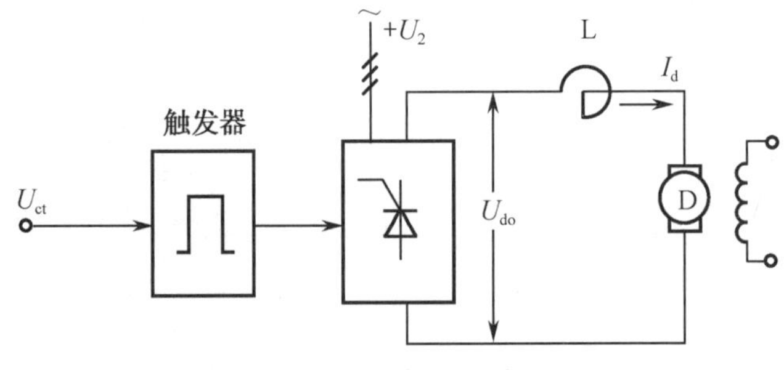

图 4-67　开环系统组成框图

2．基于数学模型的开环直流调速系统仿真

开环直流调速控制系统数学模型如图 4-68 所示。

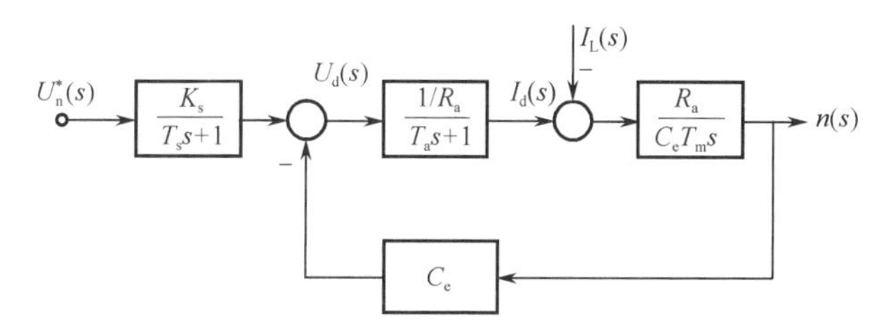

图 4-68　开环系统数学模型

结合具体参数，可以得到系统开环控制的动态结构图（图 4-69）。

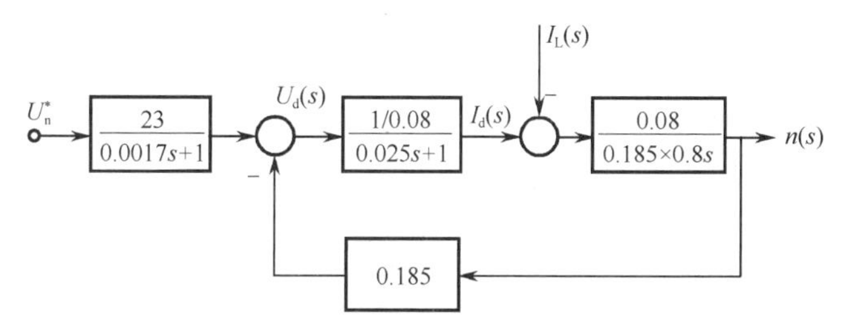

图 4-69　开环系统动态结构图

运用 Simulink 搭建开环直流调速系统模型框图，如图 4-70 所示。

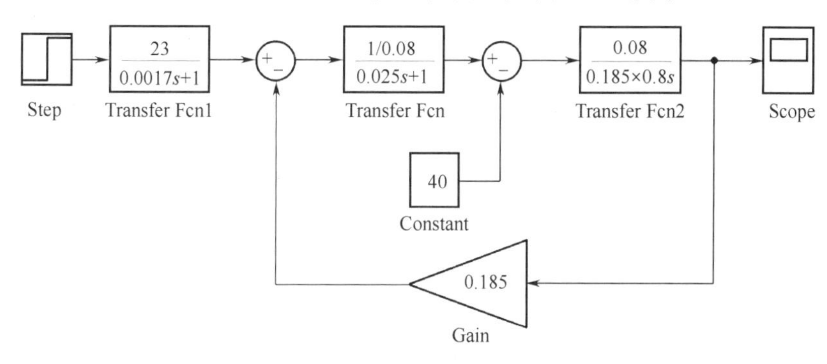

图 4-70　Simulink 仿真框图

3．基于电气原理图的系统仿真

依据系统的电气原理图，运用 Simulink 进行系统仿真，仿真模型见图 4-71。

1）三相对称交流电源模型

从 SimPowerSystems 工具箱中 Electrical Sources（电源）库中选择 AC Voltage Source 模块，参数设置如图 4-72 所示。

2）晶闸管整流器模型

从 SimPowerSystems 工具箱中 Power Electronics（电力电子）库选取 Universal Bridge（通用桥）模块，参数设置如图 4-73 所示。

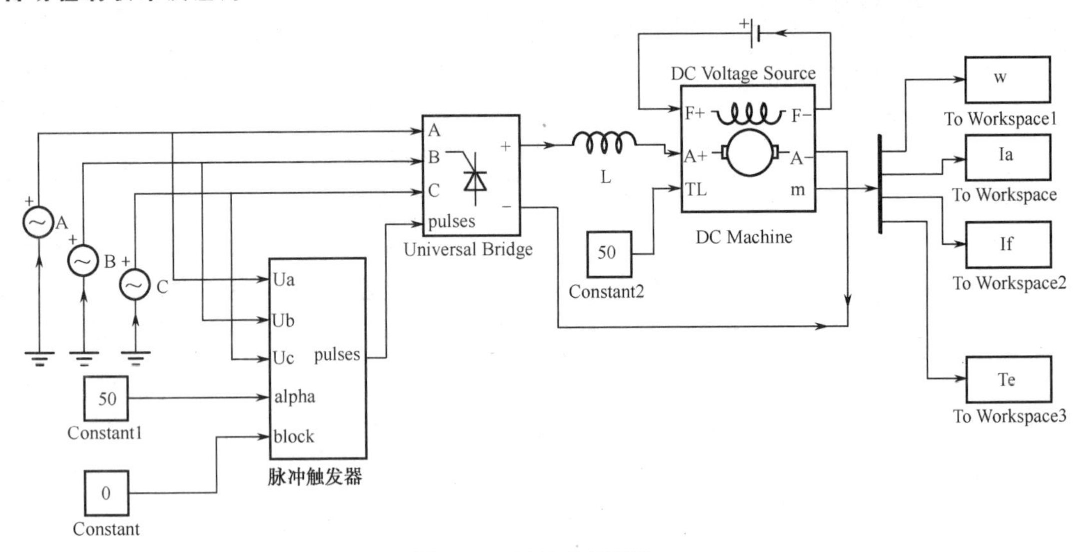

图 4-71　系统仿真模型

Block Parameters: AC Voltage Source

AC Voltage Source (mask) (link)

Ideal sinusoidal AC Voltage source.

Parameters

Peak amplitude (V):

220

Phase (deg):

0

Frequency (Hz):

50

Sample time:

0

Measurements None

OK　Cancel　Help　Apply

图 4-72　AC Voltage Source 模块参数设置

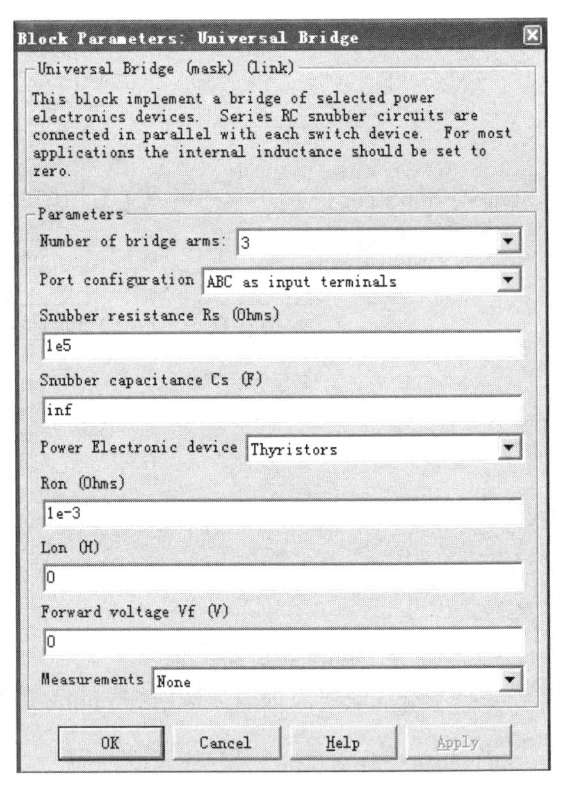

图 4-73　Universal Bridge 模块参数设置

3）直流电动机模型

直流电动机模型选取在先前已经介绍过，参数设置如图 4-74 所示。

4）主回路平波电抗器模型

从 Elements 模型库中，选取 Series RLC Branch 模块。

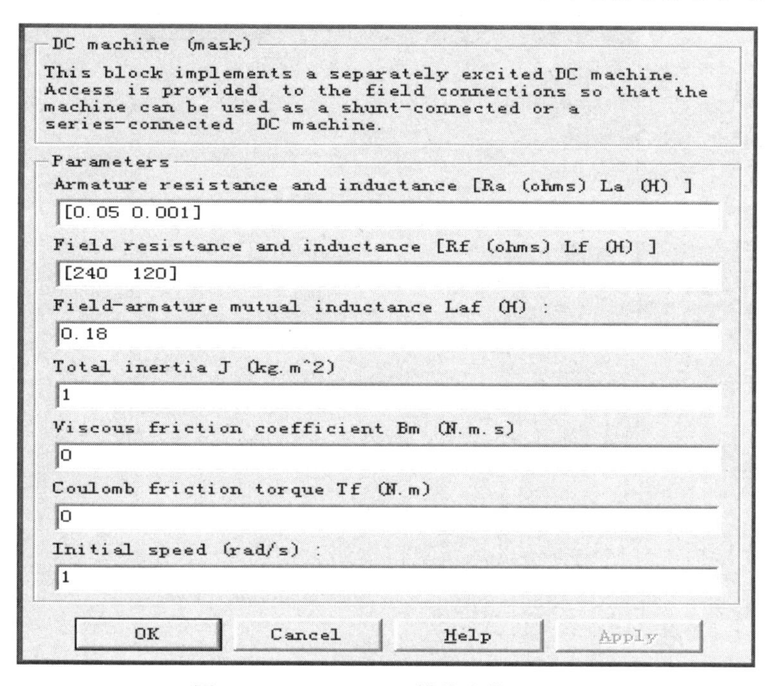

图 4-74　DC machine 模块参数设置

5）其他模块

构造开环直流电机控制系统，还需要用的模块有：L Connector（L 型连接器）；三个 Constant（常数模块）；以及用来观测电机变量的四个 To Workspace（输出到工作空间模块），并设置输出变量名分别为 w、Ia、If、Te。其中 w 参数设置如图 4-75 所示。

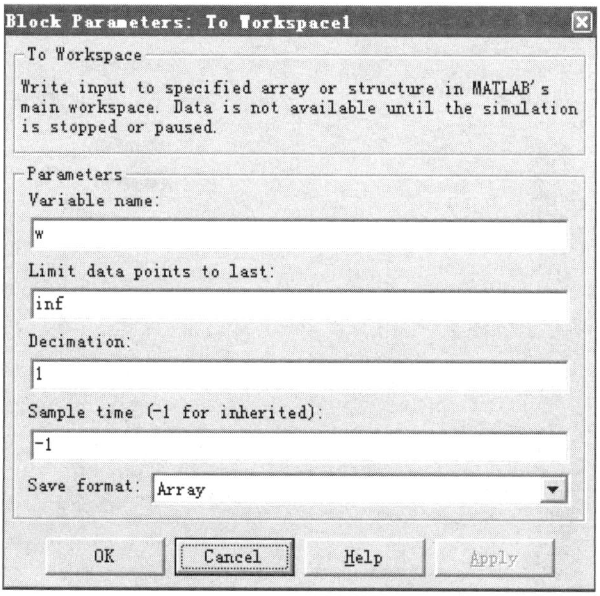

Block Parameters: To Workspace1
To Workspace
Write input to specified array or structure in MATLAB's main workspace. Data is not available until the simulation is stopped or paused.
Parameters
Variable name:
w
Limit data points to last:
inf
Decimation:
1
Sample time (-1 for inherited):
-1
Save format: Array
OK　Cancel　Help　Apply

图 4-75　w 参数设置

全系统的仿真参数设置如图 4-76 所示。

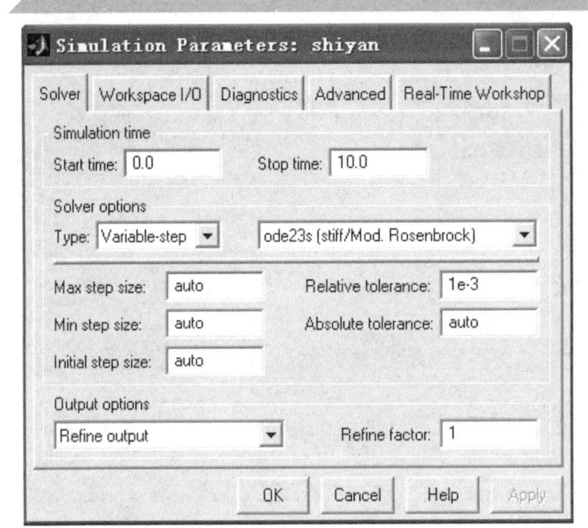

图 4-76　系统仿真参数设置

参数设置完毕后，开始进行仿真，系统仿真结果如图 4-77 所示 。

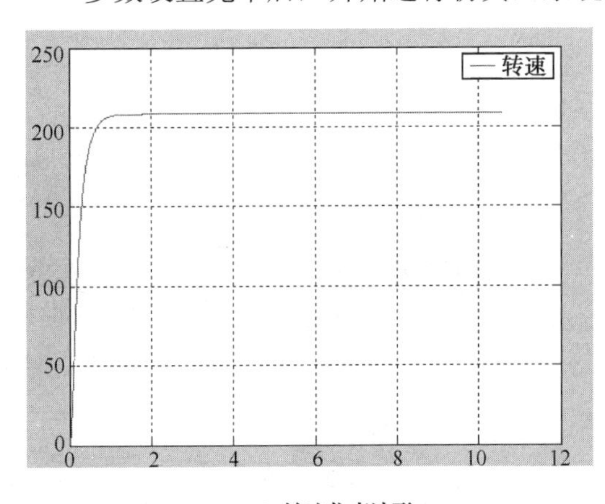

(a) 转速仿真波形

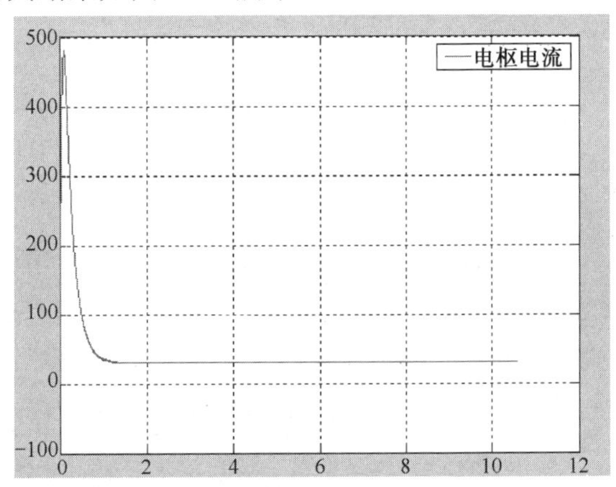

(b) 电枢电流仿真波形

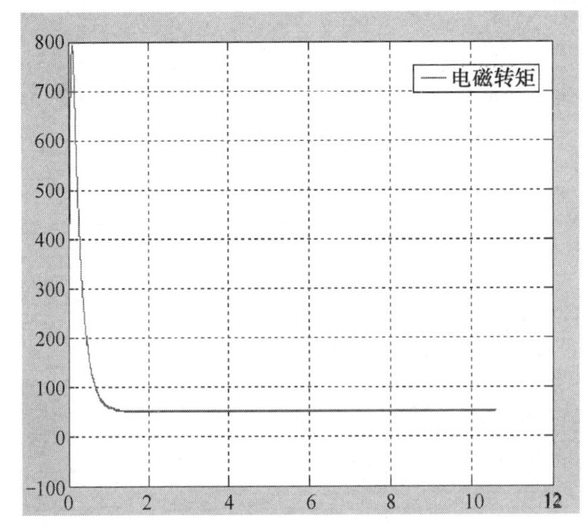

(c) 电磁转矩输出波形

图 4-77　仿真结果

4.7　自动控制系统的分析、调试与故障排除

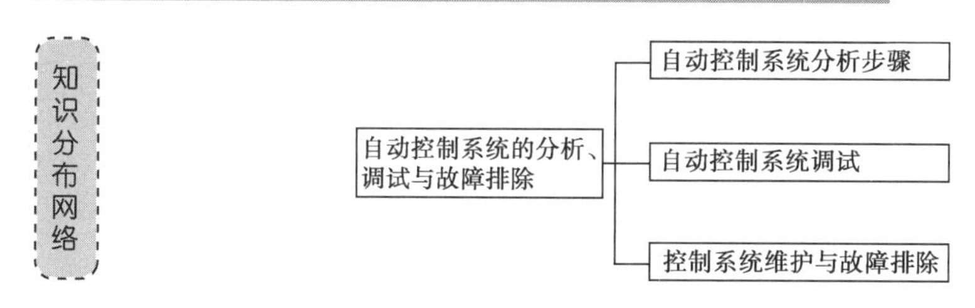

4.7.1　自动控制系统的分析步骤

当我们遇到一种新控制系统时，首先应当搞清自动控制系统的工作原理(定性分析)，建立系统的数学模型，然后对系统进行定量的估算和分析。关于分析系统的方法，在前面各章中都已作了说明，现再作一些补充的说明与分析。

1．工作对象对系统的要求

1）工况条件

（1）电源电压及波动范围；

（2）供电频率及波动范围；

（3）环境温度；

（4）相对湿度；

（5）海拔高度。

2）系统或工作对象的输出及负载能力

（1）额定功率及过载能力；

（2）额定转矩及最大转矩；

（3）速度：对调速系统为额定转速、最高转速及最低转速；对随动系统则为最大跟踪速度、最低平稳跟踪速度等。

3）系统或工作对象的技术性能指标

（1）稳态指标：对调速系统，主要是静差率（例如 $s\leqslant 0.1\%$）和调速范围（例如 100∶1）；对随动系统，则主要是阶跃信号和等速信号输入时的稳态误差（例如 0.1mm 或 1 密位等）。

（2）动态指标：对调速系统主要是因负载转矩扰动而产生的最大动态速降（是指从扰动量作用开始，到被调量进入并保持在离稳态值某一误差带内所需的时间）。

4）系统或设备可能具有的保护环节

例如过电流保护、过电压保护、过载保护、短路保护、欠电压保护、限位保护、欠电流失磁保护、失步保护、超温保护和联锁保护等。

5）系统或设备可能具备的控制功能

例如点动、自动循环、半自动循环、各分部自动循环、联锁、集中控制与分散控制、

平稳启动、迅速制动停车、紧急停车等。

6）系统或设备可能具有的显示和报警功能

例如电源的通断指示、开停机指示、过载断路指示、缺相指示、风机运行指示、熔丝熔断指示和各种故障的报警指示等。

7）工作对象的工作过程或工艺过程

在了解上述指标和数据的同时，还应了解这些数据对系统工作质量产生的具体的影响。例如造纸机超调会造成纸张断裂；轧钢机过大的动态速降会造成明显的堆钢和拉钢现象；仿形加工机床驱动系统的灵敏度直接影响到加工精度的等级；再如传动试验台的调速范围就关系到它能适应的工作范围等。在提出这些指标要求时，一般应该是工作对象对系统的最低要求，或必需的要求，因为过高的要求会使系统变得复杂，成本显著增加。而系统的经济性，始终是一个必须充分考虑的因素。

而在调试系统时，通常应该留有适当的裕量；因为系统在实际运行时，往往会有许多无法预计的因素。同时还要估计到各种可能出现的意外故障，并采取相应的措施，以保证系统能安全可靠地运行。同样，系统的可靠性，也是一个始终必须充分考虑的因素。

2．分析系统各单元起到的作用

对一个实际系统进行分析，应该先作定性分析，后作定量分析。即首先把基本的工作原理搞清楚，可以把电路分成若干个单元，对每一个单元又可分成若干个环节。这样先化整为零，弄清每个环节中每个元件的作用；然后再化零为整，抓住每个环节的输入和输出两头，搞清各单元和各环节之间的联系，搞清系统的工作原理。现以我们熟悉的晶闸管直流调速系统为例作一些说明。

1）主电路

主电路主要是对电动机电枢和励磁绕组进行正常供电，对它们的要求主要是安全可靠。因此在部件容量的选择上，在经济和体积上相差不太多的情况下，尽可能选大一些。在保护环节上，对各种故障出现的可能性，都要有足够的估计，并采取相应的保护措施，配备必要的警报、显示、自动跳闸线路，以确保主电路安全可靠的要求。

若主电路采用晶闸管整流，则还应考虑晶闸管整流时的谐波成分对电网的有害影响；因此，通常要在交流进线处串接交流电抗器或通过整流变压器供电。

2）触发电路

触发电路主要考虑的是它的移相特性，控制电压的极性与数值，以及它与晶闸管输出电压间的关系。此外，还有同步电压的选择，同步变压器与主变压器相序间的关系，以及触发脉冲的幅值和功率能否满足晶闸管的要求，各触发器的统调是否方便等，这些因素都需要我们进行综合考虑。

3）控制电路

控制电路是自动控制系统的中枢部分，它的功能将直接影响控制系统的技术性能。对调速系统主要是电流和转速双闭环控制；对恒张力控制系统，除了电流、转速闭环外，还要再设置张力闭环控制；对随动系统，除位置闭环外，还可设置转速闭环。若对系统要求较高时，还可设置微分负反馈或其他的自适应反馈环节。

对由运放器组成的调节器电路，则还要注意其输入和输出量的极性，输入和输出的限幅，零漂的抑制和零速或零位的封锁等。

4）检测电路

主要是检测装置的选择，选择时应注意选择适当精度的检测元件；若精度过高，不仅成本增加，而且安装条件苛刻；若检测元件精度过低，又无法满足系统性能指标要求，因为系统的精度，正是依靠检测元件提供的反馈信号来保证的。选择时，还要注意输出的是模拟量，还是数字量；对计算机控制，则应选数字量输出；对模拟控制，则应选择模拟量输出；否则还要增加 A/D（或 D/A）单元，既增加费用，又增加传递时间。此外检测装置要牢固耐用、工作可靠、安装方便，并且希望输出信号具有一定的功率和幅值。

5）辅助电路

主要是继电（或电子）保护电路、显示电路和报警电路。继电保护电路没有电子线路那种易受干扰的缺点，是一种有效而可靠的保护环节，应给予足够的重视和考虑。但其灵敏度、快速性以及自动控制、自动恢复等性能不及电子保护线路。

3．搞清整个系统的工作原理

在搞清各单元、各环节的作用和各个元件的大致取值的基础上，再综合起来，抓住各单元的输入、输出两头，将各个环节相互联系起来，画出系统的框图。然后在这基础上，搞清整个系统在正常运行时的工作原理和出现各种故障时系统的工作情况。

4.7.2　自动控制系统调试

1．准备工作

（1）了解工作对象的工作要求（或加工工艺要求），仔细检查机械部件和检测装置的安装情况。是否会阻力过大或卡死。因为机械部件安装得不好，开车后会产生事故，检测装置安装得不好（有间隙、甚至卡死等）将会严重影响系统的精度,形成振荡，甚至发生事故。

（2）系统调试是在各单元和部件全部合格的前提下进行的。因此，在系统调试前，要对各单元进行测试，检查它们的工作是否正常，并作记录，记录要存档，以便于追查事故原因。

（3）系统调试是在按图样要求接线无误的前提下进行的。因此，在调试前，要检查各接线是否正确、牢靠，特别是接地线和继电保护线路，更要仔细检查(对自制设备或经过长途运输后的设备，更应仔细检查、核对)。未经检查，贸然投入运行,常会造成严重事故。

（4）写出调试大纲，明确调试顺序。系统调试是最容易产生遗漏、慌乱和出现事故的阶段，因此一定要明确调试步骤，写出调试大纲；并对参加调试的人员进行分工，对各种可能出现的事故（或故障）事先进行分析，并订出产生事故后的应急措施。

（5）准备好必要的仪器、仪表（如双踪示波器、高内阻万用表、代用负载电阻箱、慢扫描示波器或数字示波器、兆欧表）和其他监控仪表（如电压表、电流表、转速表等）以及作为调试输入信号的直流稳压电源等。

选用调试仪器时，要注意选用仪器的功能（型号）、精度、量程是否符合要求，要尽量选用高输入阻抗的仪器（如数字万用表、示波器等），以减小测量时的负载效应。此外，还要特别注意测量仪器的接地（以免高电压通过分布电容窜入控制电路）和测量时要把弱电的公共端线和强电的零线分开（例如测量电力电子电路用的双踪示波器的公共线不可接强电地线）。

（6）准备好记录用纸，并画好记录表格。

（7）清理和隔离调试现场，使调试人员处于方便活动的位置。对机械转动部分和电力线应加罩防护，以保证人身安全。调试现场还应配有可切断电力总电源的“急停”开关和有关保护装置，有效保障消防设备的配备，以防万一。

2. 自动控制系统的调试

自动控制系统的调试顺序如下：

（1）先单元，后系统。

（2）先控制回路，后主电路。

（3）先检验保护环节，后投入运行。

（4）通电调试时，先用电阻负载代替电动机，待电路正常后，再换接电动机负载。

（5）对调速系统和随动系统，调试的关键是电动机投入运转。投入运行时，一般先加低给定电压开环启动，然后逐渐加大反馈量（和给定量）。

（6）对多环系统，一般为先调内环，后调外环。

（7）对加载试验，一般应先轻载后重载；先低速后高速，高、低速都不可超过限制值。

（8）系统调试时，应首先使系统正常稳定运行,通常先将 PI 调节器的积分电容短接（改为比例调节器），待稳定后，再恢复 PI 调节器，继续进行调节（将积分电容短接，可降低系统的阶次，有利于系统的稳定运行，但会增加稳态误差）。

（9）先调整稳态精度，后调整动态指标。对系统的动态性能，可采用慢扫描示波器或采用数字（记录性）示波器，记录有关参量的波形（现在也可采用虚拟示波器来记录有关波形）。

（10）分析系统的动、稳态性能的数据和波形记录。对系统的性能进行分析，找出系统参数配置中的问题，以作进一步的改进调试。

【实例 4-6】 双闭环直流调速系统的调试过程。

1. 系统控制回路各单元和部件的检查和测试

（1）拔出全部控制单元印制电路板，断开电动机电枢主回路（可将平波电抗器一端卸开）。

（2）检查各类电源的输出电压的幅值（如运放器工作电压、给定信号电压、触发器电源电压、同步电压、电动机励磁电压等），以及用来调试的给定信号电压。

（3）核对主回路 U、V、W 三相电压的相序、触发电路同步电压的相序以及它和主回路电压间的关系是否符合触发电路的要求（相序可用双线示波器来观察）。

（4）触发电路调试。先调整其中的一块触发器，主要是检查输出触发脉冲的幅值与脉宽（用双踪示波器观测），然后通过改变调试信号电压来检查脉冲的移相范围（对三相全控桥，则要求移相 120°）。若移相范围过大或不够，对锯齿波触发器，则调节锯齿波斜

率。在调好一块触发器后，再以此为基准，调试其他各块触发器。如果采用双脉冲触发，则应当使两个脉冲间隔互为 60°（若为锯齿波触发器，则主要是通过调节得使各锯齿波平行）。

（5）调整电流调节器（ACR）和速度调节器（ASR）的运放电路。

先检查零点漂移（整定运放器电路的调零电位器，使之达到零输入时为零输出）。若调整后，零点仍漂移，则应考虑增设一个高阻值的反馈电阻，有的运放模块内部已有抑制零漂功能，不需要再进行外部调整。然后，以调试信号电压输入，整定其输出电压限幅值。

（6）对于反馈信号电压，在投入运行前，先将调节电位器调至最上限，这样在投入运行时，不致造成电流和转速过大。同时还要检查反馈信号的极性与给定信号是否相反。

2. 系统主电路、继电保护电路的检查和电流开环的整定

（1）检查主电路时，先将控制回路断路（具体操作时可以去掉 ASR 和 ACR 运放插件），而以调试信号代替 ACR 的输出电压，去控制触发电路（调试信号通常通过印制线路"接插件"接入）。改变调试信号，即可改变整流装置输出电压。

（2）在主电路输出端以三相电阻负载来代替电动机。合上开关，接通主电路。

（3）测定主电路输出电压与控制电压间的关系。

（4）主电路小电流通电后，可拔去一相快速熔丝，以检验缺相保护环节的动作和报警是否有效。

（5）检查电动机励磁回路断路时，失磁保护是否正常。

（6）若主电路设有过电流继电器，则可调节电流至规定动作值，然后整定过电流继电器动作，并检验继电保护电路能否使主电路开关跳闸。

3. 系统开环调试及速度环的整定

由于电流环（内环）已经整定，这里的开环主要指速度环（外环）开环。

（1）电流环已经整定，因此可插上电流调节器 ACR 的插件板，并将 ACR 的反馈电容器短路（即将 PI 调节器改为 P 调节器）。这时速度调节器的输出由调试信号来代替,先将调试信号电压调至零，电动机电枢和励磁绕组均接上对应电源，然后合上开关。观察主电路电压波形，这时电动机不应该转动。若有爬行或颤动，应重新检查触发器、总偏置电压及电流调节器的运放电路，以排除上述现象。

（2）逐渐加大调试信号电压，使电动机低速运行（工作对象应为空载，电动机则为轻载）。这时应检查各机械部分运行是否正常，主电路的电压及电流波形是否正常。

（3）在开环低速运转正常的情况下，逐渐增大转速，同时监视各量的变化，并作记录。

4. 系统闭环调试

（1）由于速度环已整定，可接上转速负反馈，插上速度调节器 ASR 插件。先将 ASR 和 ACR 的反馈电容用临时线短接（即将 PI 调节器暂时改为 P 调节器）。合上开关，然后逐步使转速上升，继续观察系统机械运转是否正常，有无振荡。观察输出电压、电流的波形，并做好记录。

（2）待空载正常运行一段时间（几小时）后，可分段逐次增加负载至额定值，并记录下数值。这时可作出机械特性曲线，分析系统的稳态精度。

（3）在系统稳定运行后，可将调节器反馈电容两端的临时短路线拆除，重复上述试验，观测系统是否稳定，特别是在低速和轻载时。若不稳定，可适当降低电流调节器 ACR

的比例系数 K，适当增大 ACR 微分时间常数，并适当增大反馈滤波电容量，使电流振荡减小。当然，电流振荡还与速度调节器 ASR 的参数有关，也可同时适当降低 ASR 的比例系数 K，适当增大 ASR 微分时间常数，并适当增大速度反馈滤波电容。若仍不能稳定，对 PI 调节器，则再增加一个高阻值的反馈电阻。当然这会降低稳态精度。总之，参数的调节，首先要保证系统稳定运行（然后是提高稳态精度）。

（4）在系统稳定运行并达到所需要稳态精度后，可对系统的动态性能进行测定和调整。这通常以开关作为阶跃信号，观察并记录下主要变量及相关响应曲线，并从中分析调节器参数对系统动态性能的影响，找出改善系统动态性能的调节方式，从而作进一步的调整，使系统动、静态性能逐渐达到要求的指标。

3．由专用控制器驱动的自动控制系统的调试

上节阐述的系统调试的方法，通常用于新试制的控制系统（或非标设备或实验装置）。而如今许多控制系统多采用各种现成的（专用的或通用的）控制装置（市场产品）来进行控制。对现成的产品进行调试要简便得多，但调试时仍要注意以下 5 个方面：

（1）仔细、反复阅读控制器产品说明书，摘录下要点，列成表格，用彩色笔醒目地标出重要注意事项，并力争把这些全部记住（这是调试现成产品的关键）。

（2）仔细检查控制对象有无故障（如机械传动、电气绝缘等是否正常）。

（3）检查控制器与控制对象间的接线是否正确、牢靠。

（4）根据说明书和系统对性能的要求，对各种物理量逐一进行设定，如转速（额定转速、最高转速、最低转速），正、反转向，最大限制电流，升、降速时的加速度（给定积分时间常数），采用的反馈方式，PID 调节器参数的选择与整定以及其他保护环节的选择等（这一切都要预先确定，并做到心中有数）。

（5）通电前，可先将设定量放在较低的量值上（如低压、低速、轻载、小电流等），若有可能，也可先用电阻性负载来取代电动机进行测试。总之，对现成的产品，虽然它里面已设置了较多的保护环节，但调试者仍要仔细地根据说明书，一步一步地设定与调试，并在调试时不断观察有无异常情况产生（如摩擦声、振动声、异味等）。

4.7.3 自动控制系统的维护、使用和故障排除

掌握要领、正确使用、维护检查、及时修理，是提高生产效率、保证产品质量、充分发挥自动控制装置性能的根本保证。

晶闸管、晶体管和集成电路等半导体器件的装置，由于无机械磨损部分，故维修简单。但由于装置中电子部件小巧，对灰尘、温度和湿度要特别注意。

（1）一般维护。保持清洁，定期清理；定期清扫灰尘时，要断开电源，采用吸尘或吹拭方法。要注意压缩空气的压力不能太大，以防止吹坏零件和断线。吹不掉的灰尘可用布擦，清扫工作一般自柜体上部向下进行，接插件部分可用酒精或香蕉水揩擦。

（2）长期停机再使用时，要先进行检查，检查项目如下：

① 外表检查：要求外表整洁，无明显损伤和凹凸不平。

② 查对接线：是否有松头、脱落，尤其是现场临时增加的连线。

③ 接地检查：必须保证装置接地可靠。

④ 器件完整性检查：装置中不得有缺件，对于易损的元件应该逐一核对，已经损坏的或老化失效的元件，应及时更换（如熔断器熔芯，有无缺损；转换开关，转动、接触是否良好等）。

⑤ 绝缘性能检查：由于装置长期停机，可能带有灰尘和其他带电的尘埃，而影响绝缘性能，因此必须用兆欧表进行绝缘性能检查，若较潮湿，则应用红外灯烘干或低压供电加热干燥。

⑥ 电气性能检查：根据电气原理，进行模拟工作检查，并且模拟制造动作事故，查看保护系统是否行之有效。

⑦ 主机运转前电动机空载试验检查：可以依照电动机空负荷调试方法进行。

⑧ 主机运转时系统的稳态和动态性能指标的检查：用慢扫描示波器查看主机点动、升速及降速瞬间电流和速度波形，用双线或同步示波器查看装置直流侧的电压波形。检查系统性能、精度和主要参量的波形是否正常，是否符合要求。

（3）日常维护。经常查看各类熔丝，特别是快速熔断器。快速熔断一般都有信号指示，但也有可能信号部分失效，因此可以在停电情况下用万用表 R×1 挡测量熔丝电阻是否为 0 Ω。有些连续生产的设备可以带电检查，只要用万用表交流电压挡测量，若熔丝两端有高压，则表明熔丝已经熔断。对大电流部分也要经常注意是否有过热部件，是否有焦味、变色等现象。

（4）定期检修。对于紧固件（晶闸管元件本身除外），在运行约 6 个月时需检查一次，其后 2～3 年再进行一次紧固。对保护系统，1～2 年需进行测试，检查其工作情况是否正常。这可在停机情况下，由控制部分通电进行检查，并根据其原理，制造模拟事故看其是否能有效保护（参见上节“系统调试”）。

导线部分要查看是否过热、损伤及变形等，有些地方需用 500 V 或 800 V 兆欧表检查其绝缘电阻。有条件的地方，需经常用示波器查看直流侧的输出波形，如发现波形缺相不齐，要及时处理，排除故障。

总结：

（1）对一个实际系统进行分析，应该先作定性分析，后作定量分析。即首先把基本的工作原理搞清楚，可以将电路分成若干个单元，对每一个单元又可分成若干个环节。这样先化整为零，弄清每个环节中每个元件的作用；然后再化零为整，抓住每个环节的输入和输出，搞清各单元和各环节之间的联系，搞清系统的工作原理。在此基础上，可建立系统的数学模型，画出系统的框图。在系统框图的基础上，就可以分析那些关系到系统稳定性和动、稳态技术性能的参量的选择以及这些参量对系统性能的影响。在调试实际系统时，做到心中有数，有的放矢。

（2）进行系统调试，首先要做好必要的准备工作，主要是检查接线是否正确和各单元是否正常，并且准备好必要的仪器，制定调试大纲，明确并列出调试顺序和步骤。然后再逐步地进行调试，并作好调试记录。当系统不稳定或性能达不到要求时，则可从各级输出（如主回路的电压、电流，调节器的输出电压，反馈电压等）的波形中找出影响系统性能的主要原因，从而制定出改进系统性能的方案。

（3）出现故障时，首先要仔细观察和记录故障的情况，然后分析产生故障的各种可能的原因，在此基础上逐一进行分析检查，排除其中的非故障原因，逐渐缩小查找范围，最

后找出产生故障的真正原因。再针对该原因，采取针对性措施，将故障排除，直至系统恢复正常。

任务 8　单闭环直流调速系统分析调试与维护

1. 任务工单

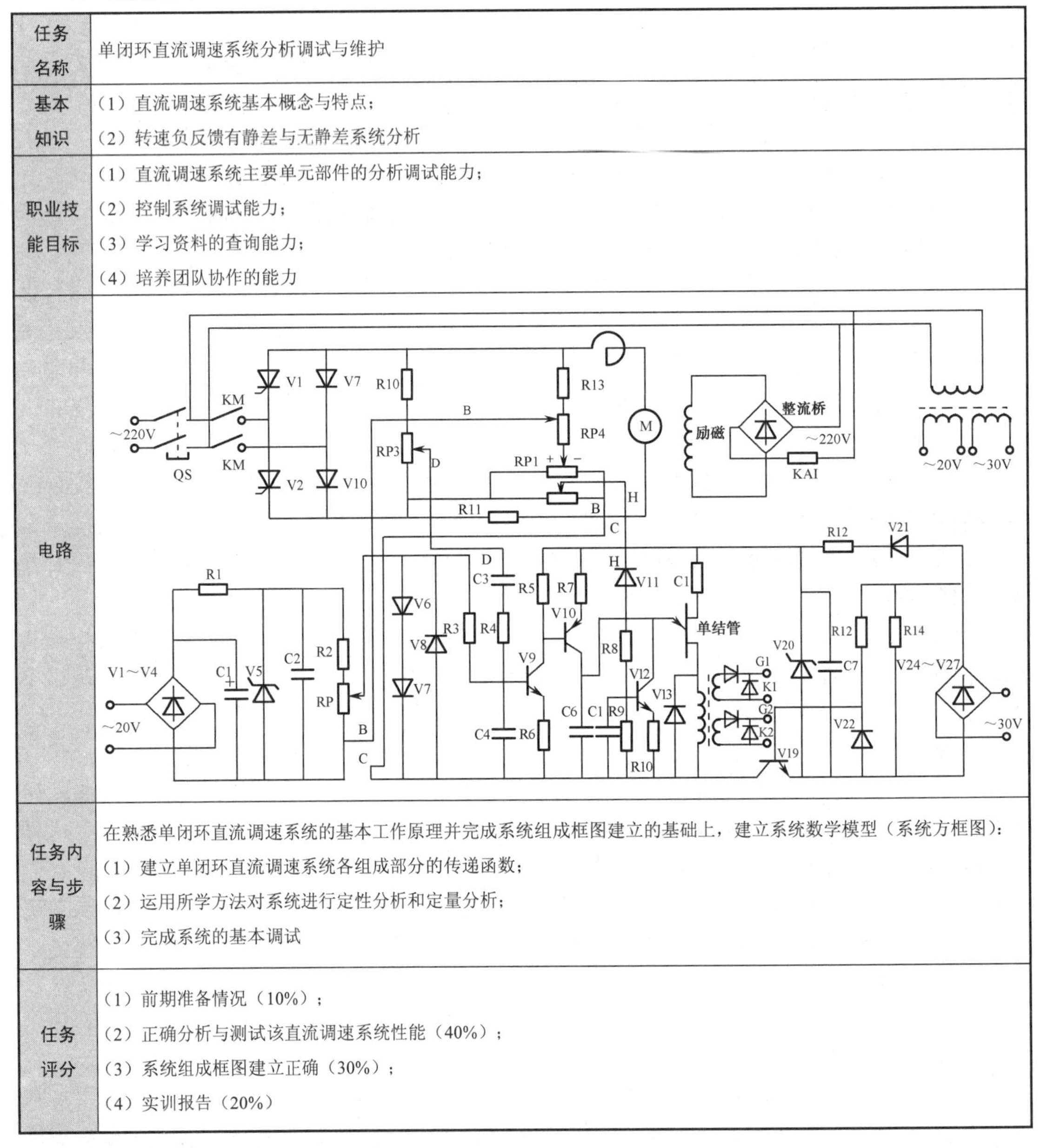

任务名称	单闭环直流调速系统分析调试与维护
基本知识	（1）直流调速系统基本概念与特点； （2）转速负反馈有静差与无静差系统分析
职业技能目标	（1）直流调速系统主要单元部件的分析调试能力； （2）控制系统调试能力； （3）学习资料的查询能力； （4）培养团队协作的能力
电路	
任务内容与步骤	在熟悉单闭环直流调速系统的基本工作原理并完成系统组成框图建立的基础上，建立系统数学模型（系统方框图）： （1）建立单闭环直流调速系统各组成部分的传递函数； （2）运用所学方法对系统进行定性分析和定量分析； （3）完成系统的基本调试
任务评分	（1）前期准备情况（10%）； （2）正确分析与测试该直流调速系统性能（40%）； （3）系统组成框图建立正确（30%）； （4）实训报告（20%）

2. 任务目标

（1）理解系统的工作原理，正确建立系统数学模型。

（2）掌握通过对系统各组成部件功能、性能分析，并正确连接组成系统方框图。

（3）掌握自动控制系统等效变换的规则，求取系统闭环传递函数。

3. 任务内容

（1）触发电路工作状态检查：先不接入主电路，只接通触发电路，检查图中各点波形是否正常，脉冲变压器的两个副绕组是否均无脉冲输出。连接 V1～V4 到同步电源的 20V，连接 V24～V27 到电源的 30V。短接 B、C 两点。观测各点波形，并做记录。

（2）各点波形正确后，连接 B、C、D、H 两点到主电路 B、C、D、H 点。

（3）调节励磁电流：在励磁电路中串入电流表，接通励磁电路，调节外接电阻器，使电流达到额定励磁电流值。

（4）将给定电压 U_g 从 0 开始，逐步增大，观察电动机运行是否正常。

（5）测试系统的静特性，并记录波形。

（6）进行系统的动态特性测试。

（7）运用所学知识，对系统进行稳定性、稳态性能和动态性能分析。

4. 任务实现

1）系统分析

先进行定性分析，搞清楚系统的工作原理，然后再建立系统的数学模型，从而进一步作定量分析。

按照以下次序进行分析：

主电路→触发电路→放大电路→控制电路→辅助电路

（1）主电路：本系统容量比较小，调速精度的要求也不是很高，因此采用的是桥式整流电路。交流输入直接由 220V 交流电源供电。为限制电流脉动，改善换向条件，减少电枢损耗，接入了平波电抗器。

（2）触发电路：触发电路采用了单结晶体管触发电路，结构简单，可靠性较高。

（3）放大电路：系统中，由晶体管及电阻等元件构成了放大电路，为了使放大电路供电电压平稳，通常可以并联一个电容，为了保证触发脉冲与主电压同步，可采用二极管来隔离电容对于同步电压的影响。

（4）控制电路：为了保证调速系统的转速恒定，可以引入转速负反馈，但安装测速发电机往往比较麻烦，有时还受到空间位置的限制，安装起来也比较麻烦，成本较高。所以在本系统中，采用了电压负反馈和电流正反馈环节来代替转速负反馈。

（5）辅助电路：一般包括保护、指示、报警电路等。由于本系统是小容量调速系统，所以未设报警和过电流继电器保护。

2）组成框图的建立

本系统的组成框图如图 4-78 所示。

结合各环节特征，归纳出系统大致的系统框图如图 4-79 所示。

图 4-79 中，$U_a(s)$为电枢两端电压，$U_{do}(s)$为整流装置空载时的输出电压，R_x 为变压器、电抗器和晶闸管换相压降的总等效电阻，L_x 为变压器漏磁电感与电抗器电感之和，R_a 为电枢电阻，L_a 为电枢漏磁电感，β 为电流反馈系数，γ 为电压反馈系数。

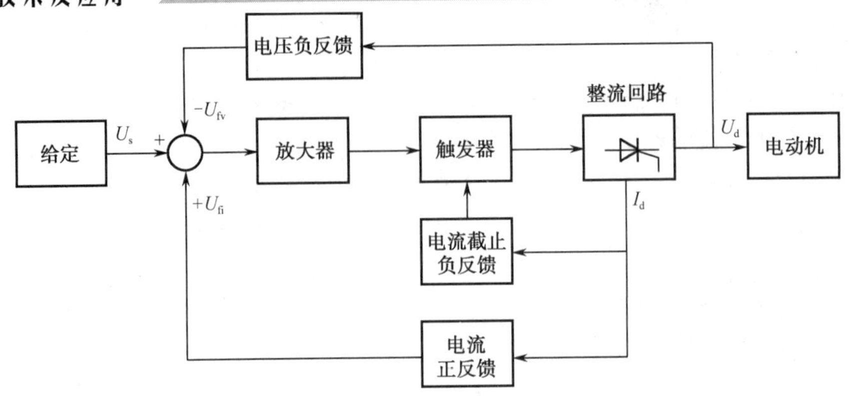

图 4-78　直流调速系统的组成框图

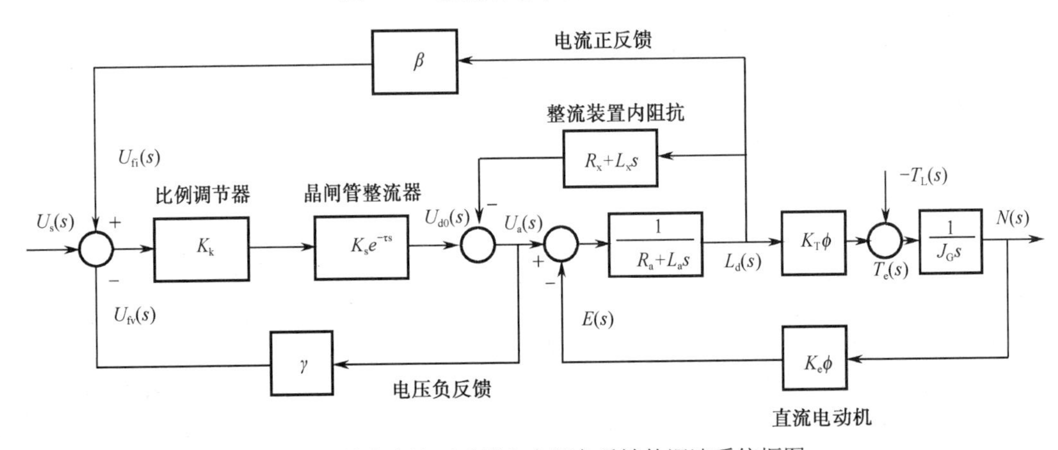

图 4-79　具有电流正反馈和电压负反馈的调速系统框图

5．分析与思考

（1）单结管触发电路的振荡频率与电路中 C 的数值有什么关系？

（2）单结管触发电路的移相范围能否达到 180°？

（3）系统中的反馈各起到什么作用？

（4）分析系统的稳定性和稳态性能。

任务 9　双闭环调速系统的 MATLAB 仿真

1．任务工单

任务名称	双闭环直流调速系统工程设计与仿真
基本知识	（1）双闭环直流调速系统的工程设计方法； （2）双闭环直流调速系统的 MATLAB 仿真
职业技能目标	（1）双闭环直流调速系统的工程设计与仿真能力； （2）控制系统调试能力； （3）学习资料的查询能力； （4）培养团队协作的能力

续表

<table>
<tr><td>电路</td><td>
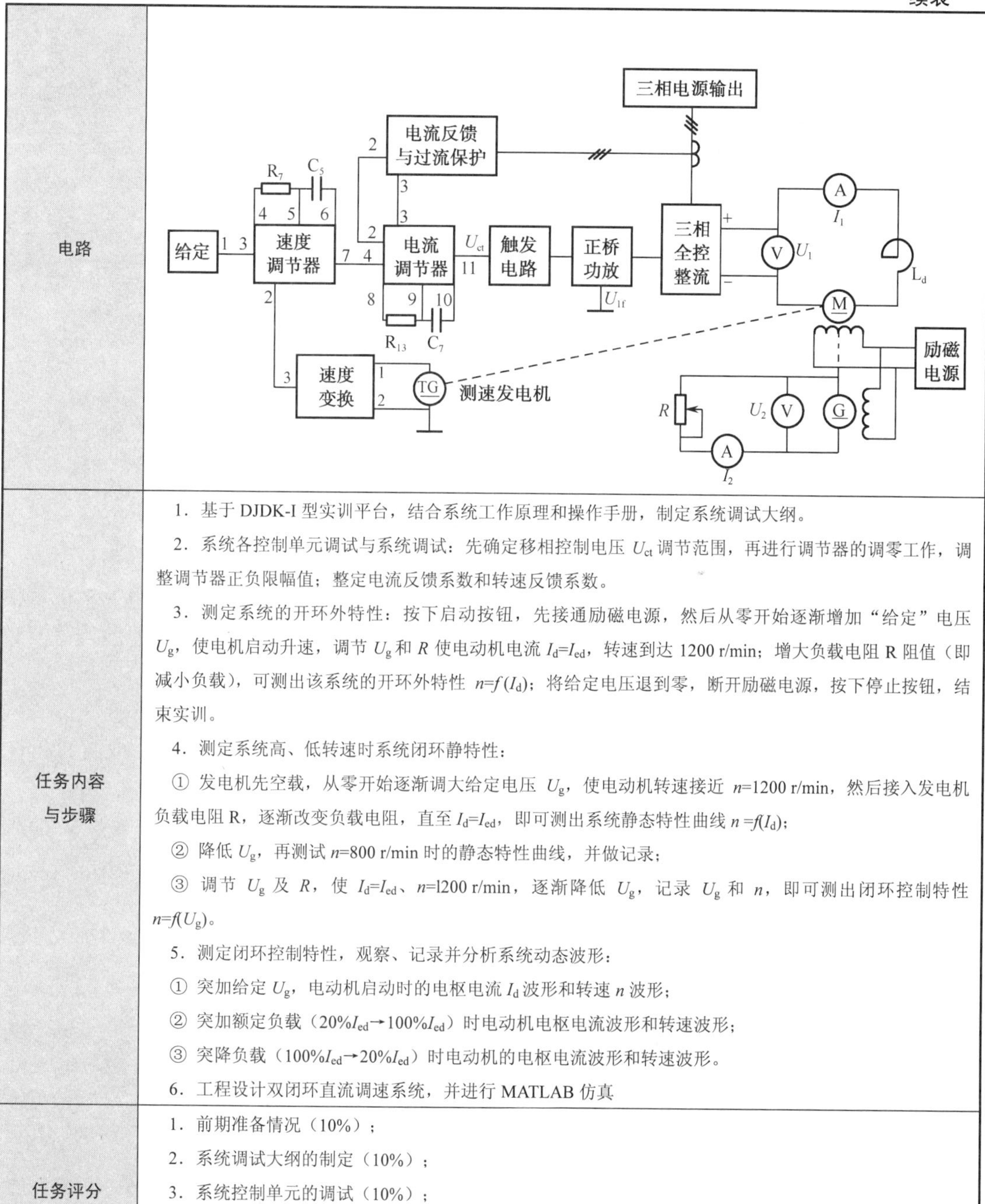

</td></tr>
<tr><td>任务内容与步骤</td><td>
1．基于 DJDK-I 型实训平台，结合系统工作原理和操作手册，制定系统调试大纲。
2．系统各控制单元调试与系统调试：先确定移相控制电压 U_{ct} 调节范围，再进行调节器的调零工作，调整调节器正负限幅值；整定电流反馈系数和转速反馈系数。
3．测定系统的开环外特性：按下启动按钮，先接通励磁电源，然后从零开始逐渐增加“给定”电压 U_g，使电机启动升速，调节 U_g 和 R 使电动机电流 $I_d=I_{ed}$，转速到达 1200 r/min；增大负载电阻 R 阻值（即减小负载），可测出该系统的开环外特性 $n=f(I_d)$；将给定电压退到零，断开励磁电源，按下停止按钮，结束实训。
4．测定系统高、低转速时系统闭环静特性：
① 发电机先空载，从零开始逐渐调大给定电压 U_g，使电动机转速接近 n=1200 r/min，然后接入发电机负载电阻 R，逐渐改变负载电阻，直至 $I_d=I_{ed}$，即可测出系统静态特性曲线 $n=f(I_d)$；
② 降低 U_g，再测试 n=800 r/min 时的静态特性曲线，并做记录；
③ 调节 U_g 及 R，使 $I_d=I_{ed}$、n=l200 r/min，逐渐降低 U_g，记录 U_g 和 n，即可测出闭环控制特性 $n=f(U_g)$。
5．测定闭环控制特性，观察、记录并分析系统动态波形：
① 突加给定 U_g，电动机启动时的电枢电流 I_d 波形和转速 n 波形；
② 突加额定负载（20%I_{ed}→100%I_{ed}）时电动机电枢电流波形和转速波形；
③ 突降负载（100%I_{ed}→20%I_{ed}）时电动机的电枢电流波形和转速波形。
6．工程设计双闭环直流调速系统，并进行 MATLAB 仿真
</td></tr>
<tr><td>任务评分</td><td>
1．前期准备情况（10%）；
2．系统调试大纲的制定（10%）；
3．系统控制单元的调试（10%）；
4．系统相关参数的测定与特性测试（50%）；
5．实训报告（20%）
</td></tr>
</table>

2．任务目标

（1）掌握双闭环直流调速系统的分析方法与工程设计方法；

（2）熟悉双闭环直流调速系统的 MATLAB 仿真方法。

3．任务内容

（1）本双闭环直流调速系统，整流装置采用三相桥式电路，基本数据如下：

直流电动机：220 V、136 A、1460 r/min，C_e=0.132 min/r，允许过载倍数$\lambda=1.5$。

闸管放大系数：K_s=40。

电枢回路电阻：$R=0.5\,\Omega$。

时间常数：T_a=0.03 s，T_m=0.18 s。

电流反馈系数：$\beta=0.05$ V/A($\approx$10 V/1.5I_{nom})。

转速反馈系数：$\alpha=0.007$ V·min/r($\approx$10 V/n_{nom})。

稳态指标：无静差。

动态指标：电流超调量$\sigma_i\leqslant5\%$；空载启动到额定转速时的转速超调量$\sigma_n\%=10\%$。

试完成电流环和速度环的工程设计。

（2）运用 MATLAB 对双闭环直流调速系统进行仿真分析。

4．任务实现

双闭环直流调速系统工程设计可以参照 4. 3. 6 介绍的方法进行。

利用 MATLAB 下的 Simulink 和电力系统模块库（SimPowerSystems）进行系统仿真，用户可以用图形化的方法直接建立起仿真系统的模型，并通过 Simulink 环境中的菜单直接启动系统的仿真过程，利用 Simulink 软件仿真能对调节器的参数进行更为方便的调整。具体实现步骤如下。

首先建立仿真模型。

进入 MATLAB，单击 MATLAB 命令窗口工具栏中的 Simulink 图标，或直接键入 Simulink 命令，打开 Simulink 模块浏览器窗口，如图 4-80 所示。

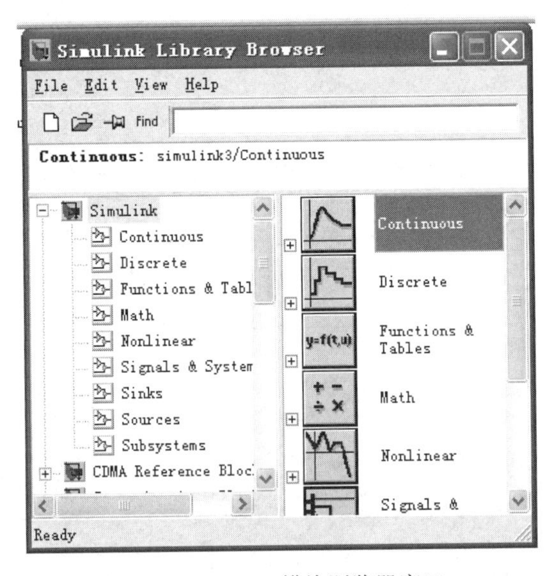

图 4-80 Simulink 模块浏览器窗口

（1）打开模型编辑窗口：通过单击 Simulink 工具栏中新模型的图标或选择 File→New→Model 菜单项实现。

（2）复制相关模块：双击打开所需子模块库图标，以鼠标左键选中所需的子模块，拖入模型编辑窗口。打开 SimPowerSystems 模块库，从 Electrical Source 组选中 AC Voltage Source 和 DC Voltage Source 模块拖入模型编辑窗口，从 Elements 组选中 Series RLC Branch 和 Three-Phase Transfomer 模块拖入模型编辑窗口，从 Machines 组选中 DC Machine 模块拖入模型编辑窗口，从 Power Electronics 组选中 Universal Bridge 模块拖入模型编辑窗口，从 Measurements 组选中 Voltage Measurement 模块拖入模型编辑窗口，从 Connectors 组选中 Ground 和 T Connector 模块拖入模型编辑窗口；从 Simulink 模块库中把 Source 组中的 Step 模块拖入模型编辑窗口；把 Math 组中的 Sum 和 Gain 模块拖入模型编辑窗口；把 Continuous 组中的 Transfer Fcn 模块拖入模型编辑窗口；把 Sinks 组中的 Scope 模块拖入模型编辑窗口；把 Signal Rounting 组中的 Demux 模块拖入模型编辑窗口；此外，还需选取 ASR、ACR 和 Pulse Generator 三个子系统模块。至此，我们已经把转速电流双闭环直流调速系统的仿真结构框图所需的模块都已拖入模型编辑窗口，如图 4-81 所示。

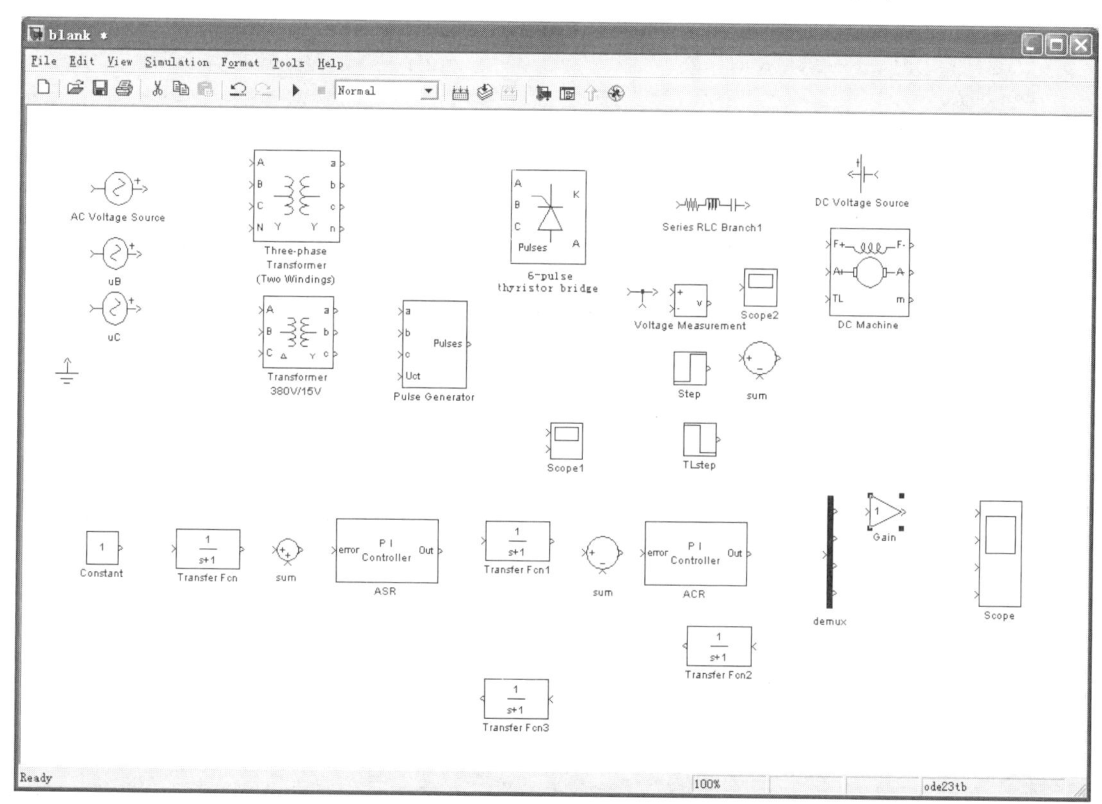

图 4-81　模型编辑窗口

（3）修改模块参数：双击模块图案，则出现关于该图案的对话框，通过修改对话框内容来设定模块的参数。

在本任务中，双击加法器模块 Sum，打开如图 4-82 所示的对话框，在 List of Signs 栏目描述加法器三路输入的符号，其中 | 表示该路没有信号，所以用 |+- 取代原来的符号，得到动态结构框图中所需的减法器模块。

双击传递函数模块（Transfer Fcn），将打开如图 4-83 所示的对话框，只需在其分子

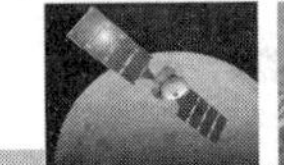

Numerator 和分母 Denominator 栏目分别填写系统的分子多项式和分母多项式系数。在这里我们用它可以构建转速、电流反馈滤波器和给定滤波器。

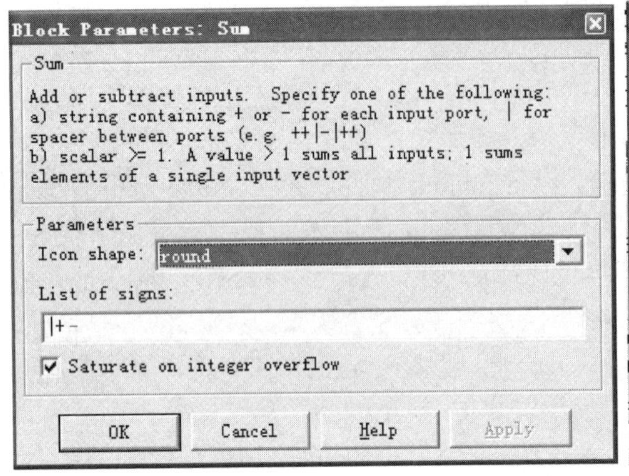

图 4-82　加法器模块对话框

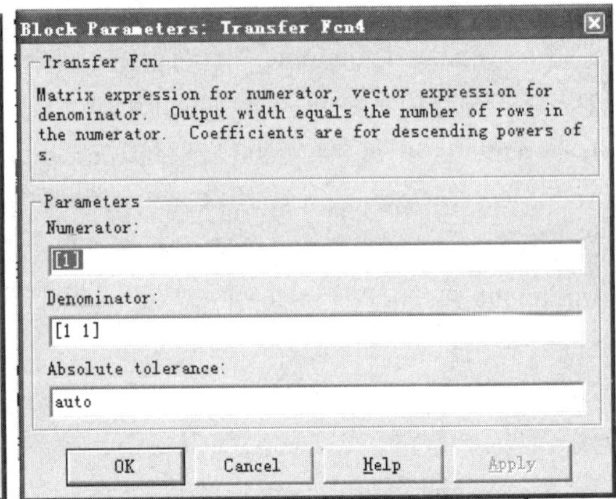

图 4-83　传递函数模块对话框

双击阶跃输入模块(Step)可以把阶跃时刻(Step time)参数从默认的 1 改到 0，把阶跃值(Final value) 从默认的 1 改到 10，如图 4-84 所示。

双击交流电压源(AC Voltage Source)得到图 4-85，修改峰值（Peak amplitude）默认的参数 100 为 200*sqrt(2)，修改频率（Frequency）默认参数为 50。为了形成三相交流电源，三个 AC Voltage Source 的 Phase 项依次填入 0、-120、-240，分别对应 U_A、U_B、U_C。

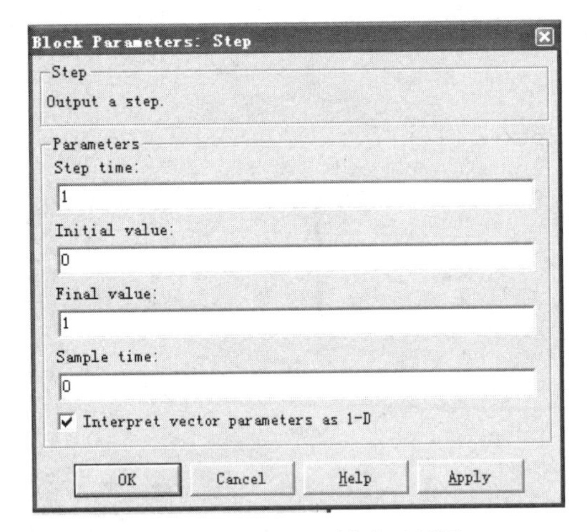

图 4-84　阶跃输入模块对话框

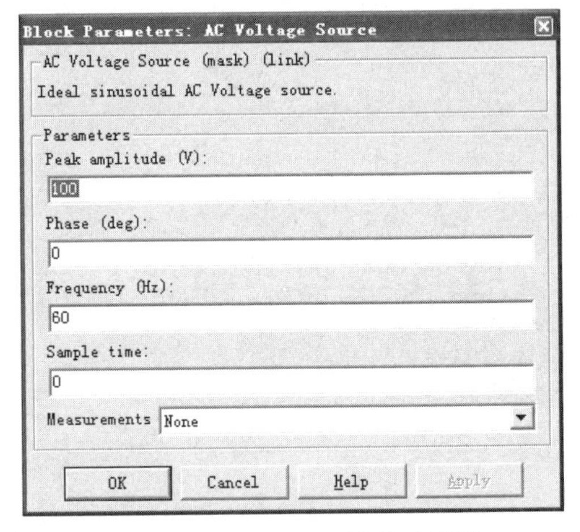

图 4-85　交流电压源模块对话框

双击直流电压源模块（DC Voltage Source）得到图 4-86，修改 Amplitude 即改变了电压源的幅值。这里此模块用作直流电动机的励磁电源，幅值为 220V。

双击三相变压器模块（Three-Phase Transformer）出现图 4-87 对话框。修改额定功率和频率项（Nominal power and frequency）为[2e6，50]。对于提供电机电源的变压器，选择其 ABC 原边绕组联结（Winding 1（ABC）connection）为 Delta(D11)（三角形，电压相位领先 Y 联结 30°），修改绕组参数（Winding parameters）为 380（相电压 V1 Ph-Ph）；选择 abc 副边绕组联结（Winding 2（abc）connection）为 Y（星形，无中线）。对于提供同步脉冲电源的变压

器，选择其 ABC 原边绕组联结为 Delta（D11），修改绕组参数为 380；选择 abc 副边绕组联结为 Y，修改绕组参数为 15；修改其磁阻（Rm）为 500，励磁电感（Lm）为 500。

三相桥式可控整流电路模块（6-pulse thyristor bridge）的 A、B、C 三个输入端连接三相电源或三相变压器的二次侧；它的两个输出端 K 和 A，则输出整流后的直流电压，其中 K 端为“+”，A 端为“-”。模型的脉冲输入端 pulse 用于接入晶闸管的触发信号。

双击模块弹出对话框图 4-88。四个参数分别是导通电阻（Thyristor on-state resitance）、导通电感（Thyristor on-state inductance）、缓冲电阻（Snubber resistance）、缓冲电容（Snubber capacitance）。

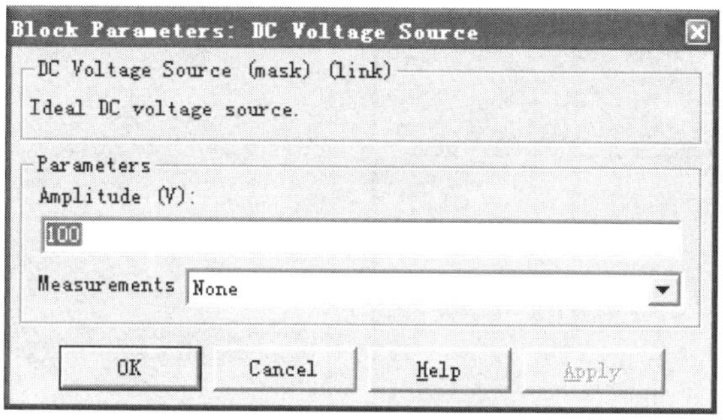

图 4-86　直流电压源模块对话框

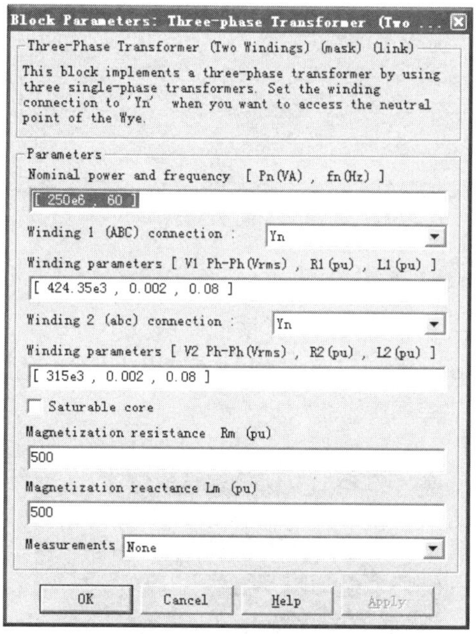

图 4-87　变压器模块对话框

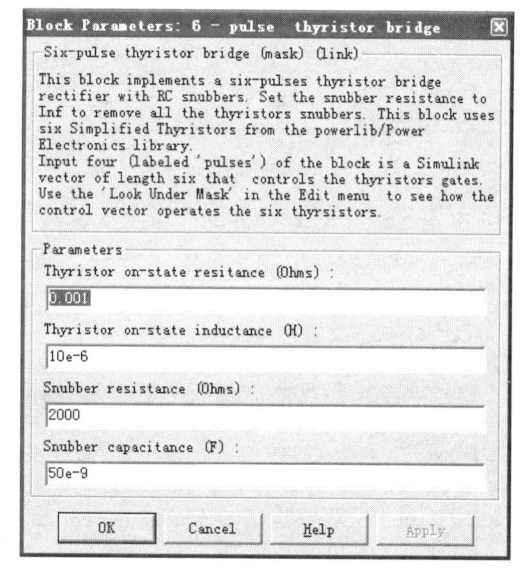

图 4-88　三相可控整流电路模块对话框

直流电机模块（DC Machine），F+和 F-是直流电机励磁绕组的连接端，A+和 A-是电机电枢绕组的联结端，TL 是电机负载转矩的输入端。m 端用于输出电机的内部变量和状态，在该端可以输出电机转速、电枢电流、励磁电流和电磁转矩四项参数。

双击模块打开对话框图 4-89。修改参数电枢电阻和电感（Armature resistance and inductance）、励磁电阻和电感（Field resistance and inductance）、励磁和电枢互感（Field-

armature mutual inductance)、转动惯量（Total inertia）、黏滞摩擦系数（Viscous friction coefficient）、库仑摩擦转矩（Coulomb friction torque）、初始角速度（initial speed）。

双击 Gain 可修改增益，如图 4-90 所示。

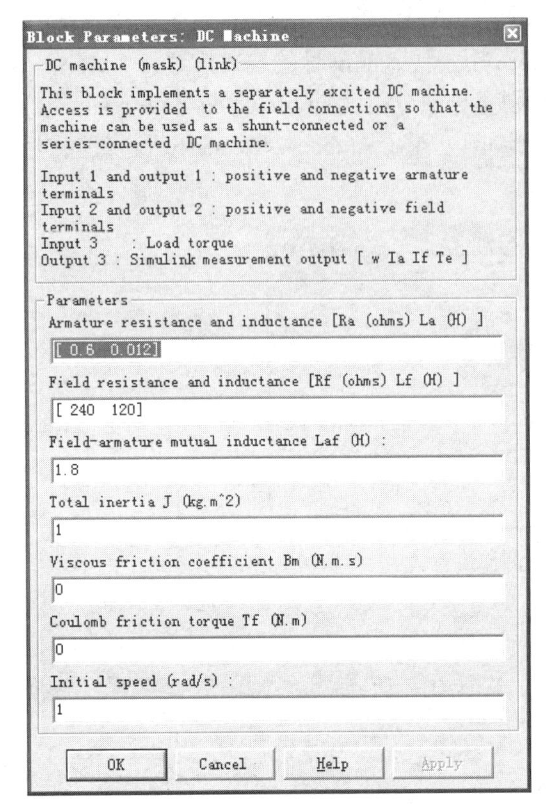

图 4-89　直流电机模块对话框

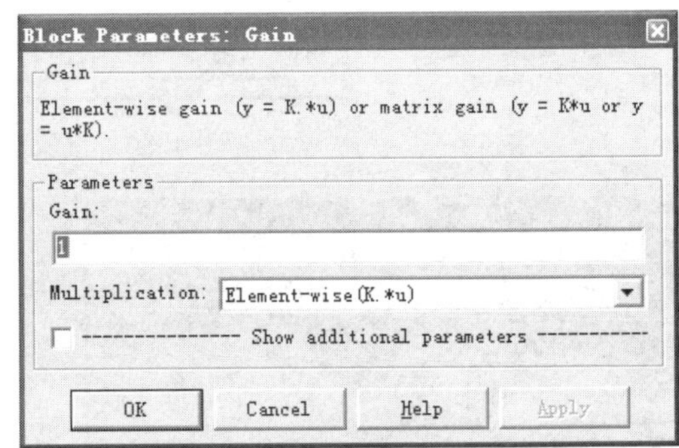

图 4-90　增益模块对话框

双击 Series RLC Branch，可依次修改电阻、电感和电容，如图 4-91 所示。

双击示波器出现图 4-92，点击，即可打开图 4-93（a）所示对话框。改变 Number of axes 就可改变接入信号的个数。还可以右击选择 Axes proporties 得到图 4-93（b），通过修改 Title 来设置所显示参量的名字。

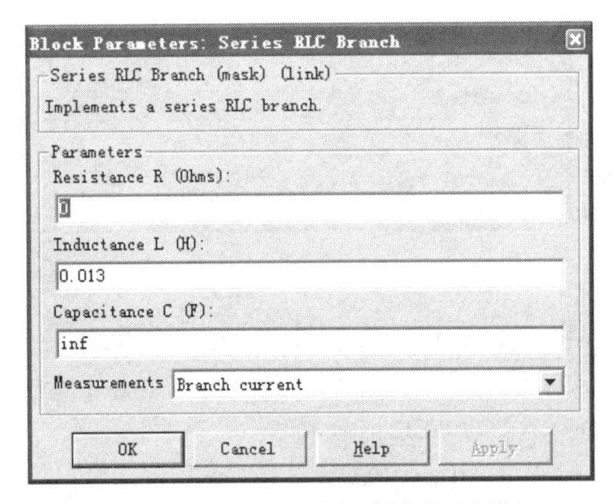

图 4-91　RLC 串联电路模块对话框

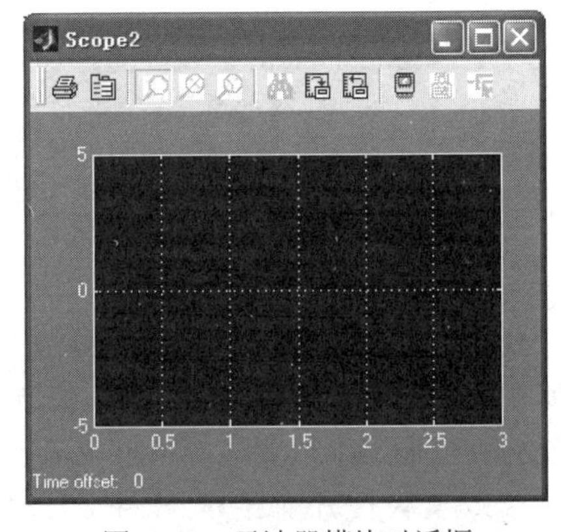

图 4-92　示波器模块对话框

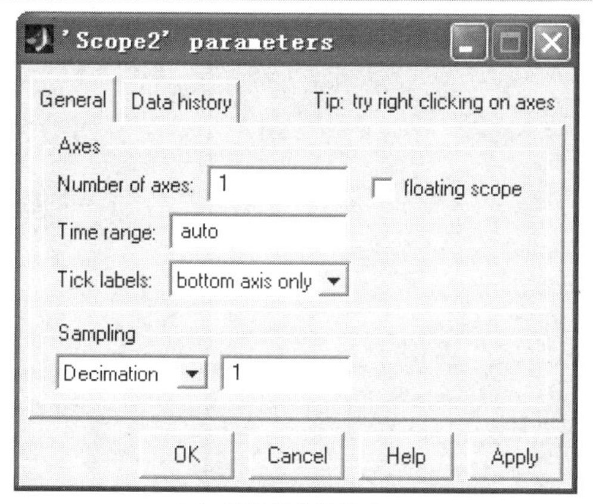

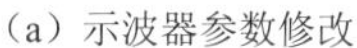
（a）示波器参数修改

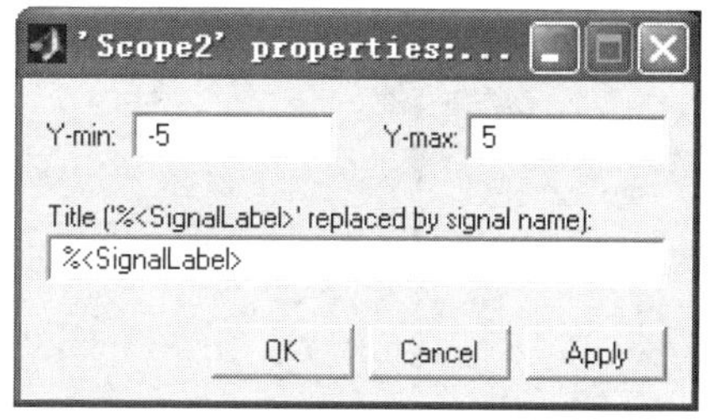

（b）示波器坐标轴参数修改

图 4-93　示波器参数对话框

双击信号分解模块（Demux），通过修改 Number of outputs 可以改变输出信号的个数，如图 4-94 所示。

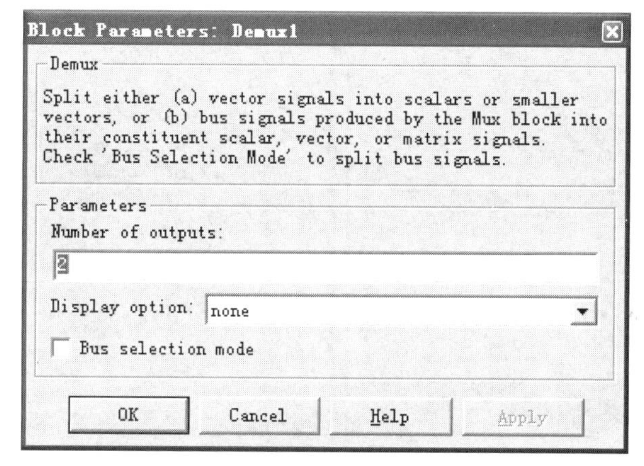

图 4-94　分解模块对话框

ASR、ACR 其实是由放大器、积分器、加法器、限幅器组成的两个结构完全一样的控制环节。它们用了来自 Math 组的 Gain 模块来仿真比例器，用 Continuous 组的 Integrator 模块和 Gain 模块的串接来仿真积分器，两者通过加法器模块 Sum 构成了 PI 调节器，如图 4-95 所示，经过子系统封装后构成一个模块。我们可以通过 Edit 菜单选项 Look under Mask 查看其内部结构。

双击 ASR 或 ACR 模块填写 PI 调节器所需要的放大系数、微分时间常数和上下输出（积分）限幅值。其原因是转速调节器是工作在限幅饱和状态，故要在仿真模型中真实地反映出来，如图 4-96（a）所示。

Pulse Generator 的结构如图 4-96（b）所示，主要是一个同步 6 脉冲触发器，由子系统（如图 4-96（c）所示）构成三相同步电压源，由 Fcn 将 ACR 输出转换成脉冲控制角α。而输入端 Block 用于控制触发脉冲的输出，在该端置“0”，则有脉冲输出；如果设置为“1”，则没有脉冲输出，整流器也不会工作。

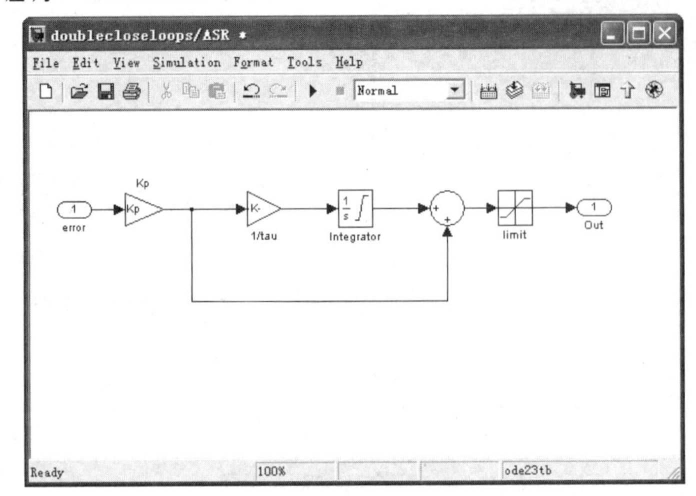

图 4-95 ASR、ACR 模块

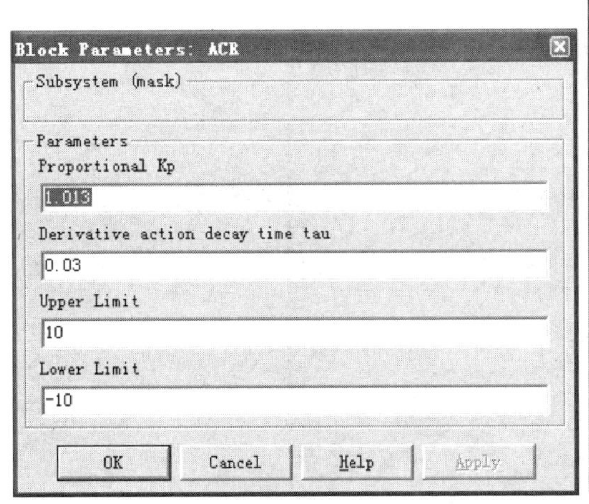

（a）ASR、ACR 模块参数修改对话框

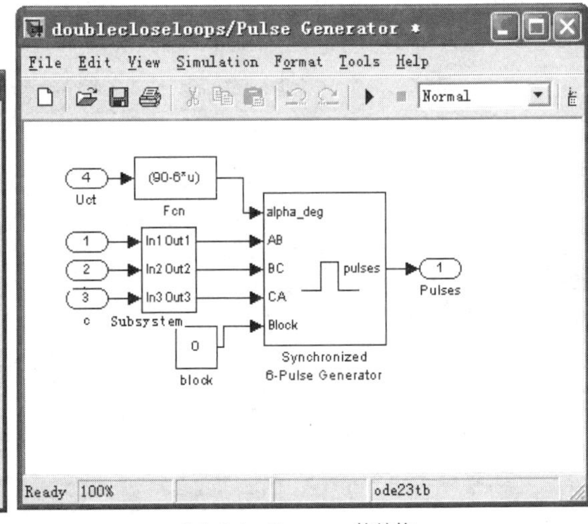

（b）Pulse Generator 的结构

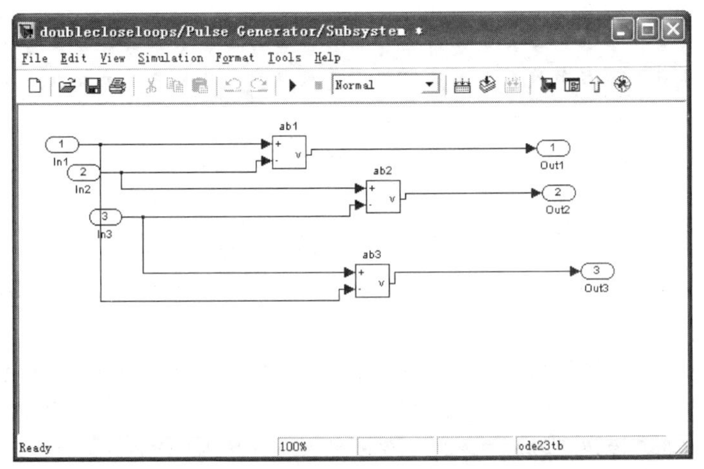

（c）子系统结构图

图 4-96

模块连接完成后的仿真模型如图 4-97 所示。

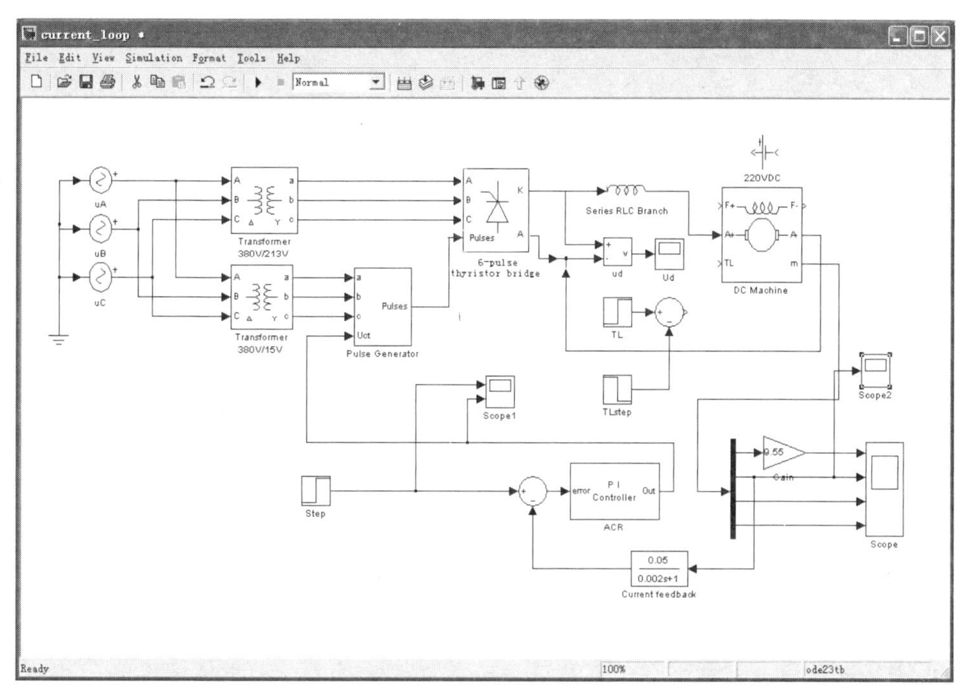

图 4-97　电流环的仿真模型

电流环仿真模型建立完成后，按照前述的电流环的仿真模型的建立方法，得到转速环的仿真模型，如图 4-98 所示。

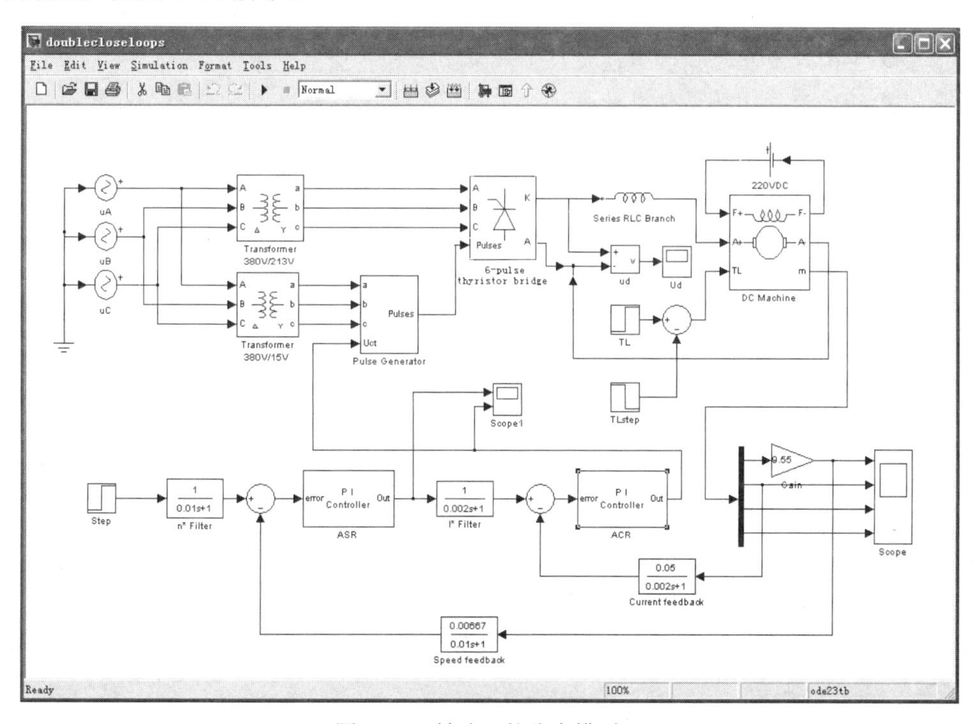

图 4-98　转速环的仿真模型

然后利用 MATLAB 下的 Simulink 软件进行仿真，可以根据仿真结果来修正调节器参数，直至得到满意的结果。

5．分析与思考

（1）为什么双闭环直流调速系统中使用的调节器均为 PI 调节器?

（2）转速负反馈的极性如果接反会产生什么现象?

（3）双闭环直流调速系统中哪些参数的变化会引起电动机转速的改变?哪些参数的变化会引起电动机最大电流的变化?

知识梳理与总结

（1）自动控制系统通常指闭环控制系统（或反馈控制系统），它最主要的特征是具有反馈环节。反馈环节的作用是检测并减小输出量（被调量）的偏差。反馈控制系统是以给定量作为基准量，然后把反映被调量的反馈量与给定量进行比较，以其偏差信号经过放大去进行控制的。偏差信号的变化直接反映了被调量的变化。

（2）在有静差系统中，就是靠偏差信号的变化进行自动调节补偿的；所以在稳态时，其偏差电压不能为零。而在无静差系统中，由于含有积分环节，则主要靠偏差电压对时间的积累去进行自动调节补偿，并依靠积分环节最后消除静差；所以在稳态时，其偏差电压为零。

（3）调速系统的主要矛盾是负载扰动对转速的影响，因此最直接的办法是采用转速负反馈环节。有时为了改善系统的动态性能，需要限制转速的变化率（亦即限制加速度），还增设转速微分负反馈。而在要求不太高的场合，为了省去安装测速发电机的麻烦，可采用能反映负载变化的电流正反馈和电压负反馈环节来代替转速负反馈。

（4）速度和电流双闭环调速系统是由速度调节器 ASR 和电流调节器 ACR 串接后分成两级去进行控制的，即由 ASR 去“驱动”ACR，再由 ACR 去“控制”触发器。电流环为内环，速度环为外环。ASR 和 ACR 在调节过程中起着各自不同的作用。

电流调节器 ACR 的作用是稳定电流，使电流保持在 $I_d=U_{si}/\beta$ 的数值上。从而:

① 靠 ACR 的调节作用，可限制最大电流，$I_m=U_{sim}/\beta$。

② 当电网波动时，ACR 维持电流不变的特性，使电网电压的波动，几乎不对转速产生影响。

速度调节器 ASR 的作用是稳定转速，使转速保持在 $n=U_{sn}/\alpha$ 的数值上。因此在负载变化（或参数变化或各环节产生扰动）而使转速出现偏差时，则靠 ASR 的调节作用来消除速度偏差，保持转速恒定。

（5）环流的定义与分类；环流的利与弊。

（6）逻辑无环流可逆系统的特点有:

① 采用正（VF）、反（VR）两组反并联供电电路。

② 采用逻辑控制器，以封锁触发脉冲的办法来保证正、反两组中只能有一组在进行工作。

③ 采用速度和电流双闭环控制。

④ 系统回馈制动时，要求反组投入工作。这时，速度给定信号极性和转速方向都未改变，不能作切换指令。这时极性变更的信号是电流给定信号，因此逻辑控制器的切换指令为电流给定极性变更指令和零电流指令。

⑤ 逻辑无环流可逆系统没有环流损耗，换流失败事故率低，但有换流死区。

（7）对一个实际系统进行分析，应该先作定性分析，后做定量分析。即首先把基本的工作原理搞清楚，可以把电路分成若干个单元，对每一个单元又可分成若干个环节。这样先化整为零，弄清每个环节中每个元件的作用；然后再化零为整，抓住每个环节的输入和输出两头，搞清各单元和各环节之间的联系，统观全局，搞清系统的工作原理。在此基础上，可建立系统的数学模型，画出系统的框图。在系统框图的基础上，就可以分析那些关系到系统稳定性和动、稳态技术性能的参量的选择，和这些参量对系统性能的影响。以便在调试实际系统时，做到心中有数，有的放矢。

（8）进行系统调试前，首先要做好必要的准备工作，主要是检查接线是否正确和各单元是否正常，并且准备好必要的仪器，制定调试大纲，明确并列出调试顺序和步骤。然后再逐步地进行调试，并作好调试记录。当系统不稳定或性能达不到要求时，则可从各级输出波形中找出影响系统性能的主要原因，从而制定出改进系统性能的方案。

（9）当系统出现故障时，首先要仔细观察和记录故障的情况，然后分析产生故障的各种可能的原因，在这基础上逐一进行分析检查，排除其中的非故障原因，逐渐缩小“搜索圈”，并最后找出产生故障的真正原因。再针对故障原因，采取相应的措施，把故障排除，使系统恢复正常。

思考与练习题 4

4-1　调速范围和静差率的定义是什么？调速范围、静差速降和最小静差率之间有什么关系？为什么说“脱离了调速范围，要满足给定的静差率也就容易得多了”？

4-2　某一调速系统，测得的最高转速特性为 n_{omax}=1500 r/min，最低转速为 n_{omin}=150 r/min，带额定负载时的速度降落Δn_N=15 r/min，且在不同转速下额定速降不变，试问系统能够达到的调速范围有多大？系统允许的静差率是多少？

4-3　某闭环调速系统的调速范围是 1500～150 r/min，要求系统的静差率 $s\leqslant 2\%$，那么系统允许的静态速降是多少？如果开环系统的静态速降是 100 r/min，则闭环系统的开环放大倍数应为多大？

4-4　某闭环调速系统的开环放大倍数为 15 时，额定负载下电动机的速降为 8 r/min，如果将开环放大倍数提高到 30，它的速降为多少？在同样静差率要求下，调速范围可以扩大多少倍？

4-5　转速单闭环调速系统有哪些特点？改变给定电压能否改变电动机的转速？如果给定电压不变，调节测速反馈电压的分压比是否能够改变转速？如果测速发电机的励磁发生了变化，系统有无克服这种干扰的能力？

4-6　在转速负反馈调速系统中，当电网电压、负载转矩、电动机励磁电流、电枢电阻、测速发电机励磁各量发生变化时，都会引起转速的变化，问系统对上述各量有无调节

能力？

4-7 在电压负反馈单闭环有静差调速系统中，当下列参数发生变化时系统是否有调节作用，为什么？

（1）放大器的放大系数 K_p；

（2）供电电网电压；

（3）电枢电阻 R_a；

（4）电动机励磁电流；

（5）电压反馈系数。

4-8 为什么用积分控制的调速系统是无静差的？在转速单闭环调速系统中，当积分调节器的输入偏差电压为零时，调节器的输出电压是多少？它取决于哪些因素？

4-9 在无静差转速单闭环调速系统中，转速的稳态精度是否还受给定电源和测速发电机精度的影响？试说明理由。

4-10 采用比例积分调节器控制的电压负反馈调速系统，稳态运行时的速度是否有静差？为什么？试说明理由。

4-11 转速、电流双闭环调速系统稳态运行时，两个调节器的输入偏差电压和输出电压各是多少，为什么？

4-12 如果转速、电流双闭环调速系统中的转速调节器不是 PI 调节器，而改为 P 调节器，对系统的静、动态性能将会产生什么影响？

4-13 试从下述五个方面来比较转速、电流双闭环调速系统和带电流截止环节的转速单闭环调速系统：

（1）调速系统的静态特性；

（2）动态限流性能；

（3）启动的快速性；

（4）抗负载扰动的性能；

（5）抗电源电压波动的性能。

4-14 在转速、电流双闭环调速系统中，两个调节器均采用 PI 调节器。当系统带额定负载运行时，转速反馈线突然断线，系统重新进入稳态后，电流调节器的输入偏差电压是否为零？为什么？

4-15 在转速、电流双闭环调速系统中，转速给定信号未改变，若增大转速反馈系数，系统稳定后转速反馈电压 U_n 是增加还是减少，为什么？

4-16 在转速、电流双闭环调速系统中，电动机拖动恒转矩负载在额定工作点正常运行，现因某种原因使电动机励磁电源电压突然下降一半，系统工作情况将会如何变化？

4-17 晶闸管-电动机系统需要快速回馈制动时，为什么必须采用可逆线路？

4-18 试画出采用单组晶闸管装置供电的 V-M 系统在整流和逆变状态下的机械特性，并分析这种机械特性适合于何种性质的负载。

4-19 试分析图示逻辑选触无环流可逆系统的工作原理，说明正向制动时各处电压极性及能量关系。

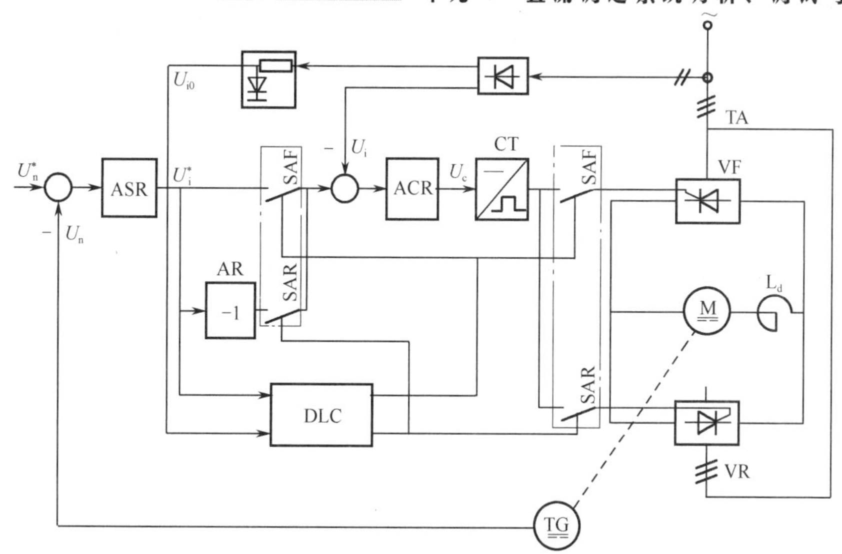

图中：SAF、SAR 分别是正、反组电子模拟开关。

参考文献

1．孔凡才．自动控制原理与系统．3 版．北京：机械工业出版社，2010.

2．王超．自动控制原理与系统．合肥：安徽科学技术出版社，2008.

3．黄坚．自动控制原理及应用．北京：高等教育出版社，2007.

4．胡寿松．自动控制原理．4 版．北京：国防工业出版社，2003.

5．熊晓君．自动控制原理实验教程（硬件模拟与 MATLAB 仿真）．北京：机械工业出版社，2013.

6．陈伯时．电力拖动自动控制系统．2 版．北京：机械工业出版社，1997.

7．童福尧．电力拖动自动控制系统习题例题集．北京：机械工业出版社，1996.

8．廖晓钟．电气传动与调速系统．北京：中国电力出版社，1998.

9．李先允．自动控制系统．北京：高等教育出版社，2003.

10．侯崇升．现代调速控制系统．北京：机械工业出版社，2006.

11．周渊深．交直流调速系统与 MATLAB 仿真．北京：中国电力出版社，2007.

12．黄忠霖．控制系统 MATLAB 计算及仿真．北京：国防工业出版社，2001.

13．张晓华．系统建模与仿真．北京：清华大学出版社，2006.

14．王忠礼、段慧达、高玉峰．MATLAB 应用技术．北京：清华大学出版社，2007.